高等学校计算机基础教育规划教材

U0146524

Visual FoxPro数据库及面向对象程序设计基础

（第2版）

宋长龙 曹成志 张晓龙 李艳丽 李锐 编著

清华大学出版社

北京

内 容 简 介

本书内容遵照教育部高等学校非计算机专业基础课程教学指导委员会的《关于进一步加强高等学校计算机基础教学的意见》(简称"白皮书")编排,并兼顾《全国计算机等级考试》二级 VFP 考试的要求,由从事精品课程"数据库及程序设计"教学和教材建设的专业教师编写。本书配有辅助教材《Visual FoxPro 数据库及面向对象程序设计基础实验指导及习题答案》。

本书采用"实例教学法"将教学和实用技术相结合,理论联系实际,使读者在学习过程中做到有的放矢,注重培养读者实际应用、软件开发和动手能力。主要讲解数据库设计技术、Visual FoxPro 数据库管理系统的命令体系、结构化和面向对象程序设计的方法、SQL 语言的应用技术以及发布应用程序的方法等。

本书配有 700 多道符合标准化考试要求的习题、设计题和思考题;辅助教材包括 60 多个实验题目的实验指导和习题分析及答案,供读者自测和自主学习使用。本书不仅可以作为高等院校、高等职业技术学院的学生教材,也可以作为参加计算机等级考试和计算机软件研发人员的参考书。

图书在版编目(CIP)数据

Visual FoxPro 数据库及面向对象程序设计基础/宋长龙等编著. —2 版. —北京:清华大学出版社,2011.9
(高等学校计算机基础教育规划教材)
ISBN 978-7-302-26104-9

Ⅰ. ①V… Ⅱ. ①宋… Ⅲ. ①关系数据库—数据库管理系统,Visual FoxPro—程序设计—高等学校—教材 Ⅳ. ①TP311.138

中国版本图书馆 CIP 数据核字(2011)第 133060 号

责任编辑:袁勤勇 顾 冰
责任校对:白 蕾
责任印制:何 芊

出版发行:清华大学出版社　　　　　　地　　　址:北京清华大学学研大厦 A 座
　　　　　http://www.tup.com.cn　　　邮　　　编:100084
　　　　　社　总　机:010-62770175　　邮　　　购:010-62786544
　　　　　投稿与读者服务:010-62795954,jsjjc@tup.tsinghua.edu.cn
　　　　　质　量　反　馈:010-62772015,zhiliang@tup.tsinghua.edu.cn
印　装　者:北京密云胶印厂
经　　销:全国新华书店
开　　本:185×260　　　印　张:25.5　　　字　数:606 千字
版　　次:2011 年 9 月第 2 版　　　　　印　次:2011 年 9 月第 1 次印刷
印　　数:1~4000
定　　价:35.00 元

产品编号:041941-01

前言

数据库技术是计算机科学中一门较新学科,经过 40 多年的发展,从理论到实践,逐渐走向成熟,特别是随着近年来网络技术的发展,它与面向对象程序设计技术相结合,已经成为社会信息化和数据处理过程中的重要工具,已经在各个领域的生产生活中得到了广泛应用,几乎每台计算机上都在使用着数据库进行各种业务处理。Visual FoxPro 是目前应用比较广泛的一种数据库管理系统,它也是一种应用程序开发工具,将可视化、结构化、过程化和面向对象程序设计技术有机地结为一体,极大地简化了应用程序的开发方法和过程。

本书内容遵照教育部高等学校非计算机专业基础课程教学指导委员会的《关于进一步加强高等学校计算机基础教学的意见》(简称"白皮书")编排,并兼顾《全国计算机等级考试大纲》二级 VFP 考试的要求,由从事精品课"数据库及程序设计"教学和教材建设的专业教师编写,将教学和实际应用开发体会奉献给广大读者;同时,也衷心地希望本书能使读者利用最短时间掌握数据库应用和程序开发技术。本书是"白皮书"中 1+X 课程方案的重要组成部分。

本书采用"实例教学法"将教学和实用技术相结合,理论联系实际,由浅入深,循序渐进,以实例讲解相关内容,使读者在学习过程中做到有的放矢。本次再版从实际应用的角度出发,在应用程序开发的系统性、连贯性、实用性和完整性等方面下了较大工夫,努力使读者掌握开发一个实用软件的整体过程、总体思路和设计方法,为引导读者开发和设计解决专业领域内实际问题的软件尽微薄之力。

本书主要讲解数据库设计技术、Visual FoxPro 数据库管理系统的命令体系、结构化、过程化和面向对象的程序设计方法以及 SQL 语言应用技术。包括 VFP 系统环境及配置、VFP 表达式及应用、关系数据库设计基础、数据库的建立与维护、SQL 语言应用与视图设计、结构化程序设计基础、表单设计及应用、控件设计及应用、菜单设计及应用、报表与标签设计及应用、网络程序设计基础、连编并发布应用程序等技术方法。

本书配有 700 余道符合标准化考试要求的习题、设计题和思考题;辅助教材包括 60 多个实验题目的实验指导和习题分析及答案,供读者自主学习、自测和上机实验时使用。

本书内容有 12 章,由宋长龙组织编写、修改和统稿,参加编写教材的教师分工如下:

李锐编写第 1、9 章,张晓龙编写第 2、6 章,宋长龙编写第 3、5、11 章,曹成志编写第 4、10、12 章,李艳丽编写第 7、8 章。

本书是吉林大学公共计算机教学与研究中心的全体教师长期从事教学实践经验的总

结。在此对那些给予大力支持和付出心血劳动的教师以及提出改进意见的读者表示衷心的感谢。同时，由于时间仓促和作者水平有限，书中可能还有错误或遗漏内容，如果由此给读者带来不便，深表歉意，也恳请广大读者指出不妥之处和提出修改建议，以使我们今后的工作做得更好。

作　者

2011 年 5 月

目录

第1章

VFP 系统环境及配置

Visual FoxPro 是微型计算机上普遍使用的一种关系数据库管理系统,简称为 VFP,它适用于各类信息存储、维护、分类、检索、统计和分析。要处理的各种信息以数据库形式存储于计算机中;对于一些常规管理任务,通过简单地单击菜单项、工具图标或在命令窗口中输入简单命令即可完成操作。

VFP 也是一种应用程序开发工具,它将结构化和面向对象程序设计方法有机地结为一体,极大地简化了应用程序开发过程。对于一些大型项目,可以将各种对象(如窗口、命令按钮等)和命令(语句)进行有效的组织和集成,使之成为实用性较强的应用程序,从而达到一劳永逸的目的。

1.1 VFP 应用程序实例分析

使用 VFP 就是要通过它来完成各项工作任务,虽然通过系统菜单、工具和命令等简单操作可以完成一些常规任务,但是在实际应用中,往往要求计算机做的事情更多、更复杂,仅通过这些简单操作还远远不够。要使计算机自动、高效地为人们工作和服务,必须编写较适用的应用程序。为使读者对应用程序的构成要件、编写过程和一些基本概念有一个宏观了解,做到有的放矢地学习 VFP,本节以"学生信息管理"程序为例,分析一般应用程序内部构成和各个构件的基本作用。

1.1.1 VFP 应用程序实例

一个应用程序通常含有一个主界面和若干个功能界面。从应用程序运行效果上看,主界面由主窗口(表单)和程序系统菜单组成,如图 1.1 所示。程序系统菜单由菜单栏(条形菜单)和弹出式菜单(子菜单)两部分组成。

在 VFP 中,可以通过菜单设计器建立或修改菜单属性(如菜单项级别、名称和快捷键等),规定菜单项的功能(如执行命令、调用子程序或打开表单等);通过表单设计器建立或修改表单的属性(如标题名、表单的大小和颜色等),编写相关事件的程序代码等。

在 VFP 中,每个表单或菜单都以单独文件形式存储在磁盘上,本例中主表单和主菜

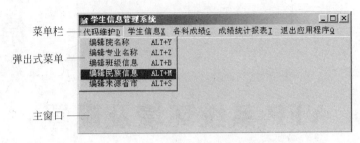

菜单栏

弹出式菜单

主窗口

图 1.1　应用程序主界面

单文件名如表 1.1 所示。

表 1.1　"学生信息管理"应用程序的主表单和主菜单文件

文 件 名	对 象 类	说 明
Mainform. scx	表单(Form)	应用程序主表单(窗口)
Mainmenu. mnx	菜单(Menu)	应用程序主菜单
Mainmenu. mpr	菜单(Menu)	由 Mainmenu. mnx 生成,与主表单结合构成应用程序主界面

　　功能界面主要完成应用程序的一部分功能,也就是说,对若干个功能界面进行有效地组织和集成,构成一个完整的应用程序。每个功能界面由窗口(表单)和一些控件(如命令按钮、组合框、文本框等)组成,图 1.2 是编辑学生信息的功能界面。

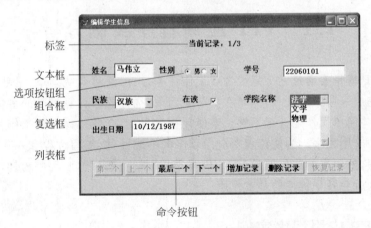

标签

文本框

选项按钮组

组合框

复选框

列表框

命令按钮

图 1.2　"编辑学生信息"功能界面

　　从本例可以看出,将菜单、表单(窗口)、控件、数据对象和程序代码适当地组合便构成了一个应用程序。

1.1.2　学习 VFP 的要点

　　从上述应用程序实例分析可以看出,一个应用程序由若干个表单、菜单、控件、数据表等对象和程序代码组成。因此,要使用 VFP 设计应用程序,必须学会每类对象的设计过

程,了解各种对象属性、方法程序和事件的作用,掌握编程基本方法。归纳起来需要做到以下几点:

(1) 掌握 VFP 的基本函数和语句,理解编程思想,学会编写简单的应用程序。

(2) 为了保存要处理的数据,需要学会建立、修改和维护数据表,掌握常用表操作命令。

(3) 熟悉建立、修改表单的操作过程并学会其操作的基本方法,掌握表单常用属性、方法程序和事件的基本作用。

(4) 掌握表单中控件的常用属性、方法程序和事件的基本作用,能将控件与数据表中的数据相结合(绑定)。

(5) 掌握建立、修改菜单过程和基本方法,学会在主表单上打开菜单和通过菜单项打开功能表单(窗口)的常用方法。

1.2　VFP 6.0 系统的安装与启动

VFP 可以在 Windows 95、98、XP、2000、NT 或更高版本的操作系统环境下运行,对微型计算机硬件要求并不高。一般来讲,能运行上述操作系统的计算机,只要有足够的剩余磁盘空间(典型安装需要 85MB,完全安装需要 90MB),就可以运行 VFP 数据库管理系统。

1.2.1　VFP 的安装

在使用 VFP 的计算机上必须安装该管理系统,安装系统有许多途径,例如,从本地安装、网络安装或光盘安装等。通过这些途径安装的方法和操作过程基本相同,都是使用 VFP 系统安装向导程序(Setup.exe)进行安装。即双击安装盘中的 Setup.exe 程序文件,进入 VFP 系统安装向导程序,在此后过程中,需要逐步回答系统询问的信息,每完成一步回答,都需要单击"下一步"按钮,直至完成安装。主要安装步骤和各窗口作用如下。

(1) **VFP 窗口**(见图 1.3):单击"显示 Readme",可以阅读安装说明书。

(2) **最终用户许可协议窗口**(见图 1.4):提供了使用 VFP 的协议约定,必须选择"接受协议",才可以安装 VFP 系统。

(3) **产品号和用户 ID 窗口**(见图 1.5):在"请输入产品的 ID 号"文本框中,输入产品标识号,通常在光盘封面上或光盘内的 Sn.txt 文件中可以找到产品标识号。

(4) **选择公用安装文件夹窗口**(见图 1.6):可以输入或选择(浏览)要存放公共文件的磁盘位置,系统默认地址为 C:\Program Files\Microsoft Visual Studio\Common。系统公共文件是指系统提供的各类图形、工具程序等,至少需要 50MB 磁盘空间。

(5) **选择安装类型窗口**(见图 1.7):单击"更改文件夹",可以重新选择安装系统文件的位置;"典型安装"是多数用户选择的一种安装类型,它能安装系统常用产品,大约需要 85MB 磁盘空间,如果希望节省磁盘空间或安装更多的数据接口驱动程序(如 Excel、

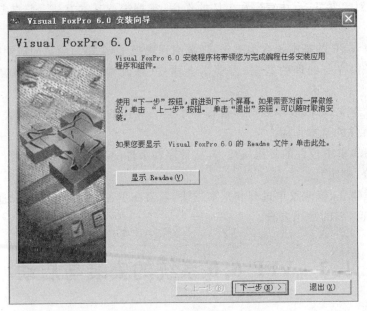

图 1.3　VFP 窗口

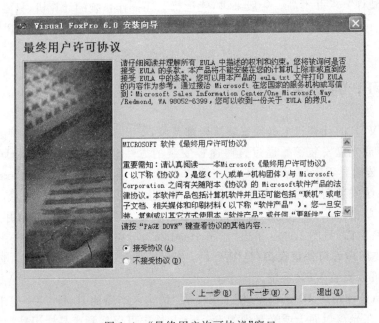

图 1.4　"最终用户许可协议"窗口

Paradox 等接口程序),需要使用"自定义安装"类型;选择"自定义安装"后,还需要选择(打√)安装的项目。

（6）**安装 MSDN Library**：是微软面向软件开发者的一种信息服务库,包括电子文档、在线电子教程、网络虚拟实验室等一系列服务。在完成安装 VFP 系统后,系统还希望安装 MSDN（Microsoft Developer Network,微软开发者网络）Library,要安装 MSDN

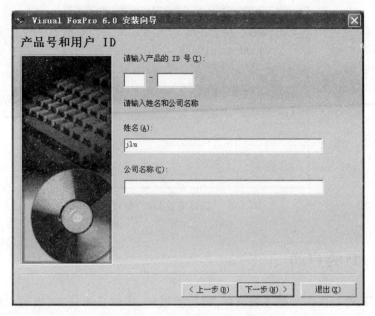

图 1.5 "产品号和用户 ID"窗口

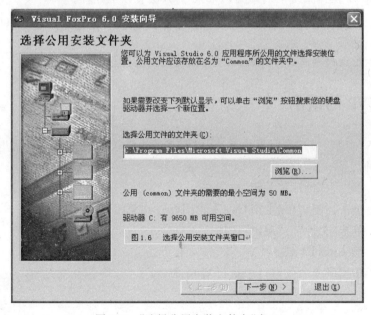

图 1.6 "选择公用安装文件夹"窗口

Library,还需要另外两张光盘,至少还需要 57MB 磁盘空间,其中包含 VFP 的帮助信息文档和应用程序示例文档,在运行 VFP 过程中,要想查看帮助信息,必须安装 MSDN Library。由于安装 MSDN Library 的过程与安装其他软件的过程类似,比较简单,本书从略。

图 1.7 "选择安装类型"窗口

1.2.2　VFP 的启动

使用 VFP 的目的在于建立数据库、维护数据库、完成日常任务、编写应用程序等,而这些工作都是在 VFP 系统控制下完成的。在使用 VFP 进行工作之前,必须先进入该系统。在 Windows 操作系统下启动 VFP 6.0 的方法有以下几种。

方法一:单击"开始"→"程序"→Microsoft Visual FoxPro 6.0→Microsoft Visual FoxPro 6.0。

方法二:找到程序文件 Vfp6.exe 后,双击该文件图标。

1.2.3　VFP 的退出

使用完 VFP 后,应该及时退出系统,以便系统自动关闭打开的文件。退出系统的方法有以下几种。

方法一:单击主窗口的"关闭"按钮。

方法二:单击控制菜单(主窗口左上角图标)→"关闭"选项。

方法三:单击"文件"→"退出"选项。

方法四:按 Alt+F4 键。

方法五:在程序或命令窗口中执行 Quit 命令。

1.3　VFP 系统的主界面组成

系统启动后,VFP 系统的主界面如图 1.8 所示,由菜单栏、工具栏、主窗口、命令窗口和状态栏组成。

VFP 有 4 种工作方式:通过系统菜单执行命令;利用工具栏按钮执行命令;在命令窗口中输入命令;编写和运行程序。其中前三种方式属于交互式工作方式,后一种方式属于

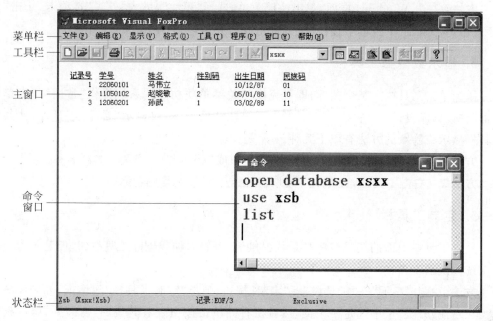

图 1.8 VFP 的主界面

自动化工作方式。

1.3.1 菜单栏

菜单栏是用户与 VFP 交互操作的重要途径之一，它列出了 VFP 系统的基本功能。某菜单项是否显示或者是否可操作，都与系统当前状态有关。菜单项呈灰色，表示目前不可操作，有省略号"…"的菜单项表示选择该菜单项后，系统将弹出相应的对话框，要求输入信息或做出进一步选择。VFP 菜单栏的操作方法与 Windows 中其他应用程序(如资源管理器、Word 和 Excel 等)的操作方法基本相同。

通过设置 Windows 桌面，也可以调整菜单上的文字大小。

方法：右击 Windows 桌面，弹出快捷菜单，选择"属性"，进入"外观"选项卡，单击"高级"按钮，从"项目"下拉框中选择"菜单"项，并调整其"字体"和"大小"。

1.3.2 工具栏

工具栏是将一些常用的功能图形化表示，单击图标将执行相关的功能。对于经常使用的功能，使用工具栏比调用菜单更加方便。将鼠标指针移动到某个图标上，将出现其功能提示信息。

1. 设置文字大小

通过 Windows 桌面可以调整工具栏上的文字大小。

方法：右击 Windows 桌面，弹出快捷菜单，选择"属性"，进入"外观"选项卡，单击"高级"按钮，从"项目"下拉框中选择"工具提示"项，并调整其"字体"和"大小"。

2. 显示或隐藏工具栏

鼠标单击工具栏上某个图标，即可完成相关菜单项功能。系统提供"常用"、"表单设计器"、"数据库设计器"等 11 个工具栏。系统默认情况下，仅显示"常用"工具栏，使其他工具栏显示或隐藏的方法有以下几种。

方法一：单击"显示"→"工具栏"，选择(×)或取消(去×)相关工具栏名称。

方法二：右击工具栏，选择(√)或取消(去√)相关工具栏名称。

3. 定制工具栏

系统工具栏上面的工具按钮是系统提供的，可以添加或删除工具按钮，但是不可以删除系统提供的工具栏。

方法：单击"显示"→"工具栏"→"定制"按钮，弹出"定制工具栏"对话框，如图 1.9 所示。在左侧"分类"栏中选定一个类，然后在右侧单击按钮查看其说明，若需要，将其拖动到相关工具栏中即可。

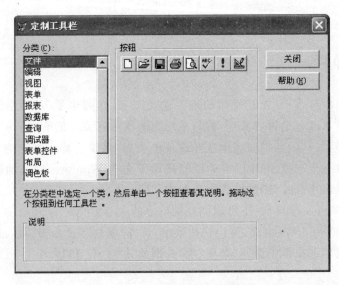

图 1.9 "定制工具栏"对话框

除了系统工具栏外，可以根据需要新建用户工具栏，也可以删除用户工具栏。

方法：单击"显示"→"工具栏"→"新建"按钮。在弹出的"新工具栏"对话框中输入新工具栏的名称，如"学生管理"，单击"确定"按钮，在主窗口上就出现了空的"学生管理"工具栏。然后依次在"定制工具栏"对话框中找到需要的按钮，将其拖动到"学生管理"工具栏中即可。

1.3.3 命令窗口

命令窗口用于接收命令,是用户与 VFP 交互操作的另一种重要途径。在命令窗口中直接输入 VFP 的命令(如 Use XSB、List 等),回车后立即执行命令,而命令的输出结果(如表中记录)显示在 VFP 主窗口或用户窗口中。

在命令窗口中保留着执行过的命令,将光标移动(用↑、↓键或鼠标单击)到执行过的命令行上,按回车键使其再次执行,或者对其进行修改,使之成为另一条命令。

在命令窗口中右击,从快捷菜单中选择"清除",可以删除命令窗口中的全部信息。

1. 设置命令窗口

拖动命令窗口的标题栏,可以改变其在主窗口中的位置;拖动其边框,可以改变该窗口大小。此外,也可以通过下列方法调整命令窗口中的字体和字号。

方法:当命令窗口为前窗口时,单击"格式"→"字体",选择"字体"和"大小"。

2. 打开/关闭命令窗口

用于关闭或打开命令窗口的方法有以下几种。

方法一:单击"窗口"→"命令窗口",或按 Ctrl+F2 键,打开命令窗口。

方法二:单击"常用"工具栏中的"命令窗口",打开或关闭命令窗口。

方法三:单击命令窗口控制菜单的"关闭",可以关闭命令窗口。

方法四:单击命令窗口的"关闭"按钮,可以关闭命令窗口。

方法五:将光标置于命令窗口中,按 Ctrl+F4 键,将关闭命令窗口。

1.3.4 VFP 主窗口

VFP 主窗口用于显示命令的输出结果,通过菜单或命令打开的其他窗口(如命令窗口、表单设计器等),也置于主窗口之中。在程序或命令窗口中,执行 Clear 命令,可以擦除 VFP 主窗口或用户窗口中的全部信息;通过执行修改系统对象(_Screen)的属性值命令,可以设置主窗口的有关属性(如字体、字号、颜色等)。

命令格式:_Screen.<属性名>=<值>

系统对象(_Screen)的常用属性名、属性值及含义如表 1.2 所示。

表 1.2 _Screen 常用属性表

属性名	属性值	含 义	举 例
BackColor	RGB(<红>,<绿>,<蓝>)	背景颜色,其中红、绿和蓝的取值范围均为 0~255	_Screen.BackColor=RGB(255,0,0) && 将背景改为红色 _Screen. BackColor=RGB(255,255,255) && 将背景改为白色

属性名	属性值	含 义	举 例
Caption	字符串	主窗口标题名	_Screen.Caption="学习 VFP" && 将主窗口标题改为"学习 VFP"
ControlBox	.T. 或 .F.	是(.T.)否(.F.)有控制菜单	_Screen.ControlBox=.F. && 取消主窗口的控制菜单
FontName	"黑体"、"隶书"、"宋体"等	字体名称,取值范围是系统能识别的所有字体名	_Screen.FontName = " 楷体 _ GB2312 " && 字体设为楷体
FontSize	数值	字号大小	_Screen.FontSize=12 && 字号设为 12 号字
ForeColor	RGB(<红>, <绿>,<蓝>)	前景(字)颜色,颜色取值范围同BackColor	_Screen.ForeColor=RGB(0,0,255) && 将字的颜色设为蓝色

1.3.5 状态栏

状态栏用于显示系统的当前状态,如键盘大写(Caps)状态、小键盘数字键(Num)状态、时钟、当前表名、表中记录总数及当前记录号等。当鼠标在菜单项上移动时,状态栏也显示对应菜单项的功能说明。

1. 设置状态栏

可以控制是否显示状态栏。方法如下。

方法一:单击"工具"→"选项",进入"显示"选项卡,选择(√)或取消(去√)"状态栏"。

方法二:用 Set Status Bar On|Off 命令,可以显示(On)或隐藏(Off)状态栏。

【例 1.1】 在命令窗口中输入:

```
Set Status Bar Off                    && 隐藏状态栏
```

2. 设置时钟

可以控制是否显示时钟,方法如下。

方法一:单击"工具"→"选项",进入"显示"选项卡,选择(√)或取消(去√)"时钟"。这种方法用于设置 VFP 状态栏上是否显示时钟。

方法二:在程序或命令窗口中,执行命令:Set Clock On,在 VFP 主窗口右上角显示时钟。

方法三:在命令窗口或程序中,执行命令:Set Clock Off,隐藏时钟。

1.4 系统环境配置

由于不同用户或不同应用程序对系统环境有着不同的要求,因此进入 VFP 系统后,有时需要对系统默认环境进行修改,以满足个性化的要求。例如,为了更方便地使用 VFP,通常还要配置 VFP 系统文件和用户文件所在目录。

1.4.1 配置和使用 VFP 帮助文件

在 VFP 中使用帮助信息之前,需要安装 MSDN 信息库,并在 VFP 中配置帮助文件。帮助文件名为 Foxhelp. chm。

1. 配置 VFP 帮助文件

方法:单击"工具"→"选项",进入"文件位置"选项卡,双击"帮助文件",输入或选择文件路径和文件名(例如,C:\Program Files\Microsoft Visual Studio\MSDN98\98VS\2052\Foxhelp. chm),单击"确定"→"设置为默认值"按钮。

2. 使用 VFP 帮助文件

在使用 VFP 过程中,查找帮助信息有三种方法。

方法一:单击"帮助"→"Microsoft Visual FoxPro 帮助主题",在"目录"选项卡上,按目录方式查看帮助信息;在"索引"选项卡上,按关键字名排序方式或"键入要查找的关键字"进行查找帮助信息。

方法二:在命令窗口或编辑代码窗口中选定关键字(如命令名、函数名或方法名等)后,再按 F1 键查找帮助信息。

方法三:在命令窗口或程序中,执行命令:Help。其余操作同方法一。

1.4.2 配置文件的默认目录

在使用 VFP 过程中,建立的各种对象(如表单、菜单、数据库和表等)都以文件形式存储在磁盘中,通常一个应用程序中的所有文件都要保存在同一个目录中。为了简化保存或打开文件的过程,建议将存储文件的目录设置成默认目录。有如下两种设置默认目录的常用方法。

方法一:单击"工具"→"选项",进入"文件位置"选项卡,双击"默认目录",输入或选择文件路径(如 D:\XSXX),再单击"确定"→"设置为默认值"按钮。

方法二:在程序或命令窗口中,执行命令:Set Default To <目录名>。

【例 1.2】 在命令窗口中输入:

```
Set  Default  To  D:\XSXX
```

执行命令后,系统将 D:\XSXX 设置为用户文件的默认目录。此后建立或打开文件时,系统将 D:\XSXX 作为首选目录。

1.4.3　日期格式设置

VFP 系统默认日期格式为 MM/DD/YY(月/日/年,美语日期格式,年份用两位数字表示),根据实际需要,可以调整日期格式。

1. 调整输出日期型数据年份的位数

系统输出日期型数据时,既可以用 4 位表示年份,也可以用 2 位表示年份。

设置输出日期型数据年份位数的方法有以下几种。

方法一:单击"工具"→"选项",进入"区域"选项卡,选择(4 位)/取消(2 位)"年份"。

方法二:在命令窗口或程序中,执行 Set Century On|Off 命令,将日期型数据的年份设置成 4 位(On)或 2 位(Off)。

【**例 1.3**】　在命令窗口中依次执行如下语句:

```
Set Century On
? Date()            && Date()为系统日期函数,输出系统日期年份为 4 位。
Set Century Off
? Date()            && 输出系统日期年份为 2 位。
```

2. 调整日期格式

在某一时刻,可以选择 12 种格式之一输出日期型数据,选择方法如下。

方法一:单击"工具"→"选项",选择"区域"选项卡,从"日期格式"下拉框中选择日期格式名。例如,选择 Ansi,日期格式变为 YY.MM.DD 或 YYYY.MM.DD。

方法二:在命令窗口或程序中,执行 Set Date <日期格式名>命令。常用的日期格式名如表 1.3 所示。

表 1.3　常用日期格式名表

日期格式名	2 位年份格式	4 位年份格式	举　例
American	MM/DD/YY	MM/DD/YYYY	Set Century On Set Date American ? Date()　&& 输出: 06/22/2011
Ansi	YY.MM.DD	YYYY.MM.DD	Set Century On Set Date Ansi ? Date()　&& 输出: 2011.06.22
British 或 French	DD/MM/YY	DD/MM/YYYY	Set Century On Set Date French ? Date()　&& 输出: 22/06/2011

日期格式名	2位年份格式	4位年份格式	举　例
Japan	YY/MM/DD	YYYY/MM/DD	Set Century Off Set Date Japan ? Date()　&.& 输出：11/06/22
USA	MM-DD-YY	MM-DD-YYYY	Set　Century　Off Set　Date　USA ? Date()　&.& 输出：06-22-11

1.4.4　设置是否显示命令执行结果

在执行 VFP 的某些非输出命令时,系统会显示命令的执行结果。例如,执行 Locate For 命令后,若找到满足条件的记录,则会显示该记录号,否则会显示"已到文件尾"。但通常在程序中不需要输出这些信息,所以在程序一开始往往要关闭该功能。

系统默认将非输出命令(如 Store、Locate、Index 等语句)的执行结果(如变量赋值、查找到的记录号、索引的记录个数等)显示在状态栏、VFP 主窗口或用户当前窗口中,在隐藏状态栏(Set Status Bar Off)的情况下,将这些结果显示在 VFP 主窗口或用户当前窗口中。

可以设置是否显示非输出命令的执行结果,常用设置方法有 2 种。

方法一:单击"工具"→"选项",在"显示"选项卡中选定(√)/取消(去√)"命令结果"。

方法二:在命令窗口或程序中,执行命令:Set Talk On/Off。

语句说明:在命令窗口或程序中,设置是(默认值 On)否(Off)显示非输出命令的执行结果(即中间结果)。但不影响输出命令(如?、List、Display 等)的输出结果。

【例 1.4】　在命令窗口中依次执行如下语句:

```
* Set Talk 命令效果测试
Set  Status  Bar  Off        && 隐藏状态栏
Set Talk On                  && 后面显示非输出命令的执行结果
X= 3+ 5                      && 给变量 X 赋值,结果 8 显示在 VFP 主窗口中
Set Talk Off                 && 后面不显示非输出命令的执行结果
X= 3+ 5                      && 仅给变量 X 赋值 8,主窗口中没有显示
```

通常在程序中编写语句 Set Talk Off,避免在 VFP 主窗口或用户窗口中输出不必要的信息。

1.4.5　配置系统环境的几种途径

对 VFP 系统环境所做的配置,可以分为临时配置和永久配置两种。临时配置信息保存在内存中,重新启动 VFP 后不再有效;永久配置信息保存在 Windows 的注册表中,重新启动 VFP 时作为系统默认设置。配置 VFP 系统环境通常有 4 种途径。

1. 执行 Set 开头命令

在命令窗口或程序中执行 Set 开头命令,如 Set Status Bar Off 和 Set Clock On。通

过此种方式进行的配置为临时配置。

2. 执行菜单命令

通过"工具"→"选项"进行配置。在配置结束时,如果执行了"设置为默认值"按钮,则为永久配置,否则为临时配置。

3. 更改 Windows 注册表

使用 Windows 的注册表编辑器(RegEdit.exe)配置 VFP 系统环境,通过此途径的配置为永久配置。操作过程如下:

(1) 单击 Windows 的"开始"→"运行",输入 RegEdit.exe,单击"确定"按钮后进入"注册表编辑器"程序。

(2) 在"注册表编辑器"中,使 HKEY_CURRENT_USER\Software\Microsoft\Visual FoxPro\6.0\Options 成为当前表项,在右窗口中找到要修改的"名称",在其右击菜单中选择"修改",输入新值。

4. 编写 Config.fpw 文件

具体使用方法参见 1.4.6 节。

1.4.6 编写 Config.fpw 文件

在启动 VFP 时,系统自动在当前工作目录、安装 VFP 的目录和文件搜索路径中按顺序查找配置文件 Config.fpw,如果文件中含某项配置参数,则该项按其参数值进行配置;文件中没有的项目,按系统默认值进行配置。这种配置属于临时配置。

Config.fpw 是文本文件,可以通过 Windows 的"记事本"程序或 VFP 的程序编辑器进行创建和编辑。

1. Set 开头命令

VFP 中 Set 开头命令可归结成 Set <关键字> <值>和 Set <关键字> To <值>两种形式。例如,在 Set Status Bar On|Off 命令中,关键字为 Status Bar,值为 On 或 Off;在 Set Default To D:\XSXX 命令中,关键字为 Default,值为 D:\XSXX;在 Set Date Ansi 命令中,关键字为 Date,值为 Ansi 等。

将 Set 开头命令写入 Config.fpw 中的格式为:<关键字>=<值>。

【例 1.5】 在 Config.fpw 文件中输入如下语句:

```
Status Bar=Off
Default=D:\XSXX
Date=Ansi
```

保存 Config.fpw 文件后,将存储 Config.fpw 文件的目录作为当前工作目录(鼠标双击 VFP 的文件,如表或表单文件),重新启动 VFP 系统,不再显示状态栏;文件的默认目录变为 D:\XSXX;日期格式变为:年. 月. 日。

2. 专用术语

编写格式:＜术语名＞＝＜值＞。常用专用术语有以下 4 种。

(1) **Index**＝＜独立索引文件扩展名＞:系统默认独立索引文件扩展名为 IDX,使用术语可以指定其他扩展名。

(2) **Title**＝＜字符串＞:改变主窗口标题文字。

(3) **Mvcount**＝＜内存变量个数＞:设置同时有效的内存变量个数,系统默认值是 1024,取值范围为 128～65 000。

(4) **Command**＝＜命令＞:用于设置启动 VFP 后要执行的第一条命令。

【例 1.6】 在例 1.5 基础上,扩充 Config. fpw 文件中的内容如下:

```
Status Bar=Off
Default=D:\XSXX
Date=Ansi
Index=NTX
Title=学习 VFP
Mvcount=512
Command=Do Form MainForm.scx
```

保存 Config. fpw 文件,重新启动 VFP 系统,独立索引文件的默认扩展名为 NTX; VFP 主窗口标题文字变为:学习 VFP;允许同时使用 512 个内存变量,并立即运行表单 MainForm. SCX。

在 Config. fpw 文件中写多行 Command 术语时,只有最后一条术语起作用。

1.4.7 显示系统配置

除了通过"工具"→"选项"对话框和 Windows 注册表编辑器(RegEdit. exe)可以查看系统配置信息外,还可以使用如下 VFP 命令进行查看。

命令格式:Display Status [To Printer|To File [＜路径＞]＜文本文件名＞]

命令说明:在 VFP 主窗口或用户当前窗口中输出系统配置信息,每输出一幕后有暂停,按任意键或单击鼠标,再输出下一幕。若用 To Printer 短语,则在窗口中输出信息的同时在打印机上打印同样的信息;若用 To File 短语,则将输出的信息同时存储到文本文件(TXT)中。

命令格式:List Status [To Printer|To File [＜路径＞]＜文本文件名＞]

命令说明:输出系统配置信息时没有暂停,其余功能与 Display Status 相同。

【例 1.7】 输出系统当前配置信息。

```
Display Status          && 将系统配置信息输出到 VFP 主窗口或用户当前窗口中
List Status To File ST  && 将系统配置信息存储到文件默认目录的 ST.TXT 文件中
```

List Status To Printer　　&& 将系统配置信息输出到打印机

1.5　项目管理器

一个完整应用程序可能包含数据库、程序、查询、表单、报表和类库等各种对象,通过项目管理器可以将一个应用程序中的所有对象有效地组织起来,便于创建、添加、修改、删除和查看应用程序中的各类对象,并能将应用程序编译成可执行的程序文件。

项目管理器以目录的形式组织应用程序中的各类对象,将各个对象的目录信息保存在项目文件中,而每个对象的具体信息保存在各自的文件中。

系统默认项目文件的扩展名为PJX,当建立项目时,系统还自动创建与项目文件同主名的辅助文件,其扩展名为PJT。在使用项目文件时,两个文件必须同时存在。

建立应用程序时,可以先创建项目文件,然后在项目管理器中创建和修改应用程序中的各种对象;也可以先建立应用程序及其相关对象,随后再将这些对象添加到项目文件中。

1.5.1　创建项目文件

在VFP系统中,创建项目文件的方法如下。

方法一:单击"文件"→"新建"选项,选择"文件类型"为"项目",再单击"新建文件"按钮,在"创建"对话框中选择存放项目文件的文件夹名,并输入项目文件名(如XSXXGL),最后单击"保存"按钮。

方法二:在命令窗口或程序中执行命令。

命令格式:Create Project［＜盘符＞］［＜路径＞］＜项目文件名＞

命令说明:在指定文件夹下建立项目文件,文件扩展名可以省略,系统默认是PJX。如果省略盘符和路径,则在默认目录中建立项目文件。

使用上述两种方法之一,都将进入项目管理器(见图1.10)。

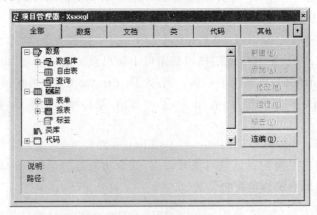

图1.10　项目管理器

【例 1.8】 用命令方式创建项目文件 XSXXGL.PJX。

```
Create Project D:\XSXXGL\XSXXGL
```

执行上述命令时,系统将进入项目管理器并在 D:\XSXXGL 文件夹中建立了项目文件 XSXXGL.PJX 和 XSXXGL.PJT。新建的项目文件内容为空,如果关闭空项目文件,则系统将弹出对话框,供选择"保持"或"删除"项目文件。

1.5.2　修改项目文件

在 VFP 系统中有修改项目文件的如下常用方法。

方法一:单击"文件"→"打开"选项,选择"文件类型"为"项目",并选择项目文件名(如 XSXXGL),最后单击"确定"按钮。

方法二:在命令窗口或程序中执行命令。

命令格式:Modify Project [<盘符>][<路径>]<项目文件名>

命令说明:用于修改已经存在的项目文件,其余要求同 Create Project 命令。若给定的项目文件名不存在,本命令等同于 Create Project,即建立项目文件。

【例 1.9】 利用命令修改项目。

```
Modify Project D:\XSXXGL\XSXXGL
```

执行此命令后,系统进入项目管理器并打开了项目文件 D:\XSXXGL\XSXXGL.PJX,允许查看和修改文件中的对象。

1.5.3　项目管理器窗口操作

项目管理器以目录的形式组织和管理对象,其窗口共有 6 个选项卡,其中"数据"、"文档"、"类"、"代码"和"其他"选项卡用于分类管理对象,而"全部"选项卡用于集中管理项目中各类对象。单击某类对象前面的加号＋可以展开该类对象;单击减号－可以将其折叠起来。

1. 折叠项目管理器

单击项目管理器窗口右上角的上箭头↑按钮,可以将窗口折叠,使其仅含标题和 6 个选项卡的简洁模式,同时上箭头↑按钮变成下箭头↓按钮,即还原按钮。在这种方式下,单击某个选项卡仅显示该选项卡中的对象。通过单击还原按钮可以还原项目管理器的原貌。

2. 选项卡浮动窗口

在项目管理器处于折叠状态下,鼠标拖动某个选项卡,可以将选项卡从项目管理器窗口中脱离出来,成为一个浮动窗口,此时可以在浮动窗口中操作该选项卡中的对象。关闭浮动窗口,将选项卡还原到项目管理器中。

选项卡浮动窗口的标题栏上有一个"图钉"按钮(▬◗），单击此按钮将其处于按下状态(◗），使该浮动窗口一直处于其他窗口之上，再次单击◗按钮，使其他窗口可以覆盖该浮动窗口。

1.5.4 项目对象组织

在项目管理器中，可以建立、添加、修改或删除各类对象。在操作某类对象之前，要选择对象类或对象名，随后再执行"项目"菜单或项目管理器中的相关操作。有时"项目"菜单和项目管理器中的相关按钮不可用，这表明对当前对象不能进行此类操作。

1. 新建对象

在对应选项卡中选定对象的类后，按下列方法建立新对象。

方法一：单击项目管理器中的"新建"按钮。

方法二：单击"项目"→"新建文件"。

【例1.10】 建立表单 TForm。

选定"文档"选项卡中的"表单"，单击"新建"→"新建表单"，保存文件名：TForm.SCX。

通过上述方法建立的对象都隶属于当前项目文件，但通过"文件"菜单的"新建"或执行命令建立的对象都不属于项目文件中的对象。

2. 添加对象

对于已经存在的各种对象文件，可以通过项目管理器将其添加到项目文件中。一个对象可以属于多个项目文件。在项目管理器中选定对象的类后，按如下方法添加对象。

方法一：单击项目管理器中的"添加"按钮。

方法二：单击"项目"→"添加文件"。

这两种操作方法都进入"打开"对话框，在此对话框中选择对象文件名，再单击"确定"按钮即可。

3. 运行对象

VFP 中的表单、菜单、查询和程序都是可执行对象，当选定这类对象时，可以按如下方法使之运行。

方法一：单击项目管理器中"运行"按钮。

方法二：单击"项目"→"运行文件"。

【例1.11】 运行表单文件 TFORM.SCX。

打开"文档"选项卡，在"表单"中选择 TFORM，单击"运行"按钮。

4. 修改对象

在项目管理器中，可以按下列方法修改当前项目文件中的各类对象。

方法一：双击要修改的对象名。

方法二：选定对象，单击"项目"→"修改文件"。

方法三：选定对象，单击项目管理器中的"修改"按钮。

【例 1.12】 修改表单 TFORM. SCX。

打开"文档"选项卡，在"表单"中选择 TFORM ，单击"修改"按钮。

5．浏览对象

在项目管理器中，可以通过如下方法浏览选定的表或视图中的数据。

方法一：单击项目管理器中的"浏览"按钮。

方法二：单击"项目"菜单→"浏览文件"。

【例 1.13】 浏览表 MZB. DBF 中的数据。

打开"数据"选项卡，在"数据库"中选择数据库名（如 XSXX）以及表名（如 MZB），单击"浏览"按钮。

6．移去对象

在项目管理器中选定对象后，按如下方法移去对象。

方法一：单击项目管理器中的"移去"按钮。

方法二：单击"项目"→"移去文件"。

这两种操作方法都进入"移去"对话框，在此对话框中如果单击"移去"按钮，则仅从项目文件中"移去"对象，脱离隶属关系，但在磁盘中仍然保留对象文件；如果单击"删除"按钮，则在移出对象后从磁盘中"删除"对象文件。

1.6　应用程序设计举例

【例 1.14】 设计一个表单（见图 1.11），在运行表单时，输入"第一个操作数"（如 8）和"第二个操作数"（如 3）后，单击"加"按钮时，在"运算结果"框上将显示这两个数的和（如 11）；单击"开方"按钮时，在"运算结果"框上将显示"第一个操作数"开"第二个操作数"次方的结果（如 2）等。

图 1.11　Example 表单

本例中涉及的对象和修改过的属性如表 1.4 所示，表中没出现的其他属性一律使用系统默认值。应用程序设计过程如下。

（1）**新建项目文件**：单击"文件"→"新建"，选择"项目"，单击"新建文件"按钮，在弹出的"创建"对话框中输入项目文件名（EXM）。

（2）**建立表单**：在项目管理器中，进入"文档"选项卡，选择"表单"，单击"新建"→"新建表单"按钮。

表 1.4　Example 表单中的对象

对象名	类	属性名	属性值/用途
Form1	表单	Caption	计算器
Label1	标签	Caption	第一个操作数:
Label2	标签	Caption	第二个操作数:
Label3	标签	Caption	运算结果:
Text1	文本框	Value	值为 0,用于输入第一个操作数
Text2	文本框	Value	值为 0,用于输入第二个操作数
Text3	文本框	Value	值为 0,用于显示运算结果
Command1	命令按钮	Caption	加
Command2	命令按钮	Caption	减
Command3	命令按钮	Caption	乘
Command4	命令按钮	Caption	除
Command5	命令按钮	Caption	乘方
Command6	命令按钮	Caption	开方

（3）**调整表单位置和大小属性**：拖动表单标题栏,可以改变其位置;拖动表单边框,可以改变其大小。

（4）**显示或隐藏"属性"窗口**：可以通过"属性"窗口调整表单和控件的属性。在某一时刻,可以显示或隐藏"属性"窗口。

方法：单击菜单栏中的"显示",选择（√）或隐藏（去√）"属性"窗口。

（5）**修改表单标题**：在"属性"窗口中选定 Caption,将其值改为：计算器。

（6）**显示或隐藏"表单控件工具栏"**：通过"表单控件工具栏"中的工具向表单中加控件,可以显示或隐藏"表单控件工具栏"。

方法：单击"显示"菜单,选择（√）或隐藏（去√）"表单控件工具栏"。

（7）**建立标签**：单击"表单控件工具栏"中的"标签"后,在表单上适当位置拖动鼠标,便建立了标签控件;拖动控件,可以改变其位置,拖动其边框,可以改变大小。

系统默认第一个标签名（Name 属性）为 Label1,在"属性"窗口中选择 Caption 属性,将其值改为：第一个操作数:,用同样的方法可以建立其他标签。

（8）**建立文本框**：单击"表单控件工具栏"中的"文本框",在表单上适当位置拖动鼠标,便建立了文本框控件。

系统默认第一个文本框名（Name 属性）为 Text1,在"属性"窗口中选择 Value 属性,将其值改为 0,用同样的方法建立其他文本框。

（9）**建立命令按钮**：单击"表单控件工具栏"中的"命令按钮",在表单上适当位置拖动鼠标,便建立了命令按钮控件。

系统默认第一个命令按钮名（Name 属性）为 Command1,在"属性"窗口中选择

Caption 属性,将其值改为：加,用同样的方法建立其他命令按钮。

（10）**面向对象编程**：通常要对应用程序中的对象编写程序,本例中仅需要对"命令按钮"控件编写程序代码。对 Command1 编程的方法是：双击 Command1（加）控件,进入代码编辑器,选择 Click（系统默认）事件,编写代码如下：

```
X=ThisForm.Text1.Value        && 将 Text1 上输入的数值存于变量 X 中
Y=ThisForm.Text2.Value        && 将 Text2 上输入的数值存于变量 Y 中
ThisForm.Text3.Value=X+Y      && 将 X+Y 的值在 Text3 上显示
```

输入代码时,没必要输入 && 及之后的内容。

通过同样方法可以编写其他命令按钮的程序代码,本例中各个命令按钮控件的 Click 事件代码如表 1.5 所示。

表 1.5 **Example 表单中各命令按钮的 Click 事件代码**

对 象 名	Caption 属性值	程 序 代 码	注 释
Command1	加	X=ThisForm.Text1.Value Y=ThisForm.Text2.Value ThisForm.Text3.Value=X+Y	
Command2	减	X=ThisForm.Text1.Value Y=ThisForm.Text2.Value ThisForm.Text3.Value=X-Y	
Command3	乘	X=ThisForm.Text1.Value Y=ThisForm.Text2.Value ThisForm.Text3.Value=X*Y	VFP 用"*"表示乘号

Command4	除	X=ThisForm.Text1.Value
		Y=ThisForm.Text2.Value
		If Y=0
		    MessageBox("除数不能为 0")
		Else
		    ThisForm.Text3.Value=X/Y
		EndIf
			先判断除数 Y 是否为 0,如果为 0,不能做除法运算,弹出提示框；如果不为 0,进行除法运算,得到商。VFP 用/表示除号

Command5	乘方	X=ThisForm.Text1.Value Y=ThisForm.Text2.Value ThisForm.Text3.Value=X**Y	VFP 用**或∧表示乘方
Command6	开方	X=ThisForm.Text1.Value Y=ThisForm.Text2.Value ThisForm.Text3.Value=X**(1/Y)	

（11）**表单存盘**：单击"文件"→"保存",在"另存为"窗口中将"保存表单为："设置为 Example.scx。

（12）**运行表单**：在项目管理器中,单击"文档"选项卡,选择"表单"→Example,单击"运行"按钮。

至此,已经建立和运行了一个应用程序,以后要对此程序进行修改或重新运行,只要打开项目文件即可实现相关操作。

方法：单击"文件"→"打开"，从"文件类型"下拉框中选择"项目"，输入或选择文件名（如 EXM），单击"确定"按钮。

打开项目后，修改表单的过程与上述建立表单的过程基本相同。

1.7 符号约定与 VFP 的语法规则

这里的符号约定是指本书在叙述 VFP 的操作过程、命令（语句）和函数中所使用的符号及其说明，而 VFP 的语法规则是指编写 VFP 命令或程序时应该遵循的规定。

1.7.1 符号约定

为了便于读者理解和学习，本书尽量采用多数计算机书籍中常用的符号和名词，书中所涉及的符号和名词说明如下。

（1）＜～＞：在编写命令或程序时，要填写对应的具体内容，但不写尖括号。例如，命令格式：_Screen.＜属性名＞＝＜属性值＞，其中属性名必须是对象的某个具体属性名（见表 1.2），而属性值必须是符合对应属性要求的值。编写命令时可以写成：_Screen. Caption＝"实验基础" 或 _Screen. FontSize＝15 等。

（2）［～］：表示可选项或可省略项，即从语法要求上看可以用，也可以不用；从功能上看，用与不用可能产生不同的效果。应用时不写方括号。

（3）～|～：用"|"分开的短语，具体使用时只能选用其中一项。例如，命令格式：Display Status［To Printer |To File［＜路径＞]＜文本文件名＞]，编写命令时写成：Display Status、Display Status To Printer 或 Display Status To File D:\XTZT 都是正确的，但功能有差异。在一条具体的命令中，只能使用 To Printer 或 To File 之一。

（4）～→～：在讲述操作过程或方法时，用"→"表示下一步的操作。

（5）"～"：在讲述操作过程或方法时，用双引号将 VFP 系统中的文字引起来，便于操作时尽快定位。例如，单击"格式"→"字体"，选择"字体"和"大小"。

（6）～表：表示由逗号","分隔的若干个项。例如，命令格式：? ＜表达式表＞，表示"?"后面可以写若干个表达式，各个表达式之间用逗号","分隔。又如，命令格式：Store ＜表达式＞ To ＜内存变量名表＞，表示"To"后面可以写若干个内存变量名，各个内存变量名之间用逗号","分隔等。

（7）…：表示可以若干项重复，各项之间用逗号","分隔，但编写具体命令时，不能出现"…"。

1.7.2 VFP 的语法规则

VFP 作为一种人与计算机进行交流的语言和应用程序开发工具，它有自身的语法规则和书写要求,人们在使用它的过程中,必须遵守如下规则。

(1) 对象与对象、对象与属性和对象与方法程序之间必须用圆点"."分开,即用"."表示一种隶属关系。例如,Form1. Command1. Caption,表示 Command1 是表单 Form1 中的命令按钮,而 Caption 是 Command1 的属性。

(2) 除字符型数据外,对英文字母不区分大小写。

(3) 命令、短语、系统函数名和方法程序名等系统名词可以作为变量、文件、过程或对象名,多数命令、短语、系统函数名等系统名词可以缩写成前 4 个字符(方法程序名不能缩写),例如,Display Status 与 Disp Stat 功能完全相同。但是,有些系统名词前 4 个字符完全相同,这些系统名词不能缩写成 4 个字符,例如,语句"Local X,Y"写成"Loca X,Y"是错误的,原因是 Local 与系统的另一个名词 Locate 的前 4 个字符相同;同样,函数 Getprinter() 或 Getpict() 缩写成 Getp() 也是错误的。

为了保持程序的易读性和避免应用程序混乱,建议读者不要将系统名词作为变量、文件、过程或对象名。

(4) 命令、短语、方法程序名和系统函数名中的英文字母、专用符号(如各种运算符、单引号、双引号、小括号等)一律以半角方式输入。

(5) 一条命令(语句)中,各项之间至少用一个空格分开(隶属关系只用圆点,不用空格);如果一条命令要写成多行,除最后一行外,其余各行要用分号";"结束(也称为继续行)。例如:

```
Form1.Command1.Caption="确认"
```

等效于:

```
Form1.Command1.;
Caption="确认"
```

如果书写的命令(语句)违背了上述规定,系统运行到该命令(语句)时,将出现语法错误。

(6) 一行中不能编写 2 条或更多命令(语句),每行要以回车结束。

(7) 在程序和命令窗口中,可以编写注释信息。在程序或命令中是否加注释信息,不会影响程序或命令的功能,注释信息只为人们阅读程序或命令时提供参考信息。VFP 提供了 2 种编写注释信息的方法。

- **整行注释**:以星号(＊)或 Note 开始的行为整行注释,＊或 Note 之后的信息都是注释信息,Note 与其后的信息之间至少要有一个空格。例 1.4 中的第一行就是整行注释。
- **命令尾注释**:在一条命令的**末尾**以双"&"开始,即 && 之后的信息都是注释信息。在例 1.4 中,第 2 行以后各行都有命令尾注释。

习 题 一

一、用适当的内容填空

1. Visual FoxPro 是微型计算机上常用的一种关系数据库管理系统,简称【　　】。

2. VFP 不仅支持【　①　】的程序设计,而且支持【　②　】的程序设计,提供了大量辅助设计工具,简化了应用程序的开发过程。

3. VFP 要处理的各种信息以【　　】文件形式存储于计算机系统中。

4. 一个应用程序通常由【　①　】和【　②　】两种界面组成,主界面由【　③　】和【　④　】组成。

5. 安装 VFP 系统,首先应该鼠标双击安包中的【　①　】文件,在安装过程中,每步都要用鼠标单击【　②　】按钮,为了使用 VFP 的帮助功能,还要安装【　③　】软件;启动 VFP 系统的程序文件名为【　④　】。

6. 在 Windows 操作系统下启动 VFP 的方法之一是:单击"开始"→【　①　】→ "Microsoft Visual FoxPro 6.0"→【　②　】。

7. VFP 有 4 种工作方式,其中【　　】种方式属于自动化工作方式。

8. 系统提供【　①　】个工具栏,某菜单项是否显示和是否可用与系统【　②　】有关。

9. VFP 在系统默认情况下,仅显示"常用"工具栏,单击【　①　】→【　②　】,可以设置显示或隐藏工具栏。

10. 调整当前窗口(如命令窗口)中字体和字号的方法是:单击【　①　】→ 【　②　】,选择"字体"和"大小"。

11. 在 VFP 中,按 Ctrl+【　①　】键,将打开命令窗口;按 Ctrl+【　②　】键,将关闭命令窗口。

12. 执行命令可以设置 VFP 主窗口的属性,主窗口系统对象的名称是【　①　】,主窗口标题的属性名是【　②　】。

13. 设置 Foxhelp.CHM 文件,应该在"选项"对话框的【　①　】选项卡中设置;设置日期和时间的输出格式,应在"选项"对话框的【　②　】选项卡中设置。

14. 要设置 D:\VFP 为文件默认目录,应该执行 Set【　　】To D:\VFP 命令。

15. 使 VFP 系统启动后自动执行一条命令或调用一个程序,应该在【　①　】文件中设置【　②　】项参数,要改变可使用的内存变量个数,应该设置【　③　】项参数。

16. 要退出 VFP 系统,在程序或命令窗口中应该执行【　　】命令。

17. 在 VFP 中,项目管理器以【　①　】形式组织应用程序中的各类对象,系统默认项目文件的扩展名是【　②　】。在项目管理器中,通过【　③　】操作将已经存在的对象文件加到项目文件中。一个对象可以属于【　④　】个项目文件。

二、从参考答案中选择一个最佳答案

1. VFP 是【　　】。
   A. 操作系统的一部分　　　　　　　　B. 数据库管理系统
   C. 数据库　　　　　　　　　　　　　D. 操作系统

2. 总体来看，VFP 有【　　】两种工作方式。
   A. 有命令和菜单操作工作方式　　　　B. 有交互和工具工作方式
   C. 有交互和自动化工作方式　　　　　D. 有交互和菜单操作工作方式

3. 下列关于菜单栏和工具栏的叙述，错误的是【　　】。
   A. 菜单和工具栏中有相同的操作　　　B. 工具栏中包含菜单中的操作
   C. 菜单中包含工具栏中的操作　　　　D. 两者相同的操作功能相同

4. 执行命令：Set Clock On，在【　　】中打开时钟。
   A. 任务栏　　　　B. 状态栏　　　　C. 主窗口　　　　D. 命令窗口

5. 单击"工具"→"选项"，在"选项"对话框的"文件位置"选项卡中，可以设置【　　】。
   A. 日期和时间的输出格式　　　　　　B. 表单的默认大小
   C. 程序代码的颜色　　　　　　　　　D. 文件默认目录

6. 改变 VFP 主窗口中的字体应该执行【　　】命令；改变字号应该执行【　　】命令。
   A. _Screen. Caption＝"黑体"　　　　B. _Screen. Caption＝11
   C. _Screen. FontName＝"黑体"　　　D. _Screen. FontName＝11
   E. _Screen. FontSize＝"黑体"　　　F. _Screen. FontSize＝11

7. 要隐藏系统状态栏应该执行【　　】命令。
   A. Set Status Bar On　　　　　　　B. Set Status Bar Off
   C. Set Status On　　　　　　　　　D. Set Status Off

8. 要隐藏非输出命令的执行结果，应该执行【　　】命令。
   A. Set Clock Off　　　　　　　　　B. Set Century Off
   C. Set Status Bar Off　　　　　　　D. Set Talk Off

9. 输出系统配置信息，应该执行【　　】命令。
   A. Set Status Bar On　　　　　　　B. Set Status Bar Off
   C. Set Status On　　　　　　　　　D. Display Status

10. VFP 系统默认允许使用【　　】个内存变量，最多允许使用【　　】个内存变量。
   A. 512　　　　　B. 1024　　　　C. 2048　　　　D. 6500
   E. 65 000

11. 对 VFP 的运行环境进行调整的配置文件是【　　】。
   A. Config. FPW　　B. Config. VFP　　C. Config. SYS　　D. Config. DAT

12. 将命令 Set Talk On 写入 Config. FPW 文件中，应该写为【　　】。
   A. Set Talk On　　B. Set Talk＝On　　C. Talk＝On　　D. On＝Talk

13. 对 VFP 系统环境进行配置，执行 Set Date ANSI 命令的配置为【　　】配置。
   A. 非系统配置　　B. 临时配置　　　C. 永久配置　　　D. 视当前状态而定

14. 在 VFP 中,表示对象之间隶属关系所用的符号是【　　】。

    A. 分号　　　　　B. 空格　　　　　C. 圆点　　　　　D. 逗号

15. 在 VFP 中输入命令时,若将一条命令写成多行,则除最后一行外,其余各行的尾部应该用【　　】符号。

    A. 分号　　　　　B. 空格　　　　　C. 圆点　　　　　D. 逗号

16. 要退出 VFP 系统,在命令窗口或程序中执行【　　】命令。

    A. Exit　　　　　B. Ctrl＋W　　　　C. Ctrl＋Q　　　　D. Quit

17. 向项目中添加表单,使用项目管理器的【　　】选项卡。

    A. 代码　　　　　B. 类　　　　　　C. 数据　　　　　D. 文档

18. 通过项目管理器窗口的命令按钮,不能完成的操作是【　　】。

    A. 运行程序　　　B. 添加文件　　　C. 重命名文件　　D. 连编文件

19. 要删除项目管理器中包含的文件,应该先单击【　　】按钮,再单击【　　】按钮。

    A. 连编　　　　　B. 删除　　　　　C. 添加　　　　　D. 移去

20. 在项目管理器中,通过【　　】建立的对象隶属于当前项目文件。

    A. 单击项目管理器中的"新建"按钮

    B. 单击"文件"→"新建"

    C. 在命令窗口中执行建立对象的命令

    D. 在程序中执行建立对象的命令

三、从参考答案中选择全部正确答案

1. VFP 是一种【　　】。

    A. 操作系统　　　　　　　　　　B. 关系数据库管理系统

    C. 应用程序系统　　D. 数据分析软件　　E. 应用程序开发工具

2. VFP 应用程序可以由【　　】组成。

    A. 表单　　　　　B. 菜单　　　　　C. 命令窗口　　　　D. 数据表

    E. 程序代码

3. 退出 VFP 系统的方法有【　　】。

    A. 按 Ctrl＋F4 键　　　　　　　B. 单击"文件"→"退出"

    C. 按 Alt＋F4 键　　　　　　　　D. 在命令窗口中执行 Exit

    E. 在程序或命令窗口中执行 Quit

4. 系统启动后,VFP 系统的主界面由【　　】组成。

    A. 菜单栏　　　　　B. 设计器　　　　C. 主窗口　　　　D. 命令窗口

    E. 项目管理器

5. 关于命令窗口的正确说法有【　　】。

    A. 命令窗口不可关闭　　　　　B. 在命令窗口中可以同时执行多条命令

    C. 可以拖动边框改变大小　　　D. 命令窗口中执行过的命令可以清除

    E. 运行过的命令可以重新执行和修改

6. 关于主窗口的正确说法有【　　】。

A. 用于输入命令　　　　　　　　　B. 用于显示输出结果

C. 字体和字号不可改变　　　　　　D. 各类设计器置于其中

E. 可以改变标题内容

7. 显示命令窗口的操作有【　①　】,隐藏(关闭)命令窗口的操作有【　②　】。

A. 按 Ctrl+F2 键　　　　　　　　　B. 单击"常用"工具栏上的"命令窗口"按钮

C. 按 Ctrl+F4 键　　　　　　　　　D. 单击"窗口"→"命令窗口"

E. 按 Alt+F2 键　　　　　　　　　F. 按 Alt+F4 键

8. 执行命令 Set Clock Off 能关闭【　　】中的时钟。

A. 任务栏　　　　B. 状态栏　　　　C. 常用工具栏　　　　D. 命令窗口

E. 主窗口

9. VFP 有【　①　】工作方式,其中属于交互式工作方式的有【　②　】。

A. 系统菜单　　　　B. 工具栏　　　　C. 在命令窗口中执行命令

D. 编写程序　　　　E. 利用状态栏

10. 使系统输出日期型数据的格式是 YYYY. MM. DD,应该执行【　　】组命令。

A. Set Century Off　　　　　　　　B. Set Century On

　　Set Date ANSI　　　　　　　　　　Set Date ANSI

C. Set Date Ansi　　　　　　　　　D. Set Date ANSI

　　Set Century Off　　　　　　　　　Set Century On

E. Set Date YMD

　　Set Century On

11. 在 Config. FPW 文件中包含:Command=_Screen. Caption="实验",启动 VFP
后主窗口标题没有变成"实验"两个字,其可能的原因是【　　】。

A. 文件位置错　　B. 该行位置错　　C. 该行书写错误　　D. 不是永久配置

E. 启动 VFP 位置错

12. 配置 VFP 系统环境时,【　①　】配置为临时配置,【　②　】为永久配置。

A. 通过"工具"→"选项"…,单击"设置为默认值"→"确定"按钮

B. 通过"工具"→"选项"…,单击"确定"按钮

C. 通过 Config. FPW 文件

D. 执行 Set 开头命令

E. 通过 Windows 的注册表编辑器

13. 在启动 VFP 时,系统自动在【　　】中查找名为 Config. FPW 的配置文件。

A. 文件默认目录　　　　　　　　　B. 安装 VFP 的目录

C. 系统盘 C:\　　D. 当前工作目录　　E. 文件搜索路径

14. 【　　】能创建项目文件 TP. PJX。

A. Make Project TP. PJX　　　　　B. Project TP. PJX

C. Modify Project TP　　　　　　　D. Add Project TP

E. Create Project TP

15. 系统默认涉及项目文件的扩展名有【　　】。

A. PJX   B. PRG   C. SCX   D. PJT
E. SCT

16. 对于 VFP 项目管理器，以下说法正确的是【　　】。
    A. 对任何对象都可以新建、运行、添加或浏览
    B. 对任何对象都可以新建、修改、添加或移去
    C. 对程序、表单、菜单对象可以新建、运行、添加或移去
    D. 对数据库、表、视图对象可以新建、运行、添加或浏览
    E. 对表、视图对象可以新建、修改、添加或浏览

17. 在项目管理器中，当前对象是【　　】时，有"浏览"按钮。
    A. 表单   B. 数据库   C. 表   D. 菜单
    E. 视图   F. 程序

18. 在项目管理器中，当前对象是【　　】时，有"运行"按钮。
    A. 表单   B. 数据库   C. 表   D. 菜单
    E. 视图   F. 程序

19. 关于项目与对象的正确叙述是【　　】。
    A. 1个项目可以包含多个对象   B. 从项目中移去对象一定删除对象文件
    C. 1个对象可以隶属于多个项目   D. 从项目中移去对象可以保留对象文件
    E. 1个对象只能隶属于1个项目   F. 对象存于项目文件中

思 考 题 一

1. Visual FoxPro 6.0 有哪几种工作方式？各自的优缺点是什么？

2. 为什么需要配置 VFP 的系统环境？配置系统环境有哪几种途径？什么是临时配置？什么是永久配置？

3. VFP 的系统环境配置文件 Config.FPW 的有效位置是哪里？这种配置属于哪种配置？

4. 项目管理器有哪些作用？在编写应用程序时，必须先建立创建项目文件吗？

第 2 章

VFP 表达式及应用

数据是程序加工处理的对象,并以某种特定的形式存储。在计算机程序设计中,数据有不同的类型,数据类型决定了数据的存储方式与运算方法。表达式是数据运算的主要工具,它是运算符连接常数、变量和函数等构成的运算式,常数、变量或函数也可以单独作为表达式使用。

2.1 数据类型与常数

常数是在命令或程序执行过程中保持不变的量,而变量则指其值可以变化的量。

2.1.1 数值型数据

数值型数据,即能参与算术运算的数据,由数字 0~9、小数点与正负号组成,其数据类型用符号 N 表示。数值型数据在内存中占 8 个字节,能表示 1~20 位数据,整数在 -6 899 999 999 999 998 至 6 899 999 999 999 998 之间无误差;能表示的小数位数为 0~19,小数位数≤15 位(不含符号位)无误差。

数值型常数是整数或实数,如 23、-153 和 123.48 都是数值型常数。也允许用科学计数法 rEm 的形式表示数值型常数,其中 r 为实数,m 为整数,并且 r 和 m 都不可省略。例如,用 2.34E+4 表示 $2.34×10^4$,即 23 400;用 1E-2 表示 10^{-2},即 0.01。但 3E2.0 不是数值型常数,因为 2.0 是实数,而不是整数。

2.1.2 字符型数据

字符型数据是英文字母、汉字或数字等符号组成的一串字符,其数据类型用符号 C 表示。一个字符型数据最多可由 16 777 184 个字符组成,半角英文字符占一个字节,一个汉字或全角字符占两个字节。

字符型常数也称为字符串,是用定界符括起来的一串字符。定界符可以是半角的单引号、双引号或方括号,必须成对使用。例如,'我是学生'、"I Study VFP" 和 [男] 都是字符型常数。定界符本身不作为字符型常数的内容,当某种定界符是字符串中的内容时,必须用另一种定界符作为标志,例如,'老师说:"明天交作业"'和["Windows"操作]。

字符串长度是指字符串中所含字符的个数(一个半角字符长度为1,一个汉字或全角字符长度为2)。例如,字符串常数"说:'What'"的长度为9。

2.1.3 货币型数据

货币型数据作为一种特殊的数值型数据,用来表示货币值。其数据类型用符号 Y 表示。货币型常数是在数值前加货币符号 $,例如,$12.34。

货币型常数在存储和计算时,系统自动保留4位小数,小数多于4位时四舍五入。例如,$123.456 789 将自动存储为 $123.4568。货币型数据用8个字节存储,取值范围为－922 337 203 685 477.5807～922 337 203 685 477.5807。

与数值型数据不同,货币型常数不能用科学记数法表示。

2.1.4 日期型数据

日期型数据可表示某一个日期。数据类型用符号 D 表示,用8个字节存储,取值范围为:0001 年 1 月 1 日至 9999 年 12 月 31 日。

日期型常数用一对大括号"{ }"括起来,其中包含年、月、日三部分内容,各部分内容之间可以用斜杠(/)、减号(－)、小数点(.)或空格等符号进行分隔。

1. 设置传统/严格日期格式

日期型常数有传统和严格两种格式。传统的默认格式是美语日期格式{mm/dd/yy}。传统格式受命令 Set Date 和 Set Century 的影响。不同设置状态,VFP 对同一个日期型常数的解释不一样。例如,对日期型常数{08/10/01},VFP 可能认为是 2008 年 10 月 1 日或 2001 年 8 月 10 日。

严格日期格式为{^yyyy-mm-dd}或{^yyyy/mm/dd}。用符号"^"作为严格日期常数的开始符号,年月日的次序不能改变,它不受命令 Set Date 和 Set Century 的影响,在任何情况下都表示唯一确切的日期。两种日期常数格式可通过命令进行设置。

命令格式:Set Strictdate To 0|1

命令说明:在程序或命令窗口中执行此命令,设置传统日期格式或严格日期格式。

【例 2.1】

```
Set Strictdate To 0      && 设置成传统日期格式
Set Date USA             && 输出日期格式为:月－日－年
Set Century On           && 输出日期的年份值用 4 位整数表示
X={11.10.1}              && X 赋值为:2001 年 11 月 10 日
? X                      && 输出:11-10-2001
Y={^11.10.1}             && 传统日期格式下可用严格日期,年份值可用 1~4 位整数表示
```

```
? Y                        && 输出：10-01-2011
Set Strictdate To 1        && 设置成严格日期格式
Z={^1949/10/01}            && Z 赋值成：1949 年 10 月 1 日
? Z                        && 输出：10-01-1949
U={^11.10.1}               && 出错,严格日期格式下,要求年份值用 4 位整数表示
U={11-10-2020}             && 出错,严格日期格式下,不能用传统日期
```

在传统日期格式下,可以用严格日期(年份值可用 1～4 位整数表示)和传统日期;在严格日期格式下,不能使用传统日期,严格日期中的年份用 4 位整数表示。

2. 设置日期分隔符

命令格式：Set Mark To ＜字符表达式＞

命令说明：在命令窗口或程序中,设置输出日期型数据的分隔符。字符表达式值中的首字符为分隔符。若省略＜字符表达式＞,则恢复系统默认的日期型数据分隔符。

【例 2.2】

```
Set Date ANSI
Set Century On
Set Mark To "-"
? {^2007/10/01}            && 输出结果为：2007-10-01
Set Mark To [.]
? {^2007/10/01}            && 输出结果为：2007.10.01
Set Mark To 'w'
? {^2007/10/01}            && 输出结果为：2007w10w01
Set Mark To
? {^2007/10/01}            && 输出默认的分隔符,结果为：2007.10.01
```

3. 设置世纪值

命令格式：Set Century To ＜世纪值＞Rollover ＜年份参照值＞

命令说明：世纪值范围为 1～99,年份参照值范围为 0～99。此命令仅对两位年份的日期有影响。执行此命令后,设某日期数据为 MM/DD/YY,当 YY≥年份参照值时,系统将该日期数据视为：MM/DD/世纪值 * 100＋YY;当 YY＜年份参照值时,系统将该日期数据视为：MM/DD/(世纪值＋1) * 100＋YY。

【例 2.3】

```
Set Date ANSI
Set Century On
Set Century To 19 Rollover 10
Set Mark To "."
? Ctod("49.10.01")        && 由于年份值 49>年份参照值 10,输出：1949.10.01
? Ctod("09.10.01")        && 由于年份值 09<年份参照值 10,输出：2009.10.01
```

2.1.5　日期时间型数据

日期时间型数据表示日期和时间,其数据类型用符号 T 表示。日期时间型数据用 8 个字节存储。

日期时间型常数由日期和时间两部分组成,日期部分取值范围为 0001 年 1 月 1 日至 9999 年 12 月 31 日,时间部分为 00:00:00 Am 至 11:59:59 Pm。

日期部分也有传统和严格两种格式。系统默认采用严格的日期时间格式:{^yyyy-mm-dd[,]hh:mm:ss [a|p]},日期和时间之间可以用逗号或空格分隔,a(或 AM) 表示上午,p(或 PM)表示下午,默认取值是 AM。如:

?　{^2008-8-1 8:18:30}　　　表示 2008 年 8 月 1 日上午 8 点 18 分 30 秒

?　{^2008-8-1 8:18:30 P}　　表示 2008 年 8 月 1 日下午 8 点 18 分 30 秒

2.1.6　逻辑型数据

逻辑型数据用来表示逻辑判断的结果,比如条件成立与否,事物的真或假、是与非等。其数据类型用符号 L 表示,逻辑型数据用一个字节存储。

逻辑型常数只有真和假两种值。用.T.、.t.、.Y. 或.y. 表示真;用.F.、.f.、.N. 或.n. 表示假。作为逻辑型常数定界符的前后小数点"."不能省略。

2.2　简单内存变量

变量分为内存变量和字段变量两类。内存变量又分为简单变量和数组变量两类。

内存变量存储在内存中,用来存放程序执行中的原始数据或中间结果。内存变量名由字母、汉字、数字或下划线组成,不能以数字开头。如 X、年龄和_No 都可作为内存变量名。而 1 月工资、$12.3 和 a+B 不能作为内存变量名。

在 VFP 中,允许内存变量和字段变量同名,如果内存变量与当前表中的字段(变量)出现重名,在引用内存变量时,需要加前缀"M."或"M->",明确指出内存变量。如果不加前缀,将引用同名字段变量的值。例如,M.姓名表示引用内存变量姓名的值。

2.2.1　内存变量赋值

使内存变量有确切值的操作称为内存变量赋值。在 VFP 中,使用内存变量前必须先赋值。通过赋值命令为内存变量首次赋值时,就创建(定义)了内存变量,既规定了变量名,又指定了变量的值。所赋值的数据类型决定了内存变量的数据类型。有许多为内存变量赋值的命令,典型的命令有:

命令格式 1：<内存变量名>=<表达式>

命令格式 2：Store　<表达式> To <内存变量名表>

命令说明：两条命令的功能都是将表达式的值赋给内存变量。

格式 1 只能给一个内存变量赋值；格式 2 可以同时给多个内存变量赋相同的值。

【例 2.4】

```
M="男"                    && 执行后 m 的值为：男,其数据类型为字符型
Store 2 * 3 To X,Y        && 执行后 X 和 Y 的值都是 6,数据类型都为数值型
```

2.2.2 内存变量的清除

内存变量使用完毕,应该从内存中将其清除,以便释放更多的可用内存空间。清除(释放)内存变量的命令有：

命令格式 1：Clear Memory

命令格式 2：Release <内存变量名表>

命令说明：格式 1 清除全部内存变量和数组,格式 2 清除指定的内存变量和数组。

【例 2.5】

```
Store 2 * 4 To X, Y, Z
Release X
? Y         && 内存变量 Y 仍然存在,输出 8
? X         && 由于 X 被清除,故系统提示：找不到变量 X
```

命令格式 3：Clear All

命令说明：命令用于清除全部内存变量和数组,关闭表(含索引和备注)文件,关闭窗口(表单),释放用户自定义的菜单程序等。但不能关闭数据库文件,也不能关闭表单、菜单和项目等设计器。

命令格式 4：Release All [Like <变量名通配符>|Except <变量名通配符>]

命令说明：变量名通配符中可以包含"?"或 *,表示一批变量。其中"?"代表其出现位置的任意一个字符(如果出现在最后,也表示没有字符),例如,"X?"表示以 X 开头,最多由两个字符组成的一批变量名；通配符" * "代表其出现位置的任意多个(包括没有)字符,即字符个数是任意的,每位上的字符也是任意的。例如,"X *"表示变量名以 X 开头的所有变量。各短语的含义如下。

(1) **All**：清除所有内存变量和数组。

(2) **All Like** <变量名通配符>：清除与"变量名通配符"匹配的变量和数组。

(3) **All Except** <变量名通配符>：清除与"变量名通配符"不匹配的变量和数组。

【例 2.6】

```
Store 1 To X, X1, X11, X12, Y, Y1, Y2, Y11, Y12, M1, M12, N1, N12
Release All Like Y1?           && 清除 Y1、Y11 和 Y12
Release All Like X *           && 清除 X、X1、X11 和 X12
```

```
Release All Except M*            && 仅保留 M1 和 M12
Clear All                        && 释放全部内存变量
```

2.2.3 输出表达式值

可以通过 VFP 命令输出表达式的值(即运算结果)。

命令格式 1：? [＜表达式表＞]

命令格式 2：?? [＜表达式表＞]

命令说明：先计算表达式表中每个表达式的值,再依次输出这些值。格式 1 从下一行开始位置输出计算结果,若省略表达式表,则输出一个空行。格式 2 从当前位置开始输出计算结果。

【例 2.7】

```
? '总成绩', 62+20
?? "分"                          && 输出：总成绩   82 分
```

2.3 数值型表达式

表达式是运算符连接常数、变量和函数等运算对象所构成的运算式。运算符是对数据进行操作的符号。单个常数、变量和函数是表达式的特例,即只有一个运算对象,没有运算符。表达式的运算结果称为表达式的值,根据表达式的运算结果可分为数值表达式、字符表达式、日期表达式、关系表达式和逻辑表达式。在 VFP 中只有同类型的数据(除日期与数值运算外)才能进行运算。

2.3.1 数值运算符

VFP 中的数值运算符如表 2.1 所示。

在表 2.1 中,取负运算的优先级别最高,其次是乘方,然后是乘、除法与求余运算(同级),最低是加与减运算(同级)。

表 2.1　数值运算符

优先级别	算术运算符	说　明	数学表达式	转换成 VFP 表达式
1	+、−	取正负	$-(+X)$	$-(+X)$
2	** 或 ^	乘方	X^3	X ^ 3 或 X ** 3
3	*、/、%	乘、除、求余	$2 \div \dfrac{3X+1}{X-1}$	2/((3 * X+1)/(X−1))
4	+、−	加、减	$X+Y-1$	X+Y−1

当两个同符号数求余(％)运算时,结果为第 1 个数除以第 2 个数的余数。当两个异符号数求余数时,如果能整除,则结果为 0;否则,结果为第 1 个数除以第 2 个数的余数再加上第 2 个数。

【例 2.8】

```
? 8%3, 8 %-3, -8%3, -8%-3          && 输出结果为: 2  -1  1  -2
```

2.3.2　常用数值型函数

函数作为一种特殊的表达式,可分为系统函数和用户自定义函数。系统函数也称为标准函数,是 VFP 系统定义的函数,可以直接使用。自定义函数是用户编写的子程序。通常调用一个函数需要带有参数,调用结束后会有一个运算结果,称运算结果为函数返回值或函数值。返回值的类型决定了函数的数据类型。数值型函数指函数值为数值型。

1. 符号函数

函数格式:Sign(<数值表达式>)

函数说明:返回值表示数值表达式值的符号。表达式的值为正、零和负值时,函数值分别是 1、0 和 −1。

【例 2.9】

```
X=2 * 4
? Sign(X), Sign(X-8), Sign(-X)          && 输出结果为: 1  0  -1
```

2. 求绝对值函数

函数格式:Abs(<数值表达式>)

函数说明:返回值为数值表达式的绝对值。

【例 2.10】

```
X=-2 * 3
? Abs(X+3)                              && 输出结果为: 3
```

3. 求平方根函数

函数格式:Sqrt(<数值表达式>)

函数说明:返回值是数值表达式值的算术平方根,数值表达式值必须大于或等于 0。

【例 2.11】

```
? Sqrt(16)                              && 输出结果为: 4.00
```

4. 求指数函数

函数格式:Exp(<数值表达式>)

函数说明：若数值表达式的值为 x，则函数返回值是 e^x。

【例 2.12】

```
? Exp(0),Exp(2)                    && 输出结果为：1.00 7.39
```

5. 求自然对数函数

函数格式：Log（＜数值表达式＞）

函数说明：函数返回值是以 e 为底数，数值表达式值的对数。数值表达式值必须大于 0。

【例 2.13】

```
? Log(10), Log (Exp (2))           && 输出结果为：2.30 2.00
```

6. 求余函数

函数格式：Mod（＜数值表达式 1＞，＜数值表达式 2＞）

函数说明：函数值是数值表达式 1 除以数值表达式 2 的余数。功能与"＜数值表达式 1＞％＜数值表达式 2＞"相同。

【例 2.14】

```
? Mod(8,3), Mod(8,-3), Mod(-8,3), Mod(-8,-3)      && 输出结果是：2 -1 1 -2
```

7. 求圆周率函数

函数格式：Pi()

函数说明：函数返回值是圆周率。其精度与 Set Decimal To ＜小数位数＞命令有关，系统默认显示到小数点后两位。

【例 2.15】

```
Set Decimal To 10                  && 设置小数点后显示 10 位
? Pi() * 10 * 10                   && 输出结果为：314.1592653590
```

8. 求最大值和最小值函数

函数格式：Max(＜表达式表＞)
　　　　　　Min(＜表达式表＞)

函数说明：Max 函数是求表达式表中所有表达式值的最大者。Min 函数是求最小者。各表达式的数据类型必须一致，可以是数值型、字符型、货币型、日期型、日期时间型或逻辑型等。此类函数可以有多个参数，至少要有两个参数。

【例 2.16】

```
? Max(8,-2 * 3,10,3), Min(8,-2 * 3,10,3)    && 输出：10 -6
? Max('A','B','C'), max(.f.,.T.,.n.)        && 输出：C .T.
```

```
? Max($200,$100,$300)                    && 输出：300.0000
```

9. 求整函数

函数格式 1：Int(＜数值表达式＞)

函数格式 2：Ceiling(＜数值表达式＞)

函数格式 3：Floor(＜数值表达式＞)

函数说明：Int 函数的值是数值表达式值的整数部分，而不是四舍五入；Ceiling 函数值是大于或等于数值表达式值的最小整数；Floor 函数值是小于或等于数值表达式值的最大整数。

【例 2.17】

```
? Int (2.8), Int (-2.8)              && 输出结果为：2 -2
? Ceiling (2.8), Ceiling(-2.8)      && 输出结果为：3 -2
? Floor (2.8), Floor(-2.8)          && 输出结果为：2 -3
```

10. 四舍五入函数

函数格式：Round (＜数值表达式 1＞,＜数值表达式 2＞)

函数说明：返回值为数值表达式 1 的值四舍五入后的结果。由数值表达式 2 的值确定保留的位置。若数值表达式 2 的值大于 0，则表示要保留的小数位数，在其后一位上进行四舍五入；若数值表达式 2 的值等于 0，则表示保留到整数的个位，在小数第一位上进行四舍五入；若数值表达式 2 的值小于 0，则其绝对值表示在整数上进行四舍五入的位置。例如，-1 表示在个位上进行四舍五入，保留到十位；-2 表示在十位上进行四舍五入，保留到百位；依次类推。

【例 2.18】

```
? Round(2.56,1), Round(2.56,0),     && 输出：2.6 3
? Round(2.56,-1),Round(7.56,-1)     && 在个位上四舍五入,保留到十位,输出：0  10
```

11. 求 ASCII 码值函数

函数格式：Asc (＜字符表达式＞)

函数说明：返回值是字符表达式值中首字符的 ASCII 码值。

【例 2.19】

```
? Asc("English Abc")                && 输出结果为 E 的 ASCII 码值：69
```

12. 求字符串长度函数

函数格式：Len(＜字符表达式＞)

函数说明：返回值是字符表达式值中所含字符的个数，空格也计算在内。每个汉字或全角符号占两个字符位置。

【例 2.20】 为清晰起见,下列命令中的⌣符号表示半角空格。

  ? Len("学习⌣VFP6.0")   && 输出结果为:11

13. 求子串起始位置函数

函数格式:At (<字符表达式 1>,<字符表达式 2>[,<数值表达式>])
      Atc(<字符表达式 1>,<字符表达式 2>[,<数值表达式>])

函数说明:设<数值表达式>值的整数部分为 n,当 n=1 时,可以省略<数值表达式>。函数值是字符表达式 1 的值在<字符表达式 2>值中第 n 次出现(由左至右)的开始位置,如果出现次数小于 n,则函数值为 0。At 函数区分字母大小写,而 Atc 函数不区分字母大小写,其余功能两个函数一致。

【例 2.21】

  ? AT('AR','cadARA'), AT('AA','cadAARA',2), ATC('A','cadARA')&& 输出:4 0 2

14. 求子串出现次数函数

函数格式:Occurs (<字符表达式 1>,<字符表达式 2>)
函数说明:计算字符表达式 1 的值在字符表达式 2 值中出现的次数。

【例 2.22】

  ? Occurs("ab","cabdabe"),Occurs("ab","cadbaeb") && 输出:2 0

15. 求年份函数

函数格式:Year(<日期表达式>)
函数说明:函数值是日期表达式值的年份值,值范围为 0001～9999。

【例 2.23】

  ? Year({^2007-10-01})   && 输出:2007

16. 求月份函数

函数格式:Month (<日期表达式>)
函数说明:函数值是日期表达式值中的月份值,值范围为 1～12。

【例 2.24】

  ? Month ({^2007-10-01})   && 输出:10

17. 求星期函数

函数格式:Dow(<日期表达式>)
函数说明:函数值是日期表达式值对应的星期几。值范围为 1～7,其中 1 代表星期日,2 代表星期一……7 代表星期六。

【例 2.25】

```
? Dow({^1949/10/01})                && 输出:.7,代表星期六
```

18. 求日数函数

函数格式：Day(＜日期表达式＞)

函数说明：函数值是日期表达式值的日数,值范围为 1~31。

【例 2.26】

```
? Day({^2007-03-15})               && 输出: 15
```

19. 求小时函数

函数格式：Hour(＜日期时间表达式＞)

函数说明：函数值表示小时,采用 24 小时制。

【例 2.27】

```
? Hour({^2007-05-01 1:22:33 p})     && 输出: 13
```

20. 求分钟函数

函数格式：Minute(＜日期时间表达式＞)

函数说明：函数值表示分钟。

【例 2.28】

```
? Minute({^2007-05-01 1:22:33 p})  && 输出: 22
```

21. 求秒钟函数

函数格式：Sec(＜日期时间表达式＞)

函数说明：函数值表示秒数。

【例 2.29】

```
? Sec({^2007-05-01 1:22:33 p})      && 输出结果为: 33
```

22. 字符转换成数值函数

函数格式：Val(＜字符表达式＞)

函数说明：对字符表达式的值去掉首部空格后,从左向右将可转换的符号转换成数值型数据,作为函数的返回值。如果首字符就是不可转换的符号,则函数返回值为 0。其中可转换成数值的符号包括小数点、正号(＋)、负号(－)和 0~9 十个数码,也可以是科学计数法 rEm 形式的符号串。

【例2.30】

```
? Val("-2") * 3, Val("1.2E1") * 3      && 输出结果为: -6.00  36.00
? Val("1.23a56") * 2, Val("A123")      && 输出结果为: 2.46  0.00
```

2.4 字符型表达式

字符表达式是字符运算符连接字符型数据的运算式,运算结果是字符型数据。

2.4.1 字符运算符

VFP中有两种字符运算符。

(1) ＋:将两个字符型数据依次连接起来,构成一个新的字符型数据。

(2) －:先将第一个字符型数据的尾部空格移动到第二个字符型数据的尾部,再依次连接成一个新的字符型数据。

【例2.31】

```
S1=' ␣学␣生 ␣␣'
S2=' ␣成 ␣绩 ␣'
? S1+S2+' 表 ␣A'          && 输出: ␣学 ␣生 ␣␣␣成 ␣绩 ␣␣表 ␣A
? S1-S2+' 表 ␣A'          && 输出: ␣学 ␣生 ␣成 ␣绩 ␣␣␣表 ␣A
```

可见运算符"－"并不移动第一个字符型数据中间和开始的空格位置。

2.4.2 常用字符型函数

字符型函数是指函数值为字符型数据的函数。

1. 生成空格函数

函数格式:Space<数值表达式>

函数说明:数值表达式的值应大于或等于0。设其整数部分为n,利用此函数可以产生n个空格的字符串。若n等于0,则函数产生一个空字符串,即长度为0的字符串。

【例2.32】

```
? 'VFP'+Space(3)+'6.0版'      && 输出结果为: VFP␣␣␣6.0版
```

2. 删除空格函数

函数格式:Ltrim(<字符表达式>)

　　　　　　Trim(<字符表达式>)

Rtrim(<字符表达式>)

Alltrim(<字符表达式>)

函数说明：利用 Ltrim、Trim 和 Alltrim 函数可分别去掉字符表达式值的首部空格、尾部空格和两端空格。Trim 和 Rtrim 功能相同。

【例 2.33】

```
? Ltrim(' ␣成␣绩␣')          && 输出：成␣绩␣
? Trim (' ␣成␣绩␣')          && 输出：␣成␣绩
? Alltrim(' ␣成␣绩␣')        && 输出：成␣绩
```

可见这三个函数都不能去掉字符表达式值的中间空格。

3. 取左子串函数

函数格式：Left（<字符表达式>,<长度>)

函数说明：<长度>是数值表达式。设其值的整数部分为 n，从字符表达式值的左端第一个字符开始取 n 个字符作为函数值。若 n 大于或等于字符表达式的长度，则函数值为整个字符串。

【例 2.34】

```
? Left("VFP 6.0",3)          && 输出结果为：VFP
```

4. 取右子串函数

函数格式：Right(<字符表达式>,<长度>)

函数说明：从字符表达式值的最右端开始向左取子串,其他同 left 函数。

【例 2.35】

```
? Right("吉林大学",4)        && 输出结果为：大学
```

5. 取任意子串函数

函数格式：Substr(<字符表达式>,<起始位置>[,<长度>])

函数说明：从<字符表达式>值的<起始位置>取指定<长度>的子字符串作为函数的值。当省略<长度>时,从<起始位置>取到<字符表达式>值的末尾。<起始位置>和<长度>都是数值表达式,系统对这两个数值表达式的值自动取整。

【例 2.36】

```
X="2008年北京奥林匹克运动会"
? Substr(X,7,6)+Substr(X,19,2)+Substr(X,23,2)   && 输出结果为：北京奥运会
```

6. 复制字符函数

函数格式：Replicate（<字符表达式>,<数值表达式>)

函数说明：将字符表达式值复制后形成新的字符串,复制次数由数值表达式值的整

数部分确定。

【例 2.37】

```
? Replicate("***",4)                    && 输出结果为：************
```

7. 子串替换函数

函数格式：Stuff(<字符表达式 1>,<开始位置>,<长度>,<字符表达式 2>)

函数说明：<开始位置>、<长度>都为数值表达式,系统自动取整数,设<长度>值的整数部分为 n。函数的功能是用<字符表达式 2>的值替换<字符表达式 1>值中从<开始位置>起的 n 个字符。若 n 为 0,则将<字符表达式 2>的值插在<开始位置>字符之前;若<字符表达式 2>的值是空字符串,则删除<字符表达式 1>值中从<开始位置>起的 n 个字符。

【例 2.38】

```
? Stuff('ABC',2,1,'XY'), Stuff('ABCDE',3.98,0,'XY')   && 输出：AXYC ABXYCDE
? Stuff('ABCDE', 3.98, 2, '')                          && 输出：ABE
```

8. 字符翻译函数

函数格式：Chrtran(<字符表达式 1>,<字符表达式 2>,<字符表达式 3>)

函数说明：对字符表达式 1 值中的每个字符在字符表达式 2 值中确定其出现位置 n,若 n>0 且小于或等于字符表达式 3 值的长度,则用字符表达式 3 值中的第 n 个字符替换字符表达式 1 中的当前字符;若 n 大于字符表达式 3 值的长度,则从字符表达式 1 值中删除当前字符;若 n=0,则字符表达式 1 值中的当前字符不变。

【例 2.39】

```
? Chrtran('ABACAD','AC','XY')            && 输出结果：XBXYXD
? Chrtran('ABCDE','BC','XYZ ')           && 输出结果：AXYDE
? Chrtran('ABCD','AC','X')               && 输出结果：XBD
```

9. 小写字母转换函数

函数格式：Lower(<字符表达式>)

函数说明：将字符表达式值中的大写字母转换为小写字母,其他符号不变。

【例 2.40】

```
? Lower("英语 AbC2")                      && 输出：英语 abc2
```

10. 大写字母转换函数

函数格式：Upper(<字符表达式>)

函数说明：将字符表达式值中的小写字母转换为大写字母,其他字符不变。

【例 2.41】

> ?Upper("英语 AbC2") &&输出：英语 ABC2

11. 系统时间函数

函数格式：Time（[<数值表达式>]）

函数说明：函数返回值为字符型数据,值为系统当前时间,数值表达式可以是任意值,表示时间精确到百分秒。格式为：hh:mm:ss[.<百分秒>],采用 24 小时制。

【例 2.42】

> ? "现在时间是"+Time() &&输出：现在时间是 14:20:30
> ? "现在时间是"+Time(1) &&输出：现在时间是 14:20:30.85

12. 数值转换成字符函数

函数格式：Str(<数值表达式>[,<长度>[,<小数位数>]])

函数说明：将数值表达式的值四舍五入后转换成字符型数据。<长度>和<小数位数>是数值型表达式,系统自动取整。<长度>指转换后字符串的整数、小数和 1 位小数点的总长度。

【例 2.43】

> ? Str(3.146,5,3) &&输出结果为：3.146
> ? Str(3.146,6,1) &&输出结果为：⎵⎵⎵3.1

设：<长度>为 m,<小数位数>为 n,<数值表达式>值的整数位数为 k。

(1)省略 m 和 n：系统默认 m 是 10,n 是 0。若 k>10,则用科学记数法表示结果;若 k<10,则数据右对齐且左补空格到 10 位。

【例 2.44】

> ? Str(12345678999.123) &&输出结果为：⎵1.234E+10
> ? Str(123.456) &&输出结果为：⎵⎵⎵⎵⎵⎵⎵123

(2)m=0：则结果为空串。

【例 2.45】

> ? Str(123456789.983,0,3)

(3)m<k：若 m<6,则结果为一串 * ;若 m≥6,则结果为整数,且用科学记数法表示结果。

【例 2.46】

> ? Str(12345.987,4,3) &&输出结果为：****
> ? Str(123456789.983,7,3) &&输出结果为：⎵1.2E+8

(4)在 m、n 和 k 不能同时满足要求时：保证顺序：m→k→n。当 m>k 时,则保留

m－k－1 位小数(留 1 位放小数点),转换时在保留位的后 1 位上进行四舍五入。

【例 2.47】

  ? Str(123.45678,6,3)   && 输出结果为：123.46

(5) 转换后的字符串长度小于 m：则数据右对齐且左补空格。

【例 2.48】

  ? Str(1.234,6,2)   && 输出结果为：⎵⎵1.23

13. 日期转换成字符函数

函数格式：Dtoc(＜日期表达式＞)

函数说明：将日期表达式的值转换成字符型数据。函数值的格式与 Set Date 和 Set Century 的设置有关。

【例 2.49】

  Set Date ANSI
  Set Century On
  ? '建国日期是'+Dtoc({^1949/10/01}) && 输出：建国日期是 1949.10.01

14. 数据类型函数

函数格式：Vartype(＜表达式＞)
     Type('＜表达式＞')

函数说明：Vartype 与 Type 函数的功能类似,函数值都是大写数据类型符号,用以指出表达式值的数据类型。

两个函数的区别：Type 函数将字符常数的内容作为表达式测试,而 Vartype 函数直接测试表达式;若表达式值为.Null.,则 Vartype 函数值为 X,而 Type 函数值可能为 U 或某种数据类型符号;若测试的表达式中包含运算符或不符合运算要求的运算项(如未定义的变量和数据类型不一致等),只能用 Type 函数测试(函数值为 U),而 Vartype 函数可以直接测试一个未定义的变量(函数值为 U)。

【例 2.50】

  ? Vartype(123.4), Vartype('123.4'), Vartype($123.4) && 输出：N C Y
  ? Type('123.4 '),Type(" [123.4] "), Type([$123.4]) && 输出：N C Y
  ? Vartype(Date()), Vartype(Time()), Vartype(Datetime()) && 输出：D C T
  M="A"
  N=1
  K=3
  K=.Null.
  ? Vart(M), Vart(N), Vart(Y), Vart(.Null.),Vart(K) && 输出：C N U X X
  ? Type('M'),Type("N"),Type([M+N]),Type([.Null.]),Type([K])&& 输出：C N U U N

2.5 日期及日期时间型表达式

日期型表达式是日期运算符连接日期或数值型数据所构成的运算式,运算结果可能是日期或数值型数据。日期时间型表达式是日期时间运算符连接日期时间或数值型数据所构成的运算式,运算结果可能是日期时间或数值型数据。

2.5.1 日期运算符

日期运算符有＋和－。

1. 日期与数值运算

运算格式：＜日期表达式＞±＜数值表达式＞

运算说明：数值表达式的值表示天数,运算时对数值表达式自动取整。设数值表达式值的整数为 n,则"＋"表示求日期表达式值 n 天后的日期;"－"表示求日期表达式值 n 天前的日期。

【例 2.51】

```
Set Century On
Set Date ANSI
? {^2008-09-10}+1,{^2008-09-10}-1       && 输出：2008.09.11 2008.09.09
? {^2008-10-01}+1.56                     && 对 1.56 自动取为 1。输出：2008.10.02
? {^2008-10-03}-1.12                     && 对 1.12 自动取为 2。输出：2008.10.01
```

2. 日期与日期运算

运算格式：＜日期表达式＞－＜日期表达式＞

运算说明：运算结果表示两个日期之间相差的天数。

【例 2.52】

```
? {^2007-05-04}-{^2006-05-04},{^2005-05-04}-{^2005-05-06}&& 输出：365 -2
```

2.5.2 日期时间运算符

日期时间运算符有＋和－。

1. 日期时间与数值运算

运算格式：＜日期时间表达式＞±＜数值表达式＞

运算说明：数值表达式的值表示秒数,运算时取整数。＋n 表示求日期时间表达式值 n 秒后的日期时间;－n 表示求日期时间表达式值 n 秒前的日期时间。

【例 2.53】

```
Set Century On
Set Date ANSI
? {^2007-05-01 22:22:33}+3        && 输出结果为: 2007.05.01 10:22:36 PM
? {^2007-05-01 22:22:33}+3.12     && 输出结果为: 2007.05.01 10:22:36 PM
? {^2007-05-01 22:22:33}+3.98     && 输出结果为: 2007.05.01 10:22:37 PM
? {^2007-05-01 22:22:33}-1.2      && 输出结果为: 2007.05.01 10:22:32 PM
? {^2007-05-01 22:22:33}-1.98     && 输出结果为: 2007.05.01 10:22:31 PM
```

2. 日期时间与日期时间运算

运算格式: ＜日期时间表达式＞－＜日期时间表达式＞
运算说明: 运算结果表示两个日期时间之间相差的秒数.

【例 2.54】

```
? {^2007-05-01 22:22:33}-{^2007-05-01 22:21:33}      && 输出结果为: 60
? {^2007-05-01 22:22:33}-{^2007-05-01 22:23:33}      && 输出结果为: -60
```

2.5.3 常用日期(时间)型函数

日期函数的返回值是日期型(D)数据,日期时间函数的返回值是日期时间型(T)数据。

1. 系统日期(时间)函数

函数格式: Date()
　　　　　　DateTime()
函数说明: Date 函数值为系统的当前日期,DateTime 函数值为系统的当前日期及时间。

【例 2.55】

```
Set Date ANSI
Set Century On
? Date()           && 输出系统的当前日期
? DateTime()       && 输出系统的当前日期及时间
```

2. 字符转换成日期函数

函数格式: Ctod(＜字符表达式＞)
函数说明: 将符合日期格式的字符表达式值转换成日期型数据。若字符表达式值不符合日期格式要求,则返回空日期型数据。

【例 2.56】

```
Set Date ANSI
Set Century On
? Ctod('2011.2.24') +10          && 输出：2011.03.06
? Ctod('2012.2.24') +10          && 输出：2012.03.05
```

2.6 关系表达式

关系表达式,也称为比较表达式,采用关系运算符将同类型数据连接起来,以便进行比较。可以对字符型、数值型、日期、日期时间型或逻辑型数据进行关系运算。关系运算的结果是逻辑型数据。当关系成立时,运算结果为.T.;否则运算结果为.F.。关系运算符如表 2.2 所示。

各种关系运算符的优先级别相同,运算符"$"只能对字符型数据进行比较。在进行关系运算时,数值型数据依据数学上的比较规则;日期及日期时间型数据比较时,较后的日期(时间)大于较前的日期(时间);逻辑型数据比较时,逻辑.T.大于逻辑.F.。字符型数据的比较结果取决于当前的比较规则和"排序次序"。

表 2.2　关系运算符

运算符	说　明	举　例	运算符	说　明	举　例
>	大于	2>3,值为.F.	>=	大于或等于	{^2007-10-2}>={^2007-10-1},值为.T.
<	小于	.T.<.F.,值为.F.	<=	小于或等于	2<=3,值为.T.;2<=2,值为.T.
<>、!=或 #	不等于	'丁 '<>'于',值为.T.	=	等于	'章'='张 ',值为.F.;2*3=6,值为.T.
==	精确相等	'Abc'=='Ab',值为.F.	$	测试子串包含	'Bc'$ 'ABcd',值为.T.

2.6.1 字符型数据的比较规则

字符型数据的比较规则有精确比较和非精确比较两种。在不同规则下,两个字符型数据的比较结果可能不同。通过 VFP 命令可以设置字符型数据的比较规则。

命令格式: Set Exact On|Off

命令说明: Set Exact On 是精确比较规则;Set Exact Off(系统默认)是非精确比较规则。

运算符"=="不受 Set Exact 状态影响,它要求两个字符串(包含空格)必须完全一致,运算结果才是.T.。

1. 精确比较规则

精确比较是对两个字符型数据去掉尾部空格后的字符串自左向右按对应字符进行比较。如果比较到某位字符不相等，则包含小字符的字符串较小；如果比较到较短字符串的末尾还没比较出大小关系，则短字符串较小；如果两个字符串去掉尾部空格后完全相同（对应字符和长度均相同），则运算结果为相等（＝）。

【例 2.57】

```
Set Exact On
? 'BAG'='BAG ⌷', 'CAME'< 'COM', 'BEE'< ='BE'    && 输出为：.T. .T. .F.
```

2. 非精确比较规则

非精确比较是对两个字符型数据（含空格）自左向右按对应字符进行比较。如果比较到某位字符不相等，则包含小字符的数据较小；如果运算符右侧整个数据是左侧数据的首部子串，或两个数据完全相同，则运算结果为相等（＝）；如果运算符左侧整个数据是右侧数据的首部子串，则左侧数据较小。

【例 2.58】

```
Set Exact Off
? 'BAG'< 'BAY', 'BEE'='BE', 李'< '李明'    && 输出为：.T. .T. .T.
```

无论执行字符型数据的哪个比较规则和"排序次序"，字符的总体排序规律为：数字小于英文字母，英文字母小于汉字。

2.6.2 字符数据的"排序次序"

VFP 的"排序次序"对字符串比较结果有影响。系统提供了 Machine（机内码）、Pinyin（拼音）和 Stroke（笔画）3 种"排序次序"，VFP 中文版系统默认"排序次序"是 Machine。设置字符"排序次序"的方法有以下几种。

方法一：单击"工具"→"选项"，进入"数据"选项卡，从"排序序列"下拉列表框中选择排序次序，单击"设置为默认值"→"确定"按钮。

方法二：在命令窗口或程序中使用 VFP 命令方式。

命令格式：Set Collate To "＜排序次序名＞"

命令说明：排序次序名为 Machine、Pinyin 或 Stroke 之一，必须用单引号、双引号或方括号将排序次序名括起来。

1. Machine（机内码）

按机内码顺序：' ⌷ '< '0'< '1'…< '9' < 'A' <'B' …<'Y' < 'Z' < 'a' < 'b' … <'y' < 'z' < '＜汉字＞'，汉字按拼音顺序由小到大排列。

【例 2.59】

```
Set Collate To 'Machine'
```

```
? '␣'< '2', '8'< 'A', 'a'< 'A', 'Z'< 'a'          && 输出：.T. .T. .F. .T.
? 'zz'< '阿', '阿'< '子'                            && 输出：.T. .T.
```

2. Pinyin（拼音）

按拼音排序：'␣'< '0'< '1'…< '9'< 'a' <'A'< 'b' <'B' …<'y'< 'Y'<'z' < 'Z'<'<汉字>',汉字按拼音顺序由小到大排列。

【例 2.60】

```
Set Collate To 'PinYin'
? '␣'< '2', '8'< 'A', 'a'< 'A','Z'< 'a'           && 输出：.T. .T. .T. .F.
? 'zz'< '阿','阿'< '子'                             && 输出：.T. .T.
```

3. Stroke（笔画）

排序次序：'␣'< '0'< '1'…< '9'< 'a' <'A'< 'b' <'B' … <'y'< 'Y'<'z' < 'Z'<'<汉字>'。汉字依据书写笔画的多少排序,笔画少的汉字小。

【例 2.61】

```
Set Collate To 'Stroke'
? '␣'< '2', '8'< 'A',' a'< 'A', 'Z'< 'a'          && 输出：.T. .T. .T. .F.
? 'zz'< '阿', '阿'< '子'                            && 输出：.T. .F.
```

2.6.3 子串包含运算

运算格式：<字符表达式 1> $ <字符表达式 2>

运算说明：若字符表达式 1 的值是字符表达式 2 值的子串,即字符表达式 2 的值完整地包含字符表达式 1 的值,则运算结果为.T.；否则,运算结果为.F.。

【例 2.62】

```
X="VFP6.0中文版"
? 'VFP中文版'$ X, 'VFP6.0'$ X                      && 输出结果为：.F. .T.
```

事实上,子串包含运算与表达式"AT(<字符表达式 1>,<字符表达式 2>)>0"的作用完全相同。

2.7 逻辑表达式

逻辑表达式是逻辑运算符连接逻辑型数据构成的运算式,运算结果仍然是逻辑型数据.T.或.F.。

2.7.1 逻辑运算符

常用逻辑运算有"非"、"与"以及"或"三种运算符,功能说明及优先级别如表 2.3 所示。书写时 Not、And 或 Or 前后应加一个半角圆点(.)或空格。

表 2.3 逻辑运算符

优先级别	逻辑运算符	说　明	优先级别	逻辑运算符	说　明
1	.Not.　Not　!	非运算	3	.Or.　Or	或运算
2	.And.　And	与运算			

1. 非运算

运算格式:.Not.<逻辑值表达式>

运算说明:对逻辑值表达式的值取反。若逻辑值表达式的值为.T.,则非运算结果为.F.;若逻辑值表达式的值为.F.,则运算结果为.T.。

【例 2.63】

```
? .Not. 2>3, !"a"<"ab"                    && 输出结果为:.T. .F.
```

2. 与运算

运算格式:<逻辑值表达式1>.And.<逻辑值表达式2>

运算说明:仅当逻辑值表达式1和逻辑值表达式2的值都为.T.时,运算结果才为.T.;否则,运算结果为.F.。

【例 2.64】

```
A=1
B=2
? A=1 And B<3, A>0 And B>5, A>2 .And. B<3, A>2 .And. B>3   && 输出:.T. .F. .F. .F.
```

3. 或运算

运算格式:<逻辑值表达式1>.Or.<逻辑值表达式2>

运算说明:仅当逻辑值表达式1和逻辑值表达式2的值都为.F.时,运算结果才为.F.;否则,运算结果为.T.。

【例 2.65】

```
Name='张大伟'
? '张'$ Name .Or.'伟'$ Name                    && 输出结果为:.T.
```

2.7.2 常用逻辑型函数

逻辑型函数是指返回逻辑值的函数。

1. 字母函数

函数格式：Isalpha(＜字符表达式＞)

函数说明：若字符表达式值的首字符是英文字母,则函数值为.T.;否则,函数值为.F.。

【例 2.66】

```
? Isalpha("A12b34cd"),Isalpha("1a"),Isalpha("*1a")   && 输出为：.T. .F. .F.
```

2. 数字函数

函数格式：Isdigit(＜字符表达式＞)

函数说明：若字符表达式值的首字符是数字,则函数值为.T.;否则,函数值为.F.。

【例 2.67】

```
? Isdigit ("1a"), Isdigit("A12")        && 输出结果为：.T. .F.
```

3. 小写字母函数

函数格式：Islower(＜字符表达式＞)

函数说明：若字符表达式值的首字符是小写英文字母,则函数值为.T.;否则,函数值为.F.。

【例 2.68】

```
? Islower ("aBc"), Islower ("Abc")       && 输出结果为：.T. .F.
```

4. 大写字母函数

函数格式：Isupper(＜字符表达式＞)

函数说明：若字符表达式值的首字符是大写英文字母,则函数值为.T.;否则,函数值为.F.。

【例 2.69】

```
? Isupper("aBc"), Isupper("Abc")        && 输出结果为：.F. .T.
```

5. 文件存在函数

函数格式：File(＜字符表达式＞)

函数说明：判断字符表达式值表示的文件名(应包含路径和文件全名)是否存在。若磁盘文件存在,则函数值为.T.;否则,函数值为.F.。

【例 2.70】 假设 D:\XSA.DBF 文件存在,而 D:\XSB.DBF 文件不存在。

```
? File("D:\XSA.DBF"), File("D:\XSA")     && 输出:.T..F.
? File('D:\XSB.DBF')                     && 输出:.F.
```

6. 测试空值函数

函数格式:Empty(<表达式>)

函数说明:判断表达式值是否为空值(Empty)。若表达式值是空值,则函数值为.T.;否则,函数值为.F.。VFP 中常用数据类型的空值如表 2.4 所示。

表 2.4 空值(Empty)定义

数据类型	空值定义	数据类型	空值定义
数值型	0	日期型	空日期
字符型	空串、空格串、Tab 串等	日期时间型	空日期时间
货币型	$0	逻辑型	.F.

【例 2.71】

```
? Empty(Ctod(Space(0))), Empty(Ctot(Space(2)))    && 输出结果为:.T..T.
? Empty(Space(0)), Empty(Space(3))                && 输出结果为:.T..T.
? Empty(2*3-6), Empty($10)                        && 输出结果为:.T..F.
? Empty(2<3), Empty("ABC"=="AB")                  && 输出结果为:.F..T.
```

7. 测试.Null.值函数

函数格式:Isnull(<表达式>)

函数说明:若表达式值是不确定的.Null.值,则函数值为.T.;否则,函数值为.F.。

.Null.表示没有确定的值。例如,对"商品"表中未定价的商品,可以将"价格"字段设为.Null.。又如,对"成绩"表中没有考试科目的"成绩"字段也可以设为.Null.。

【例 2.72】

```
? Isnull(0),Isnull(.Null.),Empty(.Null.)         && 输出:.F..T..F.
```

8. 测试值域函数

函数格式:Between(<表达式 1>,<表达式 2>,<表达式 3>)

函数说明:若表达式 1 的值大于或等于表达式 2 的值并且小于或等于表达式 3 的值,则函数值为.T.;否则,函数值为.F.。三个表达式值的数据类型必须一致,可以是数值型、字符型、日期型、日期时间型或货币型数据。

【例 2.73】

```
? Between(2+5,2*3,4*3), Between(Date(), Date()-1,Date()+1) && 输出为：.T. .T.
```

9. 字符匹配函数

函数格式：Like(<字符表达式 1>,<字符表达式 2>))

函数说明：若字符表达式 1 与字符表达式 2 的值相匹配,则函数值是.T.;否则,函数值是.F.。字符表达式 1 中允许使用"＊"和"?"通配符。字符表达式 2 中出现的"＊"和"?"是普通字符。

【例 2.74】

```
? Like('-A-','GCADFR'),Like('GCADFR','-A-')     && 输出结果： .T.  .F.
```

2.7.3 表达式综述

在 VFP 的同一个表达式中,允许含有多种运算符。各类运算符的优先级别由高到低依次为：数值运算、字符运算、日期运算和日期时间运算(同级别),关系运算,逻辑运算。

优先级别相同的运算按从左到右的顺序进行,小括号优先级别最高,可以通过加小括号改变优先级顺序,多个小括号嵌套时,里层的小括号先运算。

【例 2.75】

```
M=5
N='ABC'
? ! (M-2)*2> 5 Or 'D'+N=='ABC' And M> 3          && 输出：.F.
```

2.8   宏替换及其使用

在 VFP 中,使用宏替换函数处理数据可以提高程序的通用性及灵活性。

函数格式：&<字符型内存变量>[.]

函数说明：用字符型内存变量(简单变量、数组名或数组元素)的值替换整个宏替换函数所在的位置。若宏替换函数是命令中最后一项或其后有分隔符(如空格、运算符号和逗号等),则宏替换函数末尾的圆点"."可以省略。宏替换函数的应用如下：

1. 作为常数的一部分

【例 2.76】

```
X="大学"
? "吉林 &X"       && 输出结果为：吉林大学
```

2. 作为变量名的一部分

【例 2.77】

```
XH1="202"
N="1"
? XH&N            && 输出结果为：202
```

3. 作为表达式的一部分

【例 2.78】

```
X="2"
Y="3/"
Y5="Z"
Z=2+4
? 1+&X*3          && 相当于求 1+2*3 的值,输出结果为：7
? &Y.&X           && 相当于求 3/2 的值,输出结果为：1.50
? &Y 5            && 由于有空格作为明显的分隔符,圆点可省略。输出结果为：0.60
? &Y5             && 相当于输出 Z 的值：6
```

4. 替换文件名

【例 2.79】

```
Accept "请输入表名：" To BM    && 输入一串字符作为变量 BM 的值
Use &BM                       && 打开以 BM 变量值为文件名的数据表
```

5. 替换一条命令

【例 2.80】

```
X="? Date()"
&X                            && 等同于执行命令：? Date()
```

2.9   数组及其使用

数组是一组变量名相同而带有不同下标的一组内存变量,每个内存变量为一个数组元素,简称元素。在 VFP 中,可以定义一维或二维数组。一维数组可以存储一行或一列数据;二维数组是内存中的二维表,可以存储多行和多列数据。每个数组中最多可以含65 000 个元素,同一个数组中各个元素的数据类型可以不同。

2.9.1 声明数组

在使用一个数组之前,必须先对其进行声明。

命令格式:Dimension <数组名 1>(<行数 1>[,<列数 1>])

       [,<数组名 2>(<行数 2>[,<列数 2>])]…

    Declare <数组名 1>(<<行数 1>[,<列数 1>]])

       [,<数组名 2>(<行数 2>[,<列数 2>])]…

命令说明:这两条语句都用于声明数组,功能完全相同。在命令中用圆括号或方括号将数组的维数括起来,数组中每个元素的初值都是逻辑假.F.。各项说明如下。

(1) **数组名**:数组名必须依据内存变量的命名规则,不允许与系统函数重名,数组名也不能与简单内存变量重名。

(2) **行数**:定义数组中元素的行数。

(3) **列数**:定义数组中元素的列数。若省略列数,则声明一维数组。

<行数>和<列数>都是数值表达式,执行此命令时系统自动对数值表达式的值取整。

【例 2.81】

```
Dimension AM(3),BC[2,2]
```

同时声明了两个数组:一维数组 AM 中有 AM(1)、AM(2)和 AM(3)共 3 个元素,二维数组 BC 中有 BC(1,1)、BC(1,2)、BC(2,1)和 BC(2,2)共 4 个元素。

2.9.2 使用数组元素

VFP 中凡可以使用简单内存变量的地方,都可以使用数组元素;为简单内存变量赋值的方法仍然适用于数组元素。引用数组元素的方法如下。

引用格式:<数组名>(<行下标>[,<列下标>])

引用说明:在数组名后用圆括号或方括号将行下标和列下标括起来,各下标值是大于或等于 1 的数值表达式,引用时系统自动取整。行下标与列下标之积不能超出数组中元素总数。当引用一维数组时,只需要写行下标。

【例 2.82】

```
Dimension BM(2,3)
BM[1,1]=7                    && BM(1,1)赋值为 7
BM[1,2]={^2011-05-01}        && BM(1,2)赋值为 2011-05-01
BM(2,1)=BM(1,1)+BM(1,2)      && 引用数组元素 BM(1,1)和 BM(1,2),并为 BM(2,1)赋值
? BM[2,1]                    && 输出 BM(2,1)的值
```

在对数组名赋值时,将赋给数组中每个元素相同的值;引用数组名时,实际上是引用

数组中的第 1 个元素。一维数组 AM 中的第 1 个元素为 AM(1);二维数组 BM 中的第 1 个元素为 BM(1,1)。

【例 2.83】

```
Dimension DM(2,3)
DM=1                    && 对数组名 DM 赋值,将数组 DM 中的 6 个元素都赋值成 1
DM(1,1)='图书'
DM(1,2)=2-3
? DM                    && 仅引用数组名 DM,实际上引用的是 DM(1,1),输出:图书
```

2.9.3 变维引用数组元素

在声明一个数组后,系统在内存中为其分配一块连续的存储单元。在这块连续的存储单元中,对于一维数组,按数组中元素的顺序依次存储;对于二维数组,按数组中元素先行后列的顺序存储。

假设已声明二维数组 BM(2,3),则数组 BM 中各个元素在内存中的存储顺序依次为:BM[1,1]、BM[1,2]、BM[1,3]、BM[2,1]、BM[2,2] 和 BM[2,3]。

通常将数组元素在内存中存储的顺序号称为数组元素的序号。一维数组中元素的序号与其下标值一致,二维数组 AM(m,n) 中元素 AM[i,j] 的序号为:$(i-1)*n+j$。例如,二维数组 BM(2,3) 中元素 BM[1,1] 的序号是:$(1-1)*3+1=1$,BM[2,1] 的序号是:$(2-1)*3+1=4$。

1. 一维数组作为二维数组引用

在 VFP 中,允许以二维数组元素的形式引用一维数组中的元素。假设有一维数组 AM(n),允许以 AM[k,i] 的形式引用数组 AM 中的第 i 个元素 AM[i],其中 k 是值为 1 至 65 000 之间的任意整数表达式。

2. 二维数组作为一维数组引用

以一维数组元素的形式引用二维数组中的元素,需要将二维数组中元素的下标值转换成元素的序号,再将元素的序号作为一维数组元素的下标即可。例如,在二维数组 BM(2,3) 中,可以通过引用一维数组元素 BM[4] 的形式引用元素 BM[2,1]。

【例 2.84】

```
Dimension AM(5), BM(2,3)
AM[3]=3.14              && 为元素 AM[3]赋值:3.14
? AM[99,3], AM[1,3]     && 一维数组作为二维数组引用,均输出元素 AM[3]的值:3.14
BM[2,1]='计算机'        && 为元素 BM[2,1]赋值:计算机
? BM[4]                 && 二维数组作为一维数组引用,输出:计算机
```

2.10 内存变量管理

VFP 提供了一批内存变量专用命令,除了内存变量赋值(定义)和清除(释放)命令外,还有内存变量信息查看、保存和恢复等命令。

2.10.1 查看内存变量

在实际应用中,可以执行下列命令查看目前内存中有效的内存变量情况。

命令格式 1:List Memory [Like<变量名通配符>]

[To Printer][To File<文件名>]

命令格式 2:Display Memory [Like<变量名通配符>]

[To Printer][To File<文件名>]

命令说明:输出内存变量的有关信息,包括变量名、作用域、数据类型和变量值。当显示的内容较多时,Display 命令每显示一幕后有暂停,按任意键或单击鼠标后继续输出下一幕;List 无暂停。List 和 Display 命令的功能基本一致,各短语说明如下。

(1) **Like** <变量名通配符>:只输出与"变量名通配符"匹配的简单变量和数组。通配符的作用与 Release 命令中的通配符含义相同。省略此短语,则输出所有内存变量和数组。

(2) **To Printer**:在 VFP 主窗口或用户当前窗口中显示信息的同时,将信息送打印机打印。

(3) **To File** <文件名>:在 VFP 主窗口或用户当前窗口中显示信息的同时,也将输出结果保存到文本文件中,系统默认文件扩展名是 TXT。

【**例 2.85**】 依次执行下列命令。

```
Clear Memory
Set Century On
X="张明"
X1={^1990/12/01}
X12=.F.
Y=3.14
Dimension XS(2,2)
XS(1,1)="20110910"
XS(2,2)={^2011/12/31}
XS(3)=Y * 2               && 二维数组作为一维数组引用,为 XS(2,1)赋值
Display Memory Like X *   && 显示 X, X1、X12 和 XS 数组的各元素
```

输出的内存变量的信息如表 2.5 所示。

表 2.5　内存变量信息

变量(元素)名	作用域	数据类型	变量(元素)的值	备　　注
X	Pub	C	"张明"	简单变量
X1	Pub	D	12/01/1990	简单变量
X12	Pub	L	.F.	简单变量
XS	Pub	A		类型 A 为数组
(1,1)		C	"20110910"	数组元素
(1,2)		L	.F.	数组元素,为初值.F.
(2,1)		N	6.26	数组元素
(2,2)		D	12/31/2011	数组元素

2.10.2　保存内存变量

为了重启 VFP 后能使用当前定义的内存变量,可以将当前内存变量的信息保存到磁盘文件中。

命令格式：Save To ［＜路径＞］＜文件名＞ ［All Like|All Except ＜变量名通配符＞］

命令说明：将当前有效的内存变量信息保存到指定的内存变量文件中,系统默认文件扩展名为 MEM。若省略所有选择项,则保存当前有效的全部内存变量。

【例 2.86】

```
Clear Memory
X1=1
X2=2
Y1=3
Y2=4
Save To MA                  && 将当前所有的内存变量保存到文件 MA.MEM 中
Save To MB All Like X*      && 将所有以 X 开头的内存变量保存到文件 MB.MEM 中
Save To MC All Except X*    && 将所有非 X 开头的内存变量保存到文件 MC.MEM 中
```

2.10.3　恢复内存变量

可以恢复内存变量文件中的变量,即将变量再次读到内存中,以便重新引用。

命令格式：Restore From ［＜路径＞］＜文件名＞ ［Additive］

命令说明：将内存变量从指定的文件读到内存中。若不加 Additive,则用文件中的变量覆盖当前内存中的全部变量;若选 Additive,则恢复文件中变量的同时保留当前的内存变量;若当前内存与文件中的变量同名,则取文件中变量的值。

【例 2.87】

```
Clear Memory
X1=10
Restore From MA Additive
? X2,Y1,Y2                    && 输出结果为: 2   3   4
? X1                         && X1 是文件中 X1 的值 1
Y1=30
Restore From MC
? Y1                         && Y1 是文件中 Y1 的值 3
? Y2                         && Y2 是文件中 Y2 的值 4
```

习 题 二

一、用适当内容填空

1. VFP 中的数值数据在内存中占【 ① 】个字节,最大能表示【 ② 】位数据。

2. 字符型常数的定界符是半角的【 ① 】、【 ② 】或【 ③ 】。

3. 在数值前加货币符号【   】可以表示货币型常数。

4. 日期型常数有【 ① 】格式和【 ② 】格式。

5. 逻辑型常数只有【 ① 】和【 ② 】两种值。

6. VFP 中的变量分为【   】和字段变量。

7. VFP 中的内存变量分为【 ① 】和【 ② 】。

8. VFP 中,内存变量名可以由【 ① 】、汉字、数字和下划线组成,且不能以【 ② 】开头。

9. 内存变量保存在【 ① 】中,变量的数据类型由【 ② 】时表达式的数据类型决定。退出 VFP 时,内存变量将被【 ③ 】。

10. 若当前有一个字段变量与内存变量 XM 同名,则直接引用 XM 是指【   】变量。

11. 对应数学式 $10 \div (2X^2 + 6X - 3) + e^4$ 的 VFP 表达式为【   】。

12. 表达式 16%3、16%-3、-16%3、-16%-3 的运算结果分别是【 ① 】、【 ② 】、【 ③ 】和【 ④ 】。

13. 执行命令 ? Round(Pi() * 100,0) 的显示结果为【   】。

14. 函数 Len('学习"VFP6.0") 的值是【   】。

15. Left("123456",Len("程序")) 的计算结果是【   】。

16. 函数 Mod(16,3)、Mod(16,-3)、Mod(-16,3)、Mod(-16,-3) 的值分别是【 ① 】、【 ② 】、【 ③ 】和【 ④ 】。

17. 函数 Occurs("xy","cxydxye") 与 Occurs("xy","cxdyxey") 的值分别是【 ① 】和【 ② 】。

18. 若变量 X="2010 年中国上海世界博览会",则 Substr(X,3,4)+Substr(X,11,6)+Substr(X,19,2)+Substr(X,23,2) 的值是【   】。

19. 函数 Replicate("**",3)的值是【　　】。

20. 函数 Stuff('通用语',1,4,'英')的值是【　　】。

21. 函数 Chrtran('ABACAD','AC','MN')、Chrtran('ABCDE','BC','MNZ')与 Chrtran('ABCD','AC','M')的值分别是【　①　】、【　②　】和【　③　】。

22. 函数 Str(0.618,5,3)的值是【　　】。

23. 函数 Str(1234.5678,7,3)的值是【　　】。

24. 表达式"World Wide Wed" $ "World"的值是【　　】。

25. VFP 规定只有【　　】数据类型的数据(除日期和数值型外)才能进行运算。

26. 与数学式"X≤Y＜Z"对应的 VFP 表达式是【　　】。

27. VFP 中 Not、And 和 Or 运算符的优先级从高到低依次为【　①　】、【　②　】和【　③　】。

28. 在关系、逻辑和数值运算中,运算级由高到低依次是:【　①　】、【　②　】和【　③　】。

29. 表达式 1−8＞7 . Or. "a"＋"b" $ "123abc123" 的值为【　　】。

30. 执行命令 ? Type(Time())的显示结果为【　①　】,执行命令 ? Vartype(Time())的显示结果为【　②　】。

31. 设 X='2008/10/01'. 函数 Vartype(&X)的值是【　①　】;函数 Vartype("&X")的值是【　②　】;函数 Type("&X")的值是【　③　】。

32. 若 a=5,b="a<10",则:执行命令 ? Type('b')的输出结果是【　①　】;执行命令 ? Vartype(b)的输出结果为【　②　】;执行命令 ? Vartype(&b)的输出结果为【　③　】。

33. 执行命令 ? Empty("")的显示结果为【　　】。

34. 在 Set Collate to "Stroke"设置下,执行命令 ? Max("张强","王明","丁志")的结果为【　①　】;在 Set Collate to "PinYin"设置下,执行命令 ? Min("张强","王明","丁志")结果为【　②　】。

35. 执行命令 Dime Array(3,3) 后,元素 array(3,3)的值为【　　】。

36. 使用【　　】命令,可以将名字以 X 开头的所有内存变量都存入文件 A. MEM 中。

37. 可同时对多个变量赋值的赋值命令是【　　】。

38. 不能用赋值语句赋值的变量是【　　】。

39. 依次执行两条命令:Dime array1(3,3)与 array1=1 后,元素 array1(3,3)的值为【　　】。

40. 宏替换函数的格式是【　　】＜字符型内存变量＞[.]。

二、从参考答案中选择一个最佳答案

1. 下面常数中正确的是【　　】。
   A. 3.4E2.5　　　　B. 张明　　　　　　C. .T.　　　　　　D. 2004/01/12

2. 以下日期中,正确的常数是【　　】。
   A.｛"2001-05-25"｝　　　　　　　　　　B.｛^2001-05-25'｝

C. {^2001-05-25}   D. {[^2001-05-25]}

3. 下列不正确的变量名是【   】。

    A. 学号   B. 1 季度   C. No_1   D. _12

4. 当前数据表中含有 Name 字段，系统中有一内存变量名称也为 Name，执行命令
? Name 后，【   】。

    A. 显示的结果是内存变量 Name 的值

    B. 显示的结果是字段变量 Name 的值

    C. 随机显示，或是内存变量或是字段变量 Name 的值

    D. 显示出错信息

5. 执行命令 Store 1 To A,B,C,D 的结果是【   】。

    A. 使 A、B、C、D 四个变量值都为 1   B. 仅 A 值为 1，其他变量值为 0

    C. 仅 A 值为 1，其他变量值为 .F.   D. 仅 A 值为 .F.，其他变量值为 1

6. 以下赋值命令正确的是【   】。

    A. Store 1 To X,Y   B. Store 1,2 To X,Y

    C. X=1,Y=2   D. X,Y=1

7. 下列各项，除【   】外均是常数。

    A. 'XY'   B. XY   C. .T.   D. 1998

8. 下列选项中，【   】不是常数。

    A. 李伟   B. [abc]   C. 1.4E+2   D. {^1999/21/31}

9. 【   】是逻辑型常数。

    A. "Y"   B. "N"   C. "NOT"   D. .F.

10. 2E−4 是一个【   】。

    A. 字符变量   B. 内存变量   C. 数值常数   D. 非法表达式

11. 【   】不属于字符常数定界符。

    A. 半角单引号   B. 半角大括号   C. 半角双引号   D. 半角方括号

12. 【   】不是字符型常数。

    A. '1+2'   B. [[吉林]]   C. ["日报"]   D. '[x!=y]'

13. 表达式 12−7%3*3 的值是【   】。

    A. 6   B. 9   C. 15   D. 18

14. 下面表达式的值为数值型数据的是【   】。

    A. 2*3=6   B. Ctod('11/03/99')+1

    C. [10]−[2]   D. Len('ABC')

15. 表达式 Len('CHINESE')+Val('86')+({^1998/04/05}−{^1998/04/03}) 的值
是【   】数据。

    A. 字符型   B. 日期型   C. 数值型   D. 逻辑型

16. 函数 Round(1234.567,−2) 的返回值为【   】。

    A. 1200   B. 1234.57   C. 1234.00   D. 1234

17. 设变量 P=3.141 592 6，执行命令 ? Round(P,4) 后的输出结果为【   】。

A. 3.1410   B. 3.1415   C. 3.1416   D. 3.0000

18. 以下可以输出"程序"的命令是【　　】。

    A. ? Substr("VFP 程序设计基础",4,8)

    B. ? Substr("VFP 程序设计基础",4)

    C. ? Substr("VFP 程序设计基础",4,2)

    D. ? Substr("VFP 程序设计基础",4,4)

19. 设 S="visual ⌴FoxPro",表达式 Upper(Subs(S,1,1))+Lower(Subs(S,2))的值是【　　】。

    A. visual ⌴foxpro   B. Visual ⌴foxpro

    C. VISUAL ⌴FOXPRO   D. VFP

20. 在下列函数中,函数值为数值型数据的是【　　】。

    A. Substr(Dtoc(Date()),7)   B. Ctod("2008/10/01")

    C. Time()   D. At("群众","人民群众")

21. 下列【　　】表达式值的数据类型为字符型。

    A. "ABC "−" AB "   B. Ctod("10/01/2008")

    C. "1 "+"2"="3"   D. Dtoc(Date())> "10/01/2008"

22. 函数 Chrtran('ABAC','A','XY') 的值是【　　】。

    A. ABAC   B. XYBXYC   C. XBXC   D. BC

23. 【　　】不是 VFP 表达式。

    A. {^2008-10-01}−Date()   B. {^2008-10-01}+Date()

    C. {^2008-10-01}+10   D. {^2008-10-01 10:10:10 AM}−10

24. 在 VFP 中,运算符==【　　】。

    A. 任何时候都与运算符=的作用相同   B. 不是 VFP 的合法运算符

    C. 用于精确比较   D. 相当于执行两次赋值操作

25. 执行 Set Exact Off 命令后,执行 ?"上海市"="上海" 命令,其结果为【　　】。

    A. .T.   B. .F.   C. 0   D. 1

26. 设 x=1,y=2,z=3,则表达式 x+y=z 的值是【　　】。

    A. x+y   B. 3   C. .T.   D. U

27. 【　　】的运算结果一定是逻辑值。

    A. 字符表达式   B. 数值表达式   C. 关系表达式   D. 日期表达式

28. 与 !(y<=0.Or.y>=1) 等价的条件是【　　】。

    A. y>0.Or.y<1   B. y<0.Or.y>1

    C. y<0.And.y>1   D. y>0.And.y<1

29. 设 X="100",Y=2*3,则【　　】是正确的 VFP 表达式。

    A. Sqrt(X)   B. Y<4.Or.X>'XH'

    C. Subs(Y,1,1)   D. X+10

30. "X 是小于 10 的非负数",在 VFP 中用表达式表示成【　　】。

    A. 0<=X<10   B. 0<=X<10

C. 0<=X And X<10   D. 0<=X Or X<10

31. 下列叙述中,不正确的是【   】。

    A. 数值运算符的优先级高于其他运算符

    B. 字符运算符"＋"和"－"优先级相等

    C. 逻辑运算符的优先级高于关系运算符

    D. 所有关系运算符的优先级都相等

32. 设 X="22",Y="2233",下列表达式结果为.F.的是【   】。

    A. Not(X>=Y)   B. Not(X $ Y)

    C. Not(X $ Y)Or(X<>Y)   D. Not(X==Y)And(X $ Y)

33. 下列表达式肯定不符合 VFP 规则的是【   】。

    A. F＋T   B. 08/08/13   C. 3X>18   D. Val("123")

34. 关于"?"和"??"命令,下列说法中错误的是【   】。

    A. ?和??只能输出多个同类型的表达式值

    B. ??从当前位置开始输出

    C. ?从下一行开始位置输出

    D. ?和??后可以没有表达式

35. 设 M=2,N=3,K="M－N",表达式 4 * &K 的值是【   】。

    A. 2 * M－N   B. 2 * (M－N)   C. 4   D. 5

36. 依次执行如下命令序列:

        YA=1

        YB=2

        YAB=3

        N="A"

        M="Y&N"

        ? &M

    最后输出结果是【   】。

    A. 1   B. 2   C. 3   D. Y&N

37. 设 X=1＋2、Y="M"、Z="X",则下列正确的表达式是【   】。

    A. X＋Y   B. X＋Z   C. &X＋&Y   D. X＋&Z

38. 【   】函数返回值是.T.。

    A. Isnull(0)   B. Isnull("")   C. Isnull(.F.)   D. Isnull(.Null.)

39. 设 DT="04/12/99",则执行命令:? Type("&DT")的输出结果是【   】。

    A. C   B. N   C. D   D. U

40. 变量 F 没有定义,执行【   】命令后,显示 U。

    A. ? Type(F)   B. ? Type(.F.)   C. ? Type("F")   D. ? Type(".F.")

41. 在 VFP 中,关于数组的错误叙述是【   】。

    A. 只支持一维和二维数组   B. 数组必须先声明后使用

    C. 数组元素的初值为.F.   D. 一个数组中各元素必须同种数据类型

42. 命令 Dimension N(3,2) 声明的数组含【　　】个数组元素。

    A. 3　　　　　　　B. 2　　　　　　　C. 5　　　　　　　D. 6

43. 下列选项中,正确的命令是【　　】。

    A. Dime A(1,2,3)　　　　　　　　B. Dime A(2),B(3,4)

    C. Dime A　　　　　　　　　　　D. Dime A,B(1,2)

44. 在二维数组 AM(4,5)中,引用元素 AM(8),实质上是引用元素【　　】。

    A. AM(3,5)　　　B. AM(4,4)　　　C. AM(3,2)　　　D. AM(2,3)

45. 在一维数组 BM(20)中,【　　】能引用元素 BM(5)的值。

    A. BM(5,1)　　　B. BM(1,5)　　　C. BM(0,5)　　　D. BM(5,0)

46. 使用 Save To AB 命令可把内存变量存储到磁盘上,该文件名是【　　】。

    A. AB. mem　　　B. AB. Var　　　C. AB. sav　　　D. AB. disk

47. 下列运算符中运算级别最高和最低的分别是【　①　】和【　②　】。

    A. /　　　　　　　B. **　　　　　　　C. >=　　　　　　D. Or

    E. Not　　　　　　F. And

48. 执行命令? Len(a)的结果是 6,执行命令? Len(Trim(a))的结果是 4,说明变量 a 中【　　】个空格。

    A. 共有 2　　　　B. 左侧是 2　　　C. 右侧是 2　　　D. 中间有 2

49. 执行"Save to mb All Like A * "命令后,【　　】。

    A. 释放名字以 A 开头的内存变量

    B. 保存名字以 A 开头的内存变量

    C. 先保存名字以 A 开头的内存变量,再清除这些内存变量

    D. 保存全部名字中含字母 A 的内存变量

三、从参考答案中选择全部正确答案

1. 以下各项中,直接可作为常数的数据有【　　】。

    A. "2 * 3+1"　　B. 2008/09/10　　C. .F.　　　　　D. 身份证号

    E. 1+2=3

2. 【　　】是合法的常数。

    A. $200　　　　B. Time()+1　　C. "A"　　　　　D. .T.

    E. 1E+2

3. 执行【　　】命令可以给数值变量 X 赋值6。

    A. X=6　　　　　B. Store 6 To X　　C. 6=X　　　　D. Set X Value 6

    E. Store 4+2 To X　　　　　　　　F. X="2 * 3"

4. 执行【　　】命令可以清除内存变量 Y。

    A. Delete X　　　B. Release Y　　C. Release ALL　　D. Except X

    E. Release All Like Y *

5. 执行【　　】命令可以清除内存变量 X。

    A. Clear Memory　B. Clear X　　　　C. Clear All　　　D. Clear All Like X*

E. Release All Except X＊

6. 以下各表达式中,【　　】不是数值型数据。
   A. Len("I am a student.")　　　　B. At("am","I am a student.")
   C. Substr("I am a student.",3,2)　D. Str(345,6,2)
   E. Date()－(Date()－1)

7. 【　　】表达式的运算结果是数值型数据。
   A. 10＋20＝30　　B. "345"－"123"　　C. Len(Space(3))－1
   D. Ctod([08/04/02])－10　　　　　　E. Asc("abc")

8. 下列函数中,【　　】的值最大。
   A. Round(4.5,0)　B. Int(4.8)　　　C. Floor(4.1)　　D. Floor(4.8)
   E. Ceiling(4.1)　F. Ceiling(4.8)

9. 运算结果是"优秀学生"的表达式是【　　　】。
   A. "优秀␣"＋"学生"　　　　　　　B. "优秀␣"－"学生"
   C. "优秀"－"␣学生"　　　　　　　　D. Alltrim("␣优秀␣")＋"学生"
   E. Trim("优秀␣")＋Ltrim("␣学生")

10. 【　　】不是字符型数据。
    A. Date()　　　　B. Time()　　　C. Dtoc(Date())　D. Space(3)
    E. Str(123.56,9)　　　　　　　　F. At("b","abc")

11. 表达式【　　】的值等于88。
    A. Time(18)＋"70"　　　　　　　B. Ceiling(87.1)＋1
    C. Floor(87.9)＋1　　　　　　　　D. Len(Space(87))＋1
    E. Day({^2010-7-18})＋70

12. 【　　】是合法的日期数据输出格式。
    A. 2008-10-01　　B. 2008.10.01　　C. {^2008.10.01}
    D. 2008w10w01　E. 12/10/2008

13. 【　　】是逻辑型常数。
    A. 是　　　　　　B. 否　　　　　C. .T.　　　　　　D. L
    E. .F.

14. 以下各表达式的值,【　　】不是逻辑型数据。
    A. 2＜3　　　　　B. 2＋3　　　　C. 2＝3　　　　　D. Date()＋1
    E. "AB"＄"ABC"

15. 【　　】是逻辑值表达式。
    A. "邮政"＄"中国邮政"　　　　　B. "邮政".Or."中国邮政"
    C. "中国".And."邮政"　　　　　　D. "中国邮政"＝＝"邮政"
    E. "邮政" At "中国邮政"

16. VFP 中的＋和－运算符,可用于【　　】数据之间的运算。
    A. 数值型　　　　B. 字符型　　　C. 逻辑型　　　　D. 备注型
    E. 通用型

17. 【　　】组中的两个表达式值相同。

A. Left("VFP",2)与 Substr("VFP",1,2)

B. Substr(Dtoc(Date()),7,2) 与 Year(Date())

C. Type("2 * 3")与 Vartype(2 * 3)

D. 若 M="That ⊔", N="is ⊔a ⊔book. ", 则 M—N 与 M+N

E. Trim("⊔VFP ⊔6.0 ⊔")与 Alltrim("⊔VFP ⊔6.0 ⊔")

18. 【　　】函数返回值是.F.。

A. Empty(Ctod(Space(0)))　　　　B. Empty(Ctot(Space(3)))

C. Empty ("0")　　　　　　　　　D. Empty (2 * 3—6)

E. Empty ("ABC"=="AB")　　　　F. Empty(. Null.)

19. 已知 A="12345", 则【　　】函数返回值是"12345"。

A. Left(A,5)　　B. Right(A,5)　　C. Substr(A,1)　　D. Len(A)

E. Right(5)

20. 下列函数中,【　　】的函数值是数值型数据。

A. Len("123")　　B. Space(5)　　C. Year(Date())　　D. Time()

E. At("123","012345")

21. 下列函数中【　　】的函数值是.F.。

A. Empty(1—1)　B. Empty("123")　C. Empty("⊔")　　D. Empty(. f.)

E. Empty(. null.)

22. 【　　】是合法的 VFP 表达式。

A. Date()+Time()　　　　　　　B. Date()+2

C. Year(Date())+"1988"　　　　D. {^2007-08-08}+Day(Date())

E. {^2007-08-08}+Date()

23. 执行命令 a="b"和 b=2 后,【　　】条命令有错误。

A. ? a　　　　　B. ? b　　　　　C. ? &a　　　　　D. ? &b

E. ? b+&a　　　F. ? a+b

思 考 题 二

1. 在任何时候,内存变量名前是否都需加前缀"M."或"M->",以便明确指出是内存变量?

2. 函数值是数值型数据,其参数一定是数值型数据吗?

3. Alltrim(<字符表达式>)函数可以去掉字符表达式值中的所有空格吗?

4. Time()函数的数据类型是时间型吗?

5. 利用 Str(<数值表达式>[,<长度>[,<小数位数>]])函数,在任何时候都可以把数值表达式值转换成相应的字符型数据吗?

6. Substr 与 Str 函数的功能有哪些不同?

7. Vartype 与 Type 函数的功能完全相同吗？

8. 两个日期型数据间可以进行＋与－运算吗？

9. 两个日期时间型数据间可以进行＋与－运算吗？

10. 在 VFP 中，除数值型数据可以比较大小外，其他类型的数据可以比较吗？

11. VFP 的三种字符"排序次序"，所指定的字符串比较规则的异同点是什么？

12. 在 VFP 中，可以认为"由于空值和空白值的含义是相同的，因此 Empty 和 Isnull 函数的功能是相同的"吗？

13. 字符匹配函数 Like 中，＜字符表达式 1＞和＜字符表达式 2＞中都可以使用"＊"和"？"作为通配符吗？

14. 只有包含逻辑运算符的表达式，其运算结果才是逻辑型数据吗？

15. 只要是 & 符号后面紧跟一个内存变量（即 &＜内存变量＞）形式，就可以将其看作是宏替换函数吗？

16. 在 VFP 中，同一个数组中各个元素的数据类型必须相同吗？ 同一个元素，其前后数据类型也必须相同吗？

17. 在 VFP 中，是否允许给数组名赋值？ 是否允许引用数组名？

第 **3** 章

关系数据库设计基础

设计数据库是建立数据库应用系统过程中的一项重要工作,通常包括需求分析、概念设计、逻辑设计和物理设计 4 个环节。

- **需求分析**:主要对数据库用户的业务要求进行分析,在此阶段,数据库设计人员应该与业务人员反复交流,对用户的业务范围、流程、处理细节和数据库存储环境等方面进行了解,以便全面和细致地收集、归纳和分析资料。
- **概念设计**:用概念模型对事务及其相互关系进一步描述。概念模型与 DBMS 无关,是面向现实世界的数据模型,如 E-R 方法。
- **逻辑设计**:将概念模型转换成关系数据库中等价的关系模型,对关系模型进一步规范化,以便减少数据冗余,避免发生数据异常操作问题。
- **物理设计**:综合考虑软件(操作系统、DBMS)和硬件环境,平衡各种利弊因素,确定数据库存储路径,通过关系模式建立数据库、数据库表、表间联系、数据完整性和安全性规则等。为了确保主键值的唯一性,通过主键建立主索引;为了减少表连接操作时间,对外键建立普通索引。

数据库设计得如何将直接影响数据库应用系统运行的时空效率。在实际设计关系数据库时,往往从人工表中整理出数据库表,所以使数据库的逻辑设计和物理设计两个环节显得尤其重要。

3.1 数据库表与数据语义

在人们处理各类事物过程中,为了保留事物发展过程中的重要环节,事后进行查阅、统计、分析和总结,通常要提取和加工事物发展过程中的重要信息,将这些关键性数据登记到表格中。由于人们记载信息的介质和处理方式不同,因此产生了各种各样的表格。

3.1.1 人工表与数据库表

从传统意义上讲,人工表(见表 3.1)是纸介质表格。但从数据库的角度来看,有些电子表格(如 Word 表或 Excel 表)也是人工表。人工表的主要特点是:没有格式要求,可以根据实际需要或人们的习惯随意设计,对表格中的每列数据也没有特定的类型要求。例如,一个表中可以嵌套另一个表,同一列中可以包含不同类型的数据等。

人们将某些数据通过数据库进行管理,实质上是将人工表中的数据转存到数据库表(见表 3.2)中。数据库表是存储于计算机外存储器中的电子表,是有格式要求的二维表,其主要特点有:每个属性(列)是不可再分割的基本数据项;任何列在一个元组(记录)中最多有一个值;关键字中每个属性(列)在任何元组中都不能为空值等。

数据库表中的数据可能来源于人工表,但人工表与数据库表之间不一定一一对应,每个二维人工表也不一定能直接作为数据库表。在设计关系数据库时,除要考虑数据库表的格式要求外,还要考虑节省存储空间,提高运行效率,数据具有可插入和删除性,不损失人工表的功能,方便用户操作等因素,往往可能将一个人工表分解成多个数据库表。

从某种意义上讲,设计关系数据库就是设计表,其实质是研究如何将人工表转换成数据库表。由于设计者的目的或出发点不同,人工表可能转换成多种形式的数据库表。例如,表 3.1 是人们用于登记学生信息的人工表,可以将其转换成格式相似且功能等价的数据库表(见表 3.2),其中加下划线的属性为主属性。

表 3.1 学生信息人工表

学号	姓名	性别	出生日期	民族	学院	学院地址	课程	成绩				学分	重修
								考试分	课堂分	实验分	总分		
2206 0101	马伟立	男	1987/ 10/12	汉族	法学	逸夫楼	大学计算机基础 英语 高等数学　C ⋮	65 56 45	9 19 13	10	84 85 58	4 5 4	√
1105 0102	赵晓敏	女	1988/ 05/01	朝鲜族	物理	理化楼	大学计算机基础 英语 ⋮	50 55	5 6	7	62 61	4 5	√
1206 0201	孙武	男	1989/ 03/02	满族	文学	翠文楼	大学计算机基础 高等数学　B 数据库及程序设计 ⋮	75 79 50	10 20 5	10 7	95 99 62	4 4 4	
⋮	⋮	⋮	⋮	⋮	⋮	⋮	⋮	⋮	⋮	⋮	⋮	⋮	⋮

表 3.2 学生信息数据库表(XSXXB)

学号	姓名	性别	出生日期	民族	学院	学院地址	课　程	考试成绩	课堂成绩	实验成绩	总分	学分	重修
2206 0101	马伟立	男	1987/ 10/12	汉族	法学	逸夫楼	大学计算机基础	65	9	10	84	4	F
2206 0101	马伟立	男	1987/ 10/12	汉族	法学	逸夫楼	英语	56	19	0	85	5	F
2206 0101	马伟立	男	1987/ 10/12	汉族	法学	逸夫楼	高等数学 C	45	13	0	58	4	T
1105 0102	赵晓敏	女	1988/ 05/01	朝鲜族	物理	理化楼	大学计算机基础	50	5	7	62	4	F

学号	姓名	性别	出生日期	民族	学院	学院地址	课程	考试成绩	课堂成绩	实验成绩	总分	学分	重修
1105 0102	赵晓敏	女	1988/ 05/01	朝鲜族	物理	理化楼	英语	55	6	0	61	5	T
1206 0201	孙武	男	1989/ 03/02	满族	文学	翠文楼	大学计算机基础	75	10	10	95	4	F
1206 0201	孙武	男	1989/ 03/02	满族	文学	翠文楼	高等数学 B	79	20	0	99	4	F
1206 0201	孙武	男	1989/ 03/02	满族	文学	翠文楼	数据库及程序设计	50	5	7	62	4	F
⋮	⋮	⋮	⋮	⋮	⋮	⋮	⋮	⋮	⋮	⋮	⋮	⋮	⋮

人工表(见表 3.1)转换成数据库表(见表 3.2)后,出现了学号、姓名、性别、出生日期、民族、学院和学院地址等数据重复存储(数据冗余)问题,浪费了大量的存储空间。显然,这种简单的转换,结果并不理想。

3.1.2 数据语义

数据语义是指人们对数据含义的规定与解释。在数据库规范化过程中,不能仅从数据表面上理解和分析数据,还要分析与理解数据的内涵,即数据语义。

学生信息表中各个数据项具有下列语义。

(1) **学号**:学生的唯一标识。

(2) **姓名**:学生可能重名。

(3) **性别**:取值只能是男或女。

(4) **出生日期**:取值必须是日历上的某个日期。

(5) **民族**:学生所隶属的民族名称,一个学生只能隶属一个民族。

(6) **学院**:学生所在的学院名称,一个学生只能隶属一个学院。

(7) **学院地址**:一个学院只能有一个地址。

(8) **课程**:学生所选的课程名称,一个学生可以选多门课程,一个学生对任何一门课程只能正修一次,考试没通过者可以重修。

(9) **考试成绩**:对应课程的考试分数,重修考试成绩将替代正修考试成绩。

(10) **课堂成绩**:对应课程的平时成绩,重修平时成绩将替代正修平时成绩。

(11) **实验成绩**:对应课程的实验成绩,重修实验成绩将替代正修实验成绩。

(12) **总分**:对应课程的期末成绩,总分=考试成绩+课堂成绩+实验成绩。

(13) **学分**:是相关课程的学分,课程名称相同具有相同的学分。

(14) **重修**:值为 F 表示相关成绩是正修成绩;值为 T 表示相关成绩是重修成绩。

根据数据项的语义分析,总分可以由考试成绩、课堂成绩和实验成绩三项计算得到,因此,将总分放入表中也属于数据重复存放。

3.2 关系数据库逻辑设计中的基本概念

在关系数据库中,将二维表称为关系。关系模式规范化是关系数据库逻辑设计中的主要组成部分。在关系规范化时,正确理解关系模式、关键字、主关键字、主属性和函数依赖等概念至关重要。

3.2.1 关系模式

1. 关系模式

关系模式是对关系的描述,是关系名及其所有属性的集合,关系模式用于描述表结构,可以形式化地表示为: $R(U)$。其中 R 为关系名,U 为组成关系的属性名集合。

【例 3.1】 写出表 3.2 的关系模式。

XSXXB(学号,姓名,性别,出生日期,民族,学院,学院地址,课程,
考试成绩,课堂成绩,实验成绩,总分,学分,重修)

本例中,R 为 XSXXB,U 为(学号,姓名,性别,出生日期,民族,学院,学院地址,课程,考试成绩,课堂成绩,实验成绩,总分,学分,重修)。

2. 关键字

关键字是关系模式中能唯一地标识元组、最少属性的集合。每个关系模式都有关键字,且可以有多个关键字。通常将关键字也称为关系的键、候选键或候选码。因为关键字是多个属性的集合,因此,关键字可由一个或多个属性构成。

【例 3.2】 找出 XSXXB 中的关键字。

因为一个学生可以选多门课程,只有学号和课程两个属性才能标识一个记录,所以关键字为(学号,课程)。如果数据语义中规定每个人都不允许重名,则(姓名,课程)也是关键字。但(学号,学院,课程)不是关键字,因为去掉学院属性后,(学号,课程)是关键字。

3. 主属性

一个关系模式由多个属性构成,将包含在某个关键字中的属性称为主属性;将不在任何关键字中的属性称为非主属性。

【例 3.3】 找出 XSXXB 中的所有主属性。

在 XSXXB 中,因为只有(学号,课程)是关键字,所以学号和课程均为主属性,而 XSXXB 中的其他属性均为非主属性。

4. 外码

一个关系 R 的一组非关键字属性 F,如果 F 与某关系 S 的主键相对应(含义相同),

则 F 是表 R 的外码或外键。

5. 主关键字

在一个关系中只能选用一个关键字作为主关键字,也简称为主键或主码。主关键字除了标识元组外,还用于与其他关系建立联系。

【**例 3.4**】 将 XSXXB 的主关键字确定为(学号,课程)。

由于一个学生可以选学多门课程,学号和课程共同才能唯一标识记录,因此 XSXXB 的主关键字为(学号,课程)。

3.2.2 函数依赖

一个关系由多个属性构成,各个属性之间往往存在一定的依赖关系,函数依赖是最基本的依赖关系。在数据库逻辑设计过程中,主要工作是根据属性之间的函数依赖关系进行规范关系模式。

1. 函数依赖

设有关系模式 $R(U)$,X 和 Y 都是 U 的子集,对于 R 中的任意两个元组,如果对 X 的投影值相等,则对 Y 的投影就相等。将 X 和 Y 的这种关系称为 Y 函数依赖于 X,或称 X 函数决定 Y。记为:$X{\rightarrow}Y$。

如果 Y 不函数依赖 X,则记为:$X{\nrightarrow}Y$。

所谓函数依赖是指一个或一组属性(X)的值可以决定其他属性(Y)的值。例如,学号可以决定一个学生的姓名;课程可以决定课程的学分;(学号,课程)可以决定(考试成绩,课堂成绩,实验成绩)等。正像数学中函数 $y=f(x)$ 一样,给定 x 值后,y 值也就唯一确定了。函数依赖存在与否,完全决定于数据的语义。例如,如果规定一个学院只能有一个办公地点,那么学院$\rightarrow$学院地址;如果一个学院可以有多个办公地点,那么学院$\nrightarrow$学院地址。

【**例 3.5**】 从 XSXXB 中找出 9 个函数依赖。

根据 3.1.2 节所介绍的数据语义,可得如下函数依赖:

学号$\rightarrow$姓名

学号$\rightarrow$学院

学院$\rightarrow$学院地址

课程$\rightarrow$学分

(学号,课程)$\rightarrow$姓名

(学号,课程)$\rightarrow$学分

(学号,课程)$\rightarrow$考试成绩

(学号,课程)$\rightarrow$(考试成绩,课堂成绩,实验成绩)

(考试成绩,课堂成绩,实验成绩)$\rightarrow$总分

但在 XSXXB 中,一个学生可选多门课程,故可有多个考试成绩,因此有学号$\nrightarrow$考试成绩。同样一门课程也可以由多个学生选学,即对应多个考试成绩,故有课程$\nrightarrow$考试成绩。

2. 完全函数依赖

在关系模式 $R(U)$ 中，设 X 和 Y 是不同属性的集合，有 $X \rightarrow Y$，对于 X 的任意真子集 X'，都有 $X' \nrightarrow Y$，则称 Y 完全函数依赖于 X，记为：$X \xrightarrow{f} Y$。

【例 3.6】 在例 3.5 给出的函数依赖中找出完全函数依赖。

由于学号 $\rightarrow$ 姓名，课程 $\rightarrow$ 学分，故(学号,课程) $\rightarrow$ 姓名和(学号,课程) $\rightarrow$ 学分都不是完全函数依赖。即完全函数依赖有如下 7 个：

$$学号 \xrightarrow{f} 姓名$$

$$学号 \xrightarrow{f} 学院$$

$$学院 \xrightarrow{f} 学院地址$$

$$课程 \xrightarrow{f} 学分$$

$$(学号,课程) \xrightarrow{f} 考试成绩$$

$$(学号,课程) \xrightarrow{f} (考试成绩,课堂成绩,实验成绩)$$

$$(考试成绩,课堂成绩,实验成绩) \xrightarrow{f} 总分$$

3. 部分函数依赖

在关系模式 $R(U)$ 中，设 X 和 Y 是不同的属性集合，有 $X \rightarrow Y$，但 Y 不完全函数依赖于 X，则称 Y 部分函数依赖于 X，记为 $X \xrightarrow{p} Y$。

在例 3.5 的函数依赖中，由于有学号 $\rightarrow$ 姓名，课程 $\rightarrow$ 学分，故有(学号,课程) $\xrightarrow{p}$ 姓名，(学号,课程) $\xrightarrow{p}$ 学分。

4. 传递函数依赖

在关系模式 $R(U)$ 中，设 X、Y 和 Z 是不同的属性集合，如果 $X \rightarrow Y$，$Y \rightarrow Z$，但 $Y \nrightarrow X$ 且 Y 不是 X 的子集，则称 Z 传递函数依赖于 X。

在例 3.5 的函数依赖中，由于有：学号 $\rightarrow$ 学院，学院 $\rightarrow$ 学院地址，并且学院 $\nrightarrow$ 学号，所以学院地址传递函数依赖于学号。同样总分也传递函数依赖于(学号,课程)。

3.3 关系模式的规范化

关系模式规范化是关系数据库逻辑设计的主要内涵，其目标是尽量减少数据冗余，便于数据更新、插入和删除操作，提高系统时空效率，满足应用要求。关系模式的规范化方法是：对不符合要求的关系模式进行投影分解，去掉冗余属性，由此可能得到更多的、比较理想的关系模式。设计关系模式的总体原则是概念单一化，一个关系模式对应一个实体型或实体型之间的联系,关系模式分解必须是无损的,即对新的关系模式进行自然连接后可以还原回原关系模式。

数据依赖引发的主要问题是数据冗余和操作(更新、插入和删除)异常,解决办法是对关系模式进行合理的分解,即对关系模式进行规范化。规范化理论研究关系模式中属性之间的依赖关系对关系模式性能的影响,探讨关系模式应该具备的性质,提供关系模式的设计方法。

范式(Normal Form)是满足某种特定要求的关系模式的集合。范式表示关系模式的规范化程度。目前主要有第一范式(1NF)、第二范式(2NF)、第三范式(3NF)、BCNF(Boyce-Code Normal Form)、第四范式(4NF)和第五范式(5NF),由第一范式(1NF)到第五范式(5NF)要求条件逐渐增强。

3.3.1 第一范式

在关系数据库中,如果关系模式 R 中每个属性都是不可分割的基本数据项(原子性),则称 R 是规范化关系模式。这是对关系模式的最基本要求,也称 R 为第一范式(简记为 1NF)的关系模式。

1. 人工表规范到第一范式的方法

由于人工表的格式种类繁多,很难找到一种通用的方法将其转换成第一范式的关系。但关键问题是拆分多维表,使其成为二维表,必要时可能分解成多个二维表。在表格转换过程中,还要考虑关系中属性的原子性、主属性的非空性等因素。

【例 3.7】 将表 3.1 转换成第一范式的关系模式。

在表 3.1 中,成绩列其实是一个子表,包含考试分、课堂分、实验分和总分 4 列;而一个学生可以选学多门课程,因此,对一个学生记录,(课程,考试分,课堂分,实验分,总分)有多组值,即这些列在一个元组中可能有多个值。显然表 3.1 不符合第一范式的要求。

转换方法是:将成绩列横向展开变成考试成绩、课堂成绩、实验成绩和总分 4 列;将学生记录纵向展开,每个学生的每门课程占一个记录。学号和课程两列共同作主关键字,而学生的其他信息重复存储,至少学号(主属性)信息需要重复存储。如此转换后得到的数据库表为表 3.2,对应的关系模式为 XSXXB(<u>学号</u>,姓名,性别,出生日期,民族,学院,学院地址,<u>课程</u>,考试成绩,课堂成绩,实验成绩,总分,学分,重修),其中带下划线的属性为主属性。

2. 存在的问题

往往仅满足第一范式要求的关系模式并不理想,可能存在数据冗余度大、更新异常、插入异常和删除异常等问题。在关系模式 XSXXB 中可能出现下列问题。

(1) **数据冗余度大**:当一个学生选多门课程时,需要多次存放学号、姓名、性别、出生日期、民族、学院和学院地址等信息,产生大量的冗余数据。

(2) **更新异常**:是指修改某个对象的数据时,可能同时需要修改涉及该对象的多个元组(记录)的数据;否则,可能造成数据不一致性。例如,当一个学生由一个学院转到另一个学院时,必须保证对该学生的所有元组中的学院和学院地址属性值都进行正确修改,否则,将产生矛盾的数据。

(3) **插入异常**:是指由于缺少主属性的值,使新元组无法添加到关系中。例如,在新生入学后,开课前,每个新生的课程都没确定。由于 XSXXB 的主关键字是(学号,课程),课程属性的值不能为空,导致新生的信息无法加入到关系中。

(4) **删除异常**:是指删除某些元组时,可能导致有保留价值的数据丢失。例如,当某门课程选课人数太少导致无法开课时,需要从关系中删除所有与该课程相关的元组,导致删除课程的全部信息(如课程名和学分),即丢失了课程的相关信息。

3. 问题存在的主要原因

在关系模式 XSXXB 中,出现了课程→学分、学号→姓名等函数依赖,导致(学号,课程)$\xrightarrow{P}$学分、(学号,课程)$\xrightarrow{P}$姓名等部分函数依赖,即存在非主属性(学分或姓名)部分函数依赖于关键字(学号,课程)。

3.3.2 第二范式

关系模式 R 属于第一范式,如果其中每个非主属性都完全函数依赖于任意关键字,则称关系模式 R 属于第二范式(简记为 2NF)。

对这个定义的另一种解释是:在第一范式的基础上,如果消除了关系模式中每个非主属性对任何关键字的部分函数依赖,就构成了第二范式的关系模式。

1. 第一范式规范到第二范式的方法

将关系模式由第一范式规范到第二范式,能解决第一范式中存在的部分问题。规范化的有效方法是:对关系模式进行投影分解,将其分解成多个关系模式,消除非主属性对关键字的部分函数依赖。

【**例 3.8**】 将关系模式 XSXXB 规范成第二范式的关系模式。

对 XSXXB 进行投影分解,产生下列三个关系模式(见表 3.3~表 3.5)。

表 3.3 成绩表(CJ)

学号	课程码	考试成绩	课堂成绩	实验成绩	总分	重修
22060101	010101	65	9	10	84	F
22060101	010201	56	19	0	85	F
22060101	010303	45	13	0	58	T
11050102	010101	50	5	7	62	F
11050102	010201	55	6	0	61	T
12060201	010101	75	10	10	95	F

学号	课程码	考试成绩	课堂成绩	实验成绩	总分	重修
12060201	010302	79	20	0	99	F
12060201	010102	50	5	7	62	F

表 3.4 学生表(XS)

学号	姓名	性别	出生日期	民族	学院	学院地址
22060101	马伟立	男	1987/10/12	汉族	法学	逸夫楼
11050102	赵晓敏	女	1988/05/01	朝鲜族	物理	理化楼
12060201	孙武	男	1989/03/02	满族	文学	翠文楼

表 3.5 课程表(KCB)

课程码	课程名	学分	课程码	课程名	学分
010101	大学计算机基础	4	010302	高等数学 B	4
010102	数据库及程序设计	4	010303	高等数学 C	4
010201	英语	5			

CJ(学号,课程码,考试成绩,课堂成绩,实验成绩,总分,重修)

XS(学号,姓名,性别,出生日期,民族,学院,学院地址)

KCB(课程码,课程名,学分)

分解后关系模式 XS 的关键字为学号,CJ 的关键字为(学号,课程码),KCB 的关键字为课程码。在各个关系模式中,每个非主属性都完全函数依赖于关键字,使第一范式中存在的问题在一定程度上得到了解决。

例如,一个学生选多门课程,在关系 XS 中不重复存放学生的姓名和性别等信息,数据冗余度大大降低;无论学生是否选课,都可以将其姓名和性别等信息存储到关系 XS 中;要从关系 CJ 中删除元组,不会丢失关系 KCB 中的课程信息。

对分解后的 XS、CJ 和 KCB 三个关系通过下列 SQL 语句进行自然连接:

```
Select XS.学号,姓名,性别,出生日期,民族,学院,学院地址,;
    课程名,考试成绩,课堂成绩,实验成绩,总分,学分,重修;
    From XS, CJ, KCB;
    Where XS.学号=CJ.学号 And CJ.课程码=KCB.课程码
```

可以生成关系 XSXXB。因此,这种分解是无损的分解。

2. 存在的问题

在第二范式中可能仍然存在数据冗余、更新异常、插入异常和删除异常等问题。

例如,学生毕业时,要从关系 XS 和 CJ 中删除相关元组。当某个学院的学生都毕业后,丢失了学院的相关信息,产生了删除异常。当一个学院中有多个学生时,在关系 XS 中还要重复存储学院地址。根据数据语义,关系 CJ 中的总分为考试成绩、课堂成绩与实验成绩之和,故总分也属于重复属性。

3. 问题存在的主要原因

在关系模式 XS 中,学号是关键字,有学号→学院,学院↛学号,学院→学院地址,故学院地址传递函数依赖于学号;在关系模式 CJ 中,(学号,课程)是关键字,同样,总分传递函数依赖于(学号,课程)。

3.3.3 第三范式

关系模式 R 属于第二范式,如果其中所有非主属性对任何关键字都不存在传递函数依赖,则称关系模式 R 属于第三范式(简记为 3NF)。

第三范式实际是从第一范式消除非主属性对关键字的部分函数依赖和传递函数依赖而得到的关系模式。显然,前面分解出来的关系模式 XS、CJ 和 KCB,只有 KCB 属于 3NF,而 XS 和 CJ 都不属于 3NF。

1. 第二范式规范到第三范式的方法

将关系模式由第二范式规范到第三范式能部分解决第二范式中存在的问题。规范化的有效方法是:对关系模式进行投影,分解成多个关系模式,或直接去掉冗余属性,消除非主属性对关键字的传递函数依赖。

【例3.9】 将关系模式 XS 和 CJ 规范成第三范式的关系模式。

在关系模式 CJ 中,(学号,课程码)是关键字,非主属性总分传递函数依赖于(学号,课程),并且,可以通过对考试成绩、课堂成绩和实验成绩进行计算得到总分属性的值。因此,从关系模式 CJ 中删掉总分属性便得到了第三范式的关系模式 CJB(见表 3.6):

CJB(学号,课程码,考试成绩,课堂成绩,实验成绩,重修)

表 3.6　成绩表(CJB)

学号	课程码	考试成绩	课堂成绩	实验成绩	重修
22060101	010101	65	9	10	F
22060101	010201	56	19	0	F
22060101	010303	45	13	0	T
11050102	010101	50	5	7	F
11050102	010201	55	6	0	T
12060201	010101	75	10	10	F
12060201	010302	79	20	0	F
12060201	010102	50	5	7	F

对关系模式 CJB 用 SQL 语句：

```
Select  学号,课程码,考试成绩,课堂成绩,实验成绩,  ;
        考试成绩+课堂成绩+实验成绩 As 总分,重修 From CJB
```

生成了关系 CJ。因此,这种规范化是无损的。

对关系模式 XS 进行投影分解,消除非主属性学院地址对关键字学号的传递函数依赖,得到如下两个关系模式(见表 3.7 和表 3.8):

XSA(学号,姓名,性别,出生日期,民族,学院码)

XYB(学院码,学院名,学院地址)

对分解后的 XSA 和 XYB 两个关系通过下列 SQL 语句进行自然连接:

```
Select 学号,姓名,性别,出生日期,民族,学院名,学院地址;
       From XSA,XYB Where XSA.学院码=XYB.学院码
```

可以生成关系 XS。因此,这种分解也是无损的分解。

表 3.7　学生表(XSA)

学号	姓名	性别	出生日期	民族	学院码
22060101	马伟立	男	1987/10/12	汉族	22
11050102	赵晓敏	女	1988/05/01	朝鲜族	11
12060201	孙武	男	1989/03/02	满族	12

表 3.8　学院表(XYB)

学院码	学院名	学院地址
11	物理学院	理化楼
12	文学院	翠文楼
22	法学院	逸夫楼

2. 存在的问题

第三范式的关系模式也不一定是最理想的关系模式,在某些关系模式中仍然存在数据冗余、数据操作异常等问题。但在设计实用数据库过程中这种关系模式毕竟不多,规范化理论中的 BCNF、4NF 和 5NF 用于进一步解决这些问题。

总之,关系数据库中的关系模式必须满足某级范式的要求,关系模式的范式级别越高,关系数据库中的数据冗余度越小,操作数据时错误率越低,随之产生的关系也就越多,这也会增加关系的连接操作次数,加大系统开销。

【例 3.10】　检索出目前仍然不及格的学生学号、姓名、学院名、课程名和总分。

在 1NF 的关系模式 XSXXB 中,用下列 SQL 语句进行检索:

```
Select 学号,姓名,学院,课程,总分 From XSXXB Where 总分<60
```

在一个表中就能实现检索,不需要多个关系连接操作。

而在 3NF 的关系模式 XSA、XYB、CJB 和 KCB 中,需要用下列 SQL 语句进行检索:

```
Select XSA.学号,姓名,学院名,课程名,考试成绩+课堂成绩+实验成绩 As 总分;
    From XSA,XYB,CJB,KCB;
    Where XSA.学号=CJB.学号 And XSA.学院码=XYB.学院码 And;
    CJB.课程码=KCB.课程码 And 考试成绩+课堂成绩+实验成绩 < 60
```

显然需要对 XSA、XYB、CJB 和 KCB 四个关系进行连接操作，连接条件比较复杂，检索数据所需时间较长。

由本例可以看出，关系模式的级别不一定越高越好，每级范式各有利弊。因此，关系模式规范化的基本原则是由低到高，逐步规范，权衡利弊，适可而止。通常以满足第三范式为基本要求。

3.4 数据编码与关系模式

在人们的各项事务处理过程中，编码信息无处不在。身份证号、学号、文件号（有关部门颁发的文件）、图书号、汽车牌照号、列车车次、商品条形码、信用卡号和股票代码等都是编码信息，它在人类的各种活动和计算机数据处理过程中起着重要作用。

3.4.1 数据编码

数据编码是表示事物对象的一种符号，是对象在某一范围内的唯一标识。多数数据编码中仅包含数字、英文字母、减号或/（如身份证号、图书号）；有些编码中也包含汉字（如汽车牌照号、文件）。总体来看，数据编码要比对应对象名称短。从数据编码的复杂程度来分，大体可分为单体编码和复合编码两种。

1. 单体编码

单体编码通常只起标识对象的作用，编码中各位没有特定含义，通常这类编码有国家统一标准。例如，在性别码中，1 表示男，2 表示女；在民族码中，01 表示汉族，11 表示满族，56 表示基诺族等；在省市码中，11 表示北京，22 表示吉林，37 表示山东等。在实际应用中，通常对可穷举的数据域进行编码。在编码时，尽量采用国家或相关部门的统一标准，以便数据在较大范围内具有通用性和兼容性。

2. 复合编码

复合编码也起标识对象的作用，但编码由若干段编码组成，每段编码表示不同的含义。常见的分段方法有按位分段（如身份证号）和通过分隔符（如一或/）分段（如图书或期刊号）。数据编码按位分段更适合计算机数据处理，而计算机处理其他分段法的数据编码要相对复杂一些。因此，在设计数据库时，如果需要对数据进行复合编码，尽量采用按位分段法。

【例 3.11】 用 VFP 函数从身份证号中获取户口所在地的省市编码、地区编码、县编码、出生日期和性别。

省市编码=Left(身份证号,2)
地区编码=Left(身份证号,4)
县编码=Left(身份证号,6)

出生日期=Substr(身份证号,7,8)
性别码=Iif(Substr(身份证号,17,1) $ '13579',1,2)

身份证号由18位组成,其中第17位为性别位,奇数为男,偶数为女。

3.4.2　数据编码对关系模式的影响

在设计数据库时,充分利用数据的单体编码可以节省存储空间;充分利用数据的复合编码能进一步规范关系模式,减少数据冗余。例如,在含有身份证号的关系模式中可以去掉户口所在地、出生日期和性别属性,需要这些属性值时可以从身份证号的相关位置上截取。

【例3.12】　利用数据编码对表3.7的XSA进一步规范化。

(1) 性别编码:1表示男,2表示女,每个学生可以节省一个字节。

(2) 民族编码:采用国标码,占两个字节,建立关系模式(见表3.9):

MZB(民族码,民族名)

与存储民族名称(至少需要10个字节)相比,每个学生至少节省8个字节。

(3) 学号复合编码:用8位表示学号,前两位表示学院码;第3位和第4位表示入学年份的后两位;第5位和第6位表示班级;最后两位表示班内序号。由此可以消除关系模式XSA中的冗余属性学院码,得到关系模式(见表3.10):

XSB(学号,姓名,性别码,出生日期,民族码)

表3.9　民族表(MZB)

民族码	民族名
01	汉族
02	蒙古族
10	朝鲜族
11	满族

表3.10　学生表(XSB)

学号	姓名	性别码	出生日期	民族码
22060101	马伟立	1	1987/10/12	01
11050102	赵晓敏	2	1988/05/01	10
12060201	孙武	1	1989/03/02	11

对关系 XSB 和 MZB 用 SQL 语句:

```
Select 学号, 姓名, IIF(性别码='1', '男', '女') As 性别, 出生日期,;
    民族名, Left(学号, 2) As 学院码;
From XSB, MZB;
Where XSB.民族码=MZB.民族码
```

生成了关系 XSA。因此,这也是关系模式的无损规范化。

数据复合编码实际上是多个属性的组合,从理论上讲,在关系中使用数据复合编码将破坏属性的原子性(不可再分性),但在实际应用中,从操作方便和节省存储空间等实用方面考虑,在许多数据库中都引用了数据复合编码技术。

3.5　关系数据库物理设计

关系数据库物理设计的主要任务是将规范化后的关系模式转变成数据库管理系统能存储的二维表。由于选用的数据库管理系统不同，可能使设计方法有些差异，但主体过程基本相同。

3.5.1　设计 VFP 物理数据库

在 VFP 数据库管理系统中，设计学生信息数据库的过程为：

（1）确定数据库名（如 XSXX.DBC）及其存储位置（如 E:\XSXX\DATA）。

（2）将规范后的关系模式 XSB、XYB、CJB、KCB 和 MZB 转变成 VFP 能存储的表，每个表对应一个 DBF 文件。对表中每个属性（字段）规定数据类型和宽度（见表 3.11 至表 3.15）。

（3）确定有关属性（字段）的有效性规则（用户定义完整性约束条件）和默认值，实现属性值域完整性控制。例如 XSB 中性别码的有效性规则为：性别码 $ '12'，默认值为：'1'。

（4）通过关键字建立主索引和候选索引，实现主属性值非空性和关键字唯一性控制。例如，在 CJB 表中建立索引，索引名为学生课程，类型为主索引，表达式（主关键字）为学号＋课程码；在 XSB 表中建立索引，索引名为学号，类型为主索引，表达式（主关键字）为学号；在 KCB 表中建立索引，索引名为课程码，类型为主索引，表达式（主关键字）为课程码。

（5）对每个表的外码建立普通索引，以便实现表之间的关联。例如，对 CJB 表中的外码学号（与 XSB 表中的主关键字学号对应）和课程码（与 KCB 表中的主关键字课程码对应）建立两个普通索引：一个索引名为学号，类型为普通索引，表达式为学号；另一个索引名为课程码，类型为普通索引，表达式为课程码。

（6）某些表的主关键字（主索引）要与相关表的外键（普通索引）进行关联，并设置关联的参照完整性。例如，XSB 表中的学号索引（主关键字索引）与 CJB 表中的学号索引（外码普通索引）进行关联；KCB 表中的课程码索引（主关键字索引）与 CJB 表中的课程码索引（外码普通索引）进行关联。

设计完成的学生信息数据库如图 3.1 所示。

3.5.2　数据库表结构及设计说明

在关系模式规范化过程中，一张人工学生信息表（见表 3.1）规范出 XSB、XYB、CJB、KCB 和 MZB 五个数据库表，这五个表构成一个数据库 XSXX.DBC。每个表都要有主关键字，因此需要五个主索引。在 VFP 中每张表对应一个 DBF 文件，主索引存于 CDX 文件中。

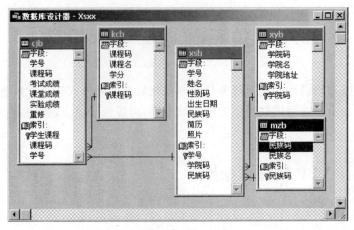

图 3.1　学生信息数据库 XSXX.DBC

1. 学生表（XSB）（表 3.11）

表 3.11　XSB 中字段及说明

字段名	类型	宽度	小数位数	有效性规则	默认值
学号	字符型	8			
姓名	字符型	8			
性别码	字符型	1		性别码 $ '12'	'1'
出生日期	日期型	8		出生日期≤Date()	Date()
民族码	字符型	2			
简历	备注型	4			
照片	通用型	4			

（1）**主索引**：索引名为学号,类型为主索引,表达式为学号,并与 CJB 中的外码索引学号进行关联。

（2）**外码索引**：

- 民族码为外码,与 MZB 中的主关键字民族码对应;索引名为民族码,类型为普通索引,表达式为民族码。
- Left(学号,2)可作为外码,与 XYB 中的主关键字学院码对应;索引名为学院码,类型为普通索引,表达式为 Left(学号,2)。

（3）**扩充关系模式 XSB**：为了存储学生简历和照片信息,增加简历（M）和照片（G）两个字段。

2. 学院表（XYB）

XYB 中的字段如表 3.12 所示。

主索引：索引名为学院码,类型为主索引,表达式为学院码,并与 XSB 中的外码索引学院码进行关联。

表 3.12　XYB 中字段及说明

字段名	类型	宽度	小数位数	有效性规则	默认值
学院码	字符型	2			
学院名	字符型	20			
学院地址	字符型	20			

3. 成绩表(CJB)

　　CJB 中字段如表 3.13 所示。

表 3.13　CJB 中字段及说明

字段名	类型	宽度	小数位数	有效性规则	默认值
学号	字符型	8			
课程码	字符型	6			
考试成绩	数值型	5	1	考试成绩>=0 AND 考试成绩<=100	0
平时成绩	数值型	4	1	平时成绩>=0 AND 平时成绩<=20	0
实验成绩	数值型	4	1	实验成绩>=0 AND 实验成绩<=20	0
重修	逻辑型	1			.F.

　　(1) **主索引**：索引名为学生课程,类型为主索引,表达式为学号+课程码。
　　(2) **外码索引**：

- 学号为外码,与 XSB 中的主关键字学号对应;索引名为学号,类型为普通索引,表达式为学号。
- 课程码为外码,与 KCB 中的主关键字课程码对应;索引名为课程码,类型为普通索引,表达式为课程码。

4. 课程表(KCB)

　　KCB 中字段如表 3.14 所示。

表 3.14　KCB 中字段及说明

字段名	类型	宽度	小数位数	有效性规则	默认值
课程码	字符型	6			
课程名	字符型	30			
学分	整型	4		学分>=1 And 学分<=5	1

主索引：索引名为课程码,类型为主索引,表达式为课程码,并与 CJB 中的外码索引课程码进行关联。

5. 民族表(MZB)

MZB 中字段如表 3.15 所示。

表 3.15 MZB 中字段及说明

字段名	类型	宽度	小数位数	有效性规则	默认值
民族码	字符型	2			
民族名	字符型	20			

主索引：索引名为民族码,类型为主索引,表达式为民族码,并与 XSB 中的外码索引民族码进行关联。

从上述说明中可以看出,物理设计关系数据库不仅要设计表名、属性名、数据类型、(最大)宽度、字段默认值和有效性规则,还要设置与主关键字或外码有关的索引,设置表间关联及其参照完整性规则等。最终设计结果如图 3.1 所示。

习 题 三

一、用适当内容填空

1. 设计数据库通常包括需求分析、概念设计、【 ① 】和【 ② 】4 个环节。数据库表优化属于【 ① 】;建立数据库表间关联属于【 ② 】;收集、归纳和分析资料属于【 ③ 】。如果从人工表开始整理数据库表,则两个重要环节是【 ① 】和【 ② 】。

2. 数据库表是存储于计算机【 ① 】存储器中的电子表,是有格式要求的【 ② 】表,其主要特点有：每个属性是【 ③ 】分割的基本数据项;任何列在一个记录中最多有【 ④ 】个值;主属性在任何元组中不能为【 ⑤ 】值等。

3. 数据库逻辑设计的结果与设计者的目的、出发点及数据语义有关,数据语义是指人们对数据含义的【 ① 】和【 ② 】。

4. 在关系模式 XY(学院码,学院名,学院地址)中,假设所有学院都不重名,【 ① 】可以分别作为关键字,通常将【 ② 】作为主关键字,【 ③ 】是主属性。

5. 在关系模式为 XS(学号,姓名,民族码)和 MZ(民族码,民族名)中,通常学号是【 ① 】的主关键字,民族码是【 ② 】的主关键字,民族码是【 ③ 】的外码。

6. 在关系模式 XS(学号,姓名,民族码,民族名)中,学号是主关键字。【 ① 】与主关键字存在传递函数依赖,相关函数依赖是：学号→【 ② 】和【 ② 】→【 ① 】。

7. 在关系模式 GZ(月份,职工号,姓名,基本工资,奖金,个人所得税)中,对基本工资和奖金进行计算可以得到个人所得税。主关键字是【 ① 】;函数依赖是【 ② 】;部分函数依赖是【 ③ 】;完全函数依赖是【 ④ 】;传递函数依赖是【 ⑤ 】。

8. 范式是满足某种特定要求的【 ① 】的集合,范式的级别体现【 ① 】的【 ② 】程度。

9. 要将第一范式的关系模式规范成第二范式,应该消除【 ① 】对关键字的【 ② 】;要将一个第二范式的关系模式规范成第三范式,应该消除【 ① 】对关键字的【 ③ 】。

10. 设计关系模式的总体原则是概念单一化,一个关系模型对应一个实体型或实体型之间的联系。根据这一原则,关系模式 XS(学号,姓名,出生日期,民族名,专业名)应该分解成【 ① 】个关系模式,分别是【 ② 】。

11. 在设计关系数据库时,常常要分析关系模式中各个属性的函数依赖关系,其主要目的是对关系模式进行【 ① 】;如果一个关系模式是第二范式而不是第三范式,则在该关系模式中一定存在某【 ② 】对【 ③ 】的【 ④ 】函数依赖。

12. 在数据库逻辑设计阶段往往要将一个表分解成多个表,这样做主要目的是降低数据【 ① 】,减少数据操作【 ② 】,而可能带来的副作用是查询数据时增加表的连接【 ③ 】,增大了系统开销。这里的系统开销主要是指【 ④ 】开销。

13. 在设计关系数据库时,用数据的单体编码可以【 ① 】;用数据的复合编码可以进一步规范关系模式,能减少数据【 ② 】,但将破坏属性的【 ③ 】特性。

14. 在数据库物理设计阶段,通过建立【 ① 】确定表的主键,如果一个表有多个关键字,则对主键以外的关键字应该建立【 ② 】索引;为了查询数据时减少表的连接时间,对表的外键要建立【 ③ 】。

二、从参考答案中选择一个最佳答案

1. 设计数据库通常包括需求分析、概念设计、逻辑设计和物理设计 4 个环节。用 E-R 图描述事物属于【 】环节。

    A. 需求分析   B. 概念设计   C. 逻辑设计   D. 物理设计

2. 在关系模式 CJ(学号,课程号,成绩)中,一个学生可以选多门课程,【 】是主关键字。

    A. 学号   B. 课程号   C. 学号和课程号 D. 课程号和成绩

3. 如果对数据库表规范程度不够,则可能发生数据操作异常。这种操作异常不含【 】操作。

    A. 插入   B. 删除   C. 查询   D. 修改

4. 在第二范式的关系模式中,一定不存在【 】。

    A. 主属性对关键字的部分函数依赖   B. 非主属性对关键字的部分函数依赖

    C. 主属性对关键字的传递函数依赖   D. 非主属性对关键字的传递函数依赖

5. 在关系模式规范化过程中,要求对关系模式必须是无损分解,所谓无损分解是指【 】。

    A. 分解前后所需存储空间一致   B. 分解前后属性名称及个数一致

    C. 通过自然连接可以还原   D. 通过等值连接可以还原

6. 在关系模式 GZ(职工号,姓名,性别,基本工资,奖金,应发工资)中,应发工资等于基本工资与奖金之和。对 GZ 进行【　　】,将保留原功能而降低数据冗余。

  A. 性别属性编码   B. 基本工资与奖金合并成一个属性

  C. 去掉职工号属性   D. 去掉应发工资属性

7. 在某些关系模式中存在数据更新异常问题,这里的更新异常是指【　　】。

  A. 修改数据后无法存盘

  B. 对数据进行了保护,导致无法修改

  C. 修改一个属性值时可能要修改多个属性的值

  D. 修改一个属性值时可能要修改多个元组的值

8. 在某些关系模式中存在数据插入异常问题,这里的插入异常是指【　　】。

  A. 缺少某非主属性的值,不能添入表中的数据

  B. 缺少某主属性的值,不能添入表中的数据

  C. 数据库太小,无法执行插入操作

  D. 磁盘已满,无法执行插入操作

9. 在某些关系模式中存在数据删除异常问题,这里的删除异常是指【　　】。

  A. 删除某元组将导致某类实体信息全部丢失

  B. 删除某元组将导致某个关系丢失

  C. 删除某元组后无法存盘

  D. 删除元组将删除其他关系

10. 将关系模式 XS(学号,姓名,民族名)规范化成 XSA(学号,姓名,民族码)和 MZ(民族码,民族名)后,用【　　】语句能还原 XS。

  A. Select 学号,姓名,民族名 From XSA,MZ Where XSA. 民族码=MZ. 民族码

  B. Select 学号,姓名,MZ. * From XSA,MZ Where XSA. 民族码=MZ. 民族码

  C. Select XSA. * ,民族名 From XSA,MZ Where XSA. 民族码=MZ. 民族码

  D. Select XSA. * ,MZ. * From XSA,MZ Where XSA. 民族码=MZ. 民族码

11. 将关系模式 XS(学号,姓名,民族名)规范成 XSA(学号,姓名,民族码)和 MZ(民族码,民族名),主要目的是【　　】。

  A. 降低数据冗余度   B. 节省存储空间

  C. 消除插入异常   D. 消除更新异常

12. 在数据库逻辑设计阶段,一个重要方面的内容是解决数据冗余问题,数据冗余是指【　　】。

  A. 数据存储量庞大   B. 数据重复存储

  C. 数据表个数太多   D. 数据项个数超出表的限制

13. 当数据库足够大时,【　　】说法不正确。

  A. 降低数据冗余可节省存储空间

  B. 对数据进行编码可节省存储空间

  C. 降低数据冗余是节省存储空间的唯一途径

  D. 对一个表规范化分解成多个表可节省存储空间

14. 在数据库设计方面,【　　】说法正确。

A. 数据单体编码是降低数据冗余的一种方法

B. 降低数据冗余是数据编码的一种方法

C. 数据复合编码不能减少数据冗余

D. 降低数据冗余和数据编码均可节省存储空间

15. 数据库逻辑设计主要解决的问题是【　　】。

A. 消除数据冗余,避免发生数据操作异常

B. 增加表的数量,减少表的连接次数

C. 缩小每个表的体积,充分利用磁盘碎片

D. 降低数据冗余,减少数据操作异常

16. 在设计关系数据库时,经常要对数据进行单体编码或复合编码,两种编码的共同点是【　　】。

A. 减少数据冗余 　　　　　　　B. 减少表连接次数

C. 节省存储空间 　　　　　　　D. 加大数据冗余

三、从参考答案中选择全部正确的答案

1. 在设计数据库时,【　　】属于需求分析范畴。

A. 建立数据库表的索引 　　　　B. 定义数据语义

C. 设置数据完整性规则 　　　　D. 用 E-R 图形描述实体

E. 建立表间关联 　　　　　　　F. 收集、归纳和分析业务资料

2. 当数据库中的数据足够多时,在保证数据库功能的情况下,【　　】能节省存储空间。

A. 降低数据冗余　 B. 减少表的个数　 C. 增加表的索引个数

D. 对数据进行编码 　　　　　　E. 建立表间的关联

3. 关于数据库表和二维表,【　　】说法正确。

A. 二维表都可以作为数据库表

B. 数据库表都是二维表

C. 一个二维表可以分解成多个数据库表

D. 数据库表是无冗余的二维表

E. 数据库表可以没有关键字

F. 数据库表的某列中可含不同类型的数据

4. 【　　】不是数据库表的特性。

A. 属性的原子性 　　　　　　　B. 数据记录的唯一性

C. 表的二维性 　　　　　　　　D. 主属性值的唯一性

E. 主属性值的非空性 　　　　　F. 外码的唯一性

5. 对一个数据库表而言,正确的叙述是【　　】。

A. 只能有一个主键 　　　　　　B. 只能有一个主属性

C. 只能有一个外码 　　　　　　D. 外码是所在表的主键

E. 可以有多个主键 　　　　　　F. 可有多个外码

6. 在关系模式 MZ(民族码,民族名,人数)中,所有民族都不重名,【　　】可以构成关键字。

    A. 民族码　　　　　B. 人数　　　　　　C. 民族码和民族名 D. 民族名

    E. 民族码和人数　　F. 民族名和人数

7. 下列叙述中,正确的叙述是【　　】。

    A. 一个关系只能有一个主属性　　　　B. 一个关系只能有一个关键字

    C. 一个关系只能有一个主关键字　　　D. 关键字与主属性一一对应

    E. 一个关键字可能含多个主属性　　　F. 只有主关键字中的属性才是主属性

8. 在关系模式 GP(股东代码,姓名,股票代码,持有数量,均价)中,允许股东重名,一个股东可能持有多种股票,【　　】是主属性。

    A. 股东代码　　　　B. 姓名　　　　　　C. 股票代码　　　　D. 持有数量

    E. 均价

9. 在关系模式 GP(身份证号,姓名,股票代码,持有数量)中,允许人员重名,一个人可能持有多种股票,【　　】成立。

    A. 身份证号$\xrightarrow{F}$姓名　　　　　　　　B. (姓名,股票代码)$\xrightarrow{P}$持有数量

    C. 股票代码$\xrightarrow{F}$持有数量　　　　　D. (身份证号,股票代码)→持有数量

    E. 身份证号$\xrightarrow{P}$股票代码　　　　　F. (姓名,股票代码)→姓名

10. 在关系模式 GP(身份证号,姓名,股票代码,持有数量)中,允许人员重名,一个人可能持有多种股票,【　　】成立。

    A. (身份证号,股票代码)$\xrightarrow{F}$姓名　　　　B. (身份证号,股票代码)$\xrightarrow{P}$姓名

    C. (身份证号,股票代码)$\xrightarrow{F}$持有数量 D. 身份证号→姓名

    E. (身份证号,股票代码)$\xrightarrow{P}$持有数量 F. (姓名,股票代码)→身份证号

11. 在某个关系模式中,如果每个非主属性都完全函数依赖于关键字,则该关系模式一定属于【　　】。

    A. 第一范式　　　　B. 第二范式　　　　C. 第三范式　　　　D. BCNF

    E. 第四范式

12. 在第三范式的关系模式中,一定不存在【　　】函数依赖。

    A. 主属性对关键字的部分　　　　　　B. 非主属性对关键字的部分

    C. 主属性对关键字的传递　　　　　　D. 非主属性对关键字的传递

    E. 任何属性对关键字的部分　　　　　F. 任何属性对关键字的传递

13. 第三范式与第二范式的关系模式比较,第三范式的优点是【　　】。

    A. 数据查询时关系连接次数少　　　　B. 更节省存储空间

    C. 节省数据操作时间　　　　　　　　D. 数据操作异常率低

    E. 无数据冗余　　　　　　　　　　　F. 无数据操作异常

14. 在设计关系数据库时,常常要分析关系模式中各个属性的函数依赖关系,存在某些属性函数依赖关系引发的主要问题是【　　】。

A. 数据更新异常 B. 数据查询异常 C. 数据访问死锁 D. 数据备份异常

E. 数据冗余 F. 表连接异常

15. 在设计关系数据库时,为了保证数据库功能且节省数据存储空间,经常要采取的措施有【 】。

A. 数据加密 B. 关系模式规范化

C. 减少关系模式个数 D. 数据库独占

E. 数据加共享锁 F. 数据编码

16. 在设计关系数据库时,经常要对数据进行编码,【 】属于单体编码。

A. 民族码 B. 学生号 C. 身份证号 D. 汽车牌照号

E. 性别码

17. 在设计关系数据库时,经常要对数据进行编码,【 】属于复合编码。

A. 民族码 B. 省市编码 C. 身份证号 D. 汽车牌照号

E. 性别码

18. 在设计数据库时,【 】属于逻辑设计范畴。

A. 创建数据库表 B. 优化关系模式

C. 用 E-R 图形描述实体 D. 建立数据库表索引

E. 数据编码 F. 收集、归纳和分析业务资料

19. 在设计数据库时,【 】属于物理设计范畴。

A. 设置数据完整性规则 B. 定义数据语义

C. 了解用户业务范围和流程 D. 用 E-R 图形描述实体

E. 建立表间关联 F. 收集、归纳和分析业务资料

四、数据库设计题

1. 在表 3.16 中,每人每月发放一次工资。职称仅分正高、副高、中级和初级 4 种,每月都要保存所得税和社会保险数据;合计＝职务工资＋岗位津贴＋奖金,实发工资＝合计－所得税－社会保险。根据表 3.16,请设计符合第三范式要求的职工工资数据库。

表 3.16 职工信息表

| 月份 | 职工号 | 姓名 | 工作时间 | 职称 | 性别 | 应发工资 | | | | 扣款 | | 实发工资 |
						职务工资	岗位津贴	奖金	合计	所得税	社会保险	
0701	000101	李晓伟	1982/07/01	正高	男	1370	1200	1650	4220	253	300	3667
0701	100219	王春丽	1986/07/01	副高	女	925	800	1350	3075	102	245	2728
0701	400309	马霄汉	1999/07/01	中级	男	710	500	900	2110	25	50	2035
0701	601012	赵雪丹	2004/01/01	初级	女	600	350	700	1650	2	30	1618
⋮	⋮	⋮	⋮	⋮	⋮	⋮	⋮	⋮	⋮	⋮	⋮	⋮

2. 在表 3.17 中,每人可能有多个股东账号,每个股东账号可以有多只股票,但仅在第一只股票记录上记载资金余额。根据表 3.17,请设计符合第三范式要求的股东信息数

据库。

表 3.17　股东信息表

身份证号	姓 名	开户时间	股东账号	联系电话	资金余额	股票代码	股票名称	持有数量	均价	现价
880101196503210130	王晓光	2002/07/01	A01010321	85666453	20010	600000	浦发银行	700	10.21	11.50
880101196503210130	王晓光	2002/07/01	A01010321	85666453		600008	首创股份	15000	5.43	7.22
880101196503210130	王晓光	2002/07/01	B06120323	85666453	40000	600019	宝钢股份	13200	7.25	6.01
880101195509122180	赵雪丹	2004/01/01	A09010201	13843037563	150000	600003	东北高速	500	5.62	4.98
⋮	⋮	⋮	⋮	⋮	⋮	⋮	⋮	⋮	⋮	⋮

思 考 题 三

1. 数据库表是二维表,是否所有二维表都可以作为数据库表? 为什么?

2. 如果一个关系模式中不存在传递函数依赖,那么该关系模式是否一定属于第三范式?

3. 在关系模式 CJB(学号,课程码,考试成绩,课堂成绩,实验成绩,重修)中,显然有 (学号,课程)$\xrightarrow{P}$学号,能否由此判断 CJB 不属于第二范式? 为什么?

4. 由表 3.7(学生表 XSA)规范到表 3.10(学生表 XSB)过程中,一项重要的工作是对民族名进行编码。由于对民族名进行了编码,因此消除了一些冗余数据。这种说法正确吗? 为什么?

5. 在设计实用关系数据库时,充分利用数据的复合编码(如学号和身份证号)能去掉某些冗余属性。但这种做法不符合数据库表的性质要求,违背了哪条规定?

6. 在规范化关系模式过程中,必须保证无损优化。这里"无损"的含义是什么?

第 **4** 章

数据库的建立与维护

以数据库为核心的程序系统与其他程序系统相比,有其独特之处,它具有数据量大、数据保存周期长和数据关联性复杂等特点。因此,在开发数据库应用程序系统时,要对数据库进行设计,数据库设计的优劣将直接影响应用程序系统的运行性能。

4.1 数据库的作用及数据库分析

在 VFP 中,数据库用于存储数据库表的属性、有效性规则、说明、默认值、视图、远程数据库的连接和存储过程等。数据库文件扩展名是 DBC,通常通过数据库设计器创建和修改数据库。

4.1.1 建立一个简单数据库

在 VFP 中可以使用多种方法建立数据库,下面使用系统提供的数据库向导来建立一个用于图书管理目的的数据库。使用数据库向导建立数据库的步骤如下:

(1) 单击"文件"→"新建",选择"文件类型"为"数据库",单击"向导"按钮。

(2) 在"数据库向导"窗口的"选择数据库"列表框中选择一个已有的数据库样本,这里选择 Books 后,单击"下一步"按钮。

(3) 在"选择数据源"列表框中选择数据库中要包含的表和视图,系统默认为全部内容,选择完毕后,单击"下一步"按钮。

(4) 为数据库中的表建立索引。所谓索引就是表中数据的一种排序方法,系统已经给定了表中合理的排序方法,如图书表(Books)中可以按图书编号(Books_id)和主题编号(Topic_id)建立索引。单击"下一步"按钮。

(5) 为数据库中的表建立关联。所谓关联就是数据库中表之间的联系。例如,图书表与作者表之间存在着某种联系,对图书表中任意一种图书,在作者表中都能够找到其中一位或多位作者的详细资料。在向导中已经建立了适当的关联,保留这些关联,单击"下一步"按钮。

(6) 在数据库向导的最后一步中,选定"保存数据库以备将来使用"和"用示例数据填入表",并单击"完成"按钮。

（7）在"另存为"对话框中,选定文件夹名（如 D:\XSXXGL),为数据库命名（如 BOOKS),单击"保存"按钮,则系统建立了图书管理数据库（Books.DBC)。系统默认数据库文件的扩展名为 DBC。

（8）打开数据库：单击"文件"→"打开",选择文件类型为"数据库",选择文件夹（如 D:\XSXXGL),双击要打开的数据库文件（如 Books.dbc),则系统进入数据库设计器（如图 4.1 所示)。

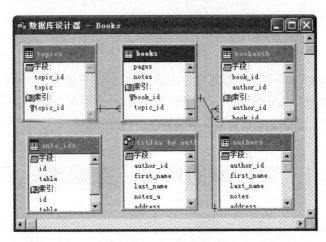

图 4.1　Books 数据库窗口

可以随时打开数据库,以便建立、添加、浏览、修改或删除其中的各类对象。

4.1.2　数据库的作用

数据库是一种容器,用于组织和管理数据库表（Table)、视图（View)、关联（Relation)、存储过程（Stored Procedure)和连接（Connection)等。从图 4.1 中可以看到 6 个小窗口,每个小窗口代表一个数据库表或视图,两个数据库表之间的连线表示表之间的关联。

在关系数据库中,所谓表是指规范的二维表,用于保存应用程序中要处理的数据以及数据结构。在数据库设计器中,选中表文件后,在"数据库"菜单中选择"浏览",可以查看表中的数据记录。

通常将表中的列称为字段,如图书表中的 Books_id 和 Title 都是字段,字段有名称、类型和宽度等基本信息,如 Title 字段在表中用来保存一本书的书名,在该列中可以输入汉字、英文等信息,其类型为字符型,也就是说这一列用于存放文字,对书名最多输入 50 个字符（即 25 个汉字),这就是字段的宽度。表中除列标题外的其他各行称为记录,在图书表中一条记录用于描述一本书。

视图是数据库中的一种数据格式,可以将分散到多个表中的数据通过联接条件收集到一起,形成一个新的数据格式。视图中并不保存数据,而是从其数据源中提取数据。

Visual FoxPro 数据库及面向对象程序设计基础（第 2 版)

关联是两个表之间通过对应字段建立的联系,通过关联可以将数据库中的多个表联系起来。例如,在 Books 表中的每一本书,通过图书的编号可以在 Bookauth 表中查找到其对应图书的作者编号,再通过作者编号在表 Authors 中就可以查找到该书作者的详细资料。一般来说,存储于一个数据库中的表都具有一定的联系。

数据库与其中对象之间的关系类似于 Windows 系统下的文件夹与文件之间的关系,将具有一定联系的若干张表及视图保存到数据库中,便于数据维护和使用。当然数据库与其中对象之间的关系要远比文件夹与文件之间的关系复杂。

4.2　数据库的建立与维护

通过向导建立 Books 数据库后,查看 D:\XSXXGL 文件夹,可以看到 Books.DBC、Books.DCT 和 Books.DCX 三个文件。一个完整数据库文件包括基本文件(DBC)、相关数据库备份文件(DCT)和相关索引文件(DCX)。通过数据库设计器或命令可以增加、修改和删除数据库中的对象,三个文件共同构成一个完整的数据库。

4.2.1　建立数据库

通常使用如下方法建立数据库。

方法一:单击"文件"→"新建",选择"文件类型"为"数据库",单击"新建文件"按钮,在"新建"对话框中选择存放数据库的文件夹,输入数据库名(如 Xsxx),单击"保存"按钮后,系统自动建立一个空数据库并进入数据库设计器(见图 4.1)。

方法二:在命令窗口或程序中用 Create DataBase 命令建立数据库。

命令格式:Create DataBase [[<路径>]<数据库名>]

命令说明:在指定的路径下建立一个空数据库,但不进入数据库设计器。当省略路径时,将在文件默认目录中保存数据库文件。当省略数据库名时,系统自动弹出"创建"对话框,要求选择路径和输入数据库文件名。在 VFP 中,建立、打开或运行各类文件时,如果省略文件路径,则对文件"默认目录"进行操作;如果省略文件扩展名,则系统自动添加默认扩展名。

【例 4.1】　使用命令建立数据库。

```
Create DataBase D:\XSXXGL\SJGL
```

在 D:\XSXXGL 文件夹下建立数据库 SJGL,系统同时产生 SJGL.DBC、SJGL.DCT 和 SJGL.DCX 三个文件。

4.2.2　打开数据库

在使用数据库之前必须打开数据库。在建立数据库时,系统自动打开数据库,对于已存在的数据库,应该使用相关的命令将其打开。

1. 打开数据库的方法

方法一:单击"文件"→"打开",选择"文件类型"为"数据库",鼠标双击数据库文件名,或者,选定数据库文件名,再单击"确定"按钮。在打开数据库文件的同时进入数据库设计器,实质上执行下列 2 条命令。

Open DataBase ［＜路径＞]＜数据库名＞

Modify DataBase

方法二:在命令窗口或程序中执行命令。

命令格式:Open DataBase ［＜路径＞]＜数据库文件名＞|?

命令说明:以命令方式打开数据库文件(默认扩展名 DBC 可以省略),但系统并不进入数据库设计器,也就是说不能直接通过系统界面看到所打开的数据库。当命令中使用"?"作为数据库文件名或不输入数据库文件名时,系统将弹出"打开"对话框,要求选择数据库文件名。

【例 4.2】 用命令打开数据库 D:\XSXXGL\XSXX。

```
Open DataBase D:\XSXXGL\XSXX
```

2. 设置当前数据库

在 VFP 系统中,可以多次运行 Open DataBase 命令打开数据库文件,并使多个数据库同时处于打开状态。但在某一时刻,最多只有一个当前数据库,也可能没有当前数据库。通常最后打开的数据库为当前数据库,也可以使用命令重新设置当前数据库。

命令格式:Set DataBase To［＜数据库名＞]

命令说明:将数据库名所指定的数据库设为当前数据库。当命令中省略数据库名时,将取消当前数据库,即打开的所有数据库都不是当前数据库。

【例 4.3】 设置当前数据库。

```
Open DataBase XSXX
Open DataBase SJGL
Modify DataBase              && 查看当前数据库(SJGL)
Set DataBase To XSXX         && 将 XSXX 设置为当前数据库
Modify DataBase              && 查看当前数据库(XSXX)
```

3. 测试数据库状态

可以用函数 DBUsed()检测一个数据库是否处于打开状态。

函数格式:DBUsed(＜字符表达式＞)

函数说明:函数返回逻辑值,如果字符表达式的值是目前打开的数据库名,则函数返回值为.T.;否则,函数返回值为.F.。

【例 4.4】 检测打开的数据库。

```
Close DataBase All
Open DataBase XSXX
? DBUsed("XSXX")      && 显示.T.,即 XSXX 处于打开状态
? DBUsed("SJGL")      && 检测一个名为"SJGL"的数据库是否处于打开状态,结果为.F.
```

4.2.3 修改数据库

修改数据库是对数据库中内容进行调整,如将自由表加入到数据库中,调整表之间的关联等。

1. 进入数据库设计器

命令格式：Modify DataBase [[<路径>]<数据库名>|?]

命令说明：省略数据库名时,对当前数据库进行修改;使用数据库名时,对没打开的数据库文件,系统将其自动打开;对不存在的数据库名,自动建立数据库文件,并将其打开。使用"?"作为数据库名时,要求从"打开"文件对话框中选择要打开的数据库文件名。

执行此命令后,将操作的数据库设置为当前数据库,并进入数据库设计器。

【例 4.5】 利用命令方式修改数据库。

```
Open DataBase XSXX
Modify DataBase
```

2. 使用数据库设计器

在数据库设计器中,可以调整数据库中各种对象,如添加表、建立表或删除表等。

（1）**添加表**：在 VFP 中,将不属于任何数据库的表文件(DBF)称为自由表,添加表就是将自由表加到数据库中,一个表只能隶属于一个数据库。

方法一：右击数据库设计器中空白区域,在弹出的快捷菜单中单击"添加表",在"打开"对话框中选择表文件名,单击"确定"按钮。

方法二：单击"数据库"→"添加表",在"打开"对话框中选定表文件名,单击"确定"按钮。

（2）**新建表**：进入表设计器,新建一个表并将该表添加到数据库中。

方法一：右击数据库设计器空白区域,在弹出的快捷菜单中单击"新建表"。

方法二：单击"数据库"→"新建表"。

（3）**删除对象**：从数据库中删除表时,可以选择"移去"或"删除"表。"移去"是将表从数据库中移出去,使其变为自由表;"删除"是将表从数据库中移出去且同时删除表文件。

方法一：右击数据库中要删除的对象,单击"删除"。

方法二：选定要删除的对象,单击"数据库"→"移去",系统会给出一个确认对话框,从中选择"删除"。

4.2.4 删除数据库

要将系统中不再使用的数据库文件从磁盘中删除,可以在操作系统下删除数据库对应的三个文件,也可以在 VFP 中使用 Delete DataBase 命令删除数据库。

命令格式:Delete DataBase ＜数据库名＞ ［Recycle］

命令说明:使用 Recycle 时,系统将删除的数据库文件放入 Windows 系统的回收站;不使用 Recycle 参数时,系统将彻底删除数据库文件。

【例 4.6】 删除 SJGL 数据库。

```
Delete DataBase D:\XSXXGL\SJGL Recycle
```

将 D:\XSXXGL 目录下的 SJGL. DBC、SJGL. DCT 和 SJGL. DCX 三个文件放入 Windows 回收站。删除数据库文件后,数据库中的表会自动变成自由表。

4.2.5 关闭数据库

对数据库操作完毕,应该及时将其关闭。关闭数据库时,系统也将关闭相关的数据库表。关闭数据库的方法有以下几种。

方法一:关闭当前数据库命令:Close DataBase。

方法二:关闭系统中所有打开的数据库命令:Close DataBase All。

方法三:关闭系统中所有文件命令:Close All。

Close DataBase ［All］除关闭数据库外,还关闭所有表及相关文件;Close All 也关闭所有表、表单设计器、菜单设计器和程序代码编辑器等,但不关闭正运行的程序、表单和菜单程序等。

【例 4.7】 关闭所有数据库。

```
Close DataBase All
```

4.3 数据库表的建立与维护

数据库只是一种容器,其中可以包含多种对象,最常见的对象是数据库表。打开数据库后,可以建立和修改数据库表。

4.3.1 建立数据库表

表设计器是建立表的主要工具,在当前数据库中,建立数据库表的方法有以下几种。

方法一:单击“文件”→“新建”,选择“文件类型”为“表”,单击“新建文件”按钮。

方法二:单击“常用”工具栏上的“新建”按钮,其余操作同上。

方法三：在项目管理器中的"数据"选项卡上，展开一个数据库（如 XSXX），选择"表"，单击"新建"按钮。

方法四：在数据库设计器中，单击"数据库"→"新建表"。

方法五：从数据库设计器的右击菜单中，选择"新建表"。

方法六：在命令窗口或程序中执行命令。

命令格式：Create　[[<路径>]<表名>]

命令说明：在指定的路径下建立表文件。当省略路径时，将在文件"默认目录"中保存表文件。当省略表名时，系统自动弹出"创建"对话框，要求选定路径和输入表文件名。系统默认表文件扩展名为 DBF。

【例 4.8】 利用 Create 命令建立数据表 XSB。

```
Open DataBase D:\XSXXGL\XSXX
Create D:\XSXXGL\XSB
```

上述方法都将进入表设计器（如图 4.2 所示）。在表设计器中依次输入表中字段名、数据类型、字段宽度和小数位数等内容。

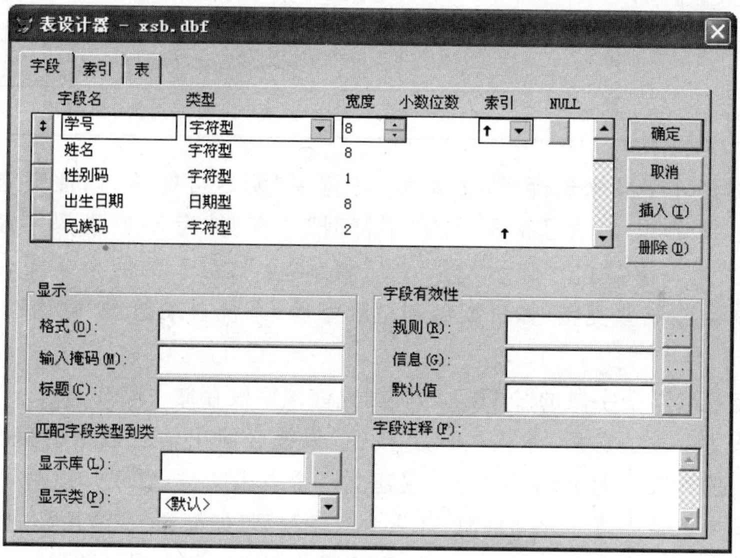

图 4.2　表设计器

（1）**字段名**：是二维表中列的名称，同一个表中不允许出现同名字段。表中应该具有能够唯一标识表中记录的字段或字段组合，通常称为关键字。例如，学生信息表（XSB）中，每名学生的学号是不同的，学号字段就是表中关键字，而性别码字段不能作为关键字。字段的命名规则如下：

- 用字母、汉字、数字或下划线（_）命名字段，但不能用数字或下划线开头。如学号、F_XH、NUMBER 和外语_11 等都可以作为字段名，而 32_X 或 ♯B 则不能作为字段名。

- 数据库表中字段名最多可含 128 个字符。

(2) **字段类型和宽度**：字段类型用于确定字段中存储数据的性质，字段宽度用于说明存储数据的最大位数。在 VFP 系统中可以使用的字段类型及最大宽度限制见表 4.1。

表 4.1 VFP 中字段的常用数据类型及宽度

数据类型	宽　　度	符号表示	类 型 说 明
字符型	1～254 个字符	C	字符、数字文本，如姓名、编号、家庭地址等
数值型	最大宽度为 20 位(含小数点)	N	整数或实数，如成绩、工资
浮动型	最大宽度为 20 位(含小数点)	F	同数值型
双精度型	固定为 8 位	B	高精度数据
整型	固定为 4 位	I	存放整数，如年龄
货币型	固定为 8 位	Y	存放货币数据，如商品单价
日期型	固定为 8 位	D	存放日期数据，如生日
逻辑型	固定为 1 位	L	存放逻辑数据(.T. ,.F.)
备注型	固定为 4 位	M	以 FPT 形式的文件存储数据，长度任意，如个人简历
通用型	固定为 4 位	G	OLE 数据对象，如照片

可以根据具体字段来选择字段"类型"，"宽度"要尽可能短，以便节省磁盘空间。例如，学生表(XSB)中的学号字段设为"字符型"，"宽度"为 8；性别码字段设定为"字符型"，"宽度"为 1 位，用"1"表示"男"，"2"表示"女"；对于数值型字段，还需要规定"小数位数"。对于某些类型(如日期型和逻辑型等)系统自动给出"宽度"，不允许用户调整。

如果选定(√)某个字段的"NULL"列，则允许该字段存储 .Null. 值。

输入完表中字段信息后，单击"确定"按钮，系统会给出输入数据的提示窗口，选择"是"可以立刻输入表中记录；选择"否"，仅建立一个空表文件(DBF)，以后可以通过其他途径向表中输入记录。建立表文件时，如果含有备注型(如简历)或通用型(如照片)字段，系统还自动建立与表同主名的 FPT 文件，用于保存备注型和通用型数据。

4.3.2　数据库表的常用属性

调整数据库表中字段属性可以控制数据的输入输出格式。

1. 字段输入/输出属性

(1) **格式**：在"显示"框的"格式"中，可以设置对应字段值的输入/输出格式字符，格式字符将作用于整个字段中的各位数据。对一个字段，可以设置多个格式字符。例如，"!T"表示英文字母变为大写，并且去掉字段值中的首部空格。各种格式字符及其功能如

表 4.2 所示。

表 4.2　字段的显示属性格式字符

格式符	功　　能	格式符	功　　能
A	仅允许字母	D	使用当前的日期格式
E	英国日期格式	K	光标移动到该字段时选中该字段的全部内容
L	数值字段显示前导 0	M	允许多个预设置选择项
R	显示文本框的格式掩码	T	删除前导空格和结尾空格
!	字母转换为大写	^	用科学记数法表示数值数据
$	显示货币符号		

（2）**输入掩码**：用于控制输入字段值对应位的数据格式。掩码字符及功能见表 4.3。

表 4.3　字段的显示属性掩码字符

字　　符	功　　能	字　　符	功　　能
X	任意字符	*	左侧显示 *
9	数字字符	.	指定小数点位置
#	数字字符、十号、一号和空格	,	用逗号分隔整数部分
$	指定位置显示货币符号	$ $	货币符号与数字不分开显示

在学生表(XSB)的学号字段中,如果设定掩码为：99999999,则只允许输入 8 位数字符号。

（3）**标题**：如果不设置字段标题,则显示表中数据时系统将字段名称作为列标题,可以在此重新定义列标题。例如,将姓名字段的标题设为"学生姓名"。

2. 字段有效性

通过设置"字段有效性",可以控制对应字段值的有效范围。其内容如下。

（1）**规则**：是逻辑表达式,当输入或修改对应字段值后,如果逻辑表达式的值为.T.,则通过有效性规则检验;如果逻辑表达式的值为.F.,则系统要求重新输入数据。例如,对性别字段设置规则为：性别＝"1".OR. 性别＝"2"。

（2）**信息**：为字符表达式,当输入或修改对应字段值时,如果违背了有效性规则,则系统显示该表达式的值。例如,对性别字段设置为"性别值应该为 1 或 2"。

（3）**默认值**：向表中添加新记录时,系统自动将默认值添加到对应字段中。例如,对性别字段设置默认值为"1"。对定义了有效性规则的字段,应该设置其默认值,并且默认值要遵守有效性规则。

4.3.3 输出与修改表结构

1. 打开表

在对表进行操作之前,需要打开表文件。打开表的方法有如下 2 种。

方法一:单击"文件"→"打开",在"打开"对话框中选择"文件类型"为"表",双击表文件名,或者选定表文件名后单击"确定"按钮。

方法二:在命令窗口或程序中运行命令打开表。

命令格式:Use [[<路径>][<数据库名>!]<表文件名>]|?

命令说明:关闭当前表文件,同时打开指定的表文件。当打开数据库表时,可以说明数据库名,但数据库名与表名之间必须用"!"分隔,如 Use XSXX! CJB。当使用命令:Use? 时,系统弹出"使用"对话框,要求选择或输入要打开表的路径和文件名。当打开的表是数据库表时,即使没说明数据库名(如 Use CJB),系统也自动打开表所在的数据库(如 XSXX)。

2. 输出表结构

方法:在程序或命令窗口中执行命令。

命令格式:Display Structure [To Printer|To File <文件名>]

List Structure [To Printer|To File <文件名>]

命令说明:输出当前表中的结构信息,内容包括字段名、类型和宽度等。

【例 4.9】 用命令方式显示学生表(XSB)的结构。

```
Use  XSB                    && 打开学生表
List  Structure             && 在 VFP 窗口中显示当前 XSB 的结构
Use                         && 关闭表文件
```

使用 Display(List) Structure 命令可以查看表结构,输出信息的最后一行为"总计",实际为表中一条记录的长度,即一条记录所需要的磁盘空间,它比所有字段宽度之和多 1 个或 2 个字节,其中 1 个字节用于存储记录的逻辑删除标记,当表中允许某些字段为 Null 时,将再增加 1 个字节。

3. 修改表结构

在表设计器中可以随时对表结构进行修改,进入表设计器有如下 4 种常用方法。

方法一:在"数据库设计器"中选择表名,单击"数据库"→"修改"。

方法二:在"数据库设计器"中,从表的右击菜单中选择"修改"。

方法三:单击"显示"→"表设计器",进入当前表设计器。

方法四:在程序或命令窗口中执行 Modify Structure 命令,进入当前表设计器。

【例 4.10】 用命令方式修改学生表(XSB)的结构。

```
Use XSB                         && 打开 XSB
```

```
Modify Structure              && 进入表设计器,在表设计器中修改表的结构
Use                           && 关闭当前表
```

进入表设计器后对表中信息的操作方法与建立表时的操作方法基本相同。常用的修改操作有以下几种。

（1）在已有的字段上直接修改字段名、类型和宽度等信息。

（2）用"删除"按钮,可以删除当前字段。

（3）用"插入"按钮,在当前字段之前插入新字段。

4.4　自由表与数据库表的异同及转换

在 VFP 中,将不属于任何数据库的表称为自由表;将属于某个数据库的表称为数据库表。一个自由表可以添加到一个数据库中变成数据库表,一个数据库表也可以移出数据库变成自由表。大部分数据库表的操作命令都可以用于操作自由表,建立自由表的方法与建立数据库表的方法也基本相同,在没有当前数据库的情况下建立的表都是自由表。

【例 4.11】　在 D:\XSXXGL 文件夹下建立自由表 XSLYTJB。

```
Close DataBases All           && 关闭打开的全部数据库
Create D:\XSXXGL\XSLYTJB      && 在表设计器中建立表文件 XSLYTJB 的结构
```

4.4.1　自由表与数据库表的差异

自由表中对字段的描述信息比较少,因此,设计自由表要比设计数据库表简单,具体差异如下:

（1）自由表中字段名的最大长度为 10 个字符,而数据库表中字段名的最大长度为 128 个字符。

（2）不能为自由表设置字段输入/输出属性,如标题、默认值和输入掩码等。

（3）不能为自由表设置某些规则,如字段有效性等。

4.4.2　数据库表转换成自由表

一个数据库表移出数据库变成自由表后,其字段输入/输出属性和字段有效性规则等信息也会自动丢失。数据库表转换成自由表的方法有以下几种。

方法一:在数据库设计器中选定表名,单击"数据库"→"移去"。

方法二:在项目管理器的"数据"选项卡中,选定数据库表,单击其中的"移去"按钮。

方法三:在数据库设计器中,从表的右击菜单中选择"删除"。

使用这 3 种方法,系统都将弹出对话框,如果单击"移去"按钮,则将表变为自由表;如果单击"删除"按钮,则从磁盘中删除与表相关的文件（包含同主名的 DBF、CDX 和

FPT）。

方法四：在程序或命令窗口中执行命令。

命令格式：Remove Table ＜表名＞|？[Delete] [Recycle]

命令说明：将当前数据库中的表移出数据库，同时分别从表和数据库中释放二者之间的链接信息。用"？"表示表名时，系统弹出"移去"对话框，要求选择要移去的表名。其他短语含义如下。

（1）**Delete**：将给定的表移出数据库，并将其文件从磁盘中直接删除。

（2）**Recycle**：将给定的表移出数据库，并将其文件放入 Windows 回收站。

当不使用 Delete 和 Recycle 短语时，将表直接转换为自由表。

【例 4.12】 利用命令方式将民族表（MZB）变为自由表。

```
Open DataBase XSXX
Remove Table MZB
```

方法五：在程序或命令窗口中执行命令。

命令格式：Free Table ＜表名＞

命令说明：当在 VFP 之外（如 Windows 的资源管理器）删除数据库文件（DBC）后，表中仍然保留着与数据库之间的链接信息。对这类表文件应该运行 Free Table 命令一一处理，以便释放表与数据库的链接信息，使其成为自由表。

对于仍然存在的数据库文件，要使其中的表变为自由表，应该运行 Remove Table 命令，不要运行 Free Table 命令，以便避免表与数据库之间产生错误的链接信息。Remove Table 同时释放数据库和表中的链接信息，而 Free Table 仅释放表中的链接信息。

4.4.3　自由表添加到数据库

在 VFP 系统中，一个自由表只能添加到一个数据库中，要将一个数据库表由一个数据库移到另一个数据库中，要先将其变成自由表，然后再将它添加到另一个数据库中。常用方法有以下几种。

方法一：进入数据库设计器，单击"数据库"→"添加表"，选择自由表文件名，单击"确定"按钮。

方法二：在项目管理器的"数据"选项卡中，展开数据库（如 XSXX），选择"表"，单击"添加"按钮，选择自由表文件名，再单击"确定"按钮。

方法三：从数据库设计器的右击菜单中选择"添加表"，选择自由表文件名，再单击"确定"按钮。

方法四：在程序或命令窗口中执行命令。

命令格式：Add Table [[＜路径＞]＜自由表文件名＞|？ [Name ＜长表名＞]]

命令说明：将一个自由表添加到当前数据库文件中。当省略自由表文件名或使用"？"时，可以从"添加"表对话框中选择自由表文件名。Name ＜长表名＞用来为表文件指定长表名。

Visual FoxPro 数据库及面向对象程序设计基础（第 2 版）

【例 4.13】 将自由表 XSLYTJB 添加到数据库 XSXX 中。

```
Open DataBase XSXX
Add Table XSLYTJB Name 学生来源表
```

在当前数据库中,执行:Use XSLYTJB 或 Use 学生来源表,具有相同的效果。对于非当前数据库中的表,使用长表名时,需要说明表所在的数据库名。

【例 4.14】 在没有打开数据库的情况下,使用长表名打开表。

```
Close DataBases All
Use XSXX!学生来源表
```

4.5 同时操作多个表

数据库中各个表之间存在着某种联系,因此,在应用程序中往往需要同时操作多个表,即在同一时刻,需要打开多个表。VFP 通过工作区解决了同时打开多个表的问题。

4.5.1 工作区

工作区是一段内存区域,VFP 共提供了 32 767 个工作区,工作区编号为 1～32 767。在某一时刻,一个工作区中只能打开一个表及相关文件(备注和索引),因此,在同一时刻最多可以打开 32 767 个表文件。

在 VFP 中,对某工作区进行操作,实质上是对相关表进行操作。在对表进行操作的命令或函数中,如果不指明工作区,则系统默认对当前工作区进行操作。进入 VFP 后如果没有选择工作区,则系统默认第 1 个工作区为当前工作区。执行 Close DataBase [All] 或 Close All 命令后,系统也将第 1 个工作区变成当前工作区。

通过 Display Status 命令可以查看各个表占用工作区和打开文件情况,执行有关命令可以占用工作区或选择当前工作区。

1. 打开表时占用工作区

命令格式:Use [＜路径＞][＜数据库名＞!]表名 [In ＜工作区号＞][Again]
命令说明:在指定的工作区中打开表文件。相关短语含义如下。

(1) **In ＜工作区号＞**:指定打开表的工作区,若省略该短语,则在当前工作区中打开表及相关文件。工作区号范围为 0～32 767,0 表示目前空闲的、工作区号最小的工作区。对于 1～10 号工作区也可以用 A～J 的 10 个字母表示,这是系统为前 10 个工作区提供的别名。

(2) **Again**:当表已经打开,又要在另一个工作区中再次打开时,需要使用本短语。

【例 4.15】 在工作区 1 和 5 中打开学生表(XSB),在工作区 3 中打开成绩表(CJB),在空闲工作区中打开课程表(KCB)。

```
Use XSB In 1
Use XSB In E Again          && XSB 在 2 个工作区中打开
Use CJB In C
Use KCB In 0                && 实际上将在工作区 2 中打开 KCB
Display Status              && 查看工作区占用情况
```

2. 选择当前工作区

命令格式：Select <工作区号>|<别名>

命令说明：选择工作区作为当前工作区。对于已经打开表的工作区,也可以使用表别名选择当前工作区。

【例 4.16】 接例 4.15 操作,选择工作区。

```
Select 5                    && 选择工作区 5 作为当前工作区
Use MZB                     && 关闭工作区 5 中的 XSB,并在本工作区中打开 MZB
Select XSB                  && 选择 XSB 所在的工作区作为当前工作区
Select 0                    && 选择工作区 4 作为当前工作区
Display Status              && 查看工作区占用情况
Close All
```

4.5.2 表别名

在操作表的命令或函数中,通常使用表别名操作工作区中的表。前 10 个工作区对应的 A~J 是系统提供的别名。在打开表时,可以为表定义别名。

命令格式：Use [<路径>][<数据库名>!]<表名> [Alias <表别名>]

命令说明：在打开表文件时,为表指定别名。表别名遵循内存变量的命名规定,但不能是 A~J 或 M 的单个字母,也不能与已存在的表别名重名。定义的表别名随着表文件的关闭而消失。

在某工作区中打开表时,没有定义别名情况下,如果表文件主名不是其他工作区中表的别名,则表文件的主名就是别名;如果表文件主名已经是其他工作区中表的别名,则系统自动为该表规定别名：1~10 号工作区的别名为 A~J,11~32 767 号工作区的别名为 W<工作区号>。系统为 1~10 号工作区规定的别名 A~J,无论工作区是否占用,这些别名都有效。对 11~32 767 号工作区,仅当工作区被占用,其中表的主名已经被其他工作区作为别名,并且没另起别名时,系统规定的别名 W<工作区号>才有效。

【例 4.17】 定义表别名情况。

```
Use XSB In 2                && XSB 和 B 均为别名
Use CJB In 5 Alias CJ       && CJ 和 E 均为别名,但 CJB 不是别名
Use XYB In 100              && 只有 XYB 是别名,而 W100 不是别名
Use XSB In 1 Again          && XSB 已被占用,只有 A 为别名
Use CJ In 11                && CJ 已被占用,只有 W11 是别名
```

```
Display Status                    && 查看工作区占用及别名情况
Close All
```

4.5.3　工作区使用状况

可以通过相关函数来查看工作区的使用状况。

1. 测试工作区或表别名是否被占用

函数格式：Used([＜工作区号＞|＜表别名＞])

函数说明：当指定工作区或表别名已被占用时,函数返回逻辑值.T.,否则函数返回逻辑值.F.。

在与工作区有关的函数中,凡是参数为工作区号或表别名的选项,如果省略此类参数,则函数都对当前工作区进行操作。这里的工作区号是一个数值表达式,表别名是字符表达式。

【例 4.18】　工作区使用情况判断。

```
Use XSB In 1          && 在工作区 1 中打开 XSB
Use CJB In 2          && 在工作区 2 中打开 CJB
? Used(1)             && 检测工作区 1 的使用情况,结果为 .T.,在使用
? Used("CJB")         && 检测 CJB 是否在使用,结果为 .T.,在使用
? Used(3)             && 检测工作区 3 是否在使用,结果为 .F.,未使用
Close All
```

2. 获取工作区中打开的表名及路径

函数格式：Dbf([＜工作区号＞|＜表别名＞])

函数说明：函数返回指定工作区中打开的表文件完整路径及文件名。当工作区空闲时,函数返回空字符串。

【例 4.19】　工作区使用情况判断。

```
Use XSB In 1          && 在工作区 1 中打开 XSB
Use CJB In 2 Alias CJ && 在工作区 2 中打开 CJB
? Dbf(1)              && 显示工作区 1 中打开的文件名称
? Dbf("CJ")           && 显示表别名 CJ 对应的文件名称
? Dbf(3)              && 显示工作区 3 中打开的文件名,结果为一空串
Close All
```

4.5.4　同时操作多个表中的数据

在打开多个表的情况下,通过操作多个工作区可以实现操作多个表中的数据。在表达式中,可以将字段名写成＜表别名＞.＜字段名＞或＜表别名＞－＞＜字段名＞的形

式,以便引用其他表中的数据。

【例 4.20】 引用其他工作区中的数据。

```
Select 1
Use XSB
Select 2
Use MZB
Locate For 民族码=A->民族码   && 查找 MZB 中民族码等于 XSB 中当前记录民族码的记录
Select 1
?学号,姓名,B.民族名           && 同时显示两个工作区中的数据
Close All
```

4.6　表中记录的输入、修改与删除

对于数据库表或自由表,可以对其进行各种操作,如增加、删除、修改和输出记录等,对表进行操作之前,要打开相关表。

4.6.1　增加记录

1. 进入表数据浏览窗口

方法一: 在数据库设计器中选定表,单击"数据库"→"浏览"。

方法二: 在数据库设计器中,从表的右击菜单中选择"浏览"。

方法三: 在有当前表的情况下,单击"显示"→"浏览"。

2. 直接输入数据

方法一: 在表数据"浏览"窗口中,单击"表"→"追加新记录"。每操作一次,增加一条新记录。

方法二: 在程序或命令窗口中执行命令。

命令格式: Append [Blank]。

命令说明: 向当前表中追加新记录。

不用 Blank 短语时,系统打开输入数据记录窗口,并在表的末尾增加新的记录,等待从键盘、条形码或磁卡阅读器等设备输入各个字段的值,光标在最后一个字段时按回车键可以继续添加新记录;按 Esc 键,取消光标位置的输入数据,并关闭数据输入窗口;按 Ctrl＋W 键或单击"关闭"按钮,保存输入的数据,并关闭数据输入窗口。

运行 Append Blank 命令,并不打开输入记录窗口,仅仅增加一条空白记录,可以通过表单中的控件或修改数据的命令填充各个字段的值。

【例 4.21】 在学生表(XSB)中增加新记录并立刻输入各个字段的内容。

```
Use XSB
Append                    && 直接进入数据输入界面,等待输入各个字段的值
```

用上述方法输入数据时,对于数值型和字符型数据可以直接输入;对于逻辑型数据,输入 T 或 Y 表示真,输入 F 或 N 表示假;对于日期型数据,必须符合日期格式(与 Set Date 和 Set Century 命令有关)要求。

3. 备注和通用型数据输入

(1) **备注型数据的输入方法**:备注型字段通常用于处理较长或分段落的文本资料,数据实际存储在与表同主名的 FPT 文件中,数据的大小仅受磁盘空间的限制。在输入数据记录的窗口中,当光标在备注型字段(Memo)上时,鼠标双击、按 Ctrl+Home 键、Ctrl+PageUp 键或 Ctrl+PageDown 键都可以打开备注型数据编辑窗口。在编辑窗口中输入备注信息后,按 Ctrl+W 键或单击"关闭"按钮将保存备注型数据,同时关闭编辑窗口。

(2) **通用型数据的输入方法**:用通用型字段可以处理 OLE(Object Linking and Embedding,对象链接和嵌入)对象,如图像、Word 文档和 Excel 表格等,实际应用中主要用于处理图像。数据也存储在与表同主名的 FPT 文件中,大小受磁盘空间的限制。存储通用型数据有两种方式,一种是存储链接对象的指针,另一种是存储数据本身。用输入备注型数据同样的操作方法进入通用型数据编辑窗口。在编辑窗口中输入数据的常用方法有 2 种。

方法一:单击"编辑"→"插入对象",在"插入对象"对话框中进行选择。

- **新建**:选择一个应用程序(如 Microsoft Office Excel 工作表)后,单击"确定"按钮,将建立一个新对象(如 Excel 表格)。随后可以进一步加工对象。
- **由文件创建**:可以从已存在的文档(如 JPG、DOC 或 XLS 等文件)中选择一个文档作为数据对象。

方法二:将数据送入剪贴板中(如在"画图"软件中选定图像后"复制"),在编辑窗口中,单击"编辑"→"粘贴"。便将数据存储于备注文件中。

单击"编辑"→"清除",可以删除通用型字段中的内容。

4. 从其他文件输入数据

方法一:在表数据"浏览"窗口中,单击"表"→"追加记录",在"追加来源"对话框中,选择文件"类型"(如 table),在"来源于"框中输入或选择文件名,再单击"确定"按钮。

方法二:在程序或命令窗口中执行 Append From 命令。

命令格式:Append From <表文件名> [Fields <字段名表>] [For <条件>]

命令说明:其中 Fields <字段名表>用于说明要填充值的各个字段,省略此短语时,向当前表填充两个表中同名字段的值。"条件"是运算结果为逻辑值的表达式,当逻辑表达式值为.T.时称为条件成立或满足条件;当逻辑表达式值为.F.时,称为条件不成立或不满足条件。For <条件>用于指出要追加记录的条件,只有满足条件的记录才添加到当前表中。

【例 4. 22】 由多个人在不同的计算机上输入学生表中的记录,要将存储在 U 盘上 XSB 中的记录合并到当前表文件中,可以使用如下命令:

```
Use XSB              && 打开本机中的 XSB
Append From H:\XSB   && 将 U 盘中(盘号为 H)XSB 的内容添到当前表中
Browse               && 浏览表中的记录信息
Use                  && 关闭表文件
```

事实上,利用这种方式还可以将其他类型文件(如 Excel 电子表格和文本文件)中的数据转换到数据表中存储。更详细的叙述请参阅 VFP 的帮助信息。

5. 查看表中记录个数

查看一个表中的记录数,通常可以使用如下两种方法。

方法一:打开表时,在 VFP 系统状态栏上有:记录 m/n,其中 m 表示当前记录号,n 表示表中记录总数。

方法二:在表达式中使用 RecCount 函数。

函数格式:RecCount([工作区号|表别名])

函数说明:RecCount 函数返回指定工作区中的记录数,当省略参数时,函数返回当前工作区中的记录数。

【例 4. 23】 显示学生表(XSB)中的记录数,命令如下:

```
Use XSB          && 打开学生表(XSB)
? RecCount()     && 显示 XSB 中的记录总数
Use              && 关闭表文件
```

4.6.2　删除记录

删除表中记录有两种方式:一种是物理删除;另一种是逻辑删除。所谓物理删除是将表中记录直接清除,而逻辑删除则是将要删除的记录加标记(*)后仍然存放在表中。

1. 逻辑删除记录

方法一:在表数据"浏览"窗口中,单击"表"→"删除记录",在"删除"对话框中,选择或输入"作用范围"、For 和 While 条件,最后单击"删除"按钮。

方法二:在表数据"浏览"窗口中,单击浏览窗口中记录左侧的删除标记列,使其变为黑色。

方法三:在程序或命令窗口中执行命令。

命令格式:Delete [<范围>][For <条件>][While <条件>][In <工作区号>|<表别名>]

命令说明:在指定表中逻辑删除满足条件的记录。In <工作区号>|<表别名>用于指出要操作的表。工作区号是数值表达式,其值表示打开表的工作区号;表别名是字符

表达式,其值是要操作的表别名。省略工作区号和表别名时,表示对当前工作区进行操作。

2. 范围、For 条件和 While 条件的作用

在 VFP 中一些表操作命令都有<范围>、For <条件>和 While <条件>短语,各个短语的含义如下。

(1) 范围:用于指出命令要操作的记录范围,可以选取 All、Record n、Next n 或 Rest 之一。

- **All**:表示要操作表中全部记录。
- **Record n**:n 为正整数表达式,设其值为 m,表示操作记录号为 m 的一个记录。
- **Next n**:n 为正整数表达式,设其值为 m,表示操作当前记录开始的后 m 个记录(包含当前记录)。
- **Rest**:表示从当前记录开始操作到表中最后记录(包括当前记录)。

(2) **For <条件>**:其中"条件"是逻辑值表达式,当表达式的值为.T.时,表示满足条件;当表达式的值为.F.时,表示不满足条件。For <条件>将操作范围内满足条件的所有记录。

(3) **While <条件>**:表示从记录范围中第一个记录开始,操作到记录范围内不满足条件的记录为止。如果记录范围中第一个记录就不满足条件,则不对任何记录进行操作。

如果一条命令中使用 While <条件>,而省略记录范围,则系统默认记录范围为 Rest;如果一条命令中使用 For <条件>,而省略记录范围和 While <条件>,则系统默认记录范围为 All。

当省略记录范围、For <条件>和 While <条件>时,系统默认的记录范围由具体命令决定。例如,在 Delete 命令中,如果不写记录范围、For <条件>和 While <条件>,则仅逻辑删除当前记录,即记录范围为 Next 1。

【**例 4.24**】 表中记录的删除操作。

```
Use XSB
Delete                    && 逻辑删除当前记录(第 1 个记录)
Browse                    && 浏览表中记录
Delete Next 5             && 逻辑删除 5 个记录
Browse
Delete All For 性别="1"   && 逻辑删除全部男同学记录
Browse
Use                       && 关闭表文件
```

3. 检测逻辑删除的记录

逻辑删除的记录在表中依然存在,在程序中用 Deleted 函数能检测一条记录是否已被逻辑删除。

函数格式:Deleted([<工作区号>|<表别名>])

函数说明：Deleted 函数用于检测给定工作区中当前记录是否是逻辑删除记录，如果是，则函数返回.T.，否则函数返回.F.。

【例 4.25】 检测逻辑删除的记录。

```
Use XYB              && 打开学院表
Delete               && 逻辑删除当前记录(第 1 个记录)
? Deleted()          && 输出：.T.
Skip                 && 将当前记录改为第 2 个记录
? Deleted()          && 输出：.F.
Use                  && 关闭表文件
```

4. 恢复逻辑删除的记录

恢复逻辑删除的记录就是去掉记录的删除标记(＊)。其方法有以下几种。

方法一：在表数据"浏览"窗口中，单击"表"→"恢复记录"，在"恢复记录"对话框中，选择或输入"作用范围"、"For"和"While"条件，最后单击"恢复记录"按钮。

方法二：在表数据"浏览"窗口中，单击浏览窗口中记录左侧的删除标记列使其变为空白。

方法三：在程序或命令窗口中执行命令。

命令格式：Recall [＜范围＞][For ＜条件＞][While ＜条件＞]

命令说明：如果不写记录范围、For ＜条件＞和 While ＜条件＞，则仅恢复当前记录。

【例 4.26】 将学生表中全部逻辑删除的记录恢复成正常记录。

```
Use XSB
Recall All
Use
```

5. 对逻辑删除记录的操作

在系统控制下，可以使用或隐藏逻辑删除的记录，控制这种状态的命令如下。

命令格式：Set Deleted On|Off

命令说明：在 Set Deleted On 状态下，系统自动屏蔽掉逻辑删除的记录，使得某些表操作命令操作不到这些记录；在 Set Deleted Off 状态下，系统将逻辑删除的记录与正常记录同样对待。

【例 4.27】 设置 Delete 的不同状态来查看删除结果。

```
Set Deleted Off      && 将 Deleted 状态设置为 Off
Use XSB
Delete Next 10       && 删除包括当前记录在内的连续 10 条记录
Browse               && 浏览表中数据,可以看到逻辑删除的记录
Set Deleted On       && 将 Deleted 状态设置为 ON,隐藏带删除标记的记录
Browse               && 浏览表中记录,看不到逻辑删除的记录
```

```
Use
```

6. 物理删除记录

物理删除记录就是将记录从表中彻底删除。其方法有以下几种。

方法一：在表数据"浏览"窗口中，单击"表"→"彻底删除"，再单击"是"按钮。

方法二：在程序或命令窗口中执行命令。

命令格式：Pack

命令说明：从表中彻底删除全部逻辑删除的记录，包括目前隐藏的逻辑删除记录。

【例4.28】 彻底删除学生表(XSB)中物理学院的全部学生信息。

```
Use XSB
Delete All For Left(学号,2)='11'    && 逻辑删除学院码为 11 的记录
Pack                               && 彻底删除逻辑删除的记录
Use                                && 关闭表文件
```

方法三：使用 Zap 命令。

命令格式：Zap

命令说明：从当前表中直接彻底删掉全部记录，不考虑是否逻辑删除，也包括目前隐藏的记录。

【例4.29】 删除课程表(KCB)中的全部记录。

```
Use KCB
Zap
Use
```

7. 删除数据的安全提示

命令格式：Set Safety On|Off

命令说明：在执行对数据安全具有一定威胁的命令(如 Zap、Create 和 Copy 等)时，是(On，默认值)否(Off)提示用户。在 Set Safety On 状态下，在执行对数据安全具有威胁的命令过程中，系统会给出一个确认对话框，只有选择"是"按钮，这些命令才能成功地执行。

【例4.30】 在彻底删除课程表(KCB)中的记录时提示用户。

```
Set Safety On
Use KCB
Zap
Use
```

4.6.3 修改记录

修改表中的记录可以采用手动和自动两种方式。通常手动方式是通过键盘逐个修改

数据；自动方式是执行一条命令系统自动修改多个数据。

1. 手动方式修改数据

在表数据"浏览"窗口中，可以增加、删除和修改数据记录，修改数据的操作方法与输入数据相似，也可以编辑备注和通用型数据。除了通过菜单操作的方法外，还可以在程序或命令窗口中运行命令打开表数据"浏览"或"编辑"窗口。

方法一：以"浏览"方式修改数据记录。

命令格式：Browse［Fields ＜字段名表＞］［For ＜条件＞］。

命令说明：进入数据"浏览"窗口，在窗口中每个记录占一行，单击窗口中记录对应字段的值，可以修改数据，将光标移动到其他字段时，修改后的数据即可生效，可以按 Esc 键或 Ctrl＋W 键关闭表浏览窗口。按 Esc 键将取消当前字段的修改内容，按 Ctrl＋W 键或单击窗口的"关闭"按钮将保存所有修改的数据。

在 Browse 命令中可以使用 Fields ＜字段名表＞，以便选择表中部分字段进行显示。

【例 4.31】 在学生表(XSB)中，修改学院号为 22 的所有学生的学号、姓名和出生日期 3 项内容。

```
Use XSB
Browse  Fields 学号,姓名,出生日期 For Left(学号,2)='22'
Use
```

方法二：以"编辑"方式修改数据记录。

命令格式：

Edit   ［Fields ＜字段名表＞］［＜范围＞］［For ＜条件＞］［While ＜条件＞］

Change［Fields ＜字段名表＞］［＜范围＞］［For ＜条件＞］［While ＜条件＞］

命令说明：修改记录时，每个字段占一行，其操作方法与 Browse 命令类似，Change 和 Edit 命令功能相同。

【例 4.32】 在学生表(XSB)中，修改学院号为 22 的所有学生的学号、姓名和出生日期 3 项内容。

```
Use XSB
Edit Fields 学号,姓名,出生日期 For Left(学号,2)='22'
Use
```

在当前工作区中打开表的情况下，单击"显示"→"浏览"，并且，在表浏览窗口中可以进一步使用"显示"→"浏览"或"显示"→"编辑"，在 Browse 和 Edit 两种显示格式之间切换。

2. 自动方式修改数据

命令格式：Replace ＜字段名 1＞ With ＜表达式 1＞［,＜字段名 2＞ With ＜表达式 2＞…］［＜范围＞］［For ＜条件＞］［While ＜条件＞］

命令说明：对满足条件的各个记录，系统用表达式 i 的值自动替换字段 i 的值。如果省略<范围>、For <条件>和 While <条件>,则仅修改当前记录。

【例 4.33】 在成绩表(CJB)中,将全部学生的大学计算机基础实验成绩改为 0 分。

```
Use CJB
Replace All 实验成绩 With 0 For 课程码='010101'&& 大学计算机基础课程码是 010101
Use
```

【例 4.34】 在成绩表(CJB)中,对编码为 12 学院 06 级 1 班的全部学生,将其大学计算机基础课程的课堂成绩增加 1 分,实验成绩增加 2 分。

```
Use CJB
Replace 课堂成绩 With 课堂成绩+1,实验成绩 With 实验成绩+2;
        For Left(学号,6)='120601'.AND.课程码='010101'
Use
```

4.7 表中记录的输出

输出表中的数据记录有多种途径,通过 VFP 命令是比较常用的一种途径。表中的数据可以输出到屏幕、打印机或其他文件中。

4.7.1 输出表中记录

方法一:执行 List 命令。

命令格式:List [[Fields] <表达式表>] [<范围>] [For <条件>] [While <条件>][Off] [NoConsole] [To Printer|To File <文件名>]

命令说明:输出表中的数据记录。各参数的含义如下。

(1) **Fields** <表达式表>:其中 Fields 可以省略。该项通常用于说明要输出的字段,省略此项时,将输出全部字段内容(备注和通用型字段除外)。

(2) **Off**:使用此项,不输出记录号。

(3) **NoConsole**:使用此项,不在屏幕上显示结果,通常与 To Printer 或 To File <文件名>短语结合使用。

(4) **To Printer**:将输出结果送到打印机。

(5) **To File** <文件名>:将输出结果保存到文件中,系统默认文件扩展名为 TXT,即文本文件。

如果省略<范围>、For <条件>和 While <条件>,则系统将输出当前表中全部记录。

【例 4.35】 执行 List 命令显示表中记录。

```
Use CJB                              && 打开成绩表
List For 考试成绩+课堂成绩< 60 And SubStr(学号,3,2)="06" And 课程码='010201'
```

```
             *输出 2006 级外语成绩不及格的全部学生记录
    Use XSB                                      && 打开学生表
    List Fields 学号,姓名,出生日期 For Left(学号,2)="12"
             *显示 12 学院中全部学生的学号、姓名、出生日期 3 个字段的内容
    List Fields 学号,姓名,Year(出生日期) For Left(学号,2)="11" To Printer
             *在打印机上打印 11 学院中学生的学号、姓名和出生年份
    List To File WXYXSXX For Left(学号,2)="12" NoConsole
             *将 12 学院中学生信息存入 WXYXSXX.TXT 中,在显示器上不显示这些学生信息
    Use
```

方法二：执行 Display 命令。

命令格式：Display [Fields <表达式表>] [<范围>] [For <条件>] [While<条件>][Off] [NoConsole] [To Printer|To File <文件名>]

命令说明：与 List 命令功能基本相同,区别在于：

(1) 如果省略<范围>、For <条件>和 While <条件>,则 List 命令输出全部记录,而 Display 命令仅输出当前记录。

(2) 当输出多个记录时,Display 命令每输出满一幕,系统都自动暂停输出,用户按任意键或单击鼠标后再继续输出,而 List 命令没有暂停。

4.7.2　复制表文件

利用 VFP 系统命令复制表文件可以仅对表结构进行复制,也可以对表中部分记录或字段进行复制。

1. 复制表结构

命令格式：Copy Structure To [<路径>]<表文件名> [Fields <字段名表>]

命令说明：将当前表的结构复制到一个新自由表中,可以使用 Fields <字段名表>指出要复制的字段名,如果省略此项,则复制当前表中全部字段。

【例 4.36】　将学生表(XSB)中的学号、姓名、出生日期和民族码 4 个字段信息复制到 XSTXL.DBF 中。

```
    Use XSB
    Copy Structure To XSTXL Fields 学号,姓名,出生日期,民族码
    Use XSTXL                            && 打开新生成的表文件 XSTXL
    List Structure                       && 查看新生成的表文件结构信息
    Close All
```

2. 复制表中字段和记录

命令格式：Copy To [<路径>]<表文件名> [Fields <字段名表>]
　　　　　　[<范围>] [For <条件>] [While <条件>]

命令说明：在给定范围内将当前表中满足条件的记录复制到一个新自由表文件中。

可以使用 Fields ＜字段名表＞指出要复制的字段名，如果省略此项，则复制当前表中全部字段及其数据。如果省略＜范围＞、For ＜条件＞和 While ＜条件＞，则系统将复制全部记录。

【例 4.37】 将学生表(XSB)中 12 学院的学生数据复制到一个新表 XSB12 中。

```
Use XSB
Copy To XSB12 For Left(学号,2)='12'
Use
```

运行上述两类 Copy 命令时，无论是否有当前数据库，所产生的目标表都是自由表。如果目标表中包含了备注型或通用型字段，则系统除产生表文件外，还将产生与表文件同主名的备注文件(扩展名为 FPT)。

3. 复制文件

命令格式：Copy File ［＜路径＞］＜文件名 1＞ To ［＜路径＞］［＜文件名 2＞］

命令说明：将一个文件(文件 1)复制到另一个文件(文件 2)中。利用 Copy File 命令可以复制任何类型的文件，在参数＜文件名 1＞和＜文件名 2＞中，要求使用文件扩展名，文件名中也可以使用通配符"＊"和"？"，一次复制多个文件。用此命令复制表文件时，要求所操作的表文件不能处于打开状态。

【例 4.38】 将当前文件夹下所有程序文件复制到 U 盘中。

```
Close All
Copy File * .PRG To H:                && U 盘号为 H
```

【例 4.39】 将 D:\XSXXGL 文件夹下文件主名为 CJB 的所有文件复制到文件主名为 CJBBF 的文件中，文件扩展名不变。

```
Close All
Copy File D:\XSXXGL\CJB. * To D:\XSXXGL\CJBBF. *
```

4.8 数据排序与索引

通常将数据记录在表中的存储顺序称为物理顺序，物理顺序与输入记录的先后顺序有关。对于一个表来说，物理顺序只有一种，但在实际应用中可能需要多种顺序，例如，按总成绩、姓名或班级等排列记录。在 VFP 系统中，通过排序索引可以实现记录的多种逻辑排序形式，逻辑顺序就是通过命令操作表中数据记录的顺序。

4.8.1 数据排序

运行 VFP 的 Sort 命令，可以对当前工作区中的数据记录进行排序，排序后的结果存储到另外一个自由表文件中。

命令格式：Sort To [＜路径＞]＜新表名＞ On ＜字段名 1＞[/A|/D][/C]
[,＜字段名 2＞[/A|/D][/C]…][Ascending|Descending]
[＜范围＞][For ＜条件＞][While ＜条件＞][Fields ＜字段名表＞]

命令说明：对当前工作区中的数据记录进行排序，将排序结果记录存于新表文件中。命令中相关短语的含义如下。

（1）**On 字段名**：指出排序关键字段名，/A（可以省略）表示升序排列；/D 表示降序排列；/C 适用于字符型字段，表示排序时忽略英文字母的大小写。如果使用多个排序关键字段，只有前面字段值相同时，再按后面字段值排列记录。

（2）**Ascending|Descending**：对于没有规定排序方式（/A 或/D）的关键字段，用此短语设置排序方式。

（3）**Fields ＜字段名表＞**：指明排序结果表中所含的字段，省略此短语，排序结果表与当前表具有相同的结构。如果排序结果表中包含了备注型或通用型字段，则系统还将产生与表文件同主名的备注文件（扩展名为 FPT）。

如果命令中省略＜范围＞、For ＜条件＞和 While ＜条件＞，则系统对当前工作区中的全部记录进行排序。

【**例 4.40**】 将学生成绩表中学院码为 12 的学生按考试成绩由高到低排序，考试成绩相同者，按课堂成绩由高到低排序，排序结果记录存于表 CJB12 中。

```
Use CJB
Sort To CJB12 On  考试成绩,课堂成绩 Descending For Left(学号,2)='12'
Use CJB12                              && 打开结果表
Browse                                 && 浏览排序结果
Use
```

4.8.2 索引文件类型

在 VFP 中，可以根据表中有关字段表达式值的大小将数据记录重新排列，排列结果保存在索引中。索引并不改变表文件中存储数据的物理顺序，它由指向表中记录的指针构成，如果没有表文件，也就没有索引。将排序所依据的表达式称为索引关键字。索引文件有两种形式：一种是独立索引文件，一个文件中只含一个索引，系统默认文件的扩展名为 IDX。另一种是复合索引文件，一个文件中可以包含多个索引，系统默认文件的扩展名为 CDX。

如果复合索引文件与表文件具有相同的主名，则称这种复合索引文件为结构索引文件，其他复合索引文件都是非结构复合索引文件。非结构复合索引和独立索引文件只能通过命令方式建立，而结构索引文件可以通过命令或表设计器建立。

4.8.3 索引类型

系统为数据库表提供了主索引、候选索引、唯一索引和普通索引 4 种索引类型，而对自由表仅提供了后 3 种索引类型。

（1）**主索引**：表中关于索引表达式的值必须唯一，一个数据库表只能有一个主索引，主索引关键字是表的主键或主关键字。例如，学生表 XSB 中的学号字段可以作为主索引表达式（如图 4.3 所示）；成绩表 CJB 中的学号＋课程码作为主索引表达式。

（2）**候选索引**：也要求表中索引表达式的值唯一，之所以将它称为候选索引，主要是因为这种索引是主索引的候选者。候选索引关键字是表的候选键或关键字。例如，民族表中可以按民族码字段建立主索引，按民族名字段建立候选索引。对一个表可以建立多个候选索引。

在建立主索引或候选索引时，如果表中关于索引表达式的值不唯一，则系统将提示出错信息，并且不能建立索引。

（3）**普通索引**：索引表达式的值可以重复，重复值的记录将按它们在表中的先后顺序排列。例如，在成绩表（CJB）中，要对考试成绩字段进行索引，应该选择普通索引，对学生表（XSB）中的姓名字段也只能建立普通索引（如图 4.3 所示）。一个表可以建立多个普通索引。

（4）**唯一索引**：表中索引表达式的值可以重复，但重复值的记录中仅第 1 个记录进入索引。一个表可以建立多个唯一索引。

4.8.4　建立索引

在 VFP 中，建立索引的常用方法有下列 3 种。

方法一：利用表设计器的"索引"选项卡建立结构索引文件。

在表设计器中，选择"索引"选项卡，如图 4.3 所示，输入"索引名"，选择索引"类型"，即选择主索引、候选索引、唯一索引或普通索引之一；在"表达式"文本框中输入索引表达式，也可以单击右侧按钮进入"表达式生成器"，编辑索引表达式；单击"排序"按钮选择升序或降序。

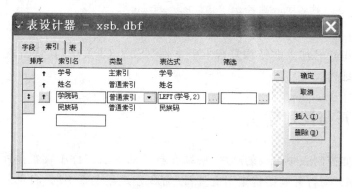

图 4.3　表设计器的"索引"选项卡

方法二：在表设计器的"字段"选项卡上，从对应字段的"索引"列中选择"升序"或"降序"，建立索引表达式和索引名均为该字段名的普通索引，并且索引存于结构索引文件。

方法三：在程序或命令窗口中运行命令。

命令格式：Index On ＜索引表达式＞ To ［＜路径＞］＜独立索引文件名＞｜
Tag ＜索引标识名＞［Of ［＜路径＞］＜复合索引文件名＞］
［For ＜条件＞］［Ascending｜Descending］［Unique｜
Candidate］［Additive］

命令说明：为当前表建立索引文件。各短语含义如下。

（1）**Ascending｜Descending**：用于规定索引的排序方式，Ascending 为升序，Descending 为降序，系统默认是升序。对于独立索引文件，只能升序，不能降序。

（2）**Unique｜Candidate**：用于设置索引类型，Unique 为唯一索引；Candidate 为候选索引，只能用于结构索引。不选择 Unique 和 Candidate 短语，是建立普通索引。

（3）**Additive**：建立新索引时不使用此短语，将关闭当前工作区中结构索引以外的索引文件；使用此短语，将保留当前工作区中索引文件的打开状态。

（4）**For ＜条件＞**：给定条件时，在索引中只包含满足条件的记录，筛除不满足条件的记录。

（5）**Of ＜复合索引文件名＞**：设置复合索引文件名，省略短语，而使用 Tag ＜索引标识名＞，表示建立结构索引，即索引文件与表文件具有相同的主名。

【例 4.41】 用 Index 命令建立结构索引文件。

```
Use CJB
Index On  学号 Tag 学号
Use
```

如果成绩表（CJB）没有结构索引文件（CJB. CDX），则系统自动建立该文件，然后在结构索引文件中加入索引标识（索引名）学号，其索引表达式为：学号，且按学号升序排列。

【例 4.42】 用 Index 命令建立复合索引文件 XSSY. CDX。

```
Use XSB
Index On  姓名 Tag 姓名 Of XSSY Descending
Use
```

将索引标识姓名加入非结构复合索引文件 XSSY. CDX 中，其索引表达式为：姓名，且按姓名降序排列。

4.8.5 打开与使用索引

要使索引能控制表中记录的顺序，必须在打开的索引文件中设置排序索引。在打开表文件时，系统自动打开其结构索引文件；以命令方式建立索引时，自动打开对应的索引文件，并将其设为排序索引；其他索引文件需要使用命令打开。

对一个表文件可以同时打开多个索引文件，但在某一时刻，可能有（最多一个）索引对表中的记录起逻辑排序作用，也可能没有。通常将对表中的记录起逻辑排序作用的索引称为排序索引。打开索引文件和设置排序索引有如下几种常用方法。

方法一：在表数据"浏览"窗口中选择排序索引。

在表数据"浏览"窗口中，单击"表"→"属性"，在"索引顺序"下拉列表框中选择排序索引标识名，再单击"确认"按钮。在表数据"浏览"窗口中，数据记录便按排序索引关键字表达式的值进行了重新排列。

方法二：在打开表的命令中打开索引文件。

命令格式：Usc［<路径>]<表名>［Index <索引文件名表>]［Order<索引序号>|
<独立索引文件名>|［Tag]<索引标识名>［Of <复合索引文件名>]
［Ascending|Descending]]

命令说明：打开表文件后立即打开索引文件，同时为表指定排序索引。各短语的含义如下。

（1）**Index** <**索引文件名表**>：指出要打开的各个索引文件名，每个索引文件名前可以写路径，结构索引文件名不需要写出来，系统自动打开。独立索引或非结构复合索引文件要在 Index 后给出索引文件名，不需要给出扩展名。

（2）**Order**：设置排序索引。有下列 3 种用法：

- **Order** <**索引序号**>：通过索引顺序号指定排序索引。索引序号是打开的索引中的顺序号，通过 Display Status 命令可以查看索引标识的排列顺序。该短语适用于指定结构索引文件中的索引为排序索引。

- **Order** <**独立索引文件名**>：指定独立索引文件（IDX）中的索引为排序索引。

- **Order**［**Tag**]<**索引标识名**>［**Of** <**复合索引文件名**>]：用复合索引的标识名指定排序索引。当索引标识在各复合索引文件中不重名时，可以省略 Of <复合索引文件名>。

不用 Order 短语时，如果索引文件名中第一个文件是独立索引文件（IDX），则系统将其中的索引设置为排序索引；否则，打开表后无排序索引，即操作数据记录的顺序与记录的物理顺序一致。

（3）**Ascending**|**Descending**：用于设置排序索引的排列方式，Ascending 为升序，Descending 降序。省略此短语时，采用建立索引时设置的排列方式。

【例 4.43】 在成绩表（CJB）的 CJB. CDX 中含有关于学号的索引，将其设为排序索引。

```
Use CJB Order Tag 学号
Browse                          && 按学号由小到大的顺序浏览记录
Use
```

【例 4.44】 打开学生表，同时打开索引文件 XSSY. CDX，并将索引标识姓名设置为排序索引。

```
Use XSB Index XSSY Order 姓名 of XSSY
Browse                          && 按姓名顺序浏览记录
Use
```

【例 4.45】 同一索引的升、降序排列。

```
Use XSB Order 1 Ascending              && 表中第一个索引为排序索引,升序排列
Browse                                 && 浏览记录的顺序
Use XSB Order 1 Descending             && 表中第一个索引为排序索引,降序排列
Browse                                 && 浏览记录的顺序
Use
```

方法三：打开表后打开索引文件。

命令格式：Set Index To［＜索引文件名表＞［Order＜索引序号＞|
＜独立索引文件名＞|［Tag］＜索引标识名＞［Of ＜复合索引文件
名＞］［Ascending|Descending]]][Additive］

命令说明：在当前工作区中打开索引文件,并设置排序索引。不用 Additive 短语,打开索引文件时,将关闭当前工作区中结构索引以外的索引文件;使用 Additive 短语,将保留当前工作区中以前打开的索引文件。其他相关短语的含义同方法二。

【例 4.46】 用 Set Index To 命令打开索引文件,并设置排序索引。

```
Use XSB
Set Index To XSSY Order 姓名 of XSSY   && 将 XSSY 中姓名索引指定为排序索引
Browse                                 && 浏览表中记录,查看排序的结果
Use                                    && 关闭表文件
```

打开索引文件的主要目的有：

(1) 通过排序索引可以控制表中记录的操作(逻辑)顺序。例如,对当前表设置排序索引后,执行 List 或 Browse 命令,将按排序索引关键字表达式值的顺序输出表中记录;执行 Copy To ＜文件名＞命令,按排序索引关键字值的顺序产生排序结果文件。

(2) 通过排序索引可以实现快速查找记录。

(3) 表中索引字段的值发生变化(修改、删除或增加)时,打开的索引随之更新。

方法四：在打开的索引中指定排序索引。

命令格式：Set Order To ［＜索引序号＞|＜独立索引文件名＞|［Tag］＜索引标识名＞
［Of ＜复合索引文件名＞］［Ascending|Descending]]

命令说明：设置当前表的排序索引,相关短语的含义请参考方法二。

【例 4.47】 排序索引对操作表中记录的影响。

```
Use CJB                               && 打开表的同时打开结构索引,但无排序索引
Browse                                && 按物理(记录号)顺序浏览表中全部记录
Index On 考试成绩 Tag CJCX Descending For 重修   && 建索引、设排序索引
Browse                                && 按考试成绩降序,并且仅浏览表中重修的记录
Use
```

从此例可以看出,对有排序索引的工作区进行操作时,操作记录的顺序不再是记录号顺序,它与排序索引关键字表达式的值及排序方式有关;可操作记录可能是表中的全部记录或部分记录,这与排序索引的筛选条件(For ＜条件＞)有关。

4.8.6 获取索引的相关信息

1. 获取打开的索引文件名

函数格式：Cdx(<序号>［,<工作区号>|<表别名>］)

函数说明：函数值为指定工作区中复合索引的文件名,当对应序号没有索引文件时,函数值为空串。当表有结构索引文件时,序号为 1 表示结构索引文件,2 表示另外打开的第一个复合索引文件名,依次类推;当表没有结构索引文件时,序号为 1 表示第一个打开的复合索引文件名,依次类推。

【例 4.48】 显示打开的索引文件名。

```
Use XSB Order XSSY
? Cdx(1)              && 输出结构索引文件名：XSB.CDX
? Cdx(2)              && 输出打开的第一个复合索引文件名：XSSY.CDX
? Cdx(3)              && 超出使用索引文件的个数,结果为一空字符串
Use
```

2. 获取索引关键字表达式

函数格式：Sys(14,<索引序号>［,<工作区号>|<表别名>］)

函数说明：索引序号是索引在打开的索引中的顺序号,函数值为指定工作区中索引关键字表达式,当对应序号没有索引时,函数值为空串。

【例 4.49】 编写程序 EXA4_49.PRG,输出 XSB.CDX 中各个索引关键字表达式。

```
Modify Command EXA4_49
Clear
Close All
Use XSB
I=1
Do While Len(Sys(14,I))>0    && 开始循环,是否有第 I 个索引
  ? I , Sys(14,I)            && 有第 I 个索引,输出 I 和第 I 个索引关键字表达式
  I=I +1                     && 为下 1 个索引做准备
EndDo
Use
```

3. 获取索引标识名

函数格式：Tag (［<复合索引文件名>,］<索引序号>［,<工作区>|<表别名>］)

函数说明：函数值为指定工作区中索引的标识名(索引名),独立索引文件的标识名为文件的主名。当对应序号没有索引时,函数值为空串。

【例 4.50】 编写查看 XSB 的结构索引文件中各个索引标识名的程序。

```
Modify Command EXA4_50
```

```
Clear
Close All
Use XSB
I=1
Do While Len(Tag(I))>0          && 开始循环,是否有第 I 个索引
  ? I , Tag("XSB",I)            && 有第 I 个索引,输出 I 和第 I 个索引的标识名
  I=I +1                        && 为下 1 个索引做准备
EndDo
Use
```

4.8.7　维护索引

为了节省磁盘空间和提高系统运行速度,经常要删掉系统中无用的索引。另外,当表中索引字段的值发生变化时,系统不能及时更新未打开的索引,必须运行命令重建这种索引,才能使之继续有效。

1. 重新建立索引

方法一:在表数据"浏览"窗口中,单击"表"→"重新建立索引"。

方法二:在程序或命令窗口中运行 Reindex 命令。

这两种方法都是对当前工作区中打开的全部索引,按建索引时的类型、关键字表达式、标识名、排序方式和筛选条件更新索引。

【例 4.51】　更新 CJB 的结构索引文件中的索引。

```
Use CJB
ReIndex                        && 重建结构索引文件中的全部索引
Use
```

2. 删除复合索引

方法一:在表设计器的"索引"选项卡中,选择索引标识名,单击"删除"按钮。

方法二:在程序或命令窗口中运行命令。

命令格式 1:Delete Tag All [Of ＜复合索引文件名＞]

命令说明:删除指定复合索引文件中的所有索引,省略 Of ＜复合索引文件名＞,则删除结构索引文件中的全部索引。系统将自动删除不含索引的复合索引文件。

命令格式 2:Delete Tag ＜索引标识名 1＞[Of ＜复合索引文件名＞]

　　　　　　　　[,＜索引标识名 2＞[Of ＜复合索引文件名＞]…]

命令说明:删除复合索引文件中的指定索引,当省略 Of ＜复合索引文件名＞时,系统首先在结构索引文件中查找要删除的索引,如果找到,则将其删除;如果没找到,则系统将搜索当前打开的非结构复合索引文件,以便删除。

【例 4.52】　删除 CJB 的结构索引文件中的索引。

```
Use CJB
Delete Tag All                 && 删除结构索引文件 CJB.CDX 中的全部索引及文件 CJB.CDX
Use
```

【例 4.53】 删除 XSB.DBF 的索引文件 XSSY.CDX 中的学号索引。

```
Use XSB Index XSSY
Delete Tag 学号 Of XSSY    && 删除复合索引文件 XSSY 中的学号索引
Use
```

4.9　当前记录与记录指针

　　某工作区中的可操作记录,不仅由当前排序索引的筛选条件(For <条件>)决定,还受是否隐藏(Set Deleted On|Off)逻辑删除记录和是否有筛选记录条件(Set Filter To <条件>)的影响。实质上,可操作记录是满足这 3 个条件的记录交集。在没有这 3 个条件的情况下,可操作记录是表中的全部记录。

　　在某工作区中,命令对记录的操作顺序与是否有排序索引和排序方式有关。当没有排序索引时,按物理(记录号)顺序操作记录;当有排序索引时,按排序索引控制记录的顺序操作记录。

　　每一个打开的表中都有一个用来记载当前记录位置的指针。在打开(Use)表时,记录指针指向第 1 个记录。如果无隐藏的逻辑删除记录和排序索引,则第 1 个记录为物理存储顺序中的第 1 个记录(记录号为 1);如果有排序索引,则第 1 个记录为排序索引顺序中第 1 个可操作的记录。

　　在执行表的某些操作命令时,系统可能自动移动记录指针位置。例如,执行 List 后,记录指针将指向表文件的结束记录;执行 Copy To TMP Next 3 后,记录指针向下移动 2 个记录位置等。此外,VFP 系统还提供了一些用于移动记录指针的命令。

4.9.1　与记录指针相关的函数

1. RecNo( )函数

函数格式:RecNo([<工作区号>|<表别名>])
函数说明:函数值为给定工作区中的当前记录号。
【例 4.54】 显示表中当前记录号。

```
Set Deleted Off          && 不隐藏逻辑删除记录
Use XSB                  && 无排序索引
? RecNo( )               && 显示 1
List
? RecNo( )               && 如果 XSB 有 n 个记录,则显示 n+1
```

```
Set Deleted On              && 隐藏逻辑删除的记录
Use XSB Order 学号          && 排序索引为学号
? RecNo( )                  && 显示非逻辑删除并且学号最小的记录号
Use
```

2. Bof( )函数

函数格式：Bof([<工作区号>|<表别名>])

函数说明：在最近的操作记录中，如果试图将记录指针移到第 1 个可操作的记录之前，则函数返回值为.T.；否则，函数返回值为.F.。

3. Eof( )函数

函数格式：Eof([<工作区号>|<表别名>])

函数说明：如果记录指针在表文件的结束记录上，则函数返回值为.T.；否则，函数返回值为.F.。

【例 4.55】 测试 Eof( )函数。

```
Use XSB
? Eof( )                    && 显示：.F.
List
? Eof( )                    && 显示：.T.
Use
```

4.9.2 移动记录指针的命令

1. Go|Goto 命令

命令格式：Go <记录号> [In <工作区号>|<表别名>]
　　　　　　Go Top|Bottom [In <工作区号>|<表别名>]

命令说明：实现表中记录指针的移动，Go 和 Goto 功能相同。其余短语含义如下。

（1）**记录号**：是数值表达式，其值给出记录指针的新位置，如果该值超出表中记录的有效范围，则系统出错，此时并不改变记录指针。如果不指明工作区且数值表达式是常数，则可以省略 Go。

（2）**Top**：将记录指针移动到工作区中第 1 个可操作的记录上。

（3）**Bottom**：将记录指针移动到工作区中最后一个可操作的记录上。

【例 4.56】 记录指针移动示例。

```
Set Deleted Off             && 不隐藏逻辑删除记录
Use CJB                     && 打开表的同时打开结构索引，但无排序索引
3                           && 省略了 Go，指针移到第 3 条记录上
? RecNo( )                  && 显示结果：3
Go Top                      && 指针移到第 1 个可操作的记录上，即记录号为 1 的记录
```

? RecNo( )	&& 显示记录号,结果为 1
Go Bottom	&& 无排序索引时,Go Bottom 与 Go RecCount( )功能相同
? RecNo( )	&& 显示最后一条记录的记录号,与 RecCount( )值一致
Inde On 考试成绩 Tag CJCX Descending	&& 建索引的同时设排序索引
Go Bottom	&& 有排序索引时,Go Bottom 与 Go RecCount( )功能不同
Display	&& 输出考试成绩最低的记录
Go Top	&& 指针移到第 1 个可操作的记录,即考试成绩最高的记录
Display Next 5	&& 输出考试成绩最高的前 5 个记录
Go RecCount( )+1	&& 系统报错:记录超出范围,记录指针的位置不变
Use	

2. Skip 命令

命令格式：Skip <记录个数> [In <工作区号>|<表别名>]

命令说明：将记录指针相对于当前记录向前或向后移动给定的记录个数。其中参数 <记录个数>为数值表达式,设数值表达式的整数值为 n。

当 n<0 时,记录指针向前移动|n|个记录。当 Bof( )函数值为.F.时,如果试图将指针移到第 1 个可操作记录之前,则指针只能移到第 1 个可操作的记录上,并且使 Bof( )函数的值为.T.;当 Bof( )函数值已经为.T.时,如果再向前移动记录指针,则系统报错:"已到文件头",而记录指针位置不变。

当 n>0 时,记录指针向后移动 n 个记录。当 Eof( )函数值为.F.时,如果试图将指针移到最后 1 个可操作记录之后,则指针移到表文件的结束记录(记录号为 RecCount( )+1)上,并且使 Eof( )函数的值为.T.;当 Eof( )函数的值已经为.T.时,如果再向后移动记录指针,则系统报错:"已到文件尾",并且记录指针位置不变。Skip 1 与 Skip 功能相同。

当 n=0 时,不改变记录指针位置。

【例 4.57】 测试 Skip 命令

Set Deleted Off	&& 不隐藏逻辑删除记录
Use CJB	&& 打开表的同时打开结构索引,但无排序索引
Skip	&& 指针移到第 2 个记录上
? Eof( )	&& 显示结果:.F.
Skip RecCount( )	&& 指针移到表文件的结束记录上
? RecNo( )	&& 显示表文件的结束记录号,与 RecCount( )+1 的值一致
? Eof( )	&& 显示结果：.T.
Skip	&& 系统报错:已到文件尾,当前记录号仍然为 RecCount( )+1
Skip -1	&& 指针移到最后一个可操作的记录上
? RecNo( )	&& 显示最后一个记录号,与 RecCount( )值一致
? Bof( ), Eof( )	&& 显示结果：.F.　.F.
Skip -RecCount( )	&& 试图将指针移到第 1 个可操作记录之前
? Bof( ), RecNo( )	&& 显示结果：.T.　1
Skip -1	&& Bof( )已为.T.,系统报错:已到文件头
? Bof( ), RecNo( )	&& 显示结果：.T.　1
Inde On 考试成绩 Tag CJCX	&& 建索引的同时设置排序索引为 CJCX

```
Display                    && 输出考试成绩最低的记录
Skip
Display                    && 输出考试成绩次低的记录
Go Bottom                  && 指针移到最后一条可操作的记录,即考试成绩最高的记录
Display                    && 输出考试成绩最高的记录
Skip -1
Display                    && 输出考试成绩次高的记录
Go 1                       && 有排序索引时,Go 1 与 Go Top 功能不同
Skip -1
? Bof( )                   && 显示结果是.T.或.F.不确定
Use
```

4.10　数据查找与筛选

在数据处理中,经常会遇到查找数据问题,例如,从学生表(XSB)中查找出今天过生日的所有学生,从成绩表(CJB)中查找出外语成绩不及格的学生名单等。VFP 提供了多种查找数据记录的方法。

4.10.1　与查找记录相关的函数

在用命令查找表中记录时,需要随时判断是否查找到所需要的数据以便进一步处理。

1. Found 函数

函数格式:Found([<工作区号>|<表别名>])

函数说明:在表中根据某个条件查找数据记录时,若找到满足条件的记录,则函数返回值为.T.;若没有找到满足条件的记录,则函数返回值为.F.。

2. IndexSeek 函数

函数格式:IndexSeek(<表达式>[,<逻辑表达式>[,<工作区号>|<表别名>
[,<索引序号>|<独立索引文件名>|<索引标识名>]]])

函数说明:用于查找满足条件的记录,如果找到满足条件的记录,则函数返回值为.T.;如果没有找到满足条件的记录,则函数返回值为.F.。各项含义如下。

(1) **表达式**:是要查找的关键字表达式,查找条件为:<索引表达式>=<表达式>,即在指定表中查找索引表达式的值等于该表达式值的第 1 个记录。

(2) **逻辑表达式**:当该表达式的值为.T.时,如果找到满足条件的记录,则记录指针指向满足条件的第 1 个记录;如果没有找到满足条件的记录,则记录指针停留在原记录上。当省略此项或该表达式的值为.F.时,此函数不改变记录指针位置。

(3) **索引序号**:是数值表达式,其值为查找记录的索引对应的索引序号。

（4）**独立索引文件名**：是字符型表达式，其值为查找记录的独立索引文件主名。

（5）**索引标识名**：是字符型表达式，其值为查找记录的索引标识名。

索引序号、独立索引文件名和索引标识名指出查找数据时要使用的索引，这3项都省略时，被查找的表中必须有排序索引。

【例 4.58】 在学生表（XSB）中，查找学生名为"王爽"的记录。

```
Use XSB Index XSSY
? IndexSeek('王爽',.T., 'XSB','姓名')
Use
```

如果 XSB 中有"王爽"的记录，则显示.T.，并将记录指针指向第1个"王爽"记录。

3. Seek 函数

函数格式：Seek（＜表达式＞［,＜工作区号＞|＜表别名＞
＜［,＜索引序号＞|＜独立索引文件名＞|＜索引标识名＞］］）

函数说明：用于查找满足条件的记录，如果找到满足条件的记录，则记录指针指向满足条件的第1个记录，函数返回值为.T.，同时 Found()为.T.，Eof()为.F.；如果没有找到满足条件的记录，则记录指针指向文件结束记录，函数返回值为.F.，同时函数Found()为.F.，Eof()为.T.。相关项的含义及要求与 IndexSeek 函数基本相同。

4.10.2 查找记录的命令

1. Locate 命令

命令格式：Locate For ＜条件＞

命令说明：用于查找满足"条件"的记录，如果找到满足条件的记录，则记录指针指向满足条件的第1个记录，同时 Found()为.T.，Eof()为.F.；如果没有找到满足"条件"的记录，则记录指针指向文件结束记录，同时 Found()为.F.，Eof()为.T.。

通常用 Continue 命令查找当前工作区中满足"条件"的其他记录，即第1次执行Continue 命令，查找满足"条件"的第2个记录，第2次执行 Continue 命令，查找满足"条件"的第3个记录，依次类推。是否找到相关记录，也通过函数 Found()或 Eof()来判断。

【例 4.59】 在成绩表（CJB）中，查找学院码为11的英语总成绩及格的两名学生。

```
Use CJB
Locate For 考试成绩+课堂成绩>=60 AND Left(学号,2)='11'   AND 课程码='010201'
Display
Continue                    && 查找满足条件的第 2 个记录
Display
Close All
```

2. Seek 命令

命令格式：Seek ＜表达式＞［In ＜工作区号＞|＜表别名＞］

$$[Order<索引序号>|<独立索引文件名>|[Tag]<索引标识名>$$
$$[Of <复合索引>][Ascending|Descending]]$$

命令说明：功能及要求与 Seek()函数基本相同,仅有如下两点区别：

(1) 命令本身没有返回值,要通过 Found()或 Eof()函数判断是否找到记录。

(2) 此命令中要直接写出索引序号、独立索引文件主名或索引标识名,不能将其写成表达式格式。

【例 4.60】 在学生表(XSB)中,查找姓名为"王爽"的学生信息。

```
Use XSB Index XSSY
Seek '王爽' Order 姓名              && 索引标识名姓名直接给出,不能写成"姓名"
? 学号,姓名,出生日期              && 显示该学生的学号、姓名、出生日期
Use
```

4.10.3 筛选记录

命令格式：Set Filter To [<条件>]

命令说明：为当前工作区设置记录的筛选条件。执行该命令后,一切记录操作命令(如 Skip、List、Browse 和 Sort 等)都仅对满足"条件"的记录进行操作,即隐藏不满足条件的记录。省略命令中的"条件",将取消当前工作区中的筛选条件。

【例 4.61】 按条件筛选记录。

```
Use CJB
Set Filter To 考试成绩+课堂成绩>=60 AND 课程码='010201 '
Go Top                          && 指针指向课程码为 010201,成绩≥60 的第 1 个记录
List 学号,考试成绩+课堂成绩       && 仅输出课程码为 010201,成绩≥60 的记录
Set Filter To Left(学号,2)='12'&& 重新设定筛选条件,取消前面的条件
Browse                          && 浏览 12 学院的学生记录
Set Filter To                   && 取消筛选条件
Use
```

在 Set Deleted On、Set Filter To <条件>或当前排序索引中有筛选条件(For <条件>)的情况下,即使当前工作区中非空(含记录),也可能没有可操作的记录。例如,命令 Set Filter To .F.,就使当前工作区中没有任何可操作的记录。

4.11 数据统计分析

在数据处理过程中,经常要对数据进行统计分析,从而获得更有价值的资料。VFP 提供了记录个数统计、数值求和、求平均值和数据汇总命令。

4.11.1　记录个数的统计

命令格式：Count[<范围>][For<条件>][While<条件>][To<内存变量>]

命令说明：统计给定范围内满足条件的记录个数,统计结果可以保存到指定的内存变量中,如果省略 To <内存变量>,当系统处于 Set Talk On 状态时,将在 VFP 的状态行或主窗口中显示统计结果。

如果命令中省略<范围>、For <条件>和 While <条件>,则系统对当前表中全部可操作的记录进行统计。

【例 4.62】　统计学院编码为 22 的学院中英语总成绩高于 80 分的学生人数,统计结果存于变量 RS 中。

```
Use CJB
Count To RS For Left(学号,2)='22' And 考试成绩+课堂成绩>80 And 课程码='010201'
? RS                              && 显示统计结果
Use
```

4.11.2　数据求和

命令格式：Sum [<表达式表>][<范围>] [For <条件>] [While <条件>]
　　　　　　　　[To <内存变量表>|To Array <数组名>]

命令说明：在当前表中,对给定范围内满足条件的记录按给定的表达式求和,各短语含义如下。

(1) **表达式表**：指出要对记录求和的各个表达式,省略此项,表示对当前表中具有数值型、货币型、浮动型、双精度型和整型的全部字段分别求和;使用数字 1,表示对满足条件的记录计数。

(2) **To <内存变量表>**：指出保存求和结果的各个内存变量,要求内存变量与表达式一一对应;如果省略表达式表,则要求内存变量与表中可求和的字段一一对应。

(3) **To Array <数组名>**：将求和结果保存到给定数组的对应元素中。如果数组不存在,则系统自动建立一维数组,元素个数与统计结果个数一致;如果数组已经存在,则数组中各行第 1 列元素依次存放统计结果,当数组元素行数不足时,系统自动扩充数组元素的行数。

如果命令中省略 To <内存变量表>和 To Array <数组名>,在 Set Talk 为 On 状态下,在 VFP 主窗口中输出求和结果。如果命令中省略<范围>、For <条件>和 While <条件>,则系统对当前表中全部可操作的记录进行求和。

【例 4.63】　输出学院编码为 22 的学院中全部学生的英语成绩总和及大学计算机基础成绩总和。

```
Use CJB
```

```
Sum 考试成绩+课堂成绩 To WY For Left(学号,2)='22' And 课程码='010201'
Sum 考试成绩+课堂成绩+实验成绩 To JSJ For Left(学号,2)='22' And 课程码='010101'
? WY,JSJ
Use
```

【例 4.64】 将成绩表(CJB)中记录数、所有学生考试成绩总和、课堂成绩总和及实验成绩总和分别保存到数组元素 CJ(1)、CJ(2)、CJ(3)和 CJ(4)中。

```
Use CJB
Sum 1,考试成绩,课堂成绩,实验成绩 To Array CJ
Display Memory Like CJ *          && 显示数组变量 CJ 中各元素的值
Use
```

4.11.3　求数据平均值

命令格式：Average [<表达式表>][<范围>][For <条件>][While <条件>]
　　　　　　　　[To <内存变量表>|To Array <数组名>]

命令说明：在当前表中,对给定范围内满足条件的记录按给定的表达式求平均值,对相关短语的要求及含义与 Sum 命令类似。

【例 4.65】 输出学院编码为 11 的学院英语及大学计算机基础的平均值。

```
Use CJB
Average 考试成绩+课堂成绩 To X For Left(学号,2)='11' AND 课程码='010201'
Average 考试成绩+课堂成绩+实验成绩 To Y For Left(学号,2)='11' AND 课程码='010101'
? X,Y
Use
```

4.11.4　数据分组汇总

命令格式：Total To [<路径>]<结果表名> On <分组关键字表达式>
　　　　　　　[Fields <汇总字段名表>][<范围>][For <条件>][While <条件>]

命令说明：对当前表中指定范围内满足条件的记录进行分组汇总。各短语含义如下。

(1) **结果表名**：是存放分组汇总结果的自由表文件名,除备注型字段外,它将包含当前工作区中的全部字段。

(2) **On <分组关键字表达式>**：是分组汇总时使用的关键字。在执行此命令前,当前工作区中的记录应该按此关键字表达式的值排序,或者此关键字表达式是当前排序索引的关键字表达式。

(3) **Fields <汇总字段名表>**：给出要汇总的各个字段,汇总字段的数据类型必须是数值、货币、浮动、双精度或整型。省略此短语,当前工作区中这些数据类型的每个字段都是汇总字段。

在执行此命令时,系统将当前工作区中分组关键字表达式值相同的连续记录视为一组,将其合并成一条记录存储于结果表中。在结果表中,汇总字段填写同组中各个记录的对应字段值的合计,其他字段填写组内第 1 条记录对应字段的值。

如果命令中省略＜范围＞、For ＜条件＞和 While ＜条件＞,则系统对当前工作区中全部可操作的记录进行汇总。

【例 4.66】 按学院(学号前两位)进行分组汇总成绩。

```
Use CJB
Index On  Left(学号,2) To 学院   && 建立学院码索引,同时成为排序索引
Total On  Left(学号,2) To CJHZ  && 分组关键字表达式为：Left(学号,2),；
省略 Fields 短语,考试成绩、课堂成绩和实验成绩均为汇总字段
Use CJHZ                && 打开结果表文件 CJHZ
Browse                 && 浏览汇总结果,学号前两位相同的记录汇总成一条记录
Use
```

4.12   表间的关联及参照完整性

通常情况下,存储在一个数据库中的表之间具有一定联系。例如,学生表(XSB)和成绩表(CJB),分别描述了学生信息的两个方面。表之间通过具有相同意义的关键字(字段名可以不同)建立关联,在某些环境中,建立了关联的表可以同步操作。例如,通过学号可以建立学生表(XSB)与成绩表(CJB)之间的关联。

4.12.1   表之间的关联类型

从表之间的记录对应关系看,可以分为一对一、一对多(或多对一)和多对多 3 种关联;从关联的存储环境看,可以分为永久和临时 2 种关联。

1. 按记录对应关系分类

(1) **一对一关联**：一个表中的每个记录只与相关表中的一个记录相关联,反之亦然。两个表之间的一对一关联并不常用,因为具有一对一关联的两个表中的信息可以简单地合并成一个表。

(2) **一对多关联**：一个表中的每个记录与相关表中的多个记录相关联,而相关表中的每个记录只能与该表中的一个记录相联系。例如,在学生表(XSB)中选取一个学生记录,在成绩表(CJB)中可能找到该学生的多门课程记录,而在成绩表中选定一个记录,在学生表中只能找到一个学生记录。

(3) **多对多关联**：一个表中的多个记录与相关表中的多个记录相对应,反之亦然。例如,学生表(XSB)与课程表(KCB)之间的关联,一个学生可以选学多门课程,而一门课程也可以由多名学生选学。

VFP 直接支持前两种关联。在设计关系数据库时,表之间出现多对多关联,通常需

要对表进行分解,增设表(也称纽带表),通过纽带表使多对多关联变成一对多关联。在学生信息数据库中,成绩表(CJB)是一个纽带表,课程表与成绩表成为一对多关联,而学生表与成绩表也成为一对多关联。

2. 按存储环境分类

(1) **永久关联**:在数据库设计器中建立的表之间的关联是永久关联,并且保存在数据库中。只有数据库表之间才可以建立永久关联。表之间永久关联的主要作用为:

- 设置关联表的参照完整性,实现关联表的数据一致性控制。
- 在设置表单、报表和标签的数据环境,建立查询和视图的数据源时,系统将永久关联复制到相关的设计器中,作为临时关联使用。

(2) **临时关联**:在数据库设计器以外的环境中建立的表间关联都是临时关联。这些关联包括:在表单、报表和标签数据环境中建立和保存的关联;在查询和视图设计器中建立和保存的关联;在程序中通过命令建立的关联。数据库表之间,自由表之间,甚至数据库表与自由表之间都可以建立临时关联。表间临时关联的主要作用是实现多个关联表的同步操作。

4.12.2 建立表之间的关联

1. 建立永久关联

只有同一个数据库中的表之间才能建立永久关联,并且要求对每个表都建立索引,索引表达式就是关联的关键字。在数据库设计器中建立表间永久关联的方法是:将一个表(父表)的主索引或候选索引标识用鼠标拖动到另一个表(子表)的索引标识上,系统在两个表之间产生一条连线(见图4.1),表明这两个表之间已经建立了永久关联。在连线的右击菜单中,也可以选择"编辑关系"或"删除关系"进行调整或删除关联。

2. 在程序中建立临时关联

命令格式:Set Relation　To [<关联关键字1> Into <表别名1>
[,<关联关键字2> Into <表别名2>…][Additive]]

命令说明:设置当前表与各个相关表的关联,要求各个相关表的排序索引关键字必须是关联关键字。各短语含义如下。

(1) **关联关键字**:是当前表(父表)的关联关键字表达式。

(2) **Into <表别名>**:用于指出要建立关联的表(子表)。

(3) **Additive**:如果使用此短语,则保留当前表与其他表的关联;如果省略此短语,则消除当前表中的一切关联,重新建立关联。

在VFP应用程序中,临时关联使不同表中的记录指针联动,为操作数据提供了方便。所谓记录指针联动,就是在当前表(父表)中记录指针发生移动时,在相关表(子表)中记录指针随之移动到关联关键字值等于排序索引关键字值的第1个记录上,如果相关表(子表)中没有这样的记录,则相关表中的记录指针指向表文件的结束记录。

直接执行 Set Relation To 命令,将解除当前表与相关表的关联。

【例 4.67】 通过多表之间的关联,输出所有学生的学号、姓名、民族名和学院名。

```
Use MZB Order 民族码 In 1            && 打开民族表,并使民族码索引成为排序索引
Use XYB Order 学院码 In 2            && 打开学院表,并使学院码索引成为排序索引
Select 3
Use XSB
Set Relation  To 民族码 Into A, Left(学号,2) Into B
List 学号,姓名,A.民族名,B.学院名      && 同步输出 3 个表中的数据
Set Relation  To                    && 解除临时关联
Close All
```

在本例中,由于学生表(XSB)分别与民族表(MZB)和学院表(XYB)建立了关联,使得 List 命令能正确地输出每位学生的民族和学院名称。

【例 4.68】 以学生表(XSB)为父表,使用一对多关联操作表。

```
Use  CJB Order 学号  In 1
Select 2
Use XSB
Set Relation  To 学号 Into A          && 建立一对多关联
* 输出每位学生及其第 1 门课程的成绩
Display All 学号, 姓名, A.课程码, A.考试成绩, A.课堂成绩, A.实验成绩
Set Relation  To                    && 解除临时关联
Close All
```

【例 4.69】 以成绩表(CJB)为父表,使用多对一关联操作表。

```
Use XSB Order 学号 In 1
Select 2
Use CJB
Set Relation  To 学号 Into A          && 建立多对一关联
* 输出每位学生及其各门课程的成绩
Display All 学号, A.姓名, 课程码, 考试成绩, 课堂成绩, 实验成绩
Set Relation  To                    && 解除临时关联
Close All
```

综合例 4.68 和例 4.69 可以看出,临时关联中的父表与子表的角色不是永恒不变的,要根据具体任务来确定各自的角色,既可以建立一对多关联,也可以建立多对一关联。但对于永久关联,只能建立一对多关联。

在建立关联时,允许被关联的表再与其他表建立关联,形成关联链。但不允许直接或间接地与自身建立关联,即不允许形成关联环。

【例 4.70】 关联有错误的示例。

```
Use XYB Order 学院码 In 1
Use XSB Order 学号 In 2
```

```
Select 3
Use CJB
Index On Left(学号,2) To XH        && 建索引的同时设排序索引
Set Relation To 学号 Into B        && CJB 与 XSB 建关联
Select 2
Set Relation To Left(学号,2) Into A  && XSB 与 XYB 建关联
Select 1
Set Relation To 学院码 Into C      && XYB 与 CJB 形成关联环。系统报错
Close All
```

4.12.3　参照完整性

数据库中的表之间建立了永久关联,为同时使用多个表中的数据提供了方便。同样,利用数据库表之间的永久关联建立的参照完整性,可以进一步控制相关表之间的数据一致性和完整性。

1. 清理数据库

在设置表的参照完整性之前,要清理数据库,其目的是物理删除数据库表中的已被逻辑删除的记录。有如下清理当前数据库的方法。

方法一:在数据库设计器中,单击"数据库"→"清理数据库"。

方法二:在程序或命令窗口中,运行 Pack DataBase 命令。

2. 设置表的参照完整性规则

在数据库设计器中,为已经建立关联的表设置参照完整性规则,有如下方法。

方法一:双击表间关联线,在"编辑关系"对话框(见图 4.4)中,单击"参照完整性"按钮。

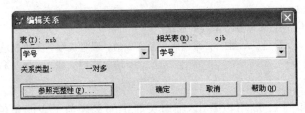

图 4.4　"编辑关系"对话框

方法二:从关联线的右击菜单中选择"编辑参照完整性"。

方法三:单击"数据库"→"编辑参照完整性"。

上述方法都打开"参照完整性生成器"对话框(如图 4.5 所示)。对于已经建立关联的任意两个表都具有更新、删除和插入 3 种操作规则。

(1) **更新规则**:在修改父表中关联关键字的值时,系统遵循的规则。

• **级联**:在父表中修改关联关键字段的值时,系统自动修改子表中相关记录的字

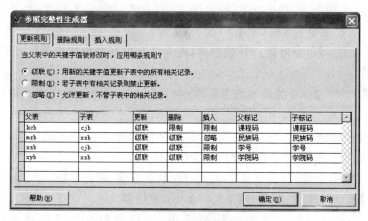

图 4.5　参照完整性生成器

段值。

- **限制**：若子表中存在相关的记录，则禁止修改父表中关联关键字段的值。
- **忽略**：在父表中修改数据，系统不考虑子表中是否存在相关记录，也不负责修改子表中的记录。

（2）**删除规则**：在逻辑删除父表中的记录时，系统遵循的规则。

- **级联**：在父表中逻辑删除记录时，系统自动逻辑删除子表中的相关记录。
- **限制**：若子表中存在相关的记录，则在父表中禁止逻辑删除对应记录。
- **忽略**：在父表中逻辑删除记录时，系统不考虑子表中是否存在相关记录，也不负责逻辑删除子表中的相关记录。

（3）**插入规则**：在子表中插入记录时，系统遵循的规则。

- **限制**：在子表中禁止插入父表中不存在的关键字记录。
- **忽略**：在子表中插入记录时不检查父表。

【**例 4.71**】　为学生表（XSB）和成绩表（CJB）设置参照完整性规则。

（1）学生转专业时，需要修改学生表（XSB）中的学号，在成绩表（CJB）中的学号也应该同步修改，故"更新规则"设为"级联"。

（2）当学生信息没有输入之前，不允许向 CJB 中添加相关记录，故 XSB 与 CJB 的"插入规则"设为"限制"。

（3）当学生毕业后，在删除学生表（XSB）中有关记录的同时，应该删除成绩表（CJB）中的相关记录，故 XSB 与 CJB 的"删除规则"设为"级联"。

习　题　四

一、用适当内容填空

1. 数据库是容器，用于管理其中的对象，这些对象包括【　①　】、【　②　】、【　③　】、【　④　】和【　⑤　】等。

2. 一个完整的数据库包括扩展名为 DBC 的【　①　】文件、扩展名为 DCT 的【　②　】文件及扩展名为 DCX 的【　③　】文件。

3. 执行【　①　】命令可以打开数据库,通常最后打开的数据库为【　②　】数据库,在某一时刻只有一个。

4. 执行【　①　】命令关闭当前数据库,执行【　②　】命令关闭系统中所有打开的数据库。

5. 存储于数据库中的表称为【　①　】,以文件的形式存储在磁盘上,系统默认扩展名为【　②　】,将其从数据库中移出后变为【　③　】。

6. 在描述数据类型时,用符号【　①　】表示字符型,用符号【　②　】表示数值型,用符号【　③　】表示日期型,用符号【　④　】表示逻辑型。

7. 在表中允许有备注型和通用型字段,用符号【　①　】表示备注型,用符号【　②　】表示通用型,建立包含备注或通用型字段的表时,将自动建立与表文件同主名,而扩展名为【　③　】的备注文件。

8. 当性别字段为字符型 1 位,取值为字符 1 或 2 时,其有效性规则应为【　①　】;当性别字段为字符型 2 位,取值为文字男或女时,其有效性规则为【　②　】。

9. 在 VFP 系统中,表中最多可含【　①　】个字段,数据库表中字段名最大长度为【　②　】个字符,自由表中字段名最大长度为【　③　】个字符。

10. 利用表设计器设计表时,自由表与数据库表的设计界面有差异,对数据库表中的字段能够设置【　①　】、【　②　】、"字段注释"和"匹配字段类型到类",而自由表没有这些信息。

11. 对数据库表执行"移去"功能,将其转换为【　①　】,其【　②　】设置信息将丢失。

12. 利用工作区可以同时打开多个表,VFP 共有【　①　】个工作区,在每个工作区中能够同时打开【　②　】个表文件。

13. 选择当前工作区的命令是【　①　】,用【　②　】或【　③　】指定工作区。当执行 Select 0 命令选择工作区时,表示选择【　④　】工作区。

14. 在打开表时,用【　①　】短语指定别名。如果没有指定别名,则系统默认别名为【　②　】。

15. 当前工作区号是 1,引用 2 号工作区中的姓名字段,应该使用表达式【　①　】或【　②　】。

16. 执行 Delete 命令删除表中的记录,通常将这种删除称为【　①　】,在执行了 Set Deleted On 命令后,再执行 Browse 命令浏览表中的记录,【　②　】逻辑删除的记录。

17. 通过键盘在表中填加记录,应该执行【　①　】命令;将同结构的其他表中记录追加到当前表中,应该执行【　②　】命令。

18. 在命令中按给定条件操作记录时,通常用 For 或 While 短语表示条件,在当前工作区中,如果对条件涉及的字段进行了排序,则最好使用【　①　】短语,以便提高命令的执行速度,而【　②　】短语与记录是否排序无关。

19. 在 VFP 系统中,可以修改数据记录的命令有【　①　】、【　②　】、【　③　】和

【　④　】等；如果只显示部分字段，则使用【　⑤　】短语指定字段名。

20. 输出表中的数据，除使用"?"命令外，还可以使用【　①　】和【　②　】命令。在这两条命令中，要打印输出结果，需要使用【　③　】短语。

21. 要将表中记录指针指向表中的第 5 条记录上，应该执行【　①　】命令；要将表中记录指针向后移动 3 个记录，应该执行【　②　】命令。

22. VFP 中的索引文件有【　①　】、【　②　】和【　③　】3 种类型，对应文件的扩展名分别是【　④　】、【　⑤　】和【　⑥　】，索引类型有【　⑦　】、【　⑧　】、【　⑨　】和【　⑩　】4 种。

23. 对 VFP 的数据库表索引，【　①　】和【　②　】两种索引要求索引关键字表达式的值唯一；【　③　】索引的关键字表达式的值可以重复，但重复值的记录中仅第 1 个记录进入索引；【　④　】索引不必考虑关键字表达式值的重复问题。

24. 【　①　】索引文件可以随着表自动打开；【　②　】索引控制工作区中记录的顺序。

25. 查找表中记录通常使用【　①　】和【　②　】命令，其中【　③　】命令要求当前工作区要有相关的排序索引。

26. 统计表中满足条件的记录个数，通常使用【　①　】命令；对表中数值字段求和使用【　②　】命令；对表中数据进行分组汇总使用【　③　】命令。

27. 表与表之间可能存在一对一、一对多或多对多关联。在 VFP 数据库中，可以建立【　①　】和【　②　】关联。建立永久关联的表需要建立相应的【　③　】。

28. 在数据库中建立表与表之间的关联称为【　①　】关联，执行 Set Relation 命令建立表间的【　②　】关联，用于控制多个工作区中的记录指针联动。

二、从参考答案中选择一个最佳答案

1. 【　　】不是数据库容器中的对象。
    A. 连接　　　　　　B. 视图　　　　　　C. 数据库表　　　　D. 表单

2. 执行 Delete DataBase 命令删除数据库后，该数据库中的表【　　】。
    A. 随数据库一起删除　　　　　　　B. 自动变成自由表
    C. 自动添加到最近打开的其他数据库中　D. 自动转换为视图

3. 关闭数据库时，系统将【　　】相关数据库表。
    A. 打开　　　　　　B. 删除　　　　　　C. 关闭　　　　　　D. 创建

4. 在 VFP 系统中，利用【　　】命令可以创建表。
    A. Create　　　　B. Create DataBase　C. New　　　　　D. New Table

5. 在 VFP 中，系统默认【　　】文件的扩展名为 .DBF。
    A. 数据库　　　　　B. 索引　　　　　　C. 查询　　　　　　D. 表

6. 通常将表中能够唯一标识记录的字段或字段组合称为【　　】。
    A. 组合字段　　　　B. 唯一索引　　　　C. 索引类型　　　　D. 关键字

7. 关于字段名的命名规则，下列说法错误的是【　　】。
    A. 可以用字母命名字段　　　　　　B. 可以用数字命名字段，但数字不能开头

C. 可以用汉字命名字段　　　　　　　D. 数据库表的字段名最多 128 个汉字

8. 在 VFP 系统中,表中的字符型字段的最大宽度是【　　】位。

A. 64　　　　　　B. 127　　　　　　C. 254　　　　　　D. 1024

9. 在 VFP 中,表结构中的逻辑型、通用型、日期型字段的宽度由系统自行规定,它们分别为【　　】位。

A. 1、4、8　　　　B. 4、4、10　　　C. 1、10、8　　　D. 2、8、8

10. 表的记录长度通常比其各字段宽度之和多一个字节,这个字节用于存储【　　　　】。

A. 记录号　　　　B. 索引标识　　　C. 删除标记　　　D. 数据库序列号

11. 在 VFP 中,当前表为 XSB,要进入表设计器应该执行【　　】命令。

A. Modify Structure XSB　　　　　　B. Modify Command XSB

C. Modify Structure　　　　　　　　D. Modify Table

12. 执行【　　】命令可以向表中添加记录。

A. Append Record　　　　　　　　　D. Append Blank

C. New　　　　　　　　　　　　　　D. Create

13. 某个表中用逻辑型字段"婚否"存储职工的婚姻状况,并规定其值为.T.时表示已婚,其值为.F.时表示未婚。打开该表后,要显示全部未婚职工的记录,应该执行【　　　　】命令。

A. List All For 婚否　　　　　　　　B. Display For 职工="未婚"

C. Display All For .NOT. 婚否　　　D. List All For "未婚"

14.【　　】函数能够得到表中记录总数。

A. RecNo()　　　B. RecCount()　　C. DBUsed()　　　D. DBCount()

15. 执行【　　】命令可以物理删除表中的逻辑删除记录。

A. Delete　　　　B. Pack　　　　　C. Zap　　　　　　D. Drop

16. 如果当前表中全部记录都是可操作的记录,则【　　】组命令与 Zap 功能等价。

A. Delete All　　B. Delete　　　　C. Pack All　　　　D. ReCall All

　Pack　　　　　　Delete All　　　　Delete All

17. 对一个空表(无记录),分别用函数 Bof 和 Eof 进行测试,得到的结果是【　　　】。

A. .T. 和.T.　　　B. .T. 和.F.　　　C. .F. 和.T.　　　D. .F. 和.F.

18. 在当前表中,执行命令组 Go Bottom/Skip/? Eof()后,如果表中有可操作的记录,则输出【　①　】;如果表中没有可操作的记录,则屏幕上显示【　②　】。

A. .T.　　　　　　B. .F.　　　　　　C. 没有任何信息　　D. 已到文件尾.T.

19. 在 VFP 命令中省略范围而使用 For 子句时,其记录范围是【　　　】。

A. 当前记录　　　B. 全部记录　　　C. Rest　　　　　　D. 不执行操作

20. 执行 Use XSB In 3 Alias XSJBZL 命令打开表后,则表的别名为【　　　】。

A. XSXXB　　　　B. 3　　　　　　　C. Alias　　　　　　D. XSJBZL

21. 打开表文件 XSB 时,命名其别名为学生表,则应该执行【　　】命令。

A. Open XSB Rename 学生表　　　　B. Open 学生表 Alias XSB

C. Use XSB Alias 学生表　　　　　　D. Use 学生表　Alias XSB

22. 执行语句 Select 0 选择工作区时,下列说法正确的是【　　】。

    A. 选择了 0 号工作区　　　　　　　　B. 选择了当前工作区

    C. 选择了最小工作区　　　　　　　　D. 选择了号最小的空闲工作区

23. 执行命令:Index On 学号 Tag 学号,为 XSB 建立索引,其索引类型是【　　】。

    A. 普通索引　　　B. 主索引　　　　C. 候选索引　　　D. 唯一索引

24. 统计表中满足条件的记录个数,应该使用命令【　　】。

    A. RecCount　　　B. Count　　　　C. RecNum　　　D. Total

25. 执行 Locate 命令成功查找到一个记录后,如要继续查找满足条件的其他记录,则应该多次执行【　　】命令。

    A. Skip　　　　　B. Continue　　　C. Loop　　　　D. Next

26. 为两个表建立永久关联,对这两个表的基本要求是【　　】。

    A. 存储于同一数据库中　　　　　　　B. 两个自由表

    C. 存储于不同的数据库中　　　　　　D. 一个是数据库表,另一个是自由表

27. 建立表间参照完整性时,在父表中删除记录,要求同步删除子表中的相关记录,则表之间的参照完整性删除规则应该为【　　】。

    A. 级联　　　　　B. 限制　　　　　C. 忽略　　　　D. 响应

28. 用 Set Filter To 命令筛选表中的记录后,表文件的记录指针将【　　】。

    A. 指向满足条件的第 1 条记录　　　　B. 指向满足条件的最后一条记录

    C. 指向表的结束记录　　　　　　　　D. 不会改变

三、从参考答案中选择全部正确答案

1. 下列关于数据库和数据库表之间关系的叙述,正确的是【　　】。

    A. 数据库表中可以包含数据库　　　B. 一个数据库中可以包含多个数据库表

    C. 数据库和其中的表可以相互转化　　D. 数据库中只能包含数据库表

    E. 数据库可以包含数据库表、表间关联和视图

2. 在 VFP 中创建名为 SLD 的数据库文件,正确的方法有【　　】。

    A. Create Form SLD　　　　　　　　B. Create DataBase SLD

    C. Create Table SLD　　　　　　　　D. 单击"常用"工具栏中的"新建"→"数据库"

    E. 单击"文件"→"新建"→"数据库"

3. 在定义表结构时,可以设置【　　】数据类型的字段宽度。

    A. 字符型　　　　B. 日期型　　　　C. 备注型　　　　D. 数值型

    E. 逻辑型

4. 在 VFP 系统中,关于自由表的叙述,正确的是【　　】。

    A. 自由表与数据库表完全相同　　　　B. 自由表无字段属性规则和约束条件

    C. 自由表不能建立候选索引　　　　　D. 自由表不可以加入到数据库中

    E. 自由表不能建立主索引

5. 在第 4 个工作区中,执行 Use XSB 命令后,执行【　　】命令可以选择该工作区。

    A. Select 4　　　B. Use XSB　　　C. Select D　　　D. Select 0

E. Select XSB

6. 在下列命令中,【 】能够以交互方式输入数据记录。
   A. Append   B. Append Blank   C. Edit   D. List
   E. Display

7. 在下列命令中,【 】能将表中的全部记录输出到打印机。
   A. Display All To Printer   B. Printer To ALL
   C. List To Printer   D. Copy To Printer
   E. Copy Structure To Printer

8. "通过"字段为逻辑型(通过为.T.),要显示所有未通过的记录应该执行【 】命令。
   A. List For 通过＝'.F.'   B. List For 通过＜＞.F.
   C. List For Not '通过'   D. List For Not 通过
   E. List For 通过＝.F.

9. 学生表中"出生日期"字段为日期型,在 Set Strictdate To 0 和 Set Date USA 状态下,要查找 1991 年 1 月 1 日前出生的学生记录,命令中的条件可以用【 】表示。
   A. 出生日期＞{01/01/1991}   B. 出生日期＜{01/01/1991}
   C. 出生日期＞{^1991-01-01}   D. 出生日期＜{^1991-01-01}
   E. 出生日期＞CTOD("01/01/91")   F. 出生日期＜CTOD("01/01/91")

10. 打开相应的表文件,执行命令:Index On 姓名 Tag Index_name,建立索引后,下列叙述错误的是【 】。
   A. 建立的索引是当前排序索引
   B. 建立的索引保存在 IDX 文件中
   C. 表中记录按索引表达式的值升序排序
   D. 建立的索引是非结构复合索引
   E. 索引表达式是:姓名,索引标识是:Index_name

11. 表的相关索引已建立,打开表的同时设置排序索引的命令是【 】。
   A. Order XSB In 2 Index 学号   B. Use XSB In 2 Order 学号
   C. Index 学号 Order XSB   D. Use XSB In 2
   E. Use XSB In 2 Order 1

12. 执行 Locate 或 Seek 命令查找数据后,应该用【 】函数检测是否查找成功。
   A. Bof()   B. Eof()   C. Found()   D. Seek()
   E. Succeed()

13. 当前工作区中打开的表有排序索引,要使记录指针定位在记录号为 1 的记录上,应该执行【 】命令。
   A. Go 1   B. Go Top   C. Skip 1   D. Next 1
   E. GoTo 1   F. 1

14. 在【 】中创建或使用的表间关联是临时关联。
   A. 数据环境   B. 查询设计器   C. 数据库设计器   D. 视图设计器

E. 程序

15. 在数据库中建立父表与子表的一对多关联,要求父表使用的索引类型是【　　】。

A. 主索引　　　　B. 普通索引　　　　C. 候选索引　　　　D. 唯一索引

E. 交叉索引

16. 设置数据库表间的参照完整性时,可以使用的规则有【　　】。

A. 级联　　　　B. 扩展　　　　C. 限制　　　　D. 共享

E. 同步　　　　F. 忽略

四、设计题

结合第 3 章中关系数据库设计的内容,在 VFP 中设计下列数据库:

1. 为学校图书馆设计一个图书管理数据库,为简化任务,只考虑图书的借阅功能,在数据库中应该有图书表、图书借阅表、借阅人员资料表及学院表。分别创建这些文件并在数据库中为相关表设置关联。

2. 为小规模商场设计一个商品数据库,在数据库中有供货商信息表、商品类别表、商品信息表、商品销售表及操作员表。商品类别及供货商均采用 2 位编码;商品采用<商品类别>＋<供货商编码>＋<4 位流水号>方式编码。在数据库中为表建立相应的关联。

思 考 题 四

1. 数据库与数据库表是否为同一概念?它们之间具有怎样的联系与区别?

2. 数据库表与自由表的区别是什么?两者可以相互转化,在转化过程中需要注意哪些问题?

3. 在 VFP 中,系统提供了哪些方法和措施来保证数据库表的数据完整性?

4. 对已经写入记录的表,修改其表结构是否会对表中记录造成影响?合理地修改表结构的方法是什么?

5. VFP 的索引文件有哪些类型?索引与排序有何异同?用排序命令建立的表文件是否还可以为其建立索引?

6. 为表建立索引时,哪些类型的字段能够出现在索引表达式中?哪些不能?

7. 在 VFP 中,表间有永久关联和临时关联,如何建立永久关联?永久关联在哪些环境中使用?如何建立临时关联?两种关联有哪些不同?

第 5 章

SQL 语言应用与视图设计

SQL(Structured Query Language,结构化查询语言)也是关系数据库的通用语言。目前,各种大、中、小型数据库管理系统都支持这种语言。SQL 语言由数据定义语言、数据操纵语言、数据查询语言和数据控制语言 4 部分组成,VFP 支持前三部分。数据控制语言用于控制用户访问数据库,实现授权(Grant)和收回(Revote)授权,VFP 并不支持这部分功能。

SQL 语言中语句并不多,但每条语句的功能都很强大,通常一条 SQL 语句可以代替多条 VFP 命令。有些 SQL 语句结构比较复杂,从实用角度出发,本章仅介绍 SQL 语句的常用格式和功能。

VFP 中可以在命令窗口、程序、查询或视图中执行 SQL 语句。在执行 SQL 语句(删除表 Drop 语句除外)对表进行操作之前,如果表处于打开状态,则系统不会改变其所在的工作区;如果没有打开表,则系统将在编号最小空闲的工作区中打开所涉及的表及其相关文件(如备注型文件和索引文件等)。执行完 SQL 语句时,这些文件仍处于打开状态。

在 VFP 中,通过 SQL 语言可以操作数据库表和自由表。在执行 SQL 语句操作数据库表时,除建立表(Create Table)和删除表(Drop Table)语句外,其他语句都能自动打开表及其所在的数据库。

5.1 SQL 语言的数据定义

SQL 语言的数据定义语言主要用于建立(Create)、修改(Alter)和删除(Drop)数据库中的各类对象。本节主要介绍有关表的定义、修改和删除的 SQL 语句格式及其功能。

5.1.1 建立自由表

在 VFP 中,除了通过系统菜单或 Create 命令建立自由表外,还可以使用 SQL 语句建立自由表。

语句格式：Create Table |DBF ［＜路径＞］＜表名＞ ［Free］
(

<字段名 1><类型描述 1>[[Not] Null][Unique] …

[,<字段名 n><类型描述 n>[[Not] Null]]

[, Unique <索引关键字表达式> Tag <候选索引标识名>]

)

语句说明：此语句用于建立自由表，Create Table … 与 Create DBF … 的功能完全相同。其他说明如下。

(1) **表名**：用于指定要建立的自由表的表名，即 DBF 文件的主名，如果省略路径，则在文件默认目录中建立文件。

(2) **Free**：用于说明建立自由表。在没有当前数据库的情况下，省略 Free 也是建立自由表；若有当前数据库且省略 Free，则系统建立数据库表。

(3) **字段名**：指定表中包含的字段名称，遵循 VFP 对字段名的命名规则。

(4) **类型描述**：用于描述对应字段的数据特征，典型格式为：

<数据类型符号>[(<宽度>[,<小数位数>])]

例如，数值型写成 N(10,2)，字符型写成 C(6)。对于一些固定宽度的数据类型，只需要说明数据类型符号，不必指定宽度。如日期型写 D，备注型写 M，整型写 I 等。

(5) **[Not] Null**：在输入数据时，Not Null(默认)表示字段值不能为空值，而 Null 表示字段值可以为空值。

(6) **Unique**：将对应字段设为候选索引表达式(表的关键字)，索引标识名为该字段名。一个表中可以有多个候选索引，一个候选索引对应一个表关键字。这里的候选索引并不是通过 VFP 的 Index … Unique 命令建立的唯一索引。

【例 5.1】 建立自由表 TEST1，其中学号为关键字，出生日期字段的值可以为空。

```
Create Table TEST1 Free ;
( ;
  学号 C(8) Unique, 姓名 C(8), 出生日期 D Null, 入学年份 N(4,0) ;
)
```

建立包含学号、姓名、出生日期和入学年份 4 个字段的自由表 TEST1，在向 TEST1 中输入数据时，出生日期字段的值可以不填(允许空)。同时创建了结构索引文件 TEST1.CDX，其中索引名(标识)为"学号"，索引类型为"候选索引"，索引关键字表达式为"学号"。

(7) **Unique <索引关键字表达式> Tag <索引标识名>**：用索引关键字表达式建立候选索引，关键字是多个字段构成的表达式。

【例 5.2】 建立自由表 JXJB，用于存储学生获得奖学金的有关信息。要求每个学生在一年内同类奖学金最多获得一次。

```
Close All
Create DBF JXJB ;
( ;
  学号 C(8), 姓名 C(8), 学院名  C(20), 年度 N(4,0) , ;
    奖学金类型  C(20), 等级  C(1), 金额 N(5,0), 备注 M,;
```

```
Unique 学号 +Str(年度,4) +奖学金类型 Tag XHND ;
)
```

此例建立了 JXJB. DBF、JXJB. CDX 和 JXJB. FPT 三个文件,并建立了候选索引 XHND,其索引关键字表达式为"学号＋Str(年度,4)＋奖学金类型",存于结构索引文件中。

5.1.2 建立数据库表

在有当前数据库的情况下,可以使用 SQL 语句建立数据库表。数据库表不仅包含表结构,而且还包含字段的有效性规则和主键等信息。因此,在建立自由表语句的基础上还需要进一步扩充才能构成建立数据库表的语句。

语句格式：Create Table|DBF[＜路径＞] ＜表名＞

```
(
    ＜字段名 1＞＜类型描述 1＞[ [Not] Null ]
    [ Check ＜逻辑表达式＞ [Error ＜字符表达式＞] ]
    [ Default ＜表达式＞ ]
    [ Primary Key|Unique ]
      ⋮
    [,＜字段名 n＞＜类型描述 n＞[ [Not] Null ]
    … ]
    [, Primary Key ＜索引关键字表达式＞ Tag ＜主索引标识名＞ |
    , Unique ＜索引关键字表达式＞ Tag ＜候选索引标识名＞ ]
)
```

语句说明：该语句用于建立数据库表,其中字段名及类型描述部分与建立自由表语句的对应部分完全相同,其他短语说明如下。

(1) **Check ＜逻辑表达式＞** [**Error ＜字符表达式＞**]：设置当前字段的有效性规则,即用于控制输入数据的范围。在输入或修改数据时,如果逻辑表达式的值为. T.,则表示数据正确,通过合法性检查;如果逻辑表达式的值为. F.,则表示数据不正确,此时系统提示出错信息或显示字符表达式的值。

(2) **Default ＜表达式＞**：增加新记录时,系统自动将字段的值设为表达式的值。如果字段设置了有效性规则,则默认值应该符合这个规则。

【例 5.3】 产生数据库表 TEST2,对表增加新记录时,系统自动将 2000 填到入学年份字段中;输入或修改数据时,如果入学年份的值超出范围(1999,2021),则系统将提示:入学年份应该在 2000～2020 之间。

```
Open DataBase XSXX
Create Table TEST2;
  (;
    学号 C(8), 姓名 C(8), 出生日期 D Null, 入学年份 N(4,0) Default 2000;
```

```
    Check 入学年份> 1999 And 入学年份< 2021;
    Error "入学年份应该在 2000~2020 之间";
        )
```

（3）**Primary Key**：将对应字段设为主索引关键字（主键），索引标识名为本字段名。一个表中只能有一个主键。

（4）**Primary Key** ＜**索引关键字表达式**＞ **Tag** ＜**索引标识名**＞：用索引关键字表达式建立主索引，关键字可以是多个字段构成的表达式。此短语不能与字段中的 Primary Key 短语同时使用。

在 SQL 语言的 Create Table 语句中，用 Unique 短语可以建立自由表和数据库表的候选索引，用 Primary Key 短语可以建立数据库表的主索引，所建立的索引都存储在结构索引文件（CDX）中。

【例 5.4】 建立数据库表 TEST。

```
Open DataBase XSXX
Create Table TEST;
        (;
            学号 C(8) Primary Key, 姓名 C(8), 日期 D Null, 入学年份 N(4,0),;
            民族码 C(2), 外语成绩 N(5,1), 专业码 C(2);
        )
```

本例产生数据库表 TEST，同时以学号为关键字建立主索引，其索引标识为学号，索引存于 TEST. CDX 中。

5.1.3 修改表结构

通过修改表结构语句，可以增加、删除和修改表的结构信息，如字段名、字段的数据类型、字段宽度、字段有效性规则和主键等信息，此类语句有 3 种格式。

语句格式 1：Alter Table ［＜路径＞］＜表名＞ Add｜Alter ＜字段名＞ ＜类型描述＞
　　　　　　　［［Not］Null］［Check ＜逻辑表达式＞［Error ＜字符表达式＞］］
　　　　　　　［Default ＜表达式＞］［Primary Key｜Unique］

语句说明：执行此语句可以在表中增加（Add）字段，也可以修改（Alter）表中字段的类型描述（数据类型和字段宽度）、有效性规则（Check）、默认值（Default）和主键（Primary Key）等信息。在增加或修改自由表中的字段时，不能使用 Check、Error、Default 和 Primary Key 短语。

【例 5.5】

```
Alter Table TEST Add 备注 C(60)
Alter Table TEST Alter 入学年份 N(4,0) ;
            Check 入学年份>2006 Error "入学应该在 2006 年之后"
```

例中的第 1 条 Alter 语句在表 TEST 中增加了字段：备注，第 2 条 Alter 语句修改了TEST 中入学年份字段的有效性规则：入学年份＞2006，设置了提示信息：入学应该在

2006 年之后。

这种语句主要用于增加字段或重新设置字段的有关信息,在一条语句中可以同时增加和设置多个字段。当设置字段某方面的内容时,系统将自动删除对应字段的其他内容。

【例 5.6】

```
Alter Table TEST Alter 民族码 C(2) Default "01" ;
              Alter 入学年份   N(4) Default 2009
```

在此例中,由于重新设置了入学年份字段的默认值(Default),因此,系统自动删除了例 5.5 中设置的入学年份字段的有效性规则(Check)值:入学年份＞2006,也删除了输入错误数据(Error)时的提示信息:入学应该在 2006 年之后。

语句格式 2:Alter Table [＜路径＞]＜表名＞ Alter ＜字段名＞ [[Not] Null]
              [Set Check ＜逻辑表达式＞ [Error ＜字符表达式＞]]
              [Drop Check] [Set Default ＜表达式＞][Drop Default]

语句说明:此语句主要用于设置(Set)或删除(Drop)字段的有效性规则(Check)和默认值(Default)。与语句格式 1 的差别主要在于:在设置字段的一方面内容时,不会影响其他方面的内容。

此语句操作自由表中的字段时,仅能将字段设置为 Null 或 Not Null,不能使用其他短语。

【例 5.7】

```
Alter Table TEST Alter 入学年份 Drop Check
```

此例将删除 TEST 中入学年份字段的有效性规则。

语句格式 3:Alter Table [＜路径＞]＜表名＞ [Drop ＜字段名＞]
              [Add Primary Key ＜索引关键字表达式＞ Tag ＜主索引标识名＞]
              [Drop Primary Key]
              [Add Unique ＜索引关键字表达式＞ Tag ＜候选索引标识名＞]
              [Drop Unique Tag ＜候选索引标识名＞]
              [Rename ＜原字段名＞ To ＜新字段名＞]

语句说明:此语句主要用于增加表中主索引(Add Primary Key)、候选索引(Add Unique),删除表中的字段(Drop ＜字段名＞)、主索引(Drop Primary Key)、候选索引(Drop Unique),或者为字段改名(Rename)。对自由表而言,不能使用与 Primary Key 相关的短语。

【例 5.8】

```
Alter Table TEST Drop 备注 Rename 日期 To 出生日期
```

此例将删除 TEST 中备注字段,并且将字段日期改名为出生日期。

在设置主索引和候选索引方面,语句格式 1 适合单个字段作为索引关键字,而语句格式 3 更适合比较复杂的表达式作为索引关键字。

5.1.4　删除表

执行 SQL 语言的删除表语句时,系统除删除表文件外,还删除表的结构索引文件(CDX)和备注文件(FPT)。如果删除的表是当前数据库中的表,则同时删除数据库中该表的相关信息。

语句格式：Drop Table [[＜路径＞]＜表名＞ |?] [Recycle]

语句说明：如果执行 Drop Table ＜表名＞,则系统删除指定的表;如果执行 Drop Table ? 或 Drop Table,则系统弹出“删除”窗口,要求用户从中选择要删除的表文件;如果在语句中使用 Recycle 短语,则系统将删除的表、结构索引文件和备注文件送入 Windows 的回收站。

执行此语句删除表时,如果表处于打开状态,则系统先将其关闭,然后再进行删除。如果删除的数据库表不在当前数据库中,则数据库中将仍然保留该表的注册信息,这将导致数据库中的信息不准确。因此,在删除数据库表之前,通常要将表所在的数据库设置成当前数据库。

【例 5.9】

```
OPEN DataBase XSXX
Drop Table TEST2 Recycle
Drop Table TEST1
```

第一条 Drop 语句从数据库 XSXX.DBC 中删除表 TEST2,并将 TEST2 及相关的文件送入 Windows 的回收站;第二条 Drop 语句将永久性地删除表 TEST1。

5.2　SQL 语言的数据操纵

通过 SQL 的数据操纵语言可以在表中增加(Insert)、删除(Delete)和修改(Update)数据记录。

5.2.1　增加数据记录

语句格式 1：Insert Into [＜路径＞]＜表名＞ [(＜字段名表＞)] Values (＜表达式表＞)

语句说明：在指定表的尾部追加记录。“字段名表”指出要填写值的各个字段名,用“表达式表”中各个表达式的值填写对应字段的值,表达式与字段按前后顺序一一对应,并且,表达式的数据类型与对应字段的数据类型必须一致。如果省略“字段名表”项,则表示要填写表中的所有字段,并按表中字段的前后顺序与表达式一一对应。

【例 5.10】

```
Insert Into TEST Values;
```

```
('0310101', '李大明', {^1980-12-01}, 2000, '01', 92, '02')
Insert Into TEST (学号, 姓名, 入学年份, 外语成绩, 民族码, 专业码);
Values ('0311201', '季平', 2001,69.5, '13', '05')
```

本例向表 TEST 中追加两条记录,前一条记录填写了全部 7 个字段的值,而后一条记录中没有填写出生日期字段的值。

语句格式 2:Insert Into [<路径>]<表名> From Array <数组名>

语句说明:在指定表的尾部追加记录,数据来源于数组,用数组中元素的值填写对应的字段值,表中的字段与数组中的元素按列顺序对应。如果数组列数大于表中字段个数,则数组中后面多余的列元素不会填写到表中;如果数组列数小于表中字段个数,则表中后面多余的字段为空值(不填写默认值)。执行 1 次此语句,追加记录的个数与数组中元素的行数一致(1 维数组视为 1 行)。

【例 5.11】

```
Dimension AM(7)
AM (1)='22060331'
AM (2)='赵丹丹'
AM (3)={^1981-10-01}
AM (4)=2001
AM (5)='02'
AM (6)=78.5
AM (7)='10'
Insert Into TEST From Array AM
```

本例通过数组中的元素向表 TEST 中追加一条记录,并填写了这条记录中各个字段的值。

5.2.2　修改数据记录

语句格式:Update [<路径>]<表名> Set <字段名 1>=<表达式 1>
　　　　　　[…,<字段名 n>=<表达式 n>][Where <条件表达式>]

语句说明:执行此语句时,用表达式的值修改对应字段的值。如果省略 Where 短语,则修改表中全部记录相关字段的值;如果使用 Where <条件表达式>,则仅修改满足条件表达式的记录。

在 SQL 语言的 Delete、Select 和 Update 语句中可以使用 Where <条件表达式>短语,从表中提取满足条件的记录。条件表达式由字段、常数、普通函数(非表 5.1 中的统计函数)和各种运算符组成,运算符除了 VFP 的比较运算符和逻辑运算符外,还可以使用下列谓词运算。

(1) **区间运算**:<表达式 1> Between <表达式 2> And <表达式 3>。如果表达式 1 的值在表达式 2 和表达式 3 之间(含相等),则运算结果为. T. ;否则,运算结果为. F. 。因此,这种运算从功能上等价于:(<表达式 1> >=<表达式 2>) And (<表达

式 1> <=<表达式 3>）。例如，年龄在 18 和 60 之间，写成表达式：年龄 Between 18 And 60 或：年龄>=18 And 年龄<=60。

运算中的表达式可以是任何可进行比较运算的数据类型（如数值、字符和日期型等），但在一个运算式中，3 个表达式必须具有相同的数据类型。

【例 5.12】 将考试成绩+课堂成绩+实验成绩为 59 分，并且课堂成绩+实验成绩在 17～20 分的学生考试成绩加 1 分。

```
Update CJB Set 考试成绩=考试成绩+1;
        Where (考试成绩+课堂成绩+实验成绩=59) And;
    (课堂成绩+实验成绩 Between 17 And 20)
```

（2）**集合运算**：<表达式> IN（<表达式表>），要求表达式 1 与表达式表中的各个表达式必须具有相同的数据类型。如果表达式 1 的值等于表达式表中某个表达式的值，则运算结果为.T.；否则，运算结果为.F.。例如，民族码 IN（'02'，'06'，'08'），也可以写成：民族码='02' Or 民族码='06' Or 民族码='08'，而用 IN 运算符更简捷。

这种运算的逻辑否定运算格式为：<表达式> Not IN（<表达式表>）。

【例 5.13】 对例 5.12，如果课堂成绩+实验成绩为整数，也可以如下实现：

```
Update CJB Set 考试成绩=考试成绩+1;
    Where (考试成绩+课堂成绩+实验成绩=59) And;
    (课堂成绩+实验成绩 In (17,18,19,20))
```

（3）**模糊运算**：<字符表达式 1> Like <字符表达式 2>。如果两个字符串匹配，则运算结果为.T.；否则，运算结果为.F.。

在字符表达式 2 的值中可以包含匹配符号：百分号"％"和下划线"_"。如果含有百分号"％"，则表示其出现位置的任意多个字符；如果含有下划线"_"，则表示其出现位置的一个字符或一个汉字。例如，（'李大明' Like '李％'）和（'李大明' Like '李_ _'）的值都为.T.，而（'李大明' Like '李_'）的值为.F.。

这种运算的逻辑否定运算格式为：<字符表达式 1> Not Like <字符表达式 2>。

【例 5.14】 将课程名中含"计算机"字样的课程学分改成 4。

```
Update KCB Set 学分=4 Where 课程名 Like '%计算机%'
```

（4）**判断 Null 运算**：<字段名> Is Null。如果字段的值为.Null.，则运算结果为.T.；否则，运算结果为.F.。

判断字段的值为非.Null.，可以写成：<字段名> Is Not Null。

在 VFP 中，可以将任何数据类型字段的默认值设为.Null.。此值与空值不同，通过 Empty(<表达式>)函数可以判断空值。

【例 5.15】 将课程名字段值为.Null.的课程名填成"默认课程名"。

```
Update KCB Set 课程名='默认课程名' Where 课程名 Is Null
```

【例 5.16】 将课程名字段值为空的课程名填成"遗漏课程名"。

Update KCB Set 课程名='遗漏课程名' Where Empty(课程名)

5.2.3　逻辑删除记录

语句格式：Delete From　［＜路径＞］＜表名＞［Where＜条件表达式＞］

语句说明：执行此语句时，如果省略 Where 短语，则逻辑删除表中的全部记录；如果使用 Where＜条件表达式＞，则仅逻辑删除表中满足"条件表达式"的记录。

【例 5.17】　删除 1999 年、2000 年或 2001 年入学的学生记录。

```
Close All
Delete From XSB Where Substr(学号,3,2) In ('99', '00', '01')
Pack
```

在 VFP 中，逻辑删除的记录仍然存放在表中，执行 VFP 的 Pack 命令可以将其物理删除；执行 Recall 命令可以将其恢复成正常的记录。

5.3　SQL 语言的数据查询

数据查询是 SQL 语言的核心内容，通过 Select 语句可以从一个或多个表（或视图）中提取数据进行数据查询、排序、汇总和表联接等操作。Select 语句的一般格式为：

Select［Distinct］［Top＜数值表达式＞［Percent］］

　　［＜表别名＞.］*｜＜表达式 1＞［［As］＜列名 1＞］…，＜表达式 n＞［［As］

　　＜列名 n＞］

　　From［＜路径＞］［＜数据库名 1＞!］＜表名 1＞［［As］＜别名 1＞］

　　［＜联接类型 1＞｜,［＜路径＞］［＜数据库名 2＞!］＜表名 2＞［［As］＜别名 2＞］…

　　＜联接类型 n＞｜,［＜路径＞］［＜数据库名 n＋1＞!］＜表名 n＋1＞［［As］

　　＜表别名 n＋1＞］］

　　［On＜条件表达式 1＞… On＜条件表达式 n＞］

　　［Where＜条件表达式＞］

　　［Union［All］＜Select 语句＞］

　　［Order By＜排序列 1＞［ASC｜DESC］…，＜排序列 n＞［ASC｜DESC］］

　　［Group By＜分组列 1＞…，＜分组列 n＞］［Having＜条件表达式＞］

　　［Into Table｜DBF［＜路径＞］＜表名＞｜Into Cursor＜临时表名＞｜

　　Into Array＜数组名＞｜To Printer｜To Screen｜

　　To File［＜路径＞］＜文件名＞［Additive］［Plain］］

由此可以看出，SQL 语言的 Select 语句格式比较复杂，但使用起来比较灵活，功能也非常强大。

5.3.1 Select 语句基本查询

语句格式：

Select

[<别名>.]*|<表达式 1>[[As]<列名 1>]…,<表达式 n>[[As] <列名 n>]

From [<数据库名 1>!]<表名 1>[[As] <别名 1>]

[,<数据库名 2>!]<表名 2> [[As] <别名 2>]… [,<数据库名 n+1>!]

<表名 n+1>[[As]<别名 n+1>]]

[Where <条件表达式>]

1. 确定查询结果列

[<**别名**>.]*|<**表达式 i**>[[**As**] <**列名称 i**>]：用于确定查询结果中所包含的列。

(1) [<**别名**>.]*：表示查询结果中包含对应表或视图中的全部字段，如果省略别名，则表示查询结果中包含数据源中的所有字段。

【例 5.18】 输出表 XSB 中所有字段的值。

```
Select * From XSB
```

其中 From 之后的表 XSB 是数据源，"*"表示输出结果中包含 XSB 中的全部字段。

(2) **表达式 i**：系统将按表达式 i 提取和运算数据，得到查询结果中第 i 列的数据。表达式 i 中可以用常数、变量、字段、SQL 语言函数或 VFP 函数。表达式 i 中的字段名应该用别名方式表示，例如，将姓名写成 XSB. 姓名。如果某个字段仅存在于 1 个数据源中，则其别名可以省略。

【例 5.19】 输出表 CJB 中的学号、课程码及三类成绩之和。

```
Select 学号,课程码,考试成绩+课堂成绩+实验成绩 From CJB
```

此例查询结果如图 5.1 所示。

(3) [**As**] <**列名称 i**>：为查询结果的第 i 列定义列名称。省略此项时，如果表达式 i 为字段名，则列名称为字段名或字段名_<字母>(多个数据源中的字段)；如果表达式 i 为常数或普通表达式，则系统自动生成列名称 Exp_i。使用[As]<列名 i>时，可以省略 As。

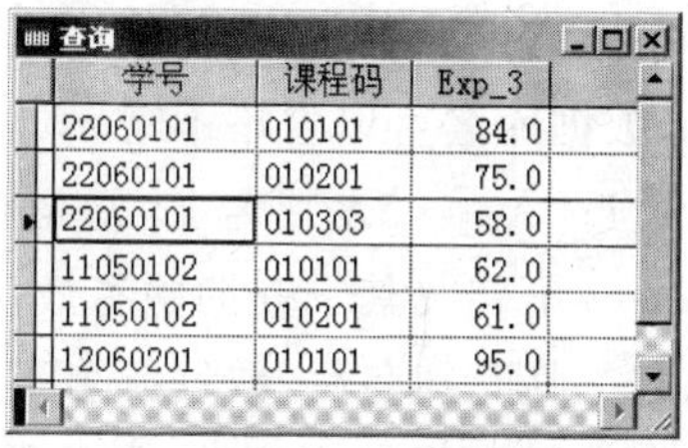
查询

学号	课程码	Exp_3
22060101	010101	84.0
22060101	010201	75.0
22060101	010303	58.0
11050102	010101	62.0
11050102	010201	61.0
12060201	010101	95.0

图 5.1 系统自动生成列名称 Exp_3

【例 5.20】 输出表 CJB 中的学号、课程码和期末成绩(考试成绩、课堂成绩与实验成绩之和)。

```
Select 学号,课程码,考试成绩+课堂成绩+实验成绩 As 期末成绩 From CJB
```

(4) **统计函数**：表达式 i 中还可以使用表 5.1 中的统计函数，对数据进行统计分析。

如果表达式 i 是表 5.1 中的某个函数，并且没有对数据进行分组（Group By），则最多输出 1 行数据。

表 5.1　SQL_Select 常用统计函数

函数名称	函数格式	功能说明
求平均值	AVG(<数值表达式>)	计算数值表达式在相关记录上的平均值。如果有分组，则分别计算每组的平均值；如果没分组，则计算总平均值
计数	Count(<参数>｜＊)	统计数据行数，参数可以是任意表达式，不影响统计结果。如果有分组，则分别统计每组中的数据行数；如果没分组，则统计数据总行数
求最大值	Max(<数值表达式>)	计算数值表达式在相关记录上的最大值。如果有分组，则分别计算各组中的最大值；如果没分组，则计算全部数据行中的最大值
求最小值	Min(<数值表达式>)	计算数值表达式在相关记录上的最小值。如果有分组，则分别计算各组中的最小值；如果没分组，则计算全部数据行中的最小值
求合计	Sum(<数值表达式>)	计算数值表达式在相关记录上的合计。如果有分组，则分别计算各组的小计；如果没分组，则计算全部数据行的合计

【例 5.21】　输出表 CJB 中的记录个数、考试成绩的最高分和平时成绩的平均分。

Select Count(＊) As 记录个数, Max(考试成绩) As 考试最高分,;
　　Avg(课堂成绩+实验成绩) As 平时平均分 From CJB

查询结果为一行数据。从此例可以看出，对多条记录进行操作，可能得到一行查询结果，如图 5.2 所示。

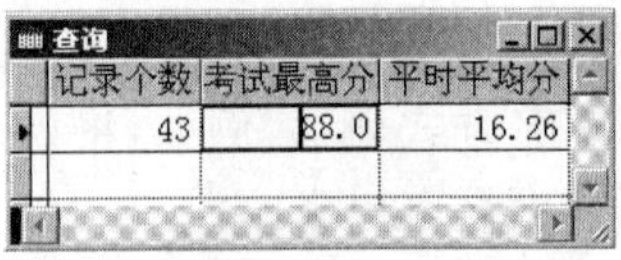

图 5.2　统计函数的应用

2. 指定查询数据源

From [<路径>][<数据库名 i>!]<表名 i>[[**As**]

<表别名 i>]：用于指定查询数据的来源，即从哪些表中提取要操作的数据，当数据来源有多个时，各数据源名之间用逗号"，"分开。如果数据源在系统的默认目录或在当前数据库中，数据库名可以省略不写。

通过[As]<表别名 i>短语（可以省略 As）可以为数据源起临时别名，此别名仅在本 Select 语句及其子查询中有效。如果省略此项，则数据源名本身即为别名。为某个数据源起了临时别名后，数据源名不再作为别名。

在实际应用中，查询的数据源可以为表或视图。在 SQL-Select 语句中，对视图的要求和作用与表基本相同。

3. 设置记录筛选条件

Where <条件表达式>：用于设置从数据源中提取记录的条件或数据源之间的联接条件，系统仅对满足条件的记录进行操作。对条件表达式的要求同 Update 语句。

【例 5.22】 输出课程码为 010101 的选课学生数、考试最高分和平时平均分。

```
Select Count(*) As 学生数,Max(考试成绩) As 考试最高分,;
    Avg(课堂成绩+实验成绩) As 平时平均分 From CJB Where 课程码='010101'
```

语句中从表 CJB 中提取记录的条件是:课程码='010101',表示仅对课程码为 010101 的记录进行统计。

【例 5.23】 输出不及格的学生学号、姓名、课程名和成绩。

```
Select X.学号,姓名,课程名,考试成绩+课堂成绩+实验成绩 As 成绩;
    From XSB As X,CJB,KCB As K Where K.课程码=Cjb.课程码 And;
    X.学号=Cjb.学号 And 考试成绩+课堂成绩+实验成绩<60
```

本例的数据源是 XSB、CJB 和 KCB 三个表,并为 XSB 起了临时别名为 X,为 KCB 起了临时别名为 K。语句中学号字段出现在 XSB 和 CJB 两个表中,课程码字段出现在 CJB 和 KCB 两个表中,因此,学号和课程码之前的别名(X 和 K)都不能省略。

本例语句中通过 Where 短语实现了表的联接,联接条件是:K.课程码=Cjb.课程码 And X.学号=Cjb.学号;从表中提取记录的条件是:考试成绩+课堂成绩+实验成绩<60。

5.3.2 多表联接

Select 语句可以从多个表中提取数据,形成一个查询结果。在多个表进行联接时,应该设置联接条件,如例 5.23 中,通过 Where 短语设置多个表的联接条件。在 Select 语句中,还可以通过 On 短语设置联接条件。

1. 设置表联接类型

[<**数据库名 i**>!]<**表名 i**><**联接类型 i**>[<**数据库名 i+1**>!]<**表名 i+1**>: 用于设置表之间的联接类型,各个表名通过"联接类型"进行联接。"联接类型"与联接条件"On <条件表达式>"相结合,共同确定要操作的数据记录。有以下 4 种联接类型。

(1)[**Inner**]**Join**:内部联接,仅联接两个表中符合联接条件的数据记录。

(2)**Right**[**Outer**]**Join**:右联接,联接两个表中符合联接条件的记录,再追加上右表中不符合联接条件的记录。

(3)**Left**[**Outer**]**Join**:左联接,联接两个表中符合联接条件的记录,再追加上左表中不符合联接条件的记录。

(4)**Full**[**Outer**]**Join**:完全联接,也称全联接。联接两个表中符合联接条件的记录,再追加上左表和右表中不符合联接条件的记录。

在表 A 和 B 进行联接时,如果选用左联接、右联接或全联接,则在查询结果中可能产生不符合联接条件的记录,这类记录是指表 A(B)中的某些记录,在表 B(A)中找不到与之相匹配的记录。在查询结果数据中,系统将这些记录关于表 B(A)中的字段填成 .Null. 值。

2. 设置表联接条件

On <条件表达式>：用于设置表之间的联接条件。所谓表联接就是在各个表内查找满足条件的记录，每找到一组满足条件的记录就将它们联接成一条新记录，作为结果的记录之一。

如果表名之间用逗号"，"分隔，则不能使用 On <条件表达式>短语，表之间只能通过 Where 短语实现联接，但执行速度较慢。

【例 5.24】 用联接类型和 On 实现例 5.23。

```
Select X.学号, 姓名, 课程名, 考试成绩+课堂成绩+实验成绩 As 成绩;
    From XSB As X Inner Join CJB Inner Join KCB As K;
    On K.课程码=Cjb.课程码 On X.学号=Cjb.学号;
    Where 考试成绩+课堂成绩+实验成绩<60
```

此例的功能与例 5.23 完全相同，但执行速度更快一些。由此可以看出，用 Where 短语实现的联接实质上是内部联接。

5.3.3 处理查询结果

对 Select 语句的查询结果可以排序、汇总和去掉重复数据行等。

1. 设置排序参数

Order By <排序列> [ASC|DESC]：用于设置查询结果数据的排序列和排序方式，其中排序列可以是查询结果中的列名或列序号。如果排序方式选择 ASC（默认），则结果按排序列的值升序（由小到大）排列；如果排序方式选择 DESC，则按排序列的值降序（由大到小）排列。当有多个排序列时，仅当前面排序列的值相同时，再按后面排序列的值进行排列。

【例 5.25】 输出非重修课程的学生学号、姓名、课程名和期末成绩，课程名相同时，按期末成绩由高到低排序；课程名和期末成绩均相同时，再按学号由小到大排序，如图 5.3所示。

```
Select XSB.学号, 姓名, 课程名, 考试成绩+课堂成绩+实验成绩 As 期末成绩;
    From XSB Inner Join CJB Inner Join KCB;
    On KCB.课程码=CJB.课程码 On XSB.学号=CJB.学号;
    Where Not 重修;
    Order By 课程名, 期末成绩 DESC,1
```

在短语"Order By 课程名, 期末成绩 DESC,1"中，课程名和期末成绩都是列名称，而1表示查询结果中的第 1 列（学号）。

2. 数据分组

（1）**Group By <分组列>**：将分组列值相同的数据记录汇总成一行。分组列可以是查询结果中的列名称或列序号。可以使用多个分组列实现多级分组。

学号	姓名	课程名	期末成绩
12060201	孙武	大学计算机基础	95.0
11050103	陈晓军	大学计算机基础	94.0
22060104	李悦	大学计算机基础	92.0
12060202	李军伟	大学计算机基础	89.0
11050101	刘国庆	大学计算机基础	85.0
22060103	郭美丽	大学计算机基础	85.0
22060101	马伟立	大学计算机基础	84.0
22060102	张立伟	大学计算机基础	76.0
11050102	赵晓敏	大学计算机基础	62.0
22060105	王伟	大学计算机基础	51.0
22060102	张立伟	高等数学	97.0
22060105	王伟	高等数学	96.0

图 5.3　多列排序

课程名	选课人数	最高分	最低分	平均分
高等数学	8	97.0	58.0	86.13
大学计算机基础	10	95.0	51.0	81.30
线性代数	8	99.0	53.0	80.38
数据库及程序设计	8	95.0	62.0	73.75
英语	9	89.0	50.0	69.00

图 5.4　按课程名分组统计

【例 5.26】　输出每门课程的课程名称、选课人数、最高分、最低分和平均分，查询结果按平均分由高到低排序，如图 5.4 所示。

```
Select 课程名, Count(学号) As 选课人数,;
    Max(考试成绩+课堂成绩+实验成绩) As 最高分,;
    Min(考试成绩+课堂成绩+实验成绩) As 最低分,;
    Avg(考试成绩+课堂成绩+实验成绩) As 平均分;
    From KCB Inner Join CJB;
    On KCB.课程码=CJB.课程码;
    Group By 课程名;
    Order By 平均分 DESC
```

(2) **Having ＜条件表达式＞**：在使用 Group By 进行分组统计时，可以用 Having ＜条件表达式＞短语对分组数据行进一步筛选，使得查询结果中仅包含符合“条件表达式”的数据行。

【例 5.27】　输出平均分低于 75 的学院名、课程名、选课人数、最高分、最低分和平均分，查询结果按学院名排序，如图 5.5 所示。

学院名	课程名	选课人数	最高分	最低分	平均分
法学院	英语	5	89.0	59.0	72.80
文学院	数据库及程序设计	2	67.0	62.0	64.50
文学院	英语	1	67.0	67.0	67.00
物理学院	线性代数	2	92.0	53.0	72.50
物理学院	英语	3	71.0	50.0	63.33

图 5.5　多列分组与 Having 应用

```
Select 学院名,课程名, Count(学号) As 选课人数,;
    Max(考试成绩+课堂成绩+实验成绩) As 最高分,;
    Min(考试成绩+课堂成绩+实验成绩) As 最低分,;
    Avg(考试成绩+课堂成绩+实验成绩) As 平均分;
    From KCB, CJB, XYB;
```

```
Where 学院码=Left(学号,2) And KCB.课程码=CJB.课程码;
Group By 学院名,课程名 Having 平均分<75;
Order By 学院名
```

在 Having 短语的条件表达式中,可以包含 SQL 语言的统计函数(见表 5.1),对统计结果进一步实施条件筛选。Having 短语通常与 Group By 结合使用,在没有 Group By 的 Select 语句中使用 Having 短语时,其功能与 Where 相似,并且二者可以并列使用。

【例 5.28】 从 XSB 中查找出少数民族男同学的信息。

```
Select * From XSB  Where 民族码 <> "01" Having  性别码="1"  或
Select * From XSB  Where 民族码 <> "01" And 性别码="1"
```

系统执行第 1 条语句时,先从表 XSB 中将少数民族学生的记录(记录个数较多)提取到内存中,然后再输出男同学的记录;执行第 2 条语句时,从表 XSB 中直接提取少数民族男同学的记录(记录个数较少)到内存中,并输出这些记录。从输出数据的效果来看,两条语句的功能完全相同,但系统内部处理过程和需要的内存空间大小有所不同。

执行一条 Select 语句后,系统自动打开 Select 语句中涉及的文件,如果没改变查询结果的去向,则将查询结果存放在当前工作区中,其别名是"查询",可以执行 VFP 的表操作命令对其操作。例如,执行 Browse 命令浏览查询结果;执行 List 命令输出查询结果;用 Sum 命令对查询结果进一步统计等。

3. 不输出重复数据行

Distinct:若省略此项,则在默认情况下,输出所有符合条件的数据行,包括重复的数据行(对应字段值均相同);如果使用 Distinct,则对于重复的数据行,仅输出重复行中的第 1 行数据。

【例 5.29】 输出有不及格学生的课程码和课程名,输出结果按课程码升序排列。

```
Select Distinct 课程码, 课程名;
    From KCB Inner Join CJB;
    On KCB.课程码=CJB.课程码;
    Where 考试成绩+课堂成绩+实验成绩<60;
    Order By 课程码
```

一门课程可能有多个学生不及格,如果语句中不加 Distinct,则同一门课程的课程码和课程名可能输出多行。

4. 输出部分数据行

Top <数值表达式> [**Percent**]:Top 需要与 Order By 短语结合使用,用于说明输出前几行数据。如果不使用 Percent,则数值表达式值的整数部分是输出数据的行数;如果使用 Percent,则数值表达式值是输出数据行数占查询结果总行数的百分比。由于要输出的数据行与后面的数据行在排序(Order By)列上可能同值,因此,输出结果的数据行数可能多于 Top 短语中定义的数据行数。

【例 5.30】 输出课程码为 010101，成绩前 5 名的学生学号、姓名和成绩。

```
Select Distinct Top 5 XSB.学号, 姓名,;
考试成绩+课堂成绩+实验成绩 As 成绩;
     From XSB Inner Join CJB;
     On XSB.学号=CJB.学号;
     Where 课程码="010101";
     Order By 3 DESC
```

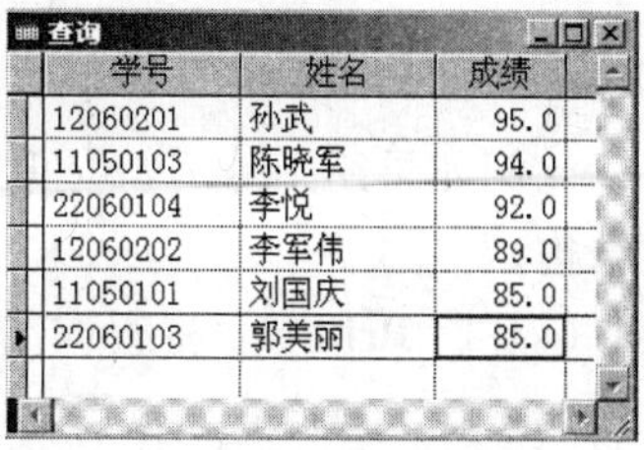

学号	姓名	成绩
12060201	孙武	95.0
11050103	陈晓军	94.0
22060104	李悦	92.0
12060202	李军伟	89.0
11050101	刘国庆	85.0
22060103	郭美丽	85.0

图 5.6　输出部分数据行

在语句中，使用 Top 5 短语，但由于第 5 行与第 6 行的成绩相同（均为 85），实际输出 6 行数据（见图 5.6）。

5. 指定查询结果的去向

系统默认情况下，在"查询"窗口中浏览查询结果，但实际上查询结果也可以输出到表文件、临时文件、数组、打印机或文本文件中。指定查询结果的去向后，系统不再打开"查询"窗口或不在屏幕中显示查询结果。

（1）**Into Table | DBF**［**＜路径＞**］**＜表名＞**：将查询结果存于自由表（DBF）。当表文件已经存在时，在系统处于 Set Safety Off 状态下，自动覆盖表文件；在系统处于 Set Safety On 状态下，将弹出对话框询问是否覆盖文件。Into Table 和 Into DBF 两个短语的功能完全相同。

【例 5.31】 将例 5.30 的查询结果存于 TEST.DBF 中。

```
Select Distinct Top 5 XSB.学号, 姓名,考试成绩+课堂成绩+实验成绩 As 成绩;
     From XSB Inner Join CJB;
     On XSB.学号=CJB.学号;
     Where 课程码="010101";
     Order By 3 DESC;
     Into Table TEST
```

（2）**Into Cursor ＜临时表名＞**：将查询结果存于只读临时表中，在关闭临时表之前，可以像操作数据库表一样操作临时表中的数据。在关闭临时表后，系统自动删除临时表。

（3）**Into Array ＜数组名＞**：将查询结果存于二维数组中，查询结果的记录总数（标题行除外）决定着数组的行数，查询结果的列数决定着数组的列数。

在执行 Select 语句前数组已经存在时，如果查询结果中有数据，则覆盖原数组；如果查询结果中没有数据，则保留原数组。在执行 Select 语句前数组不存在时，如果查询结果中有数据，则自动声明数组；如果查询结果中没有数据，则不声明数组（数组变量没定义）。

【例 5.32】 假设平均成绩表（PJCJB）已存在，结构为：课程码 C(6)，课程名 C(30)，平均分 N(6,2)。统计出每门课程的平均分存于 PJCJB.DBF 中。

```
Close All
Delete From PJCJB                    && 逻辑删除已有记录,避免重复存储
Pack
Select KCB.课程码, 课程名,;
```

```
    AVG(考试成绩+课堂成绩+实验成绩) As 平均分;
    From KCB Inner Join CJB;
    On KCB.课程码=CJB.课程码;
    Group By KCB.课程码 Into Array AM        && 查询结果存于数组 AM 中
Insert Into PJCJB From Array AM              && AM 中的数据添加到表 PJCJB 中
```

此例如果用 Into Table PJCJB 短语将查询结果直接存入 PJCJB 中,则将破坏 PJCJB 的结构。

（4）**To Printer**：将查询结果在打印机上打印。

（5）**To Screen**：在 VFP 系统的主窗口中显示查询结果,输出形式与 VFP 的 Display All 命令相似。

（6）**To File** ［＜路径＞］＜**文本文件名**＞［**Additive**］［**Plain**］：查询结果保存到文本文件(TXT)中。

- **Additive 短语**：当文本文件已经存在时,如果使用 Additive,则将本次查询结果追加到文件尾部;如果没使用 Additive 短语,则覆盖原文件。
- **Plain 短语**：使用 Plain 短语时,系统不输出列名称(列标题)行;不用 Plain 时,系统输出列标题行。此短语也可以与 To Printer 或 To Screen 组合使用。

【例 5.33】 输出各班(学号前 6 位为班级号)每门课程的课程名、选课人数、最高分、最低分和平均分,查询结果按课程名升序,平均分降序排列,保存到文件 BJKC.TXT 中。

```
Select Left(学号,6) As 班级, 课程名, Count(学号) As 选课人数,;
    Max(考试成绩+课堂成绩+实验成绩) As 最高分,;
    Min(考试成绩+课堂成绩+实验成绩) As 最低分,;
    Avg(考试成绩+课堂成绩+实验成绩) As 平均分;
    From KCB Inner Join CJB;
    On KCB.课程码=CJB.课程码;
    Group By 1, 课程名;
    Order By 课程名, 平均分 DESC;
    To File BJKC
```

在指定查询结果的去向时,Into 短语在屏幕上没有输出,而 To 短语在屏幕上仍然有输出。

5.4 SQL 语言的语句合并与嵌套

在实际应用中,有些问题比较复杂,用一条简单的 SQL 语句无法完成任务。在 SQL 语言中,一条 SQL 语句可以由若干个子查询语句组成,这种组织形式分为 Select 语句合并和嵌套两种形式。

5.4.1 Select 语句的合并

表联接是将多个表中的字段接成一行,在查询结果中生成新的数据行,也称为横向联接。Select 语句(查询结果)合并是对多个查询结果中的数据行进行(纵向)联接,使之成为一个查询结果,从而达到多个表中数据记录进行合并的目的。

语句格式:<子查询 Select 语句 1> Union [All]<子查询 Select 语句 2>

语句说明:对两个子查询 Select 语句的查询结果进行纵向合并,可以用 Order By 通过查询结果的列号进行排序。

【例 5.34】 将 MZB 和 XYB 两个表中的部分记录合并输出。

```
Select 民族码 As 编码,民族名 As 名称 From MZB Where 民族码 In ("02","03","05");
    Union;
    Select 学院码, 学院名 From XYB Where 学院码<="22";
    Order By 2 DESC
```

此语句的查询结果按名称列(第 2 列)降序排列,运行过程及查询结果见图 5.7。

图 5.7 Union 操作过程及查询结果

通过 Union 或 Union All 进行合并查询结果时,要求子查询结果中具有相同的列数,并且要求对应列具有相同的数据类型(整型、数值型和双精度型视为同一类型)和宽度。

Union 运算在合并的结果中对重复的数据记录仅保留一个,而 Union All 运算在合并的结果中将保留全部数据记录,可能有重复的数据记录。

【例 5.35】 在 XSB 中,从每个民族和每个学院中提取出一个学生的学号和姓名。

```
Select 学号,姓名,民族码,Left(学号,2) As 学院码 From XSB  Into DBF TMP
Select 学号,姓名 From TMP  Group By 民族码 ;
    Union All ;
Select 学号,姓名 From TMP  Group By 学院码
```

第 1 条 Select 语句根据学号生成学院码,为后面的分组准备数据。本例输出的数据中可能有重复的数据记录,如果将 Union All 换成 Union 就不会出现这种现象了。

5.4.2 SQL 语言的语句嵌套

在 SQL 语言中,允许在一个语句中使用另一条 Select 语句,即允许 SQL 的语句嵌套。在 VFP 的 SQL 语句中,允许在 Delete、Update 和 Select 语句的 Where <条件表达式>短语的条件表达式中使用另一个 Select 语句,以便解决更复杂的数据检索问题。

【例 5.36】 输出课程码为 010101,考试成绩高于本课程平均分的学生学号、姓名和考试成绩。

```
Select XSB.学号, 姓名,考试成绩;
        From XSB Inner Join CJB;
        On XSB.学号=CJB.学号;
        Where 课程码="010101" And;
        考试成绩>(Select Avg(考试成绩) From CJB Where 课程码="010101")
```

在 VFP 中,将嵌套在 SQL 语句中的 Select 语句称为子查询,将写在最外层的语句称为主查询。在一个主查询中,可以使用多个并列的子查询,但子查询中不允许再嵌套子查询。在系统执行嵌套的 SQL 语句时,每处理主查询中的一行数据,都要执行子查询,然后将子查询的结果作用于主查询的当前数据行。

在编写嵌套的 SQL 语句时,要用小括号将每个子查询语句完整地括起来,作为特殊的表达式使用。如果子查询结果为一个数据,则在主查询中可用表达式与其进行比较运算($<$、$<=$ 和 $>$ 等);如果子查询结果为多个数据(多行或多列,也称集合),或者,没有数据,则在主查询中需要使用集合运算符 In 或专用的谓词运算符对其进行操作。与子查询进行运算的表达式应该是字段或包含字段的表达式,否则,系统出错。

【例 5.37】 将学分小于 3 的课程实验成绩设成 0。

```
Update CJB Set 实验成绩=0;
        Where 课程码 In (Select 课程码 From KCB Where 学分<3)
```

【例 5.38】 输出没有学生选的课程码和课程名。

```
Select 课程码, 课程名 From KCB;
        Where 课程码 Not In (Select 课程码 From CJB)
```

在子查询语句中,可以引用主查询中的字段,以便根据主查询的当前行数据获得主查询期望的子查询结果。

【例 5.39】 输出考试成绩高于对应课程平均分的学生学号、姓名、课程名和考试成绩。

```
Select XSB.学号, 姓名,课程名,考试成绩;
        From XSB, CJB As K, KCB;
        Where XSB.学号=K.学号 And KCB.课程码=K.课程码 And 考试成绩;
        >(Select Avg(考试成绩) From CJB As L Where K.课程码=L.课程码)
```

在子查询语句中引用了主查询中的字段:K.课程码,因此,在检索每个考试成绩记录时,在子查询中都能得到对应课程的平均成绩。

5.4.3 语句嵌套中的谓词

VFP 系统还支持子查询专用的谓词 All、Any(Some)和 Exists 运算。

(1) **All 运算**:$<$表达式$>$ $<$比较运算$>$ All ($<$子查询$>$),如果表达式的值与子查询结果中的每个值比较运算都成立,则运算结果为 .T. ;否则,运算结果为 .F. 。

【例 5.40】 按课程名升序排列,输出每门课程考试成绩最高分的学生学号、姓名、课程名和考试成绩。

```
Select XSB.学号,姓名,课程名,考试成绩;
    From XSB, CJB As A, KCB;
    Where XSB.学号=A.学号 And KCB.课程码=A.课程码 And 考试成绩;
    >=All (Select 考试成绩 From CJB As B Where A.课程码=B.课程码);
    Order By 课程名
```

【例 5.41】 按姓名排序输出所选课程都不及格的学生学号、姓名、课程名和成绩。

```
Select XSB.学号,姓名,课程名,考试成绩+课堂成绩+实验成绩 As 成绩;
From XSB, CJB As A, KCB;
Where XSB.学号=A.学号 And KCB.课程码=A.课程码 And;
考试成绩 * 0+60>All;
(Select 考试成绩+课堂成绩+实验成绩;
From CJB As B Where A.学号=B.学号);
Order By 姓名
```

语句中与子查询进行比较运算的表达式：考试成绩 * 0+60,包含了考试成绩字段,但考试成绩 * 0 运算结果为 0,即考试成绩 * 0+60 运算结果为 60。从运算结果来看,考试成绩 * 0 似乎是多余的,但 VFP 要求与子查询进行运算的表达式中需要包含字段。

（2）**Any(Some)运算**：＜表达式＞ ＜比较运算＞ Any(或 Some)(＜子查询＞),如果表达式的值与子查询结果中的每个值比较运算都不成立,则运算结果为.F.;否则,运算结果为.T.。即只要表达式的值与子查询结果中的某个(些)值比较运算成立,运算结果就为.T.。

【例 5.42】 按姓名排序,输出重名学生的学号、姓名、性别和民族名称。

```
Select 学号,姓名,Iif(性别码="1","男","女") As 性别,民族名;
    From XSB As K, MZB Where K.民族码=MZB.民族码 And 学号>=Any;
    (Select 学号 From XSB Where 姓名=K.姓名 Having Count(*)>1);
    Order By 姓名
```

本例中 Iif(性别码="1","男","女")是 VFP 的内部函数。如果数据记录的性别码字段的值为"1",则函数返回值为"男",否则函数返回值为"女"。

（3）**Exists 运算**：Exists(＜子查询＞),如果子查询结果中没有数据,则运算结果为.F.;否则,运算结果为.T.。此运算的否定运算格式为：Not Exists(＜子查询＞)。

【例 5.43】 用 Exists 实现例 5.42。

```
Select 学号,姓名,Iif(性别码="1","男","女") As 性别,民族名;
From XSB As K, MZB Where K.民族码=MZB.民族码 And Exists;
(Select * From XSB Where 姓名=K.姓名 And 学号# K.学号);
Order By 姓名
```

【例 5.44】 输出没有学生选的课程信息。

```
Select * From KCB Where;
    Not Exists (Select * From CJB Where KCB.课程码=CJB.课程码)
```

此语句与例 5.38 中的语句功能基本相同,但实现方法有些差异,主要体现在:子查询的结果不同,主查询中使用的谓词也不同。

在 VFP 的 SQL 语句中,如果使用谓词 All、Any(Some)或 Exists 对子查询进行运算,则在子查询的 Select <表达式>中不允许使用 SQL 语言的统计函数(见表 5.1)。

5.5　查询及其设计器

在 VFP 中有多种途径使用 SQL 语言,除在命令窗口和程序中使用 SQL 语言外,还可以通过查询文件运行 SQL 语言的 Select 语句。

5.5.1　设计查询文件

查询是一种特殊的程序,文件的默认扩展名为 QPR。通过查询设计器只能设计或修改查询文件中的一条 SQL 语言的 Select 语句。通过 VFP 的 Modify Command [<路径>]<文件主名>. QPR 命令也可以输入或修改查询文件中的程序代码。

用查询设计器建立和修改查询文件(QPR),实际上是通过系统向导以交互方式组织和生成 Select 语句。进入查询设计器建立查询文件有如下 3 种常用方法。

方法一:单击"文件"→"新建",选定"查询",再单击"新建文件"按钮。

方法二:在项目管理器中,选定"数据"选项卡中的"查询",单击"新建"→"新建查询"按钮。

方法三:在程序或命令窗口中执行命令:Create Query [[<路径>]<文件名>]。

使用上述方法,系统首先进入查询设计器,如果当前没有打开的数据库,则系统先弹出"打开"文件对话框,供设计人员选择数据源中的第 1 个表文件名,随后再弹出"添加表或视图"对话框(如图 5.8所示),允许选择作为数据源的其他表或视图。如果当前有打开的数据库,则系统直接弹出"添加表或视图"对话框(见图 5.8)。在查询设计器中,执行右击菜单的"添加表"也可以打开"添加表或视图"对话框。查询设计器的各部分作用及操作步骤如下。

图 5.8　添加表或视图对话框

(1) **选择数据来源**:在"添加表或视图"对话框(见图 5.8)中选择表名(如 XSB)或视图,单击"添加"按钮。如果要从多个表或视图中提取数据,则需要重复这个操作过程。

(2) **选择联接类型和条件**:对于已经建立永久性关联的表,系统将表之间的关联带到查询设计器中,并自动生成联接条件。在添加表的过程中,除第一个表外,每次再添加没有永久性关联的表(如 MZB)后,系统都会弹出"联接条件"对话框,如图 5.9 所示。

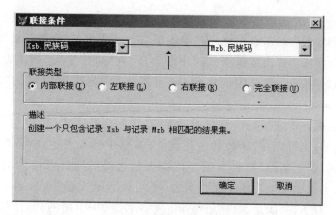

图 5.9　"联接条件"对话框

　　在该对话框的"联接类型"单选框中选择联接类型,例如,"内部联接";在两个下拉列表框中分别选择用于表间联接(相等)的字段,如 XSB. 民族码和 MZB. 民族码,单击"确定"按钮后可以再添加下一个表,或者关闭"添加表或视图"对话框,进入查询设计器,如图 5.10 所示。

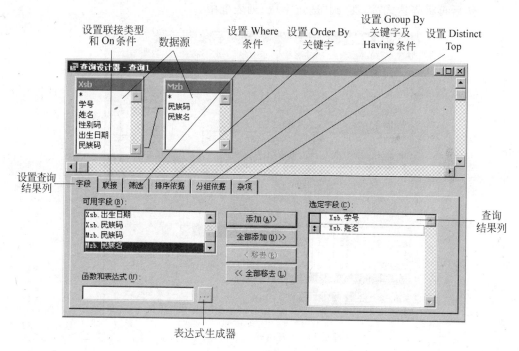

图 5.10　查询设计器

　　事实上,这两步设置了 Select 语句中的查询数据源和表联接类型,即完成了从 From 到"On ＜条件表达式＞"之间各短语的填写任务。其他短语的填写任务将在查询设计器窗口的各个选项卡中完成。

　　(3) **设置查询结果列**:"字段"选项卡用于选取和生成查询结果中各列的表达式。在查询设计器(见图 5.10)中,"选定字段"列表框中的一行对应 Select 后面的一个表达式

（查询结果中的一列）。选取或取消列的操作方法有以下几种。

- **选取全部字段**：双击数据源（表）中的星号"＊"或单击"全部添加"按钮。
- **选取部分字段**：双击数据源（表）中的字段，在"可用字段"列表框中选中字段，再单击"添加"按钮；将选中的字段从"可用字段"列表框中拖到"选定字段"列表框中。
- **输入表达式**：如果某列的数据是由比较复杂的表达式（可能包含运算符或函数等）生成的，则可以在"函数和表达式"文本框中输入表达式，再单击"添加"按钮，将其添到"选定字段"列表框中。在输入表达式的同时可以为对应列定义列名。例如，为考试成绩平均值定义列名为"平均分"，输入表达式：Avg(考试成绩) As 平均分。对于在"满足条件"（Having ＜条件＞）中引用的列（计算列）应该为之定义列名，否则在定义"满足条件"的表达式时找不到这样的列。
- **生成表达式**：单击"表达式生成器"按钮，进入"表达式生成器"对话框（见图 5.11），双击"字段"列表框中的字段，将其粘贴到"表达式"中；在"字符申"、"数学"、"逻辑"或"日期"下拉列表框中选择运算符或函数将其粘贴到"表达式"中，也可以通过键盘对表达式进行输入或修改。单击"确定"按钮后，回到查询设计器，然后再将表达式"添加"到"选定字段"列表框中。

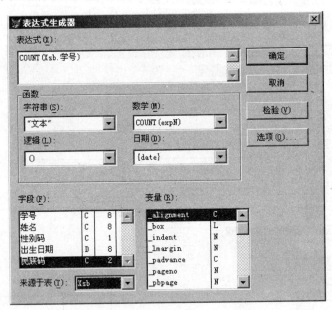

图 5.11 "表达式生成器"对话框

- **取消字段或表达式**：在"选定字段"列表框中选中某（些）行后，将其拖回到原位置或单击"移去"按钮。

在"可用字段"和"选定字段"列表框中选中某（些）行的方法是：单击某行，则选中本行；按住 Ctrl 键再单击某行，可以选中或取消不连续的行；按住 Shift 键再单击某行，将选中或取消两行之间的所有行。

（4）**设置联接类型和 On 条件**："联接"选项卡用于生成 Select 语句中的"联接类型"和

"On <条件表达式>"短语。在"类型"下拉框中选择联接类型;在"字段名"下拉框中选择条件表达式的左运算项,在"条件"下拉框中选择运算符,在"值"下拉框中选择右运算项。但不允许修改在"联接条件"对话框(见图5.9)中设置的联接条件。

(5) **设置 Where 条件**:"筛选"选项卡用于生成 Select 语句中的"Where <条件表达式>"短语,设置方法与设置联接条件的方法类似。

(6) **设置 Order By 排序列**:"排序依据"选项卡用于生成 Select 语句中"Order By <排序列> [ASC|DESC]"短语。"添加"到"排序条件"列表框中的字段为排序列,选定某个排序列后,可以选择"升序"(ASC)或"降序"(DESC),规定查询结果的排序方式。

如果在"排序条件"列表框中设置多个列(排序关键字),则在查询结果数据中只有前面排序列的值相同时,再按后面排序列的值进行排列。

(7) **设置 Group By 分组列及 Having 条件**:"分组依据"选项卡用于设置 Select 语句中的"Group By <分组列>"短语。将"可用字段"列表框中的字段拖入或"添加"到"分组字段"列表框中,使其成为分组字段。可以同时设置多个分组列,以便实现多级分组。在查询结果数据的各个记录中,统计和分组以外的列值是所在组中最后一个记录的对应列值。

使用"满足条件"按钮可以设置 Select 语句中的"Having <条件表达式>"短语,设置方法与设置联接条件的方法类似。

(8) **设置查询去向**:单击"查询"→"查询去向",或者从"查询设计器"的右击菜单中选择"输出设置",均可进入"查询去向"对话框,如图5.12所示。它用于生成等价于 Select 语句中的 Into Cursor(临时表)、Into Table(表)、To File(文本文件)、To Printer(打印机)或 To Screen(屏幕)短语,后3个短语均可通过单击"屏幕"按钮进行设置。

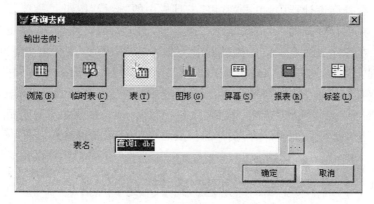

图5.12 "查询去向"对话框

(9) **查看 Select 语句**:使用系统"查询"菜单下的"查看 SQL",进入 SQL 语句的代码窗口,可以查看系统生成的 Select 语句,但不允许对其进行修改。必要时可以用复制、粘贴的方法,将其粘贴到 VFP 的命令窗口或程序中进一步修改,使其成为更实用的 SQL 语句。

在退出查询设计器时,系统要求为查询文件起名,该类文件默认扩展名为 QPR,至此,已经建立了一个查询文件。

5.5.2　打开与修改查询文件

利用查询设计器建立的查询文件存盘后,当需要调整其内容时,可以通过下列方法打开和修改查询文件。

方法一:单击"文件"→"打开",从"文件类型"下拉框中选择"查询",选定查询文件名(QPR),再单击"确定"按钮。

方法二:在项目管理器中,单击"数据"选项卡,选定查询文件名,再单击"修改"按钮。

方法三:在程序或命令窗口中执行命令:Modify Query [<路径>]<文件名>。

执行此命令时,系统默认的查询文件扩展名(QPR)可以省略。如果查询文件已经存在,则立即进入查询设计器;如果查询文件并不存在,则将建立新的查询文件,与 Create Query 命令的功能及操作过程相同。

使用上述方法都能进入查询设计器,其余操作方法和过程与建立查询文件时基本相同。此外,也可以通过"Modify Command <文件主名>. QPR"命令查看和修改查询文件中的代码。但是,由于查询设计器本身的局限性,用此种方法修改过的查询文件,再用查询设计器查看或修改时可能会发生错误。

5.5.3　运行查询文件

利用查询文件可以从表中提取出有价值的数据,从而完成数据的查询、统计及分析任务。一般可以通过下列方式运行查询文件。

方式一:在查询设计器中,单击"常用"工具栏中的"运行"按钮。

方式二:在项目管理器中,进入"数据"选项卡,选定查询文件名,单击"运行"按钮。

方式三:在程序或命令窗口中执行命令:Do [<路径>]<文件主名>. QPR 语句。

运行查询文件时,与执行 Select 语句相同,系统自动打开 Select 语句中涉及的文件,如果没有改变查询去向,则在当前工作区中存放查询结果,系统默认工作区别名是"查询",并通过"查询"窗口显示查询结果。关闭"查询"窗口后,系统并不关闭相关文件。

通过 Do 语句运行查询文件时,文件的扩展名(QPR)不能省略。

5.6　视图及其设计器

用户通过查询只能查看数据,而通过视图既能查看数据,又能更新数据。实际上视图是 SQL 语言中 Select 和 Update 语句的结合体。

5.6.1　设计视图

在视图设计器引导下,可以建立视图。在进入视图设计器之前,必须打开(Open

DataBase)相关的数据库,并使其成为当前数据库。视图中的数据源可以是自由表、数据库表或另一个视图。进入视图设计器建立视图有如下 4 种常用方法。

方法一:单击"文件"→"新建",选定"视图",再单击"新建文件"按钮。

方法二:在项目管理器中,选定"数据"选项卡中的"本地视图",再单击"新建"→"新建视图"按钮。

方法三:从数据库设计器的右键快捷菜单中选择"新建本地视图"。

方法四:在程序或命令窗口中执行命令:Create View。

这 4 种方法都能进入视图设计器,其主要操作步骤和作用与查询设计器基本相同,仅增加了"更新条件"选项卡,如图 5.13 所示。"更新条件"选项卡的操作方法和作用如下。

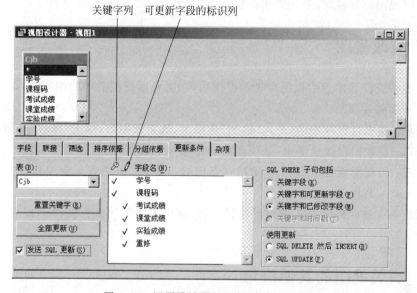

图 5.13　视图设计器的"更新条件"选项卡

(1) **表下拉框**:选择一个表名,用于指定要更新的数据库表。

(2) **字段名对话框**:框中有三列。

- **关键字列**:所选定(√)的全部字段构成关键字。单击此列可以选定或取消对应的字段。

- **可更新字段的标识列**:只有选定的(√)字段,当修改数据时才可能回填到表中,同样,单击此列可以选定或取消字段。因此,在一个视图中可以设置更新一部分字段(修改后能填写到表中)。

- **字段名列**:用于显示字视图中的列名。

(3) **发送 SQL 更新**:只有选定(√)此项,运行视图时才能将可更新字段中修改后的数据存入表中。

(4) **"SQL Where 子句包括"单选框**:规定系统更新数据时如何组织"Update …Where <条件表达式>"中的条件表达式,在使用视图更新数据时,系统内部自动组织条件表达式。有三种常用组织形式。

- **关键字段**：仅用"字段名"对话框中的关键字段组织条件表达式。
- **关键字段和可更新字段**：用"字段名"对话框中的关键字段和全部可更新字段组织条件表达式。
- **关键字段和已修改字段**：用"字段名"对话框中的关键字段和实际被修改值的字段组织条件表达式。

(5)"使用更新"单选框：选择系统更新数据记录时，可以选择下列方式。

- **SQL DELETE 然后 INSERT**：先将原记录删除，再增加一条新记录，将原记录中没被修改的字段值复制到新记录，用修改后的值填写已被修改的字段。
- **SQL UPDATE**：在原记录的基础上直接修改各字段的值。

在退出视图设计器时，系统要求为视图起名，但是该名并不是文件名。

5.6.2 修改视图

利用视图设计器建立的视图存于数据库后，当需要调整视图中的内容时，可以通过下列方法打开和修改视图。

方法一：在项目管理器中，进入"数据"选项卡，选定视图名，单击"修改"按钮。

方法二：在数据库设计器中，从视图的右击菜单中选择"修改"。

方法三：将视图所在的数据库设置成当前数据库，在程序或命令窗口中执行命令：Modify View ＜视图名＞。

使用这些方法同样能进入视图设计器，其余操作方法与建立视图时的操作方法基本相同。

5.6.3 有关视图的其他语句

1. 建立视图

在程序或命令窗口中，可以通过 SQL-Select 语句建立视图。在执行建立视图的语句之前，应该将存放视图的数据库设置为当前数据库。

命令格式：Create View ＜视图名＞ As ＜Select 语句＞

命令说明：在 Create View 命令行中直接写出定义视图的 Select 语句，此命令中的 Select 语句可以是 VFP 中允许的、各种形式的 Select 语句，甚至可以是几个 Select 子语句的合并或嵌套。通过视图设计器不能修改比较复杂的视图，但可以浏览和修改视图中的查询结果。

【例 5.45】 建立一个视图 VIEW_S，浏览和修改没有学生选的课程信息。

```
Open DataBase XSXX
Create View VIEW_S As Select * From KCB Where ;
        Not Exists (Select * From CJB Where KCB.课程码=CJB.课程码)
```

2. 删除视图

命令格式：Delete View ＜视图名＞

命令说明：从当前数据库中删除视图，在执行此命令之前，要以独占方式(Open DataBase ＜数据库文件名＞ Exclusive)打开当前数据库。

3. 输出视图名

命令格式 1：Display Views ［ To Printer|To File ＜文本文件名＞］
命令格式 2：List View ［ To Printer|To File ＜文本文件名＞］
命令说明：两种格式的命令功能基本相同，都是输出当前数据库中的视图名称。系统默认在屏幕中显示信息，用 To Printer 短语可以将视图名称在打印机上打印；用 To File ＜文本文件名＞短语可以将视图名称保存到文本文件中。

4. 视图更名

命令格式：Rename View ＜源视图名＞ To ＜目的视图名＞
命令说明：将当前数据库中的源视图名改为目的视图名，在执行此命令之前，要以独占方式打开当前数据库。

5.6.4 视图的应用

利用视图从表中提取出有价值的数据，不仅可以完成数据查询、统计和分析任务，而且能修改表中的数据。通常采用下列方式通过视图提取数据。

方式一：在项目管理器中浏览视图效果。进入"数据"选项卡，选定视图名，单击"浏览"按钮。退出项目管理器后自动关闭视图。

方式二：在视图设计器中运行视图。单击常用工具栏中的"运行"，退出视图设计器后，视图仍然处于打开状态。

方法三：在数据库设计器中，从视图的右击菜单中选择"浏览"。

方式四：在程序或命令窗口中执行命令：Use ＜视图名＞。

打开视图时，系统除了自动打开视图中涉及的文件外，在当前工作区中还打开一个临时文件(TMP)，用于存放视图的查询结果，工作区别名就是打开的视图名，在此工作区中，可以执行 VFP 的表操作命令。例如，执行 Browse 命令可以浏览和修改数据；执行 LIST 命令输出数据；执行 SUM 命令对查询的数据再次统计等。

5.6.5 视图与查询的差异

从提取数据的角度看，视图与查询的功能基本相同，二者主要差异在于：

(1) 查询中的 Select 语句存放于一个独立查询文件(QPR)中，而视图的相关信息存于数据库中，只有视图名，没有单独文件。

（2）用户对查询的运行结果不能修改（只读），对视图的运行结果可以修改，对可更新字段的值进行修改后可以保存到源表中。

（3）可以改变查询结果的输出位置，但不能改变视图运行结果的输出位置。

（4）在程序和命令窗口中，通过 Do 语句运行查询，直接获得查询结果；而通过 Use 语句打开视图后，需要借助 VFP 的表操作命令获得结果数据。

（5）在操作查询时，不需要打开数据库；在操作视图时，视图所在的数据库必须是当前数据库，或者在视图名前指定数据库名。例如，Use XSXX! VIEW_S。

习 题 五

一、用适当的内容填空

1. SQL 语言是【 ① 】语言，也是【 ② 】的通用语言，用【 ③ 】表示空值。

2. SQL 语言由【 ① 】、【 ② 】、【 ③ 】和【 ④ 】4 部分组成，VFP 不支持【 ④ 】部分，Create Table 语句属于【 ① 】，Update 语句属于【 ② 】，Select … From 语句属于【 ③ 】。

3. 在 VFP 中，可以在【 ① 】、【 ② 】、【 ③ 】和【 ④ 】中运行 SQL 语句。在执行 SQL 语句（删除表 Drop 语句除外）操作表之前，如果没有打开表，则系统将在【 ⑤ 】工作区中打开所涉及的表。在执行完 SQL 语句后，系统【 ⑥ 】这些文件。

4. 执行 Create Table TEST (F_BH C(10))时，如果没有当前数据库，则 TEST 为【 ① 】表；如果有当前数据库，则 TEST 为【 ② 】表。

5. 执行 Create Table TEST (F_BH C(10),F_MC C(20) Unique, Primary Key F_BH+F_MC Tag BHMC)后，建立的索引标识名有【 ① 】；新建的文件名有【 ② 】，TEST. DBF 是【 ③ 】表，在执行此命令之前，应该有当前【 ④ 】，否则系统会出错。

6. 在使用 SQL 语句建立数据库表时，若使用短语 Unique，则为该表建立一个【 ① 】索引；若使用 VFP 的 Index … Unique 命令，则建立的为【 ② 】索引。执行 Create Table 语句建立的索引存于【 ③ 】文件中。

7. 执行 Drop Table 语句时，系统除删除表文件外，还删除表的【 ① 】和【 ② 】文件；要将删除的文件送入 Windows 的回收站，则应该在语句中加【 ③ 】短语。在删除数据库表时，为了确保数据库中信息的准确性，通常要将表所在的数据库设置成【 ④ 】。

8. 执行 Insert Into 语句时，若给出字段名表，则 Values 后的各个表达式表必须与字段按前后顺序一一【 ① 】，并且表达式的数据类型与对应字段的数据类型必须【 ② 】。

9. 执行 Insert … From Array 语句时，在指定表的【 ① 】追加记录，表中的字段与数组中元素按【 ② 】顺序对应。如果数组列数小于表中字段个数，则表中后面多余的字段为【 ③ 】值。执行 1 次此语句，追加记录的个数与数组中元素的【 ④ 】一致。

10. 在 SQL 语句的 Where 短语中，若使用模糊运算 Like，则可以用百分号"％"和下划线"_"这两个匹配符号,其中【 ① 】表示其出现位置的任意多个字符,【 ② 】表示其出现位置的一个字符或一个汉字。

11. 如果 TEST 中有多条记录,则执行 Select avg(外语成绩) As 外语平均分,Max(外语成绩) As 最高分 From TEST 语句,将输出【 ① 】行、【 ② 】列数据。

12. 在 SQL Select 语句中,将查询结果存储到一个临时表中应该用【 ① 】短语;查询结果存储到数组中,应该用【 ② 】短语;消除查询结果中的重复记录应该用【 ③ 】短语。

13. 执行 Select 语句时,若用 To File 短语,则查询结果保存到【 ① 】文件中;若用 Into Table 短语,则查询结果保存到【 ② 】文件中;若用 Into DBF 短语,则查询结果保存到【 ③ 】文件中。

14. 在 SQL Select 的常用统计函数中,【 ① 】函数表示求和,【 ② 】函数表示计数,【 ③ 】函数表示求平均值。

15. 在 SQL Select 语句中用 Order By <排序列>短语时,排序列是查询结果中的【 ① 】或【 ② 】。

16. 在没有 Group By 的 Select 语句中用 Having 短语时,其功能与【 ① 】短语相似。但为了节省内存空间,应该用【 ② 】短语。要使用 Sum 和 AVG 等统计函数作为输出数据的筛选条件,应该用【 ③ 】短语。

17. 执行一条没有改变查询去向的 Select 语句后,系统除了打开涉及的文件外,还将查询结果存放在【 ① 】工作区中,其别名是【 ② 】,用户可以使用 VFP 的表操作命令对其操作。

18. 执行包含 Into Array 短语的 Select 语句时,若查询结果中有数据,则查询结果的记录数(列名称行除外)决定着数组的【 ① 】,查询结果的列数决定着数组的【 ② 】。

19. XSB 中有备注型字段,XSB 和 CJB 都有结构索引文件。在执行 Select * From XSB,CJB Where XSB.学号=CJB.学号 Into DBF TM 前,系统中没有打开任何文件。在执行该语句后,占有【 ① 】个工作区,打开【 ② 】个文件,新生成的文件名有【 ③ 】。

20. 在 SQL 语言中,允许在一条语句中使用另一条 SQL 语句,即允许 SQL 的语句【 ① 】。在 VFP 的 SQL 语句中,允许在【 ② 】语句的【 ③ 】短语中使用嵌套。在编写嵌套的 SQL 语句时,要用【 ④ 】将子查询语句括起来。

21. 在嵌套的 SQL 语句的 Where 短语中,与子查询进行运算的表达式应该是【 ① 】或包含【 ② 】的表达式,否则系统会出错。VFP 系统支持的子查询专用谓词运算有【 ③ 】、Any(Some)和【 ④ 】。

22. 对两个 Select 语句的查询结果进行纵向合并(Union)时,系统默认按查询结果的【 ① 】列升序排列。要求两个查询结果中具有【 ② 】列数,并且对应列具有相同的【 ③ 】和【 ④ 】。要使合并后的结果中没有重复的记录,应该用【 ⑤ 】运算;允许合并后的结果中有重复的记录,应该用【 ⑥ 】运算。

23. 查询文件通常由【 ① 】条 Select 语句组成,该类文件的系统默认扩展名为【 ② 】,可以用 Modify Command 命令建立或修改查询文件中的 Select 语句,但文件名中必须加【 ③ 】。

二、从参考答案中选择一个最佳答案

1. 【 】不属于 SQL 语言的数据定义语言。
　　A. Create Table　　B. Alter Table　　　C. Update Table　　D. Drop Table

2. 在 Create Table 语句建立数据库表时,用【 ① 】选项设置字段的默认值,用【 ② 】选项设置字段的有效性规则。在 Create Table 语句中,【 ③ 】选项最多只能出现一次。
　　A. Null　　　　　　B. Check　　　　　C. Not Null　　　　D. 字段名
　　E. Primary Key　　F. Unique　　　　　G. Default　　　　　H. 类型描述

3. 在 Create Table 语句中,用短语 Primary Key 或 Unique 建立的索引存于【 　　】文件中。
　　A. 数据库　　　　　B. 独立索引　　　　C. 结构索引　　　　D. 非结构复合索引

4. 在当前数据库中执行 Create Table TEST (BH I ,MC C(20) Unique)后,再执行【 　　】能建立文件。
　　A. Alter Table TEST Add 备注 M
　　B. Alter Table TEST Alter BH I Check BH>0
　　C. Alter Table TEST Add Primary Key BH Tag BH
　　D. Alter Table TEST Alter BH Set Default 1

5. 执行 Drop Table TEST,【 　　】。
　　A. 从数据库中移出 TEST,变为自由表
　　B. 永久性删除 TEST.DBF
　　C. 删除 TEST.DBF 并送 Windows 的回收站
　　D. 删除表中的数据记录,但保留表结构

6. 执行 Delete From TEST,【 　　】。
　　A. 从数据库中移出 TEST,将其变为自由表
　　B. 永久性删除 TEST.DBF
　　C. 物理删除表中的数据记录,但保留表结构
　　D. 逻辑删除 TEST 中的数据记录

7. 在 SQL 语句中【 　　】用于实现关系的选择运算。
　　A. For　　　　　　B. While　　　　　C. Where　　　　　D. Condition

8. 在 SQL 中,与表达式"工资 Between 1200 And 1300"功能相同的表达式是【 　　】。
　　A. 工资>=1200 And 工资<=1300　　B. 工资>1200 And 工资<1300
　　C. 工资<=1200 Or 工资>=1300　　　D. 工资>=1200 Or 工资<=1300

9. 下列关于删除记录的描述,【 　　】正确。

A. 在执行 SQL 的 Delete 语句之前不需要打开表

B. 在执行 VFP 的 Delete 语句之前不需要打开表

C. SQL 的 Delete 语句物理删除表中的记录

D. VFP 的 Delete 语句物理删除表中的记录

10. 在 VFP 中,使用 SQL 语句将学生表 Student 中的全部学生年龄(AGE)增加 1 岁,应该用【　　】条语句。

    A. Replace AGE With AGE+1　　　　B. Update Student AGE With AGE+1

    C. Update Set AGE With AGE+1　　D. Update Student Set AGE＝AGE+1

11. 在表 XSB 中,查询姓名为空值的记录,应该使用的 SQL 语句为【　　】。

    A. Select * From XSB Where 姓名＝Null

    B. Select * From XSB Where 姓名 is Null

    C. Select * From XSB Where 姓名＝""

    D. Select * From XSB Where 姓名 is ""

12. 执行 Select * From TEST 前,1 和 3 号工作区已被占用,如果没有打开 TEST,则执行完这条语句后,TEST 在【　①　】工作区中打开;如果 TEST 已在 1 号工作区中打开,则执行完这条语句后,TEST 在【　②　】工作区中。

    A. 0　　　　　　　B. 1　　　　　　　C. 2　　　　　　　D. 3

    E. 4　　　　　　　F. 32 767　　　　　G. 被关闭

13. Select * From XSB,CJB,KCB …,"*"表示【　　】。

    A. XSB 表中所有字段　　　　　　　B. CJB 表中所有字段

    C. KCB 表中所有字段　　　　　　　D. 3 个表中所有字段

14. 在 Select * From XSB 中,加【　①　】选项仅输出姓"宁"的记录,加【　②　】选项仅输出姓名中最后一个字为"宁"的记录,加【　③　】选项能输出姓名中含"宁"字的所有记录。

    A. Where '宁'$ 姓名　　　　　　　B. Where 姓名 Like '宁％'

    C. Where '％宁％' Like 姓名　　　　D. Where 姓名 $ '宁'

    E. Where 姓名 Like '％宁'　　　　　F. Where '％宁' Like 姓名

15. 输出姓名和考试成绩,【　　】语句能正确执行。

    A. Select 姓名,考试成绩 From XSB,CJB Where XSB.学号＝学号

    B. Select 姓名,考试成绩 From XSB K,CJB Where XSB.学号＝CJB.学号

    C. Select 姓名,考试成绩 From XSB As K,CJB Where K.学号＝CJB.学号

    D. Select 姓名,考试成绩 From XSB,CJB Where 学号＝CJB.学号

16. 在下列语句中,【　①　】能删除表文件;【　②　】能更新数据记录;【　③　】能删除表中记录,但保留表;【　④　】能删除表中字段,【　⑤　】能建立索引,【　⑥　】能建立或删除备注型文件。

    A. Select…From　B. Alter Table　　C. Delete From　　D. Drop Table

    E. Update　　　　F. Insert Into

17. Select * From XSB As L …,下述说法中【　　】是正确的。

A. 在 Where 短语中可以包含 XSB. 姓名

B. 在 Where 短语中可以包含 L. 姓名

C. 在子查询中可以包含 XSB. 姓名

D. 结束 Select 语句后，可以执行 Select L 语句

18. 在【　　】表达式中不能使用 Avg 和 Sum 等统计函数。

  A. Select ＜表达式＞   B. Where ＜表达式＞

  C. Having ＜表达式＞   D. 子查询中的 Having ＜表达式＞

19. 在 Select ＊ From XSB 语句中，加【　①　】短语用于查询出生日期为空值(/ /)的记录，加【　②　】短语用于查询出生日期为 Null 的记录。

  A. Where Is Null(出生日期)   B. Where 出生日期 Is Null

  C. Where Empty(出生日期)   D. Where 出生日期 Is Empty

20. 用 Select 语句进行两个表联接时，【　　】联接类型仅操作符合联接条件的记录。

  A. Inner Join B. Right Join C. Left Join D. Full Join

21. 在 VFP 中，【　　】条 SQL 语句中不能使用嵌套语句。

  A. Delete From B. Insert Into C. Select ＊ From D. Update

22. 执行 Select　Count(＊) From TEST 时，如果 TEST 中有若干条记录，则输出【　①　】行；如果 TEST 中无记录，则输出【　②　】行。

  A. 0   B. 1   C. 2   D. 不确定

  E. 若干

23. 执行 Select ＊ From TEST Into Array AM 语句时无查询结果，如果此前已定义了数组 AM，则【　①　】；如果此前没声明数组 AM，则【　②　】。

  A. 释放数组 AM B. 保留数组 AM C. 重新声明 AM D. AM 无定义

三、从参考答案中选择全部正确的答案

1.【　　】是 SQL 语言中的语句。

  A. Select TEST   B. Select ＊ From TEST

  C. Delete All   D. Delete From TEST

  E. Drop Table TEST   F. Insert Blank

2.【　　】不能作为 SQL 语言中的语句。

  A. Insert … B. Update … C. Delete … D. Change …

  E. Edit …

3. 用 Create Table 语句建立表，【　①　】选项不能用于建立自由表，【　②　】选项可以用于建立自由表和数据库表。

  A. Null   B. Free   C. Check   D. Default

  E. Primary Key F. 字段名   G. 类型描述

4. 用 Alter Table 语句能完成【　　】任务。

  A. 增加数据记录 B. 修改数据记录 C. 增加字段名 D. 修改字段名

  E. 删除数据记录 F. 删除字段名 G. 修改主关键字

5. 在当前数据库下执行 Drop Table TEST,能删除【　　】。

   A. TEST.DBF　　　B. TEST.CDX　　　C. TEST.PRG　　　D. TEST.IDX

   E. TEST.FPT　　　F. TEST.DBF 中的记录,但保留其结构

6. 执行 Create Table TEST (BH C(10),MC C(20) Unique),建立【　　】文件。

   A. TEST.DBC　　B. TEST.DBF　　　C. TEST.CDX　　　D. TEST.IDX

   E. TEST.FPT

7. 执行 Create Table TEST Free (BH C(10),BZ M),建立【　　】文件。

   A. TEST.DBC　　B. TEST.DBF　　　C. TEST.CDX　　　D. TEST.IDX

   E. TEST.FPT

8. 执行 Create Table TEST Free (BH I , BZ M)后,再能执行【　　】语句。

   A. Alter Table TEST Add 备注 M

   B. Alter Table TEST Alter BH I Check BH>0

   C. Alter Table TEST Alter BH Drop Check

   D. Alter Table TEST Add Unique BH Tag BH

   E. Alter Table TEST Alter BH Set Default 1

   F. Alter Table TEST Alter BH N(5,0)

9. 用 Create Table TEST (F_BH C(10),F_DJ N(8,2))建立表 TEST 后,【　　】语句能够正确执行。

   A. Insert Into TEST Values('030201')

   B. Insert Into TEST Values('030201',3.14)

   C. Insert Into TEST Values('030201','3.14')

   D. Insert Into TEST (f_bh) Values('030201', 3.14)

   E. Insert Into TEST (f_bh,f_dj) Values('030201')

   F. Insert Into TEST (f_bh) Values('030201')

10. 在模糊运算 Like 操作中,可以使用的匹配符号有【　　】。

   A. @　　　　　　B. #　　　　　　C. $　　　　　　D. %

   E. &　　　　　　F. _

11. 在下列 VFP 或 SQL 语句中,【　　】语句能用于逻辑删除表中的记录。

   A. Delete From…While <条件表达式>

   B. Delete While <条件表达式>

   C. Delete From…Where <条件表达式>

   D. Delete Where <条件表达式>

   E. Delete From…FOR <条件表达式>

12. 执行 Select * From XSB 语句后,系统打开了【　　】文件。

   A. XSB.DBF　　B. XSB.IDX　　　C. XSB.CDX　　　D. XSB.SCX

   E. XSB.FPT　　F. XSB.DBF 所在的数据库

13. 用 Select 语句进行两个表联接时,【　　】联接类型仅操作符合联接条件的记录。

   A. Inner Join　　B. Right Join　　C. Left Join　　D. Full Join

E. Join

14. 在 Select 语句中,【　　】短语能将表中记录按排序列值升序输出。

    A. Order By ＜关键字＞　　　　　　B. Order By ＜排序列＞

    C. Order By ＜关键字＞ DESC　　　　D. Order By ＜排序列＞ DESC

    E. Order By ＜关键字＞ ASC　　　　F. Order By ＜排序列＞ ASC

15. 在执行 Select 语句合并查询结果时,【　　】短语或操作具有消除重复记录的功能。

    A. Group By ＜关键字＞　　　　　　B. Order By ＜关键字＞

    C. Distinct　　　　D. Union All　　　　E. Union

16. 执行 Select 语句时,【　　】短语能将输出结果保存到文件中。

    A. Into File ＜文件名＞　　　　　　B. Into Table ＜文件名＞

    C. By　File ＜文件名＞　　　　　　D. By Table ＜文件名＞

    E. To　File ＜文件名＞　　　　　　F. To Table ＜文件名＞

17. 无论是否有当前数据库,执行【　　】语句都是建立自由表 TS。

    A. Create Table TS (BH I , MC C(10))

    B. Create Table TS Free (BH I , MC M)

    C. Select ＊ From KCB Into Table TS

    D. Select ＊ From KCB Into DBF TS

    E. Sort To TS On 学号

    F. Copy To TS

18. 在下列 VFP 或 SQL 语句中,【　　】不能产生数组。

    A. Select…From…　　　　　　　　B. Count To …

    C. Sum To …　　D. Average To…　　E. Total On …

19. 在 Select 语句中,加【　①　】短语在屏幕上有输出,加【　②　】短语在屏幕上无输出。

    A. To File　　　　B. Into Table　　　C. Into Array　　　D. Into Cursor

    E. To Printer　　　F. Into DBF

20. 对 Select 中 On ＜条件表达式＞和 Where ＜条件表达式＞的正确说法是【　　】。

    A. 一条语句中只能使用其中一个短语

    B. 有表联接类型时才能用 On ＜条件表达式＞

    C. On ＜条件表达式＞中必须包含两个(或更多)表中的字段。

    D. 从一个表中提取数据时也可以使用 On ＜条件表达式＞

    E. Where ＜条件表达式＞不能用于多个表联接

    F. Where ＜条件表达式＞也能用于多个表联接

21. 【　　】是用于分组统计的 VFP 或 SQL 语句。

    A. Total By ＜关键字段＞…

    B. Total On ＜关键字段＞…

    C. Sort By ＜关键字段＞…

D. Sort On ＜关键字段＞…

E. Select…Group By＜关键字段＞…

F. Select…Group On ＜关键字段＞…

22. 在命令窗口中执行【 ① 】语句能进入查询设计器；执行【 ② 】能进入视图设计器。

    A. Create View   B. Modify Command

    C. Create Query D. Modify View   E. Modify Query F. Use ＜视图名＞

23. 执行【 】操作后，在当前工作区中执行 Browse 命令不能修改数据。

    A. Do TEST. QPR   B. Select ＊ From TEST

    C. Use TEST   D. 在查询设计器中"运行"

    E. 在视图设计器中"运行"   F. Use 视图名

24. 在 VFP 中，有关 SQL 语句的嵌套，【 】正确。

    A. 一条语句中只能使用一个嵌套语句

    B. 一条语句中可以使用多个同级嵌套语句

    C. 嵌套可以在任何表达式中使用

    D. 嵌套只能在 Where 短语中使用

    E. 子查询中可以套用子查询

25. 在使用查询设计器时，查询结果不能被指定输出到【 】。

    A. 自由表   B. 数据库表   C. 临时表文件   D. 数组

    E. 打印机   F. 文本文件

26. 建立查询时，查询的数据来源可以为【 】。

    A. 表文件   B. 文本文件   C. 数组   D. 视图

    E. 另一个查询文件

27. 建立视图时，视图的数据来源可以为【 】。

    A. 自由表   B. 数据库表   C. 查询文件   D. 数组

    E. 另一个视图

28. 在视图设计器的"更新条件"选项卡中，必须选定【 】项才能使修改后的数据更新到表中。

    A. 关键字列   B. 可更新字段的标识列

    C. 关键字段和可更新字段   D. 发送 SQL 更新

    E. 关键字段和已修改字段

四、SQL 语句设计题

1. 建立数据库表 TEST，结构为学号 C(8)、姓名 C(8)、出生日期 D、性别 C(2)和简历 M，其中出生日期可以空；性别默认值为"男"，只能输入"男"或"女"；学号不允许空且为主关键字。

2. 用 SQL 语句删除 TEST 中性别字段的默认值和有效性规则。

3. 用 SQL 语句将 KCB 中的课程名字段设为候选关键字。

4. 用 SQL 语句在 CJB 中增加字段：民族分 I；对每个少数民族学生的民族分填写成 5 分。

5. 输出每个民族名、课程名称、选课人数、最高分、最低分和平均分，查询结果按民族名排序。

6. 输出总成绩（各门课程成绩之和）前 10 名学生的学号、姓名和总成绩。

7. 输出选课在 5 门及以上，所选课程都在 60 分（含 60）以上并且没有重修课程的学生学号、姓名、课程门数和总成绩。输出结果按总成绩由高到低排序。

8. 输出没有学生选学或者有学生不及格的课程信息。

9. 在 KCB 中增加最高分(N,6,2)和学号(C,8)字段，将对应课程的最高分和获此成绩的学号填入到 KCB 中，如果某科有多个学生获最高分，则仅填写其中之一。

10. 用 SQL 语句建立视图 JG_VIEW，能查看所选课程都不及格的学生学号、姓名、课程名和成绩，并将 JG_VIEW 的结果数据存于 JG_VIEW.TXT 中。

思 考 题 五

1. 在 Create Table 语句中，可以使用短语 Primary Key 几次？Unique 几次？

2. 如果设置 KCB 中学分字段的有效性规则为学分＞0，而默认值设为 0，则在增加记录时会发生什么问题？

3. 在执行 Drop Table TEST 语句之前，TEST 已经处于打开状态，系统将如何执行此语句？

4. 假设 XSBMZ 具有 XSB 中的字段和对应的数据类型，但字段宽度可能不同，将 XSB 中少数民族学生记录存入 XSBMZ 中，有哪些方法？

5. 用 Select 语句中的 Into Table 生成的是自由表还是数据库表？

6. 在视图的 Select 语句中不允许使用 Into Table 短语，要将视图的结果数据存于数据库表中，应该如何处理？

7. 要将查询或视图中的 Select 语句放入程序中，应该如何处理？

第**6**章

结构化程序设计基础

在 VFP 交互方式下,除了通过命令窗口、系统菜单和工具对 VFP 进行操作外,还可以通过程序方式执行较复杂的数据处理任务。VFP 程序设计包括结构化程序设计和面向对象程序设计。结构化程序设计是传统的程序设计方法,是面向对象程序设计的基础。

6.1   结构化程序样例分析

程序是指能够完成一定任务的一组有序命令的集合。程序中的命令也称为语句。程序以文件形式保存在外部存储器中。与命令方式相比,程序方式有如下优点:

- **便于保存、编辑和运行**。以程序文件形式保存一组语句;每次启动 VFP 后,不需要重复输入程序中的语句,只要打开程序文件就可以对其进行修改;运行相应的程序文件就是执行程序中的相关语句,并且可以多次执行一个程序。
- **层次清晰、功能模块化**。允许在一个程序中调用其他子程序,构成程序系统,以便完成更复杂的处理任务。

【**例 6.1**】   编写求数 N 的阶乘程序,存于文件 E6_1. PRG 中。

操作步骤为:首先,在命令窗口中输入 Modify Command E6_1 命令,打开程序编辑器;然后,输入下列语句(不输入行号),如图 6.1 所示。

```
1)   *求数 N 的阶乘,即 S=1×2×…×(N-1)×N
2)   Input"输入整数: "To N  && 执行程序时,用户输入的数保存在变量 N 中
3)   If N<1   && 若 N 小于 1,则执行第 4 行和第 5 行语句;否则,转到第 7 行执行
4)     ? '输入的数: ',N,'不能小于 1'
5)     Cancel
6)   EndIf
7)   Store 1 To M,S
8)   Do While M<=N   && 当 M 小于或等于 N 时,执行第 9 行和第 10 行语句
                     && 直到 M 大于 N 时,转到第 12 行执行
9)     S=S * M
10)    M=M+1
11)  EndDo
```

```
12)   ? N,"的阶乘是：",S
```

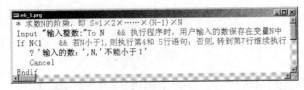

图 6.1   程序编辑器

最后,单击"运行"常用工具。

程序说明:

第1行: 注释语句。它是非执行语句,并不影响程序的执行结果。编程时可以增加一些说明信息作为注释,为人们阅读程序提供参考信息。在语句的末尾也可以用"&&"开头的注释,如第2行的注释。

第2行: 程序运行时,通过键盘输入数据,并将输入数据保存在变量 N 中。

第3行: 分支结构的开始语句,若 N 的值小于1,则先执行第4、5行;否则,直接执行第7行及后面的语句。

第5行: 结束程序的执行。

第6行: 分支结构的结束语句,与第3行语句一起构成分支结构。

第8行: 循环结构的开始语句,当 M 的值小于或等于 N 时,执行第9、10行语句,直到 M 大于 N 时,转去执行第12行语句。

第11行: 循环结构的结束语句,与第8行语句一起构成循环结构。执行到此语句时,转去执行对应的(第8行)循环开始语句。

由此可见,在执行程序的过程中,是否执行某些语句,取决于条件是否满足。如当变量 N 小于1时,会执行第4行和第5行;而当变量 N 大于或等于1时,越过第4行和第5行从第7行继续向下执行,这种程序结构称为分支结构。执行程序时,有些语句也可能重复执行多次。如只要 M 小于或等于 N,就执行1次第9行和第10行语句,这种程序结构称为循环结构或重复结构。

6.2   程序的建立与执行

源程序由 VFP 命令或程序中的专用语句组成,可以用 Windows 的"记事本"或 VFP 的专用程序编辑器建立或修改源程序,它是一种文本文件,其扩展名是 PRG。当用户要完成某项任务时,就可以执行对应的程序。

6.2.1   VFP 专用程序编辑器

通过 VFP 专用程序编辑器,可以建立和编辑程序,系统默认文件的扩展名为 PRG。

1. 建立源程序文件

方法一：单击"文件"→"新建"，选择"程序"→"新建文件"。进入程序编辑器，VFP默认程序文件名为"程序1"，在保存程序时，可以为其改名。

方法二：使用"新建"常用工具，其他操作同方法一。

方法三：在命令窗口中执行命令。

命令格式：Modify Command [[<路径>]<程序文件名>]

命令说明：用于建立和编辑源程序文件。

（1）**Modify Command**：其运行过程同方法一。

（2）**Modify Command** [<路径>]<程序文件名>：在命令中指定程序文件名。若文件已存在，则进入程序编辑器打开文件；否则，按指定的文件名创建一个程序文件。

方法四：在项目管理器中，选择"代码"选项卡中的"程序"，单击"新建"按钮。

通过上述方法都能进入程序编辑器，此编辑器供设计人员编辑程序代码，即设计源程序。源程序文件的默认扩展名为 PRG，在建立、修改或运行源程序时，默认扩展名可以省略。

【例 6.2】 建立例 6.1 中的程序文件 E6_1.PRG。

```
Modify Command E6_1
```

进入程序编辑器后，可以输入例 6.1 中的程序代码。

2. 保存程序文件

在 VFP 的程序编辑器下，应该用下列方法保存程序。

方法一：单击"文件"→"保存"（或按 Ctrl＋S 键），保存文件，不关闭程序编辑器。

方法二：单击常用工具"保存"，其他操作同方法一。

方法三：按 Ctrl＋W 键，保存文件的同时关闭程序编辑器；按 Esc 键将弹出"放弃修改"对话框，再单击"是"按钮，取消对程序的修改。

方法四：关闭程序编辑器窗口时，系统将提示用户是否保存文件。

如果在建立程序文件时没给文件命名，则保存文件时，系统将弹出"另存为"对话框，要求设计人员指定保存文件的位置和文件名。

6.2.2 打开源程序文件

打开已有的源程序文件进行编辑的方法有以下几种。

方法一：单击"文件"→"打开"，选择"文件类型"为"程序"，选择或键入程序文件名，单击"确定"按钮。

方法二：使用"打开"常用工具，其他操作同方法一。

方法三：在命令窗口中执行命令：Modify Command [<路径>]<程序文件名>|?。使用"?"，将弹出"打开"文件对话框，选择或输入要打开的程序文件名，单击"打开"

按钮。

方法四：在项目管理器中选择"代码"选项卡，展开"程序"项，选择程序文件名，单击"修改"按钮。

6.2.3 程序的编译与执行

执行程序就是按照程序的内部控制结构执行程序文件中的相关语句序列。

1. 程序文件类型

在 VFP 中，可以执行源程序(PRG)、编译程序(FXP)、应用程序(APP)和可执行程序(EXE)4 种程序文件。

(1) **源程序(PRG)**：源程序(PRG)是文本文件，可以对其内容进行修改。只要有源程序文件，就可以生成其他 3 种程序文件。在执行源程序文件时，系统自动生成同主名的编译程序文件(FXP)。

(2) **编译程序(FXP)**：每个执行过的源程序文件(PRG)都有对应的编译程序文件(FXP)，如源程序 E6_1.PRG 对应的编译程序文件是 E6_1.FXP。执行编译程序(FXP)比执行源程序(PRG)的速度快。

(3) **应用程序(APP)**：由多个文件(包括程序、表单和菜单等)连接成一个应用程序文件(扩展名为 APP)，此文件便于程序的运行和管理。

这 3 种文件都是在 VFP 环境下运行，即必须安装 VFP 系统才能运行程序，适用于调试和维护程序阶段。

(4) **可执行程序(EXE)**：将多个文件(包括程序、表单和菜单等)连接成一个可执行程序文件(EXE)，此种文件可以脱离 VFP.环境运行。

2. 编译程序

当执行一个源程序文件(PRG)时，系统自动将其编译为编译程序(FXP)。在 VFP 中允许只编译而不执行程序，即由源程序文件(PRG)生成编译程序(FXP)文件。操作方法如下。

方法一：在程序编辑器中，单击"程序"→"编译"。

方法二：单击"程序"→"编译"，选择"文件类型"为"程序"，选择程序文件名，单击"编译"按钮。

3. 执行程序

在 VFP 中，执行源程序文件(PRG)或编译程序文件(FXP)有如下方法。

方法一：在程序编辑器中，单击"程序"→"执行"

方法二：在程序编辑器中，单击常用工具中"!"(运行)按钮。

方法三：单击"程序"→"运行"，在"运行"对话框中选择"文件类型"为"程序"，并选择或输入程序文件名，再单击"运行"按钮。

Visual FoxPro 数据库及面向对象程序设计基础(第 2 版)

方法四：在程序或命令窗口中执行命令。

命令格式：Do [＜路径＞] ＜程序文件名＞

命令说明：在省略程序文件的扩展名时，如果源程序(PRG)和编译程序(FXP)文件同时存在，则系统将执行距离当前时间比较近的程序文件。

4．中断程序

在程序运行过程中，用户按 Esc 键可能弹出"程序错误"对话框，如图 6.2 所示。按 Esc 键是否弹出此对话框，与下列命令的当前状态有关。

图 6.2 "程序错误"对话框

命令格式：Set Escape On|Off

命令说明：在 Set Escape Off 状态下，程序运行过程中忽略 Esc 键；在 Set Escape On 状态下，程序运行过程中响应用户的 Esc 键，即"中断"当前程序，弹出"程序错误"对话框，允许用户做适当的处理。

取消：终止(退出)当前程序。

挂起：暂停当前程序，允许用户在命令窗口中执行一些命令，如查看系统状态、打开文件或为变量赋值等。执行 Resume 命令，从程序中被"中断"语句的下一条语句继续执行。

忽略：忽略 Esc 按键，回到程序中被"中断"语句的下一条语句继续执行。

帮助：转入系统"帮助"功能，提供"中断"的相关说明信息。

【例6.3】 在命令窗口中运行例 6.1 中的程序文件 E6_1.PRG。

```
Set Escape On        && 运行程序过程中,允许用户按 Esc 键中断程序
Do E6_1              && 开始执行 E6_1 中的程序代码
```

6.3 输入输出语句

程序中经常涉及数据的输入和输出操作。数据输入指在运行程序时临时输入数据并赋值给变量。数据输出是将表达式的值输出到显示器和打印机等输出设备上。

6.3.1 输入字符串语句 Accept

命令格式：Accept [＜字符表达式＞] To ＜内存变量＞

命令说明：当程序执行到此语句时,系统先输出字符表达式的值,然后等待输入字符串。此语句将输入的符号都作为字符型数据存储到内存变量中。若输入数据时包含字符常数定界符,则系统将定界符也作为字符串的一部分。

(1) **字符表达式**：将字符表达式的值作为执行到此语句时的提示信息。无此项,则不输出任何信息。

(2) **内存变量**：当用户按回车键结束输入时,系统将输入的字符串赋值给内存变量,然后程序继续执行后面的语句;若不输入任何字符,直接按回车键,则将空字符串(长度为0)赋值给内存变量。

【例6.4】 E6_4.PRG:

```
Accept"请输入学号: " To XH
? "输入的学号是: "+XH
```

执行此程序后,首先在屏幕上显示"请输入学号:",然后等待用户输入数据。若用户键入:102,按回车键后,则系统将字符串"102"赋值给内存变量 XH。

6.3.2　等待语句 Wait

命令格式：Wait [<字符表达式>] [To <内存变量>][Window [At<行>,<列>]]
[Nowait][Clear|Noclear][Timeout <数值表达式>]

命令说明：执行到此语句时,程序暂停执行,直到按某个键或单击鼠标后才继续执行后面的语句。

(1) **字符表达式**：其值作为执行到此语句时的提示信息。若省略此项,则系统提示"按任意键继续……"。

(2) **To <内存变量>**：当键入一个字符后,该字符作为字符型数据赋给内存变量。若只按回车键或单击鼠标,则将空字符串赋给内存变量。省略 To <内存变量>,则不保留输入的字符。

(3) **Window At <行>,<列>**：省略 Window,提示信息显示在 VFP 主窗口或应用程序窗口;使用 Window,则在 VFP 主窗口的右上角弹出提示信息窗口。也可以使用 At <行>,<列>指定提示信息窗口的开始位置。

(4) **Window Nowait**：弹出提示窗口后,程序不暂停,即不等用户按键,就继续执行后面的语句。

(5) **Window Noclear**：在执行下一条 Wait Window 或 Wait Clear 语句之前,系统不关闭提示信息窗口。

(6) **Timeout <数值表达式>**：用于设定等待的秒数(由数值表达式值确定)。在等待时间内按任意键或等待超时,程序将继续向下执行;当数值表达式值为 0 时,相当于省略了 Timeout。当数值表达式值小于 0 时,将立即结束此语句。

【例6.5】 建立文件 E6_5.PRG:

```
Wait "显示时间: " Timeout 3
```

```
?? Time()
```

执行程序时如果用户没按任何键,3秒后将显示系统时间。

6.3.3　输入表达式语句 Input

命令格式：Input［＜字符表达式＞］To ＜内存变量＞

命令说明：执行此语句时,系统先输出字符表达式的值,然后等待输入一个表达式,按回车键表示结束输入,系统将输入的表达式值赋给内存变量。允许输入任何类型的表达式。与 Accept 命令直接输入字符串不同,Input 输入的字符串必须加上定界符。若只按回车键或输入非法的表达式,则系统要求重新输入数据。

字符表达式：其值作为输出信息。若省略此项,则不输出任何信息。

【**例 6.6**】　建立文件 E6_6.PRG：

```
N=2
Input "请输入数据：" To M
? M
```

在执行(Do E6_6)程序过程中,当显示"请输入数据："时,可以输入一个表达式。例如,输入"教师",则输出是"教师";输入 3 ＊ N＋4,则输出是 10。

6.3.4　定位输入输出语句

Accept、Input 和 Wait、? 或 ?? 语句,输入输出数据的位置都与当前光标的位置有关。而使用如下语句可以在指定的位置输入输出数据。

命令格式：@ ＜行,列＞［Say ＜表达式＞］［Get ＜变量＞］［Default ＜初值＞］

　　　　　　 ...

　　　　　　［Read］

命令说明：此语句可以在 VFP 主窗口或应用程序窗口的指定位置输入输出数据。

（1）**@＜行,列＞ Say ＜表达式＞**：在指定的行号和列号位置开始输出表达式的值。

（2）**@＜行,列＞［Say ＜表达式＞］Get ＜变量＞**：若没选 Say ＜表达式＞,则从(行号和列号)指定的位置开始显示变量的值;否则,在指定位置先输出表达式的值,然后空开一格后显示变量的值。

执行此语句时,Get 后面的内存变量必须具有值或由 Default 指定初值,以便确定变量的数据类型和长度;Get 后面若是字段变量,则显示当前记录的字段值。

（3）**Read**：一个 Read 语句可以与多个@ ... Get ＜变量＞语句结合。@ ... Get ＜变量＞语句必须与 Read 语句一起使用才可以修改变量的值。当执行到 Read 时,光标自动停在第一个@ ...Get ＜变量＞语句的变量值上,可以修改其值(数据类型必须与初值相同)。按回车键后,光标移动到第二个@ ...Get ＜变量＞语句的变量值上,依然可以修改其值。依次类推,直到所有的@ ...Get ＜变量＞语句都执行完毕,才执行 Read 后面的语句。

【例 6.7】 建立文件 E6_7.PRG：

```
Clear
X=Space(30)
@3,10 Say"请输入物品名：" Get X
@5,10 Say"请输入数量：" Get Y Default 0
Read
? Str(Y,5)+"个"+Alltrim(X)+"的总金额是："+Str(10*Y,8,2)
```

执行此程序时，先在 VFP 主窗口的第 3 行、第 10 列显示"请输入物品名："，其后显示 30 个空格；在第 5 行、第 10 列显示"请输入数量："，其后显示数字 0。执行到 Read 语句时，光标依次停留在 X 和 Y 变量值的开始处，可以修改它们的值。

6.3.5 对话框函数

在应用程序执行过程中，有时需要弹出对话框与用户进行交互。利用 MessageBox 函数可以创建对话框。

函数格式：MessageBox(<字符表达式 1> [,<数值表达式>[,<字符表达式 2>]])

函数说明：定义带按钮和图标的对话框，函数返回值由用户选择的按钮而定（见表 6.1）。函数中各个表达式的作用为：

(1) **字符表达式 1**：设置对话框中要显示的信息。

(2) **数值表达式**：用于说明对话框类型，由按钮、图标和默认按钮组合而成，数值表达式的值是默认按钮编码（见表 6.2）、按钮编码（见表 6.3）和图标编码（见表 6.4）组合值，

表 6.1　对话框函数值表

选择按钮	函数值	选择按钮	函数值
确定	1	取消	2
终止	3	重试	4
忽略	5	是	6
否	7		

表 6.2　对话框函数的默认按钮编码

编码	包含对象
0	第 1 个按钮是默认按钮
256	第 2 个按钮是默认按钮
512	第 3 个按钮是默认按钮

表 6.3　对话框函数的按钮编码

编码	按钮对象
0	仅包含"确定"按钮
1	"确定"和"取消"按钮
2	"终止"、"重试"和"忽略"按钮
3	"是"、"否"和"取消"按钮
4	"是"和"否"按钮
5	"重试"和"取消"按钮

表 6.4　对话框函数的图标编码

编码	图标对象
0	无图标
16	×
32	?
48	!
64	i

系统默认值为 0。例如，289＝256＋1＋32，表示默认按钮是第 2 个（取消）按钮，对话框中有"确定"和"取消"按钮，图标为"？"。

（3）**字符表达式 2**：设置对话框中的标题。若省略此表达式，则对话框标题为"Microsoft Visual FoxPro"。

【例 6.8】

```
? MessageBox("请关闭电源",256+1+48,"警示")
```

执行语句时，系统弹出"警示"对话框（见图 6.3），"取消"按钮是默认按钮。该对话框中显示"请关闭电源"，有"确定"、"取消"按钮和"！"图标。如果单击"确定"按钮，则输出 1；如果单击"取消"按钮，则输出 2。

MessageBox 函数也可以单独作为一条命令执行，系统忽略其返回值，用于提示用户某些信息。

图 6.3　"警示"对话框

6.4　分支结构程序设计

VFP 程序内部有 3 种基本控制结构，即顺序结构、分支结构和循环结构。顺序结构是指执行语句的顺序与语句在程序中的书写顺序一致。而在实际应用中，经常根据条件是否成立选择程序某段执行。例如，根据"成绩≥60"这个条件是否成立，标记考试通过与否。在程序中，利用分支结构可以解决这类问题。

在 VFP 中，实现分支结构的语句是 If 语句和 Do Case 语句。

6.4.1　If 分支语句（条件语句）

1. 单分支 If 语句（简单分支结构）

语句格式：If ＜条件＞［Then］
　　　　　　＜语句序列＞
　　　EndIf

语句说明：如果条件成立，则执行 If 与对应的 EndIf 之间的语句，随后再执行对应的 EndIf 后面的语句；如果条件不成立，则直接转去执行对应的 EndIf 后面的语句。If 与 EndIf 必须成对出现。省略 Then，不影响功能。

【例 6.9】　编写求一个数的绝对值的程序，存入 E6_9.PRG 中。

```
Input "请输入一个 N: " To N
If N<0
   N=-N   && 将 N 取负后的值重新赋给 N,即取 N 的绝对值
EndIf
?"N 的绝对值是: ",N
```

执行程序时,如果输入-2*3,则 N 赋值为-6。条件(N<0)成立,执行 N=-N,使 N 的值变为 6,接着转去执行 EndIf 后面的输出语句;如果输入 2*3,则 N 赋值为 6,条件 (N<0)不成立,直接执行 EndIf 后面的输出语句。

程序中可以使用 Cancel、Suspend 或 Resume 语句,以便控制程序是否继续执行。

(1) **Cancel**:结束当前程序的运行,通常用在程序的分支结构中。

【例 6.10】 输入一个字符串,如果该字符串是当前默认目录中表文件的主名,则输出其中全部数据记录。程序存入文件 E6_10.PRG 中。

```
Accept "请输入表文件的主名:" To FN
If Not File(AllTrim(FN)+".DBF")       && 判断表文件是否存在
    MessageBox(FN+"表文件不存在!")     && 表文件不存在
    Cancel                             && 结束程序的执行
EndIf
Use &FN                                && 表文件存在,使之打开
Display All
Use
```

(2) **Suspend**:暂停(挂起)正在运行的程序,控制权转交给用户,通常用于调试程序。暂停程序期间,可以在命令窗口中执行某些命令。例如,查看或修改变量的值等。

(3) **Resume**:继续执行 Suspend 暂停的程序,从 Suspend 语句的下一条或从"挂起"的语句继续执行。

【例 6.11】 编写程序 E6_11.PRG,用于测试 Suspend 语句的功能。

```
X=1
Suspend       && 可以在命令窗口依次执行:? X、X=3 和 Resume 命令
Y=2
? X+Y         && 输出结果为:5
```

2. 双分支 If 语句(带有 Else 的分支结构)

语句格式:If <条件>[Then]
　　　　　　　　<语句序列 1>
　　　　Else
　　　　　　　　<语句序列 2>
　　　　EndIf

语句说明:如果条件成立,则执行 If 与 Else 之间的<语句序列 1>;如果条件不成立,则执行 Else 与 EndIf 之间的<语句序列 2>。Else 必须放在 If 与 EndIf 之间,并且一个 If 语句中只能写一个 Else。省略 Then,不影响功能。

【例 6.12】 求两个数中较小值,程序存入文件 E6_12.PRG 中:

```
Input "X=" To X
Input "Y=" To Y
If X<Y
```

```
      M=X
Else
      M=Y
EndIf
?" X 与 Y 中的较小者是：", M
```

执行程序时，若输入 2 和 3，X<Y 成立，则执行 M=X，使 M 值为 2，然后执行 EndIf 后面的输出语句；若输入 3 和 2，X<Y 不成立，则执行 Else 后面的语句 M=Y，使 M 值为 2，然后也执行 EndIf 后面的输出语句。

6.4.2　If 语句的嵌套

在 If 分支结构的语句序列中可以包含另一个 If 分支语句，称为 If 语句的嵌套。VFP 中为了解决多分支问题，允许进行多层 If 嵌套。嵌套时，一定要注意区分内外层 If、Else 和 EndIf 之间的对应关系。为了使嵌套的层次结构清晰、易读，对于同一层的 If、Else 和 EndIf 常按缩进格式书写。不允许出现交叉嵌套，即一个 If 语句块要完整地包含在另一个 If 语句序列之内。

【例 6.13】　编写程序，实现如下分段函数的功能，程序存入文件 E6_13.PRG 中。

$$Y=\begin{cases}1, & X>0 \\ 0, & X=0 \\ -1, & X<0\end{cases}$$

程序 E6_11.PRG：

```
Input "请输入一个数：" To X
If X>0
   Y=1
Else
   If X=0
      Y=0
   Else
      Y=-1
   EndIf
EndIf
? Y
```

6.4.3　条件函数 Iif

函数格式：Iif(<条件>,<表达式 1>,<表达式 2>)
函数说明：依据条件成立与否，函数具有不同的返回值。若条件成立，则表达式 1 的值作为函数值；否则，表达式 2 的值作为函数值。表达式 1 和表达式 2 可以是 VFP 允许的各种类型表达式，甚至两个表达式可以具有不同的数据类型。

【例 6.14】 利用 Iif 函数,求一个数的绝对值。程序存入文件 E6_14.PRG 中。

```
Input "输入一个数 N: " To N
?"N 的绝对值是: ", Iif(N<0,-N, N)
```

将此例与例 6.9 比较,功能基本相同,但此例程序比较简捷。在程序设计中使用 Iif 函数解决简单分支问题,往往可以简化程序代码。

6.4.4 多分支语句(Do Case 语句)

如果使用 If 分支结构处理比较复杂的多分支问题,可能导致 If 嵌套层数太多,造成程序结构不清晰。为避免发生这类问题,VFP 提供了多分支语句,也称开关语句。

语句格式:Do Case
    Case <条件 1>
      <语句序列 1>
    Case <条件 2>
      <语句序列 2>
       ⋮
    Case <条件 n>
      <语句序列 n>
    [Otherwise
      <语句序列 n+1>]
    Endcase

语句说明:执行到此语句时,系统从上向下依次对 Case 后面的条件进行判断,当条件不成立时,就判断下一个 Case 条件是否成立。一旦某个 Case 条件成立,就执行该 Case 与下一个 Case(Otherwise 或 Endcase)之间的语句序列,然后执行 Endcase 后面的语句。若所有条件都不成立,而有 Otherwise 子句,则执行语句序列 n+1,然后执行 Endcase 后面的语句;若所有条件都不成立,且无 Otherwise 子句,则不执行任何语句序列,而直接执行 Endcase 后面的语句。

【例 6.15】 用 Do Case 语句实现例 6.13 中分段函数的功能,程序存入文件 E6_15.PRG 中。

```
Input "请输入一个数: " To X
Do Case
Case X>0
    Y=1
Case X=0
    Y=0
Otherwise
    Y=-1
Endcase
```

？Y

可以看出,本程序与 E6_13.PRG 功能完全相同,但本程序的结构更清晰。

6.5　循环结构程序设计

循环结构用来处理重复且有变化规律的问题。如求 $1+2+\cdots+99+100$,需要进行多次加法,每一次都是在上次求和的基础上加上一个新数。循环结构指在执行程序过程中,重复执行某程序段。重复执行的程序段称为循环体,重复执行的次数称为循环次数。在循环体中,可以利用 Exit 语句提前退出循环体,也可利用 Loop 语句提前结束本次循环。

6.5.1　Do While(当型)循环语句

语句格式 1:Do While ＜循环条件＞
　　　　　　＜语句序列＞

　　　　Enddo

语句说明:Do While 与 Enddo 必须成对使用。Do While 和 Enddo 之间的语句序列构成循环体,即重复执行的程序代码。

执行过程:判断 Do While 中的条件,如果条件成立,则执行循环体;当执行到 Enddo 语句时,转回到对应的 Do While 条件语句再次判断条件;如果条件不成立,则终止循环,即执行 Enddo 后面的语句。

第一次判断时,若条件不成立,则不执行循环体,直接执行 Enddo 后面的语句;循环体中必须有能执行到的、使条件趋于不成立的语句、结束循环的 Exit 或结束程序的语句(Cancel、Return 和 Quit 等),否则将永远执行不完循环体,即出现死循环。

语句格式 2:Do While ＜循环条件＞
　　　　　　　＜语句序列 1＞
　　　　　　［Loop
　　　　　　　　＜语句序列 2＞］
　　　　　　［Exit
　　　　　　　　＜语句序列 3＞］

　　　　Enddo

语句说明:

(1) **Loop 语句**:一旦执行到 Loop 语句,就提前结束本次循环,即不执行 Loop 与 Enddo 之间的语句,而直接转到对应的 Do While 语句再次判断条件是否成立。

为了避免永远执行不到 Loop 与 Enddo 之间的语句序列 2,实际编程时,将 Loop 语句放在分支结构(If 或 Do Case)中。

(2) **Exit 语句**:一旦执行到 Exit 语句,就退出整个循环体,即不执行 Exit 与 Enddo

之间的语句,而直接执行对应的 Enddo 后面的语句。同 Loop 语句一样,将 Exit 放在分支结构(If 或 Do Case)中。

【例 6.16】 编程求 $1+2+3+\cdots+98+99+100$。程序存入文件 E6_16.PRG 中。

```
S=0
N=1
Do While N<=100          && 循环次数是 100
   S=S+N                 && 累加操作
   N=N+1
Enddo
?"1+2+3+…+98+99+100=", S
```

变量 S 用于存放累加和,初值为 0。变量 N 作为每次的加数,初始值设为 1。第 1 次执行到 Do While 时,循环条件(N<=100)成立,执行循环体:S=0+1=1,N=1+1=2。以后每执行一次循环体,S 的值都在上次累加和的基础上加 N,然后 N 的值增加 1。N 的值一直增到 101,循环条件(N<=100)不成立,退出整个循环体,执行 Enddo 后面的输出语句。程序执行期间共执行了 100 次循环体。此时 S 的值是 5050。

【例 6.17】 编写一个程序,运行时能从键盘上接收数据,如果该数据是数值型,则计算数据整数部分的阶乘。如果数据小于或等于 0,则计算结果为 0。程序存入文件 E6_17.PRG 中。

```
Input  "请输入数据:" To  M
If VarType(M)<>"N" Then
    MessageBox("对非数值型数据不能计算阶乘!")
    Cancel
EndIf
M=Int(M)                        && 输入的数据 M 为数值型
If M<=0 Then
    S=0                         && 输入的数据 M 小于或等于 0
Else
    N=2                         && 输入的数据 M 大于或等于 1
    S=1
    Do While N<=M               && 分支结构内部嵌套循环结构
        S=S*N
        N=N+1
    Enddo
EndIf
? M,"的阶乘为:",S
```

程序的分支结构中又嵌套了循环结构,同样,在循环结构中也可以嵌套分支结构。但要注意一种结构要完整地嵌套在另一种结构中。即当循环结构嵌套在分支结构中时,要将循环语句(含开始和结束语句)完整地写在某个分支中;当分支结构嵌套在循环结构中时,要将分支语句(含开始和结束语句)完整地写在循环体内。

【例 6.18】 对键盘输入的每一个正数,输出其算术平方根;当输入的数小于或等于 0

时,结束程序。程序存入文件 E6_18.PRG 中。

```
Do While .T.        && 循环条件为.T.,永远成立,循环体内要用 Exit 或 Cancel 等退出循环
    Clear
    Input "请输入一个数: " To X
    If Vartype(X)!='N'
        MessageBox('不是数值型数据!')
        Loop        && 转到循环开始语句(Do While .T.)继续执行
    EndIf
    If X<=0
        Exit        && 结束整个循环,转到循环结束语句(Enddo)之后执行
    EndIf
    ? X,'的算术平方根是',Sqrt(X)
    Wait
Enddo
?"输入的数不大于 0,结束程序!"
```

从本例可以看出,在循环体内可以嵌套分支语句(如 If 分支)。在一个循环体内可以同时使用 Loop 和 Exit 语句,并且可以多次出现,它们之间没有前后位置关系,可以根据需要将它们编写在相应位置。

【例 6.19】 输出 CJB.DBF 中重修学生的学号和课程码,并统计重修人次数。程序存入文件 E6_19.PRG 中。

```
Use CJB
N=0
Do While !Eof()
    If 重修
        ?"重修学号: ",学号, Space(4),"重修课程码: ",课程码
        N=N+1
    EndIf
    Skip
Enddo
?"共有: "+Str(N,4)+"人次数重修"
Use
```

Do While 循环对数据表中的记录进行操作时,常将!Eof()作为循环条件。如果记录指针没有指向文件结束位置,则循环条件!Eof()成立,就执行循环体。

【例 6.20】 查询学号、姓名、课程码和考试成绩。程序存入文件 E6_20.PRG 中。

```
Do While .T.
    Accept "请输入学号: " To XH
    Select XSB.学号, 姓名, 课程码, 考试成绩 From XSB ;
    Join CJB On  XSB.学号 =CJB.学号 Where XSB.学号 ==XH
    If MessageBox("是否查询其他学生",36,"询问")=7
        Exit
```

```
        EndIf
    Enddo
    Close All
```

6.5.2 For(步长型)循环语句

语句格式：For <循环控制变量>=<初值> To <终值> [Step <步长>]
　　　　　　　<语句序列>
　　　Endfor|Next [<循环控制变量>]

语句说明：循环控制变量是一个内存变量,也称循环变量、控制变量。初值、终值和步长都是数值型表达式,它们决定了循环体的执行次数。这些表达式只在循环开始执行时计算一次,即使在循环体内改变了这些表达式中变量的值,也不会改变循环体的执行次数。

当步长值为 1 时,可以省略 Step 1。语句序列是循环体。为清晰起见,Next 也可以写成 Next <循环控制变量>。Endfor 与 Next [<循环控制变量>]语句的作用完全相同,都必须与 For 语句成对使用。执行到 For 语句时：

(1) 初值赋给循环控制变量。

(2) 循环控制变量与终值比较,只要循环控制变量的值没"超过"终值,就执行循环体。即执行循环体的条件为：

- 当步长>0 时,循环控制变量≤终值。
- 当步长<0 时,循环控制变量≥终值。
- 当步长=0 且初值≤终值时,将永远执行循环体,即产生死循环。

若上述条件都不满足,则结束循环,即转去执行对应的 Endfor(或 Next)后面的语句。

(3) 当执行到 Endfor(或 Next)语句时,循环控制变量增加一个步长值,然后再次转到步骤(2)执行。

循环体内可以包含 Loop 和 Exit 语句。当执行到 Loop 语句时,提前结束本次循环,即循环控制变量增加一个步长值,然后再次转到步骤(2)执行。当执行到 Exit 语句时,结束整个循环,即去执行 Endfor(或 Next)后面的语句。

【例 6.21】 使用 For 循环编程,求 $1+2+3+\cdots+98+99+100$ 的值。程序存入文件 E6_21.PRG 中。

```
S=0                 && 变量 S 存放累加和,S 初值设为 0
For N=1 To 100      && 步长是 1,循环次数是 100
    S=S+N           && 累加操作
Endfor
?"1+2+3+…+98+99+100=",S
```

本程序与 E6_16.PRG 的功能完全相同,本程序用 For 循环结构替换了 Do While 循环结构：用 For N=1 To 100 语句替换 N=1 和 Do While N<=100 两条语句;用 Endfor 语句替换 N=N+1 和 Enddo 两条语句。

6.5.3　Scan(扫描)循环语句

语句格式：Scan [<范围>][For <条件 1>][While <条件 2>]
　　　　　　<语句序列>
　　　　　Endscan

语句说明：Scan 和 Endscan 必须成对使用。此循环语句用于处理与数据表有关的循环问题,功能上与下面的语句组完全等效:

```
Locate[<范围>][For<条件 1>][While <条件 2>]
Do While Found ()
    <语句序列>
    Continue
Enddo
```

扫描型循环语句对当前数据表中指定范围内满足条件的记录依次执行循环体(语句序列),若省略范围、For 和 While 短语,则对当前数据表中的所有可操作的记录依次执行循环体。系统执行 Scan 循环的具体过程如下:

(1) 找指定范围内满足条件的第 1 个记录。

(2) 如果找到记录,则执行循环体;否则,结束整个循环,即转去执行 Endscan 后面的语句。

(3) 执行到 Endscan,系统将查找满足条件的下一个记录,再转到步骤(2)执行。

(4) 循环体内同样可以使用 Loop 和 Exit 语句。执行到 Loop 时,提前结束本次循环,直接查找满足条件的下一个记录,然后转到步骤(2)执行;执行到 Exit 时,结束整个循环,即转去执行对应的 Endscan 后面的语句。

为了避免产生死循环,在 Scan 循环体内应慎重使用改变记录指针的语句。

【例 6.22】　使用 Scan 循环结构编程:输出 CJB.DBF 中重修学生的学号和课程码,并统计重修人次数。程序存入文件 E6_22.PRG 中。

```
Use CJB
N=0
Scan For 重修
    ?"重修学号:",学号, Space(4),"重修课程码:",课程码
    N=N+1
Endscan
?"共有:" +Str(N,4)+"人次重修"
Use
```

此程序与例 6.19 的程序功能完全相同,只是实现方法不同。当然,也可以用其他方法实现。例如,用 Locate 与 Do While 循环结构编写程序。

6.5.4 结构嵌套

在 VFP 中使用分支结构(If…EndIf、Do Case…EndCase)和循环结构(Do While…EndDo、For…Next 及 Scan…EndScan)时,要求各结构的开始语句和结束语句必须成对使用。为实现复杂的功能,VFP 允许相互嵌套。但不允许交叉嵌套,即一个结构必须完整地包含在另一个结构之中。设计程序时,应注意嵌套的层次关系,书写源程序时多采用缩进格式。

【例 6.23】 编写程序 E6_23.PRG,输出如下的乘法九九表。

```
1 * 1=1
2 * 1=2    2 * 2=4
    ⋮
9 * 1=9    9 * 2=18    9 * 3=27    …    9 * 9=81
```

程序 E6_23.PRG:

```
Clear
For M=1 To 9                    && 外层循环开始语句,控制 1~9 行
    For N=1 To M                && 内层循环开始语句,控制 1~M 列
        ?? Space(2),Str(M,1),"*",Str(N,1),"=",Str(M*N,2)
    Endfor                      && 结束内层循环
    ?                           && 另起一行输出
Endfor                          && 结束外层循环
```

此例为两层循环嵌套,执行外层循环 9 次(M 值从 1 变到 9):当 M=1 时,第 1 次执行外层循环体,执行内层循环体 1 次(N 值从 1 变到 1),输出 1 * 1=1,内层循环结束,另起一行输出;外层控制变量 M 增 1,变为 2,第 2 次执行外层循环体,执行内层循环体 2 次(N 值从 1 变到 2),依次输出 2 * 1=2,2 * 2= 4……当 M=9 时,执行内层循环体 9 次(N值从 1 变到 9),输出 9 * 1 =9,9 * 2=18,…,9 * 9=81。

程序 E6_23_1.PRG:

```
Clear
M=1
Do While M<= 9                  && 外层循环开始语句,控制 1~9 行
    For N=1 To M                && 内层循环开始语句,控制 1~M 列
        ?? Space(2),Str(M,1)+'*'+Str(N,1) +'='+Str(M*N,2)
    Endfor                      && 结束内层循环
    ?
    M=M+1                       && 用 Do While 实现循环,变量 M 需要增 1
Enddo                           && 结束外层循环
```

程序 E6_23.PRG 与 E6_23_1.PRG 使用的循环结构不同,但程序的功能完全相同。

【例 6.24】 声明二维数组 AM,输出数组 AM 中每一行元素的最大值。程序存入文件 E6_24. PRG 中。

```
Input "数组行数(>=1): " To X
Input "数组列数(>=1): " To Y
If X * Y>65000 Or X * Y<2
    MessageBox("数组中元素个数过多或过少")
Else
    Dimension AM(X,Y)
    For M=1 To X                      && 嵌套在分支语句中的外层循环,控制数组行
        For N=1 To Y                  && 控制数组列
            Input "第"+AllTrim(Str(M))+"行第"+AllTrim(Str(N))+"列: " To AM(M,N)
        EndFor
    EndFor
    For M=1 To X                      && 控制数组行
        Z=AM(M,1)                     && 先假设 AM(M,1)是第 M 行中的最大值
        For N=2 To Y                  && 控制数组列
            Z=Max(Z, AM(M,N))         && 求 Z 与第 M 行、第 N 列中的较大者
        EndFor
        ?"第" +AllTrim(Str(M))+"行元素的最大值是:",Z
    EndFor
EndIf                                 && 结束最外层的 If 语句
```

在程序中,为了避免数组中元素个数超出限制,或者数据太少失去求最大值的意义,用 If 分支结构(Else)内嵌套循环结构实现了程序的功能。利用两层循环嵌套操作二维数组中的元素:外层循环变量确定数组元素所在的行号,内层循环变量确定数组元素所在的列号。

【例 6.25】 输出 CJB. DBF 中非重修学生的学号和成绩等级。规定成绩等级为:100～86 为"优秀",85～70 为"良好",69～60 为"合格",60 以下为"不合格"。

```
Use CJB
Scan For 考试成绩+课堂成绩+实验成绩>0 And Not 重修    && 外层循环
    X=考试成绩 +课堂成绩 +实验成绩
    Do Case                          && 内层分支结构
    Case X>=86
        DJ="优秀"
    Case X>=70
        DJ="良好"
    Case X>=60
        DJ="合格"
    Otherwise
        DJ="不合格"
    Endcase
    ? 学号+"的"+课程码+'课程成绩等级为: ',DJ
```

```
EndScan                              && 执行到 EndScan 语句,自动移动记录指针
Use
```

6.6 子程序及其调用

在实际应用中,经常将一个比较复杂的程序分解成多个功能相对独立的子程序模块,这样更便于应用程序开发和分工合作,也可以提高程序的易读性和通用性。因此,一个应用程序可能包含多个程序模块,通常将调用其他模块的模块称为主程序,被其他模块调用的模块称为子程序。主程序与子程序的概念是相对的,一个程序可能是某个程序的主程序,同时也可能是另一个程序的子程序。

6.6.1 子程序调用实例

通常将应用程序中多处使用的程序段提取出来作为一个子程序,由此可以优化程序,减少代码量,也便于程序维护。

【例 6.26】 编程计算:

$$\sum_{X=1}^{M} X \times C_M^N = \sum_{X=1}^{M} X \times \frac{M!}{N!(M-N)!}$$

主程序 E6_26.PRG:

```
Store 1 To M,N
I='请输入'
Do INDATA              && 调用子程序 INDATA.PRG:给变量 M 和 N 赋值
X=SCAL(0,M)            && 调用子程序 SCAL.PRG,计算 1+2+…+M,结果存在变量 X 中
If M=N
   ? X
Else
   Y=SCAL(1,M)/(SCAL(1,N) * SCAL(1,M-N))        && 3 次调用 SCAL
   ? X*Y
EndIf
```

子程序 SCAL.PRG:

```
Parameters X,Y
*若参数 X=0,计算 1+2+…+Y 的和
*若参数 X=1,计算 Y 的阶乘
If X<>0 And X<>1
   Return 0
EndIf
S=X
For Z=1 To Y
```

```
        S =IIf(X=0, S+Z, S * Z)
    Next
    Return S
```

子程序 INDATA. PRG：

```
* 输入 M 和 N 两个数
Input I+'M: ' To M
Input I+'N: ' To N
Return
```

在主程序(E6_26)中，当执行到 Do INDATA 语句时，系统调用子程序 INDATA
. PRG，即转去执行 INDATA. PRG，输入数据给 M 和 N 变量赋值。然后返回到主程序中
调用语句(Do INDATA)的下一条语句 X＝SCAL(0,M)继续执行，即转去执行子程序
SCAL. PRG，计算 1 到 M 的累加和，当执行到 Return S 语句时，结束子程序 SCAL. PRG
的执行，返回到调用语句 X＝SCAL(0,M)，并将累加和 S 作为 SCAL(0,M)的函数值赋
给变量 X；当执行到 Y＝SCAL(1,M)/(SCAL(1,N) * SCAL(1,M－N))语句时，三次调
用子程序 SCAL. PRG，即三次转去执行子程序 SCAL. PRG，分别计算 M!、N!和(M－N)!。

在此例中，E6_26 是主程序，而 SCAL 和 INDATA 都是它的子程序。如果在另一个
程序 JS. PRG 中使用 Do E6_26 语句，则 E6_26 又变成了 JS. PRG 的子程序，此时 SCAL
和 INDATA 既是 E6_26. PRG 的直接子程序，又是 JS. PRG 的间接子程序。可见，一个
程序可以是多个程序的子程序。

6.6.2　过程子程序及其调用

在编写子程序过程中，为了能接收主程序传来的数据，使子程序更具有通用性，往往
在子程序中增加形式参数语句(如 Parameters X,Y)；为了能返回到主程序的相应位置继
续执行，需要编写适当的返回语句(如 Return)。

1. 过程子程序内部结构

［Parameters|Lparameters ＜形式参数表＞］

　　子程序体

［Retry|Return［To Master］］

（1）**Parameters|Lparameters** ＜**形式参数表**＞：用于指定多个(最多 27 个)形式参
数，接收主程序传来的数据。其中形式参数可以是简单内存变量或数组声明，也称形参。
若使用此语句，必须写在子程序中的第 1 行。

（2）**子程序体**：是完成子程序功能的程序段。子程序体内可以引用或改变形参的值。

（3）**Return**：执行到此语句时，返回到主程序中调用语句(Do)的下一条语句继续执
行。子程序中的最后一条 Return 语句可以省略。

（4）**Return To Master**：执行到此语句时，将返回到主控程序中调用语句(Do)的下一

条语句继续执行。所谓主控程序就是最顶层的程序(在命令窗口中用 Do 调用的程序),它可能直接或间接调用当前子程序。

(5) **Retry**:执行到此语句时,返回到调用程序中重新执行调用语句。在编写网络应用程序时,该语句起着非常重要的作用。

在子程序体内可以多次使用 Return [To Master]或 Retry 语句,以便返回到调用程序或主控程序。

2. 过程子程序调用

过程子程序调用,就是转去执行过程子程序中的语句,当执行到返回语句(Return、Return To Master 或 Retry)时,再回到主程序的对应位置继续执行。

调用语句:Do <子程序名> [With <实参表>]

语句说明:若子程序中有 Parameters 或 Lparameters 语句,则调用语句应该带有实际参数(简称实参)表。实参表由若干个用逗号分开的表达式组成。对于没有形参语句(Parameters 或 Lparameters)的过程子程序,不能写 With 短语。例如,INDATA.PRG中没有形参语句,故调用语句只能写成 Do INDATA。

3. 参数传递方式

所谓参数传递方式,就是利用参数在主程序与子程序之间传递数据。主程序通过实参与形参的位置对应关系向子程序传递数据,有时也通过参数由子程序向主程序传递数据。在调用子程序时,实参个数不得超出形参个数;当实参个数少于形参个数时,多余的形参初值为.F.。参数传递包括值传递和引用传递两种方式。

(1) **值传递**:调用子程序时,将实参值传递给对应的形参;当执行子程序结束时,形参变化后的值不能回送给实参。这种只能由实参传递给形参值的单向传递方式称为值传递。

(2) **引用传递**:调用子程序时,将实参值传递给对应的形参;当执行子程序结束时,形参变化后的值能回送给实参。这种双向传递值的方式称为引用传递。

4. 过程子程序调用的参数传递规则

(1) 当形参是数组声明时,对应实参必须是数组名,系统自动将形参转换成与实参等价的数组,而与形参数组声明的维数和元素个数无关,实参与形参之间按引用方式传递数据。

【**例 6.27**】 过程子程序调用的参数传递举例。

建立 E6_27.PRG:

```
Clear Memory
Dimension X(3,3),Y(10)
X(2,3)=2
X(3,2)=3
Y(7)="VFP"
Y(9)=4
```

```
      Do P1 With X,Y
      ? X(2,3),X(3,2),Y(7),Y(9)          && 输出：   5  9  VFP 中文版 学习
```

子程序 P1. PRG：

```
      Parameters M(2),N(2,3)
      ? M(2,3),M(3,2),N(7),N(9)          && 输出：   2  3  VFP    4
      M(2,3)=5
      M(3,2)=2*M(2,3)-1
      N(7)=N(7)+"中文版"
      N(9)="学习"
      Return
```

（2）当实参是数组名时，系统自动将形参转换成与实参等价的数组，并且实参与形参之间按引用方式传递数据。

【例 6.28】 过程子程序调用的参数传递举例。

建立 E6_28. PRG：

```
      Clear Memory
      Dimension X(3,3),Y(10)
      X(3,2)=3
      Y(8)="Good"
      Do P2 With X,Y
      ? X(3,2),Y(8)          && 输出结果为：4  Bad
```

子程序 P2. PRG：

```
      Parameters M,N
      ? M(3,2),N(8)          && 输出结果为：3  Good
      M(3,2)=4
      N(8)="Bad"
      Return
```

（3）当实参是简单内存变量（不含数组元素）时，实参与形参之间按引用方式传递数据。

（4）当实参是表达式（包括常数、数组元素和函数）时，实参与形参之间按值方式传递数据。

【例 6.29】 过程子程序调用的参数传递举例。

建立 E6_29. PRG：

```
      Clear Memory
      Dimension M(5)
      Store 4 To M,N,K
      Do P3 With 3,M(3),Sqrt(N),2*N,K      && K 按引用传递，其余参数按值传递
      ? M(3),Sqrt(N),2*N,K          && 输出：4  2.00  8  5
```

子程序 P3. PRG：

```
Parameters X1,X2,X3,X4,X5
? X1,X2,X3,X4,X5                              && 输出：3  4  2.00  8  4
X1=X1+1
X2=X2+1
X3=X3+1
X4=X4+1
X5=X5+1
```

6.6.3 函数子程序及其调用

函数子程序也称用户自定义函数。函数子程序的编写方法与过程子程序没有太大的区别,只是为了使函数子程序具有返回值的能力,在返回语句中需要带值(如 Return S)。

1. 函数子程序内部结构

[Parameters|Lparameters ＜形式参数表＞]

　　子程序体

Return [＜表达式＞]

函数子程序说明:形式参数和子程序体的作用与过程子程序基本相同。在函数子程序体内的返回语句应该写成 Return ＜表达式＞,其中表达式的值是函数的返回值,执行到不带表达式的返回语句时,函数返回值为 .T. 。在例 6.26 中,通过 SCAL(1,M)调用 SCAL.PRG,执行到 Return S 语句时,S 值恰是 Y 的阶乘,即 SCAL(1,M)的值是 M 的阶乘。

2. 函数子程序调用

函数子程序与系统函数的调用方法一样,都作为表达式的一部分。所谓调用函数子程序就是转去执行函数子程序中的语句,执行到返回语句时,转回到主程序中的调用语句并带回一个值。

调用格式:＜函数子程序名＞([＜实参表＞])

若函数子程序中有 Parameters 或 Lparameters 语句,则调用函数子程序时应带有实际参数(简称实参)表。实参表由若干个用逗号分隔的表达式组成。有关实参和形参的对应关系以及参数个数要求与过程子程序完全相同。

例如,在 SCAL(0,M)和 Parameters X,Y 中,0 与 X 对应,M 与 Y 对应。对于没有形参语句(Parameters 或 Lparameters)的函数子程序,调用它时要在函数子程序名后加空括号。

3. 函数子程序调用的参数传递规则

系统默认函数子程序调用一律按值方式传递数据。可以通过 VFP 命令重新设置参数的传递方式。

语句格式：Set Udfparms To Value|Reference

　　语句说明：此命令仅对函数子程序调用有影响。在 Set Udfparms To Value(系统默认)状态下，实参与形参之间一律按值方式传递数据，系统要求函数子程序中的形参不能是数组声明；在 Set Udfparms To Reference 状态下，实参与形参之间按引用方式传递数据，其规则与过程子程序调用的参数传递规则相同。

　　【例 6.30】 参数传递举例。

　　建立 E6_30.PRG：

```
Clear Memory
Set Udfparms To Value            && (默认)设置参数按值传递
Dimension M(5)
Store 4 To M,N,K
? P4(3,M(3),Sqrt(N),2*N,K)        && 所有参数都按值传递。输出结果是 9
? M(3),Sqrt(N),2*N,K              && 输出结果为：4  2.00  8  4
Set Udfparms To Reference         && 设置参数按引用传递
Dimension M(5)
Store 4 To M,N,K
? P4(3,M(3),Sqrt(N),2*N,K)        && K 按引用传递,其余参数按值传递。输出 9
? M(3),Sqrt(N),2*N,K              && 输出结果为：4  2.00  8  5
Set Udfparms To Value             && 此语句对过程子程序调用无影响
Dimension M(5)
Store 4 To M,N,K
Do P4 With 3,M(3),Sqrt(N),2*N,K   && K 按引用传递,其余参数按值传递
? M(3),Sqrt(N),2*N,K              && 输出结果为：4  2.00  8  5
```

子程序 P4.PRG：

```
Parameters X1,X2,X3,X4,X5
? X1,X2,X3,X4,X5                  && 输出结果为：3  2.00  8  4
X2=X2+1
X3=X3+1
X4=X4+1
X5=X5+1
Return 2*X1+3
```

6.6.4　过程子程序与函数子程序的区别

　　从调用方式来看，子程序可分为函数子程序和过程子程序，这两种子程序的主要区别在于：

　　(1) 在编写程序方面，函数子程序通常用 Return <表达式>语句返回到主程序；而过程子程序通常用 Return [To Master]或 Retry 语句返回到主程序或主控程序。

　　(2) 在调用子程序方面，以函数方式(如 X=SCAL(0,M))调用子程序,使之成为表

达式的一部分，子程序名中不能写文件路径和程序文件的扩展名（PRG 或 FXP）。例如，X＝D：SCAL(0,M)和 X＝SCAL.PRG(1,M)，这两条语句都是错误的。以过程方式（如 Do INDATA）调用子程序，使之成为程序中的一条语句，其中子程序名中可以写文件路径和程序文件的扩展名（PRG 或 FXP）。例如，Do D:\XSXX\INDATA、Do D:\XSXX\INDATA.PRG 或 Do INDATA.FXP 都是正确的。

在实际应用时，函数子程序和过程子程序可以互换调用方式，以过程方式（Do 语句）调用函数子程序时，系统将忽略函数的返回值，且返回到主程序中调用 Do 语句的下一条语句继续执行；以函数方式调用过程子程序时，函数的值为.T.，且返回到主程序的调用语句中继续运算。

6.7 子程序存放形式

从存放形式上看，VFP 中的子程序分为独立文件子程序、过程文件子程序和程序文件中子程序 3 种组织形式。子程序是过程子程序和函数子程序的统称。

6.7.1 独立文件子程序

VFP 中多数程序文件（PRG）的主名就是子程序名，即运行程序文件名，也就完成了该程序的功能，通常将这种程序称为独立文件子程序。

在例 6.26 中，E6_26.PRG、INDATA.PRG 和 SCAL.PRG 都是独立文件子程序，子程序名分别为 E6_26、INDATA 和 SCAL。

6.7.2 过程文件子程序

在一个应用程序中，可能由于独立文件子程序个数太多，而导致文件个数急剧膨胀，给管理和维护造成困难。因此可将一些子程序存放到一个程序文件中，通常将这种文件称为过程文件，而将其中的子程序称为过程文件的子程序，简称过程。

1. 过程格式

过程的格式：Procedure|Function ＜子程序名＞
               [Parameters|Lparameters ＜形式参数表＞]
  子程序体
               [Retry|Return [＜表达式＞|To Master]]
       Endproc| Endfunc

过程的说明：Procedure 与 Function 功能完全相同，是子程序的开始语句，用于定义一个子程序名，子程序名与内存变量的命名规则相同。根据人们的习惯，通常编写过程子程序时，使用 Procedure-Endproc；而编写函数子程序时，使用 Function-Endfunc，这样便于阅读程序。

子程序体即子程序的主体部分,由语句序列组成,完成子程序的功能。

Endproc 与 Endfunc 功能完全相同,是子程序的结束语句,必须与相应的 Procedure(或 Function)配对使用。如果它的下一个语句是另一个子程序的开始语句(即 Procedure|Function)或者文件结束,则 Endproc|Endfunc 可以省略。编程时将 Endproc 写成 Endprocedure 或将 Endfunc 写成 Endfunction 都是错误的。

过程文件(扩展名为 PRG)本质上也是程序文件,因此建立程序文件的方法都适用于过程文件。

2. 打开过程文件

在调用过程文件中的子程序之前,应该先打开其所在的过程文件,随后的调用方法与独立文件子程序的调用方法完全相同。

语句格式: Set Procedure To <过程文件名表> [Additive]

语句说明: 打开过程文件。一旦打开过程文件,便可以调用其中的子程序。

(1) **过程文件名表**: 指出要打开的各个过程文件名。

(2) **Additive**: 如果使用此短语,则不关闭此前打开的过程文件;否则,先关闭此前打开的过程文件,再打开语句中给出的过程文件。

3. 关闭过程文件

过程使用完毕后,应将其所在的过程文件关闭。

语句格式 1: Set Procedure To

语句说明: 关闭所有打开的过程文件。

语句格式 2: Release Procedure <过程文件名表>

语句说明: 关闭指定的过程文件。

【例 6.31】 用过程文件子程序实现例 6.26。

建立主程序 E6_31.PRG:

```
Store 1 To M,N
I='请输入'
Set Procedure To Sub31        && 打开过程文件
Do INDATA                     && 调用过程 INDATA
X=SCAL(0,M)                   && 调用过程 SCAL
If M=N
   ? X
Else
   Y=SCAL(1,M)/(SCAL(1,N) * SCAL(1,M-N))
   ? X*Y
EndIf
Set Procedure To             && 关闭过程文件
```

建立过程文件 Sub31.PRG:

```
Function SCAL                          && 过程 SCAL 开始语句
   Parameters X,Y
  * 若参数 X=0,计算 1+2+…+Y 的和
  * 若参数 X=1,计算 Y 的阶乘
   If X<>0 And X<>1
      Return 0
   EndIf
   S=X
   For Z=1 To Y
      S=Iif(X=0,S+Z, S * Z)
   Next
   Return S
Endfunc                                && 过程 SCAL 结束语句,可以省略
Procedure INDATA                       && 过程 INDATA 开始语句
   * 输入 M 和 N 两个数
   Input I+'M: ' To M
   Input I+'N: ' To N
Endproc                                && 过程 INDATA 结束语句,可以省略
```

6.7.3 程序文件子程序

在一个程序文件中也可以包含本程序的一些子程序,其结构为:

> 程序段

Procedure|Function <子程序名>

　　[Parameters|Lparameters <形式参数表>]

> 子程序体

　　[Retry|Return [<表达式>|To Master]]

Endproc|Endfunc

在本程序文件中可以直接调用这种子程序,如果将这种程序文件作为过程文件打开,也可以在其他程序文件中调用这种子程序。

【例 6.32】 分别执行 f1. PRG 和 f2. PRG。

f1. PRG:

```
?"执行 f1.PRG "
Do P1                                  && 调用本程序文件中的子程序 P1
Procedure P1                           && 子程序 P1 开始语句
    ?"执行子程序 P1"
Endproc                                && 子程序 P1 结束语句
```

f2. PRG:

```
?"执行 f2.PRG "
```

```
Set Procedure To f1          && 打开 f1.PRG 文件
Do P1                        && 调用 f1.PRG 文件中的子程序 P1
```

执行 f1.PRG 文件时，通过其中的 Do P1 语句，可以直接调用该文件中的子程序 P1。执行 f2.PRG 文件时，由于使用 Set Procedure To f1 语句打开了 f1.PRG 文件，因此也可以调用 f1.PRG 文件中的子程序 P1。

6.7.4　确定子程序的位置

一个子程序可能以独立文件的形式存在，也可能存储于一个过程文件或程序文件之中，那么以函数或过程方式调用子程序时，系统究竟调用什么位置的子程序？特别是多个位置有同名的子程序时，系统将执行哪个子程序的功能？为解决这些问题，VFP 规定了在调用程序时查找子程序的顺序。

1. 明确子程序路径

在 Do 语句调用子程序时，如果在子程序名前明确写出程序所在的路径（例如，Do D:\XSXX\INDATA），则无论是否写文件扩展名，都是调用独立文件子程序，文件位置由路径决定。

2. 指定程序文件的扩展名

在 Do 语句调用子程序时，如果在子程序名中有文件扩展名，而没有文件路径（例如，Do INDATA.PRG），则无论文件扩展名是什么（可能是 PRG、FXP 或其他），都是调用独立文件子程序，并且文件位置应该在文件默认目录中。

3. 仅说明子程序名

在以函数或过程方式调用子程序时，不指定文件路径和扩展名（例如，Do INDATA），调用的子程序可能是独立文件子程序，也可能是当前程序文件中或打开的过程文件中的子程序。系统将按下列顺序查找子程序，在某个位置找到子程序名后便使之运行，并且不再继续查找。

(1) 在调用语句所在的程序文件中查找子程序名。

(2) 在目前打开（Set Procedure 语句）的过程文件中查找子程序名。

(3) 在执行程序的路径链中查找程序文件名。执行程序的路径链由调用子程序时的路径组成，例如，在程序中先后执行过 Do D:\XSGL\E6_21、Do E:\XSXX\E6_22 和 Do C:\GL\E6_23 三条语句，执行程序的路径链为 C:\GL→E:\XSXX→D:\XSGL，即查找程序文件名的顺序为：先找最近使用的路径，最后找最开始使用的路径。

(4) 最后在文件默认目录中查找程序文件名。如果还没找到子程序，则系统弹出错误信息对话框。

6.8 变量的作用域

所谓变量的作用域,就是变量的作用范围,即变量在多大范围内有效。根据变量的作用域,VFP 将变量分为公共变量、私有变量和局部变量 3 种。

6.8.1 公共变量

在整个程序(包括主程序、子程序和对象事件过程等)中都有效的变量是公共变量。在命令窗口中定义的简单变量或数组变量都是公共变量。此外,用 Public 语句也可以定义公共变量。

语句格式:Public <变量名表>

语句说明:在程序中,Public 语句必须放在形参(Parameters 或 Lparameters)语句之后,变量赋值和引用之前。其中变量名表中可以含多个简单内存变量或数组声明。通过此语句定义的公共变量初值为.F.。程序运行结束时其中的公共变量不会自动清除。

【例 6.33】 利用公共变量在程序间传递数据。程序存入文件 E6_33.PRG 中。

* 主程序:

```
Set Talk Off
Clear
Do Sub1           && 调用过程 Sub1
? X,A(1)          && 引用 Sub1 中定义的公共变量 X 和数组元素 A(1),输出 1 和 We
? Sub2()          && Sub2()函数值为 Good
? A(1)            && 公共数组元素 A(1)已在 Sub2 中修改值,输出系统次日的日期
Set Talk On
```

* 子程序 Sub1:

```
Function Sub1
Public X, A(3)    && 定义 X 和数组 A 是公共变量
X=2               && 将公共变量 X 的值改成 2
A(1)='W'          && 将公共数组元素 A(1)的值改成 W
Do Sub3
? X               && 输出结果是:1
? A(1)            && 输出结果是:We
```

* 子程序 Sub2:

```
Procedure Sub2
A(1)=Date() +X    && 系统当前日期与公共变量 X 计算
Return "Good"
```

* 子程序 Sub3:

```
Procedure Sub3
X=X-1                    && 将公共变量 X 的值改成 1
A(1)=A(1)+"e"            && 将公共数组元素 A(1) 的值改成 We
```

在 Sub1 中使用 Public 语句定义的公共变量 X 和数组 A，在所有程序中都有效。

6.8.2　私有变量

在程序运行过程中,仅在定义变量的程序及其子程序中有效的变量,称为该程序的私有变量。如果私有变量与主程序中的变量或公共变量重名,则系统将它们视为完全不同的两个变量,即子程序中赋值或引用的这种变量是其私有变量。当一个程序运行结束时,系统自动清除其私有变量。定义私有变量有如下方法。

方法一：程序中没有用 Public 或 Local 语句说明而首次定义(赋值或 Dimension 声明)的内存变量是其所在程序的私有变量。

方法二：用 Parameters 指定的形参是其所在程序的私有变量。

例如,在例 6.26 的子程序 SCAL 中,由于使用了 Parameters X,Y 语句,因此,X 和 Y 都是 SCAL 的私有变量,即在 SCAL 中引用的 X(如 S=X 语句)是子程序 SCAL 的参数 X,而不是主程序 E6_26 中的变量 X,同样,引用的 Y(如 For Z=1 To Y 语句)也是子程序 SCAL 的参数 Y。

方法三：使用 Private 语句说明的变量是所在程序的私有变量。

语句格式：Private<变量名表>|All[Like<变量名匹配符>|Except<变量名匹配符>]

语句说明：此语句说明变量时不给变量赋初值。Private 语句必须放在指定形参语句之后,在变量赋值语句之前。其中各选项功能如下。

- **变量名表**：指定"变量名表"中的变量是该程序的私有变量。
- **Private All**：程序中出现的所有变量或数组都是所在程序的私有变量。
- **Private All Like <变量名匹配符>**：程序中出现的、与"变量名匹配符"相匹配的变量或数组是其所在程序的私有变量。
- **Private All Except <变量名匹配符>**：程序中出现的、与"变量名匹配符"不匹配的变量或数组,是其所在程序的私有变量。

【例 6.34】　私有变量与其主程序中的重名变量互不干扰。

建立主程序 E6_34.PRG：

```
Clear
Private  All          && (默认)在 E6_34 中的变量都是私有变量
Dimension M(3)        && M 数组中的元素是 E6_34 的私有变量
M(1)=1
M1='是'
M23=2
N=3
Do Sub34
? M(1),M1,M23,N       && 输出结果是：1 是   5  6
```

建立子程序 Sub34.PRG：

```
Private All Like M?    && M 开头最多 2 个字符的变量和数组是 Sub34 的私有变量
Dimension M(3)         && Sub34 的私有数组 M 与 E6_34 中 M 数组不是同一数组
M(1)=N+1               && 引用 E6_34 中的 N 对 Sub34 的私有数组元素 M(1)赋值
M1='否'                && 给 Sub34 的私有变量 M1 赋值
M23=5                  && 修改主程序 E6_34 中的私有变量 M23 的值
N=6                    && 修改主程序 E6_34 中的私有变量 N 的值
? M(1),M1,M23,N        && 输出结果是：4  否  5  6
```

6.8.3 局部变量

在程序运行过程中,仅在定义变量的程序中有效的变量称为该程序的局部变量,也称本地变量。当局部变量与主程序中的局部变量、私有变量或公共变量重名时,子程序中将赋值和引用自身的局部变量。当一个子程序运行结束时,系统自动清除其局部变量。定义局部变量有如下方法。

方法一：用 Local 语句定义局部变量。

语句格式：Local ＜变量名表＞

语句说明：此语句必须放在形参语句之后,在变量被赋值和引用之前。其中变量名表中可以包含多个简单内存变量或数组声明。通过 Local 定义的局部变量,初值为.F.。

方法二：用 Lparameters 语句指定的形参是其所在程序的局部变量。

【例 6.35】 局部变量与主程序、子程序中的变量重名时,互不干扰。

建立主程序 E6_35.PRG

```
Private M
M=1
Do Sub35 With 4
? M                    && 输出结果为：2
```

建立子程序 Sub35.PRG：

```
Lparameters N          && 变量 N 是形参,N 也是 Sub35 的局部变量
Local M                && 定义的局部变量 M 与主程序 E6_35 的变量 M 是两个不同的变量
M=3                    && 给 Sub35 的局部变量 M 赋值
Do Sub351
? M                    && 输出 3。此 M 是 Sub35 的局部变量,不受其他程序中同名变量
                       && 影响
? N                    && 输出结果为：4
```

建立子程序 Sub351.PRG：

```
M=M+1                  && 变量 M 是主程序 E6_35 中的私有变量 M
? M                    && 输出结果为：2
? Vartype(N)           && 输出 U,表明变量 N 不存在,即不能引用 Sub35 中的局部变量 N
```

6.9　程序运行错误的处理

编写程序时难免出现错误,一个程序必须经过反复调试,直到达到预定设计目标为止,才能投入运行。调试程序就是从程序中检查出错误并给予纠正。其重点在于发现错误所在的位置(如程序名、行号、语句)和出错的类型。

6.9.1　程序错误的信息

在程序运行过程中,执行到有错误(如引用的变量未定义、要打开的文件不存在或语句书写错误等)的语句时,在系统默认情况下弹出"程序错误"对话框(见图6.4),要求用户做适当的处理。

图6.4　"程序错误"对话框

(1) **取消**:终止(退出)当前程序的运行。

(2) **挂起**:暂停当前程序,允许用户在命令窗口中执行一些命令,如查看系统状态、建立相关文件、打开文件或为变量赋值等。执行 Resume 命令,将从程序中有错误的语句继续执行。

(3) **忽略**:忽略(跳过)有错误的语句,回到程序中有错误语句的下一条语句继续执行。

(4) **帮助**:转入系统"帮助"功能,说明"程序错误"的相关信息。

6.9.2　程序错误陷阱的设置

对于事先难以预测的程序运行错误位置,可以在程序中设置程序运行错误陷阱,捕捉发生的错误。一旦发生错误就会中断当前程序,转去执行预先设计的错误处理程序,执行完错误处理程序后,再返回到原程序中被中断的位置继续执行。这样可以对整个程序中出现的错误统一处理。

语句格式:On Error ［＜命令＞］

语句说明:通常将此语句放在应用程序的主程序中。在程序运行过程中,执行此语句后,一旦某条语句发生错误,系统就会自动转去执行此语句中的"命令"。"命令"通常是(Do)调用"程序错误处理程序"的语句。如果省略"命令",则取消自定义的错误处理程序,恢复系统默认的错误处理程序。例如,在应用程序的主程序中有语句:

```
On Error MessageBox( '运行错误,暂停执行!')
```

执行此语句后,每当运行到程序中的错误语句时,都会执行一次 MessageBox('运行错误,暂停执行!')语句,进而达到暂停程序的目的。

6.9.3 捕捉程序错误信息

程序错误的信息主要涉及出错语句所在的程序名、行号、语句、出错的类型编号和出错信息文字描述等。在 VFP 中使用系统函数(见表 6.5 所示)捕捉有关信息。

表 6.5 常用捕捉程序错误信息的系统函数

函数名	函数格式	函数值类型	函数功能说明
程序名	Program()	字符型	返回出错的程序名
行号	Lineno()	数值型	返回错误语句在其程序中的行号(程序中的空行、注释行和继续行都占行号)
语句	Message(1)	字符型	返回错误所在的语句本身
类型编号	Error()	数值型	返回错误的系统类型编号
信息描述	Message()	字符型	返回文字描述的出错信息

【例 6.36】 设置出错陷阱及出错处理程序举例。
建立 E6_36.PRG:

```
Clear Memory
Local X
* 设置出错处理程序是:Err36
On Error Do Err36 With Program(),Lineno(),Message(1),Error(),Message()
Input '请输入正整数 X: ' To X
? "X!="+Sub36(X)        && Sub36(X)是数值型,程序出错,转去执行 Err36
On Error                && 恢复系统的错误处理程序
* 子程序 Sub36:
Procedure Sub36
  Lparameters Y
  ? X                   && X 是 E6_36 的局部变量,引用 X 错误,转去执行 Err36
  S=1
  For I=1 To Y
     S=S*I
  Next
  Return S
```

```
*  出错处理子程序 Err36:
Procedure Err36
  Lparameters P, L, C , N, M
  ? '程序名：',P
  ? '所在行号：', L
  ? '所在语句：', C
  ? '错误类型编号：', N
  ? '出错信息描述：', M
```

习　题　六

一、用适当内容填空

1. 在 VFP 中系统默认源程序文件的扩展名是【　①　】,编译程序文件的扩展名是【　②　】,应用程序文件的扩展名是【　③　】,可执行程序文件的扩展名是【　④　】。

2. 在 Accept、Wait 和 Input 语句中,【　　】是接收数值表达式值的语句。

3. 设 X＝2,Y＝1,Z＝3。函数 Iif(X＞Iif(Y＞Z,Y,Z),X,Iif(Y＞Z,Y,Z))的值为【　　】。

4. 在 Do While .T. 循环中,可以使用【　　】命令终止整个循环而不退出程序。

5. Do While 作为循环结构的开始语句,应与循环结束语句【　　】配对使用。

6. Scan 作为循环结构的开始语句,应与循环结束语句【　　】配对使用。

7. 执行 Do While 语句时,最少可能执行【　　】次循环体。

8. 根据变量的作用域,VFP 将变量分为【　①　】、【　②　】和【　③　】3 种。

9. 执行命令 Public X 后,变量 X 的初值是【　①　】;执行命令 Local Y 后,变量 Y 的初值是【　②　】。

二、从参考答案中选择一个最佳答案

1. 在 VFP 中,建立程序文件 A.PRG 的命令是【　　】。
   A. Create Program A　　　　　　　B. Create A
   C. Modify Command A　　　　　　D. Edit A

2. 连编后可以脱离开 Visual FoxPro 环境而独立运行的程序是【　　】。
   A. APP 程序　　　B. EXE 程序　　　C. FXP 程序　　　D. PRG 程序

3. 执行【　　】语句时,若要输入字符串,应使用定界符。
   A. Accept　　　B. Wait　　　C. Input　　　D. @…Say…Get

4. VFP 中的 If…Else…EndIf 语句属于【　　】结构。
   A. 否定　　　B. 分支　　　C. 假设　　　D. 排除

5. VFP 中的 Do Case…Endcase 语句属于【　　】结构。
   A. 顺序　　　B. 分支　　　C. 循环　　　D. 重复

6. 依次执行下列命令后,最后的输出结果是【　　】。

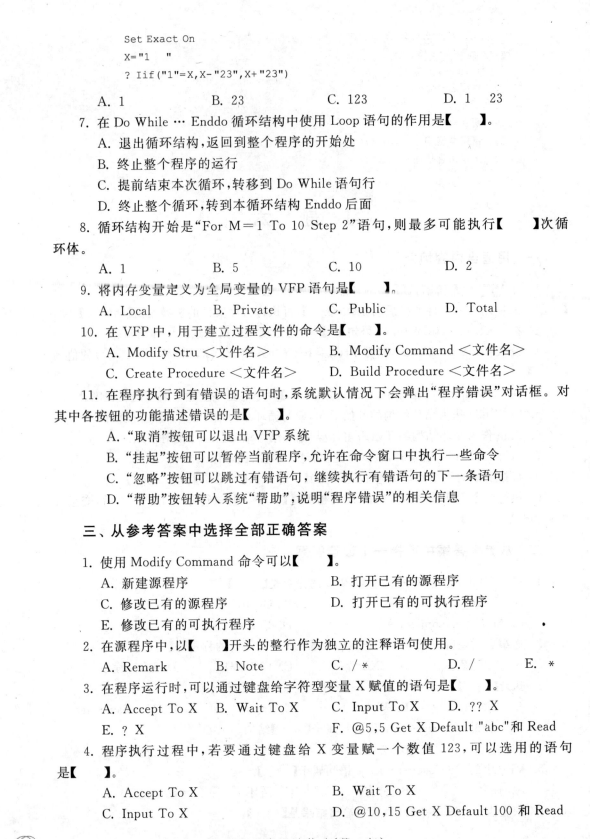

```
Set Exact On
X="1    "
? Iif("1"=X,X-"23",X+"23")
```

    A. 1   B. 23   C. 123   D. 1   23

7. 在 Do While … Enddo 循环结构中使用 Loop 语句的作用是【　　】。

    A. 退出循环结构,返回到整个程序的开始处

    B. 终止整个程序的运行

    C. 提前结束本次循环,转移到 Do While 语句行

    D. 终止整个循环,转到本循环结构 Enddo 后面

8. 循环结构开始是"For M＝1 To 10 Step 2"语句,则最多可能执行【　　】次循环体。

    A. 1   B. 5   C. 10   D. 2

9. 将内存变量定义为全局变量的 VFP 语句是【　　】。

    A. Local   B. Private   C. Public   D. Total

10. 在 VFP 中,用于建立过程文件的命令是【　　】。

    A. Modify Stru ＜文件名＞   B. Modify Command ＜文件名＞

    C. Create Procedure ＜文件名＞   D. Build Procedure ＜文件名＞

11. 在程序执行到有错误的语句时,系统默认情况下会弹出"程序错误"对话框。对其中各按钮的功能描述错误的是【　　】。

    A. "取消"按钮可以退出 VFP 系统

    B. "挂起"按钮可以暂停当前程序,允许在命令窗口中执行一些命令

    C. "忽略"按钮可以跳过有错语句,继续执行有错语句的下一条语句

    D. "帮助"按钮转入系统"帮助",说明"程序错误"的相关信息

三、从参考答案中选择全部正确答案

1. 使用 Modify Command 命令可以【　　】。

    A. 新建源程序   B. 打开已有的源程序

    C. 修改已有的源程序   D. 打开已有的可执行程序

    E. 修改已有的可执行程序

2. 在源程序中,以【　　】开头的整行作为独立的注释语句使用。

    A. Remark   B. Note   C. / *   D. /   E. *

3. 在程序运行时,可以通过键盘给字符型变量 X 赋值的语句是【　　】。

    A. Accept To X   B. Wait To X   C. Input To X   D. ?? X

    E. ? X   F. @5,5 Get X Default "abc"和 Read

4. 程序执行过程中,若要通过键盘给 X 变量赋一个数值 123,可以选用的语句是【　　】。

    A. Accept To X   B. Wait To X

    C. Input To X   D. @10,15 Get X Default 100 和 Read

E. 先执行 X＝"100"，再执行 @10,15 Get X ，然后执行 Read

5. 作为循环结构开始的"For M＝1 To 10"语句，不能与【　　】语句配对使用。

A. Endfor　　　　B. Next M　　　　C. Next　　　　D. EndDo

E. Endcase　　　　F. EndIf

6. 关于带参调用子程序的说法，正确的是【　　】。

A. 实参必须都是内存变量　　　　B. 形参必须都是内存变量

C. 实参可以是常量、变量或表达式　　　　D. 形参可以是常量、变量或表达式

E. 任何情况下形参的值都不会回送给实参

7. 下列语句中，叙述正确的是【　　】。

A. 当一个程序运行结束时，系统自动清除其公共变量

B. 当一个程序运行结束时，系统自动清除其私有变量

C. 当一个程序运行结束时，系统自动清除其局部变量

D. A、B、C 选项的叙述都对

E. A、B、C 选项的叙述都不对

四、阅读程序，用运行结果填空

1. 下面程序的输出结果是【　①　】、【　②　】、【　③　】。

```
Store 0 To X,Y,Z
Do While X<=15
  Y=Y+5
  X=X+Y
  Z=Z+1
Enddo
? X,Y,Z
Return
```

2. 下面程序的输出结果是【　①　】、【　②　】、【　③　】。

```
Y=404
? Space(2)
Do While Y<=700
  Y3=Int(Y/100)
  Y2=Int((Y-Y3*100)/10)
  Y1=Y% 10
  If Y1=Y3
    ?? Str(Y,5)
    Y=(Y3+1)*100
    Loop
  EndIf
  Y=Y+1
Enddo
```

3. 下列程序的输出结果是【 ① 】、【 ② 】、【 ③ 】。

```
Store 5 To N,S
Do While .T.
    N=N+1
    S=S+N
    If N>8
        Exit
    Else
        ? Str(S,2)
    EndIf
Enddo
Return
```

4. 下列程序的输出结果是【 】。

```
Store 1 To S,M,N
Do While M<=5
    S=S+M+N
    N=3
    Do While N>1
        S=S+M+N
        N=N-1
    Enddo
    M=M+2
Enddo
? S
```

5. 执行下列程序,写出相应语句的输出结果。

主程序: EX4_5.prg

```
Clear Memory
Dimension X(2,3),Y(8)
X(1,3)=2
Y(7)="VFP"
Do P1 With X,Y
? X(1,3),Y(7)              && 输出【 ③ 】、【 ④ 】
```

子程序 P1. PRG:

```
Parameters M(2),N(2,3)
? M(1,3),N(7)             && 输出【 ① 】、【 ② 】
M(1,3)=2 * M(1,3)+1
N(7)="学习"+N(7)
Return
```

6. 执行下列程序,写出相应语句的输出结果。

主程序 EX4_6.PRG：

```
Clear Memory
Dimension X(3,3),Y(10)
X(3,2)="学习"
Y(8)=4
Do P2 With X,Y
? Y(8), X(3,2)               && 输出【  ③  】,【  ④  】
```

子程序 P2.PRG：

```
Parameters M, N
? M(3,2),N(8)               && 输出【  ①  】,【  ②  】
M(3,2)=M(3,2)+"VFP"
N(8)=N(8)+1
Return
```

7. 执行下列程序,写出相应语句的输出结果。

主程序 EX4_7.PRG：主程序 EX4_7.PRG：

```
Clear Memory
Dimension M(5)
Store 3 To M,N,K
Do P3 With 2,M(3),Sign(N),2*N,K
? M(3), Sign(N)             && 输出【  ⑥  】,【  ⑦  】
? 2*N, K                    && 输出【  ⑧  】,【  ⑨  】
```

子程序 P3.PRG：

```
Parameters X1,X2,X3,X4,X5
? X1,X2,X3                  && 输出【  ①  】,【  ②  】,【  ③  】
? X4,X5                     && 输出【  ④  】,【  ⑤  】
X1=X1+1
X2=X2+1
X3=X3+1
X4=X4+1
X5=X5+1
```

8. 执行下列程序,写出相应语句的输出结果。

主程序 EX4_8.PRG：

```
Set Udfparms To Reference
Dimension M(5)
Store 3 To M,N,K
? P4(2,M(3),Sign(N),2*N,K)  && 输出【  ⑥  】
? M(3), Sign(N)             && 输出【  ⑦  】,【  ⑧  】
? 2*N,K                     && 输出【  ⑨  】,【  ⑩  】
```

子程序 P4. PRG：

```
Parameters X1,X2,X3,X4,X5
? X1,X2,X3                    && 输出【  ①  】、【  ②  】、【  ③  】
? X4,X5                       && 输出【  ④  】、【  ⑤  】
X2=X2+1
X3=X3+1
X4=X4+1
X5=X5+1
Return X1+6
```

9. 执行下列程序，写出相应语句的输出结果。

建立 EX4_9. PRG：

```
Set Talk Off
X=10
Y=20
Do Sub1
? X,Y,Z                       && 输出【  ④  】、【  ⑤  】、【  ⑥  】
* 子程序 Sub1
Procedure Sub1
Private X
Local Y
Public Z
X=1
Y=2
Z=3
? X,Y,Z                       && 输出【  ①  】、【  ②  】、【  ③  】
Return
```

五、用适当内容填空，使程序完整

1. 填写下面的程序，使它成为对任意数据表都可以追加、删除记录的通用程序。

```
Set Talk Off
Accept "请输入数据表名： " To Name
Use【  ①  】
?"1.追加记录"
?"2.删除记录"
Wait "请选择(1或2) " To M
If【  ②  】
  Append
Else
Input "输入要删除的记录号： " To N
  【  ③  】
    Delete
```

```
        Pack
    EndIf
    Use
    Set Talk On
```

2. 运行下面程序,可以显示 CJB. DBF 表(表中有数值型字段"考试成绩")中的考试成绩的最高分。

```
Use【  ①  】
MX=0
【  ②  】
    MX=Max(考试成绩,MX)
Endscan
?"最高分: ",【  ③  】
```

3. 以下是评分统计程序,共有 7 位评委打分。统计时去掉 1 个最高分和 1 个最低分,其余 5 个分数的平均值即为最后得分。

```
Set Talk Off
Dimension CJ(7)
【  ①  】                        && 依次输入 7 个评委的打分
    Input "输入第"+Str(N,1)+"个评委的打分(0~100): " TO CJ(N)
Endfor
Store CJ(1) To MX,MN,SM
For M=2 To 7
    If MX<CJ(M)
        MX=CJ(M)
    Else
        If MN>CJ(M)
            MN=CJ(M)
        EndIf
【  ②  】
【  ③  】
Endfor
AG=(SM-MX-MN)/5
?"最后得分为: ",Str(AG,5,1)
?"去掉的最高分为: ",Str(MX,5,1)
?"去掉的最低分为: ",Str(MN,5,1)
```

4. 下面程序的功能是按学号查找学生的基本情况,请将程序填写完整。

```
Set Talk Off
Use XSB
Index On 学号 Tag xuehao
CX="Y"
Do While【  ①  】
```

```
        Accept "请输入要查找的学号：" To XH
        Seek【  ②  】
        If【  ③  】
            Display
        Else
            ?"查无此人！"
        EndIf
        Wait "继续查询吗(Y/N)?" To CX
    Enddo
    Use
```

5. 求 1~20 能被 3 整除的奇数的阶乘和。

主程序：

```
    Set Talk Off
    S=0
    For K=1 To 20 Step 2
        If【  ①  】
            【  ②  】
                S=S+N
        EndIf
    Endfor
    ?"1~20之间内被 3 整除的奇数的阶乘和是："+Str(S)
    Set Talk On
```

子程序 P1.PRG：

```
    Para M
    【  ③  】
    N=1
    For J=1 To M
        N=N * J
    Endfor
    Return
```

6. 程序 KBJ3.PRG 能输出如下乘法九九表。

```
    1 * 1=1    1 * 2=2    1 * 3=3      …      1 * 9=9
    2 * 2=4    2 * 3=6    2 * 4=8 …  2 * 9=18
    ⋮
    9 * 9=81
```

程序 KJB3.PRG：

```
    Clear
    For M=1 To【  ①  】
        For N=【  ②  】To 9
```

```
            ?? Space(2),Str(M,1),"*",Str(N,1),"=",Str(M*N,2)
        Endfor
    【   ③   】
    Endfor
```

六、用程序中执行到的语句编号填空,多次执行到的语句重复填写其编号

主程序 MAIN.PRG:

```
        Input '请输入:' To  X
1)      M=SUB(X)+5
2)      ? M
```

子程序 SUB.PRG:

```
        Parameter N
        Private M
        If N>100
3)          Return  0
        EndIf
        M=0
        For K=1 To N
4)          M=M+K^2
        Next
        Return M
```

执行程序时,若输入 2,则执行【 ① 】、【 ② 】、【 ③ 】、【 ④ 】语句,输出 10。

若输入 −1,则执行【 ⑤ 】、【 ⑥ 】语句,输出 5。

若输入 101,则执行【 ⑦ 】、【 ⑧ 】、【 ⑨ 】语句,输出 5。

七、修改程序中的错误

A 数组有 6 个元素,前 5 个数组元素的值已按从小到大的顺序排列。下面程序段的功能是:通过键盘给第 6 个数组元素 A(6)赋值,并使得 A 数组的 6 个元素按非逆序输出。请根据题意,改正程序段中的错误。

```
Dimension A(6)
A(1)=-10000
A(2)=-100
A(3)=0
A(4)=100
A(5)=10000
Input "请输入要插入的整数:" to N
For K=1 To 6
    If A(K)>N
```

```
        A(K)=N
        N=A(K)
    EndIf
Next N
?"A数组的 6 个元素按非逆序输出："
For K=1 To 6
    ? A(K)
Endfor
```

八、程序设计题

1. 求 100～999 的全部"水仙花数"。所谓"水仙花数"是指一个三位整数,其各位数的立方和等于该数自身,如 $371(=3^3+7^3+1^3)$ 就是"水仙花数"。

2. 分别用 Do While、For 和 Scan 循环结构编程,依据 CJB 中的总分划定各学生的成绩等级。等级标准为:优:86 分以上;良:85～80 分;中:79～65 分;合格:64～60 分;不合格:60 分以下。

3. 声明二维数组 AM,再求数组 AM 中每一行元素的最小值。

4. 利用求阶乘子程序,计算 C_m^n 的值。要求:运行时 m 与 n 的值(要求 m≥n)由键盘输入,其值为正整数且不超过 10。

思 考 题 六

1. 在 VFP 中,执行命令有几种方式?各种方式的特点是什么?

2. 运行程序时从键盘输入数据有几种方式?Input 与@ … 命令的异同点是什么?

3. Cancel、Suspend、Return、Loop、Exit 及 Quit 命令的区别是什么?

4. 通常 Do While、For 和 Scan 循环结构各在什么场合使用?它们之间有何联系?

5. 在不同的循环结构中使用 Loop 和 Exit 语句,异同点是什么?在循环体中使用的 Loop 和 Exit 语句是否必须放在分支结构中?如不放在分支结构中,可能会带来什么问题?

第7章

表单设计及应用

在 VFP 中,将 Windows 操作系统中的窗口称为表单(Form)。表单在面向对象程序设计中得到了广泛应用,且起到了非常重要的作用。本章将介绍在 VFP 中如何创建表单、使用表单,以及面向对象程序设计中相关的基础知识。

7.1 表 单 样 例

表单是用户与应用程序之间进行交互的主要界面,例如,在"学生信息窗口"(如图 7.1 所示)中可以通过操作表单中的控件对学生信息进行显示和修改等操作。

图 7.1 学生信息窗口

在样例中,通过在表单上添加标签、文本框、选项按钮组、组合框和命令按钮组等控件,并设置其相关属性,使操作界面更加友好。同时,通过在相关事件中编写代码而完成一些操作功能,例如,在"下一条"按钮的 Click 事件中编写代码,当运行表单时单击该按钮,能够在表单中显示下一个学生的信息。

通过上述样例,不难看出表单是面向对象程序设计的基础,如何创建表单则是首要解决的问题。VFP 提供了两种表单设计工具:表单向导和表单设计器。

7.2 表单向导

VFP 提供了一些向导工具,其作用是引导设计人员通过简单的操作生成程序,从而简化了编写代码的过程,表单向导便是其中之一。

利用表单向导制作表单时,并不需要对表单有太多了解,只需逐步回答向导中所提出的一系列问题,最终,表单向导会根据相应要求自动产生一个表单。

启动表单向导的常用方法有两种。

图 7.2 "向导选取"对话框

方法一:单击"工具"→"向导"→"表单",打开"向导选取"对话框,如图 7.2 所示。

方法二:单击"文件"→"新建",选定文件类型为"表单",单击"向导"按钮,进入"向导选取"对话框。

在"向导选取"对话框中,有"表单向导"和"一对多表单向导"两个选项,即利用向导可以生成两类表单:"表单向导"可以生成只包含单个数据对象(表或视图)的表单;"一对多表单向导"可以生成基于两个数据对象的表单。

【例 7.1】 使用表单向导创建只包含学生表(XSB)的表单。

(1) **启动"向导选取"对话框**:单击"文件"→"新建",选择"文件类型"为"表单",单击"向导",选择"表单向导",单击"确定"按钮,进入"表单向导"对话框,如图 7.3 所示。

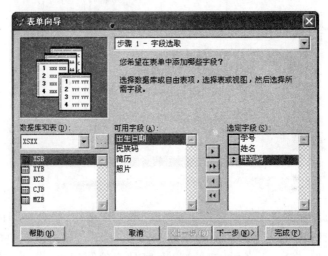

图 7.3 表单向导对话框

(2) **步骤 1-字段选取**:单击"数据库和表"的浏览按钮,选择 XSB 表,将相关字段(如学号、姓名和性别码)从"可用字段"移动到"选定字段",单击"下一步"按钮。

（3）**步骤 2-选择表单样式**：为表单选择一种"样式"（如标准式）和"按钮类型"（如文本按钮），单击"下一步"按钮。

（4）**步骤 3-排序次序**：设置数据记录在表单中的显示顺序。在"可用的字段或索引标识"列表框中，选择排序字段，如选定学号字段，添加到"选定字段"列表框中，单击"下一步"按钮。

（5）**步骤 4-完成**：在"请键入表单标题"框中输入：学生信息，然后选择一种保存表单方式。在单击"完成"按钮前，可以单击"预览"按钮，预览表单样式及其内容，若要修改表单，可依次单击"上一步"按钮回溯到前面的操作。

（6）最后单击"完成"按钮，保存表单为：EXA7_1. SCX。

利用表单向导，系统能够根据需要在表单上自动生成一组控件，并省去了编写代码的麻烦。这种产生表单的方法简单、方便、快捷，但它所产生的表单模式固定，若想随意设计或修改表单，利用表单设计器会更灵活一些。

7.3　表单设计器

表单设计器用于创建和修改表单，向表单中添加各类控件（如文本框和命令按钮等），设置表单及其他控件的属性，编写各类事件的代码等。

7.3.1　新建表单文件

新建表单文件，即产生新的表单，可以使用如下 3 种方法实现。

方法一：单击"文件"→"新建"，选定文件类型为"表单"，单击"新建文件"按钮。

方法二：单击"常用"工具栏上的"新建"工具，选定文件类型为"表单"，单击"新建文件"按钮。

方法三：在程序或命令窗口中通过命令建立表单。

命令格式：Create Form [[＜路径＞]＜表单文件名＞]。

命令说明：命令中可以只写表单文件主名，不指定其扩展名，系统默认表单文件的扩展名为 SCX；若命令中省略＜表单文件名＞，则直接进入表单设计器，待保存文件时再为表单文件命名。

【**例 7.2**】　利用命令，创建 EXA7_2. SCX 表单。在命令窗口中输入下列命令：

```
Create Form EXA7_2   && 文件名前未指定路径，文件将被保存在默认目录中
```

7.3.2　表单设计器的基本组成

无论利用哪一种方法建立表单文件，都会进入表单设计器，在表单设计器中可以对表单进行设计与修改。表单设计器的基本组成如图 7.4 所示。

图 7.4　表单设计器的基本组成

（1）**表单设计器窗口**：此窗口内包含正在设计的表单（如 Form1），在表单上可以添加对象及编写事件代码等。

（2）**表单控件工具栏**：利用表单控件工具栏提供的常用控件工具，可以向表单中添加所需要的对象（如文本框、命令按钮等）。

（3）**属性窗口**：用于设置表单及其所包含对象的属性。

7.3.3　保存表单

建立表单之后，可以将设计结果保存起来，系统在磁盘上将产生两个文件：扩展名为 SCX 的表单文件和扩展名为 SCT 的表单备注文件。常用保存表单的方法如下。

方法一：单击"文件"→"保存"（或"另存为"）。

方法二：单击表单设计器窗口的"关闭"按钮，当询问是否要保存时，选择"是"即可保存。对于新建表单使用此方法时，若对表单没做任何改动，则仅关闭表单设计器窗口，系统不会保存表单。

方法三：按 Ctrl＋W 键或 Ctrl＋S 键。

使用上述方法保存未命名的表单时，系统将弹出"另存为"对话框，并要求为表单文件命名。

7.3.4　打开表单文件

打开表单文件后,进入表单设计器,可以修改表单。打开表单的常用方法有 3 种。

方法一：单击"文件"→"打开",在"打开"对话框中选择"文件类型"为"表单",选定要打开的表单文件,单击"确定"按钮。

方法二：单击"常用"工具栏上的"打开"按钮,在"打开"对话框中,选择"文件类型"为"表单",选择要打开的表单文件,单击"确定"按钮。

方法三：在程序或命令窗口中执行命令。

命令格式：Modify Form [[<路径>]<表单文件名>]

命令说明：当不指定表单文件名时,系统弹出"打开"对话框,其操作方法与前两种方法类似。如果指定表单文件名,则直接进入表单设计器。当表单文件已经存在时,打开表单文件；当表单文件不存在时,系统新建并打开空表单。

【例 7.3】　利用命令打开已有表单文件 EXA7_2.SCX。在命令窗口中输入下列命令：

```
Modify Form EXA7_2
```

7.3.5　运行表单

要检验表单的整体效果,测试表单上各控件的正确性,或者实现表单的功能,都需要运行表单。运行表单的方法如下。

1. 在表单设计器中运行表单

方法一：右击表单,在弹出的快捷菜单中选择"执行表单"。

方法二：单击"表单"→"执行表单"。

方法三：单击常用工具栏上的"运行"按钮 ！ 。

2. 运行表单文件

方法一：单击"程序"→"运行",在"运行"对话框中选择"文件类型"为"表单",选定表单文件名,再单击"运行"按钮。

方法二：在程序或命令窗口中执行命令。

命令格式：Do Form　[<路径>]<表单文件名> [Name　<表单引用名>]

命令说明：在表单文件名中可以省略扩展名 SCX。Name 短语的作用是：在运行表单的同时为表单指定引用名,以便在其他程序或事件代码中引用表单的属性和方法程序。如果省略 Name 短语,则表单文件主名即为表单引用名。表单引用名的命名规则和作用域与内存变量相同,数据类型为对象(表示符号为大写英文字母 O)。如果在本表单以外引用该表单的属性或方法程序,则在运行表单前,要用 Public 语句说明表单引用名为公共引用名。

【**例 7.4**】 在命令窗口中运行表单 EXA7_2,并为其指定引用名为 TEST。

Do Form EXA7_2 Name TEST

7.3.6 快速创建表单

在表单设计器中,同样也可以简单、快速地为某个数据表中的字段产生相应的控件,即快速创建表单。快速表单主要利用"表单生成器"完成相关的操作,进入"表单生成器"对话框(见图 7.5)的方法主要有两种。

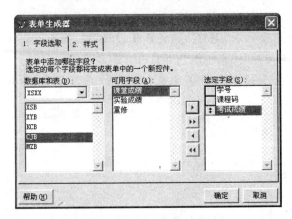

图 7.5 "表单生成器"对话框

方法一:单击"表单"→"快速表单"。

方法二:从表单的右击菜单中选择"生成器"。

其余操作过程和方法与表单向导类似。生成的结果也是将字段名作为表单中的标签控件,字段值作为文本框和复选框等控件,但不生成命令按钮组。

【**例 7.5**】 利用快速表单创建包含成绩表(CJB)中字段的表单 EXA7_5.SCX。

(1) 在命令窗口执行:Create Form EXA7_5。

(2) 从表单的右击菜单中选择"生成器",选择"字段选取"选项卡。

(3) 单击"数据库和表"右侧的浏览按钮,在"打开"对话框中选择 CJB 表文件,若此数据表属于数据库 XSXX,则该数据库中包含的所有数据表名均出现在左侧的列表框中(见图 7.5);否则只有 CJB 数据表作为自由表出现在列表框中。

(4) 选定数据表 CJB,在"可用字段"中选定字段名,单击"添加"按钮或双击字段名,使其添加到"选定字段"中,最后单击"确定"按钮。

(5) 根据选定的字段,表单中自动出现一些控件(字段名以标签方式出现,字段内容以文本框或复选框等方式出现)。运行表单时,控件中显示表 CJB 中第一条记录相关字段的值。

7.4　表单上控件的设置

利用表单向导和快速表单生成表单后,VFP系统都将在表单中产生一些控件,这种设置控件的方法虽然简单、快捷,但缺少灵活性。要在表单上添加控件,可以使用"表单控件"工具栏,如图7.6所示。

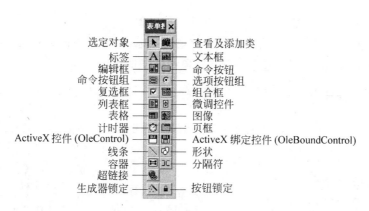

选定对象	查看及添加类
标签	文本框
编辑框	命令按钮
命令按钮组	选项按钮组
复选框	组合框
列表框	微调控件
表格	图像
计时器	页框
ActiveX 控件 (OleControl)	ActiveX 绑定控件 (OleBoundControl)
线条	形状
容器	分隔符
超链接	
生成器锁定	按钮锁定

图7.6　"表单控件"工具栏

"表单控件"工具栏是一个浮动的窗口,可以通过拖曳其标题栏,将它移至不同位置,根据需要也可以使"表单控件"工具栏隐藏或显示。隐藏/显示"表单控件"工具栏的方法有以下几种。

方法一:单击"显示"→"表单控件工具栏"。

方法二:单击"表单设计器"工具栏上的"表单控件工具栏"按钮 。

7.4.1　向表单中添加控件

在表单设计器中,可以使用"表单控件"工具栏向表单中添加各种控件,如命令按钮、标签、文本框和图像等。

向表单中添加控件的操作是:首先打开表单设计器,然后单击(即选定)"表单控件"工具栏中某个控件按钮,将鼠标移至表单中适当的位置,单击鼠标,便创建了一个控件。

【例7.6】　在表单EXA7_2中添加一个标签和一个文本框,具体操作如下:

(1)在命令窗口中执行 Modify Form EXA7_2。

(2)在"表单控件"工具栏中单击"标签"按钮 **A**,然后在表单空白处单击鼠标,便产生一个标签控件,其显示默认文字 Label1。

(3)在"表单控件"工具栏中单击"文本框"按钮 ,然后单击表单空白处,便产生一个文本框控件,其显示默认文字 Text1。

7.4.2 设置控件

1. 选定控件

对表单中的对象进行操作之前,应该先选定对象。当鼠标单击某个对象后,该对象周围出现 8 个控点,这表明它是当前被选定的对象。使多个对象同时处于选定状态的方法有以下几种。

方法一:按住 Shift 键,再逐个单击欲选定的对象。

方法二:在表单空白位置按住鼠标左键拖动鼠标,将拖出一个适当大小的虚线框,然后放开鼠标左键,被虚线框圈起来的所有对象都处于选定状态。

2. 改变控件大小

选定控件后,将鼠标移至对象的某个控点上,按住鼠标左键拖动对象的控点将改变其大小。

3. 移动控件

将鼠标移至欲移动的控件上,按住鼠标左键拖动控件,即可移动所选定的控件,若此刻有多个选定的控件,则它们将被同时移动。用键盘上的光标控制键可以微调选定控件的位置。

4. 复制、剪切与粘贴控件

在控件的快捷菜单中选择"复制"(或"剪切"),再将鼠标移至目的位置,同样右击,选择"粘贴"。使用"常用"工具栏或"编辑"菜单中的"复制"(或"剪切")和"粘贴"。均可完成控件的复制、剪切与粘贴任务。

5. 删除控件

选定控件后,选择"编辑"菜单中的"清除",或按键盘上的 Del 键可以删除所选控件。

6. 设置 Tab 键的次序

Tab 键次序就是在表单运行时,按 Tab 键,光标所经过各个控件的顺序。系统默认的 Tab 键次序是向表单中添加控件的先后顺序,Tab 键的次序可按下列步骤进行调整。

(1) **确定调整 Tab 键次序的方法**:单击"工具"→"选项",在"选项"对话框中进入"表单"选项卡,在"Tab 键次序"组合框中选择"交互"(系统默认的调整方法)或"按列表"。

(2) **设置 Tab 键次序**:确定调整方法后,选择"显示"菜单中的"Tab 键次序"来调整 Tab 键次序。

如果选用"交互"式的调整方法,则在各个控件的左上角将显示 Tab 键次序号(1,2,…),可以通过多次单击控件以改变 Tab 键次序号;若选用"按列表"式的调整方法,则会显示一个"Tab键次序"对话框,其中所显示对象的前后顺序就是Tab键次序,可以拖动对象左侧的按钮改变其上下位置,从而改变Tab键次序。

7. 网格线的使用

在表单设计器中,表单上默认有网格线。在表单设计过程中,网格线主要起参照控件位置的作用。

(1) **设置网格线的方法**:单击"格式"→"设置网格刻度",在"设置网格刻度"对话框中设置网格的水平和垂直间距(单位是像素)。

(2) **添加或移去网格线**:单击"显示"→"网格线"。

8. 控件布局

通过表单的布局工具栏,可以将某个控件在表单中"水平居中"和"垂直居中",也可以将一些选定的控件"左边对齐"、"右边对齐"、设置成"相同宽度"或"相同高度"等,在VFP中可以显示或隐藏布局工具栏。

方法:单击"显示"→"布局工具栏",或者单击常用工具栏上的"布局工具栏"按钮。

在表单中设置控件对齐方式的方法是:在表单上先选定需要布局的一些控件,再单击布局工具栏中对应的工具即可。

9. 控件遮挡处理

在表单上,要使一个控件放置在其他控件上面,可将其"置前";要使一个控件被其他控件遮挡,可将其"置后"。

方法:先选定控件,再单击"格式"→"置前"或"置后"。也可以通过布局工具栏将控件"置前"或"置后"。

7.5 对象及其属性

面向对象程序设计(Object-Oriented Programming,OOP)与结构化程序设计相比较,主要特点在于:在设计程序时,设计人员用系统提供的工具设计对象,减少了程序编码,简化了程序设计的过程;在应用程序运行时,为用户提供了可视化图形界面,方便操作。VFP支持面向对象程序设计技术。

7.5.1 对象及分类

在面向对象的程序设计中,表单、命令按钮、文本框和选项按钮组等都是程序中的对象,对象是构成程序的基本单位。在一个表单上往往有许多对象,如命令按钮、文本框和选项按钮等。在VFP中,通常将表单中的对象称为控件。对象分为基本对象和容器对象两种。

（1）**基本对象**：是不能包含任何对象的对象，也称为简单对象或基本控件。如标签、命令按钮和文本框等都是基本对象。

（2）**容器对象**：是能够容纳其他对象的对象。如表单、命令按钮组、选项按钮组和页框等都是容器对象。各类容器对象中所能包含的对象有所不同，一个容器对象也可能包含另一个容器对象。例如，表单中可以包含命令按钮组，而命令按钮组本身又是包含命令按钮的容器对象。通常将外层对象称为父对象，将内层对象称为子对象。表7.1列出了各类容器对象及其所能包含的对象。

表 7.1 容器对象

容器类名	包含的子对象类名	容器类名	包含的子对象类名
命令按钮组	命令按钮	表格	表格列
容器（Container）	各类控件	选项按钮组	选项按钮
表单集	表单	页框	页面
表单	各类控件	页面	各类控件
表格对象	列标题和列控件		

7.5.2　对象的属性窗口

对象是应用程序的重要组成部分，通过对象的属性、事件和方法程序来控制和管理对象，即属性、事件和方法程序是构成对象的3个要素。表单设计器的属性窗口（见图7.7）用于显示和设置这3个方面的内容。

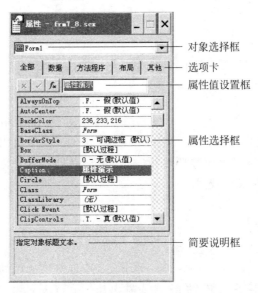

图 7.7　对象"属性"窗口

1. 属性窗口的显示/隐藏

在表单设计器中,可以通过下列方法显示或隐藏"属性"窗口。

方法一:单击"显示"→"属性"。

方法二:从对象的右击菜单中选择"属性"。

方法三:单击工具栏上的"属性窗口"按钮📰。

2. 属性窗口的组成

属性窗口主要用于设置当前选定对象的可修改属性值,或者进入事件和方法程序的代码编辑器。不同类型的对象有不同的属性,如果当前有多个选定的对象,则可以同时修改这些对象的公共属性的值。属性窗口由对象选择框、选项卡、属性设置框、属性选择框和简要说明框 5 部分组成,如图 7.7 所示。

(1) **对象选择框**:包含当前表单及其中的所有对象,可以通过"对象选择框"选择当前对象。

(2) **选项卡**:属性窗口中有"全部"、"数据"、"方法程序"、"布局"和"其他"5 个选项卡,各选项卡的作用如下。

- **全部选项卡**:如果当前选定一个对象,则显示该类对象的全部属性、事件和方法程序;如果当前选定多个对象,则仅显示这些对象的公共属性(不含事件和方法程序)。

- **数据选项卡**:显示与对象有关的数据操纵属性。如文本框的 InputMask、Value 和 ControlSource 等属性。

- **方法程序选项卡**:仅显示与对象有关的事件和方法程序。如果当前选定多个对象,则该选项卡不可用。

- **布局选项卡**:显示与对象有关的布局属性。如 BackColor、Left、Visible 和 FontSize 等。

- **其他选项卡**:显示与对象有关的其他属性。如 Name 和 Enabled 等。

(3) **属性选择框**:每一行表示一个属性、事件或方法程序,包括名称和值两列,各行信息按名称列升序排列。如果选定可修改属性行,则在"属性值设置框"中可以修改或选择属性的值;如果双击事件或方法程序行,则打开代码编辑窗口允许编写事件或方法程序的代码。

(4) **属性值设置框**:用于静态设置当前属性的值。

(5) **简要说明框**:在"属性选择框"中选定某一属性、事件或方法程序时,此位置将显示对应的简要说明,帮助用户了解所选内容的含义。

7.5.3 对象的属性及其设置

对象的属性用于描述对象的特征。例如,名称(Name)、高度(Height)、宽度(Width)、背景颜色(BackColor)和前景颜色(ForeColor)等。在属性窗口(见图 7.7)的"数据"、"布局"和"其他"3 个选项卡中显示的内容都是相关对象的属性。

1. 对象的属性

对象的属性由属性名和属性值组成,通过设置其属性值可以改变对象的特征,而通过引用属性值可以实现对象之间的信息交换。VFP中表单的常用属性如表7.2所示。

表7.2　表单的常用属性

属 性 名	作用及说明	类型	设置
AutoCenter	初始显示表单时,是(.T.)否(.F.)在主窗口内自动居中	逻辑型	动态
BackColor	背景颜色。由红、绿、蓝(RGB)三原色组合,R、G、B的取值范围均是0~255。如RGB(255,0,0)表示红色,RGB(0,255,0)表示绿色	数值型	动态
Caption	标题栏上的文字内容	字符型	动态
Closable	表单关闭按钮是(.T.)否(.F.)可用,控制菜单中是(.T.)否(.F.)有"关闭"菜单项	逻辑型	动态
ControlBox	是(.T.)否(.F.)有最小、最大和关闭按钮以及控制菜单	逻辑型	动态
Desktop	是(.T.)否(.F.)可显示在任何位置。.F.是仅显示在主窗口	逻辑型	静态
Enabled	是(.T.)否(.F.)可用(可操作)	逻辑型	动态
Height	高度,单位为像素点	数值型	动态
Icon	控制菜单的图标文件名。默认图标是"狐狸头"	字符型	动态
Left	左边开始位置,单位为像素点	数值型	动态
MaxButton	最大化按钮是(.T.)否(.F.)可用,控制菜单中是(.T.)否(.F.)有"最大化"菜单项	逻辑型	动态
MinButton	最小化按钮是(.T.)否(.F.)可用,控制菜单中是(.T.)否(.F.)有"最小化"菜单项	逻辑型	动态
Movable	是(.T.)否(.F.)可以移动位置	逻辑型	动态
Name	表单名称。系统默认值为:Form<序号>	字符型	动态
ShowTips	是(.T.)否(.F.)显示表单中对象的提示文字(ToolTipText属性的值)	逻辑型	动态
ShowWindow	表单的角色。0-在屏幕中,1-在顶层表单中,2-作为顶层表单	数值型	静态
TitleBar	是否打开(1)或关闭(0)表单的标题栏	数值型	动态
Top	顶端开始位置,单位为像素点	数值型	动态
Visible	对象是可见(.T.)或隐藏(.F.)	逻辑型	动态
Width	宽度,单位为像素点	数值型	动态
WindowState	运行表单时的初始状态:0-普通,1-最小化,2-最大化	数值型	动态
WindowType	表单的类型:0-无模式,1-模式	数值型	动态

在设计表单及其对象时,对象的属性分为只读和可修改两种。只读属性的值由系统

自动生成,不允许修改,但在程序中可以引用其值。在属性窗口中以斜体字表示只读属性的值(如 BaseClass 属性的值 *Form*)。可修改属性由系统生成默认值,通过属性窗口可以修改其值,称为静态设置,以黑体字表示修改过的属性值。

在运行表单的过程中,通过程序代码也可以修改对象的属性值,通常将这种方法称为动态设置。在表 7.2 的"设置"列中,标有"静态"的属性,只能静态设置;标有"动态"的属性,既可以静态设置,也可以动态设置。

2. 对象属性的静态设置

在属性窗口中选择某属性后,可以在"属性设置框"中输入或选择属性值,具体静态设置对象属性的方法如下。

(1) 若"属性设置框"(如 Caption 属性)为文本框,则通过键盘修改属性的值,按回车键或单击"√"按钮使修改的内容生效;按 Esc 键或单击"×"按钮取消修改的内容。

(2) 若"属性设置框"(如 WindowState 属性)为组合框,则在组合框中选择属性值,或者双击属性行切换到要选择的属性值。

(3) 若"属性设置框"(如 BackColor 属性)右侧有浏览按钮,则单击浏览按钮,可以从打开的对话框选择适当的属性值。

(4) 在修改过的属性行上右击,从快捷菜单中选择"重置为默认值",可以将该属性恢复到系统默认值。

(5) 当属性的值来源于表达式(如数据表中的字段、函数或比较复杂的运算等)时,编写表达式必须以等号"="开始,例如,=Year(Date()),也可以单击"属性设置框"左侧按钮 f_x ,借助"表达式生成器"编写表达式。

3. 对象属性和方法程序的引用

在编写程序或事件代码时,对引用的对象属性或方法程序名,需要指明其隶属的对象。在 VFP 中,为了指明属性或方法程序隶属的对象,可以从最外层容器名开始引用,或者通过某个代词开始引用。

(1) **从最外层容器名开始引用**:从包含对象的最外层容器开始向对象一层层地引用至对象的属性或方法程序名。引用格式为:

<最外层容器名>.[<容器名1>.]…[<容器名n>.]<对象名>.<属性名|方法程序名>

最外层容器通常是表单,表单名为表单的引用名,表单中的各种对象名均是对象的Name 属性值。格式中由右到左是逐级隶属关系,而<属性名|方法程序名>是要引用的对象属性或方法程序,即对最后一级对象进行操作。

(2) **通过代词引用**:在编写对象的事件(方法程序)代码时,为了更方便地引用对象的属性或方法程序,VFP 中定义了一些代词,常用的代词有 ThisForm、This 和 Parent。引用格式为:

<代词>.[<容器名1>.]…[<容器名n>.]<对象名>.<属性名|方法程序名>

- **ThisForm**：表示引用对象的属性或方法程序的语句所在的表单。
- **This**：表示引用对象的属性或方法程序的语句所在的对象。
- **Parent**：表示引用对象的属性或方法程序的语句所在对象的直接容器(父)对象。

4. 对象属性的动态设置

对象属性的动态设置就是在程序运行过程中修改属性的值。动态修改属性的值有两种途径。一种途径是表单运行过程中由用户操作相关对象修改属性的值。例如,拖动表单框改变表单大小,将修改表单的 Width 或 Height 属性的值;在文本框上输入数据,将修改文本框的 Value 属性的值;在选项按钮组中选定某项,将同时修改选项按钮组和选项按钮的 Value 属性值。另一种途径是运行程序代码修改相关属性的值,这需要在程序设计阶段编写相关的程序或事件代码。

【例 7.7】 新建一个表单 EXA7_7.SCX,静态设置标题为属性示例,表单上有命令按钮 Command1。在运行表单过程中,双击表单时将其最大化;右击表单时将表单底色变浅绿色;单击 Command1 按钮时,其显示文字变为表单中的标题。并编写程序 PRG7_7.PRG,其功能是运行表单并动态设置表单的相关属性。

设计表单及程序的步骤如下。

(1) 在命令窗口中执行：Create Form EXA7_7。

(2) 在属性窗口中将 Caption 的值设为"属性示例"。

(3) 单击表单"控件工具"栏的"命令按钮",再单击表单建立命令按钮 Command1(属性默认)。

(4) 双击表单 EXA7_7 进入代码编辑窗口。

(5) 在"过程"组合框中选择 DblClick(双击事件),并在代码编辑区中输入如下代码：

```
This.WindowState=2                && 表单运行过程中,双击表单可使表单最大化
```

(6) 在"过程"组合框中选择 RightClick(右击事件),并在代码编辑区中输入如下代码：

```
EXA7_7.BackColor=RGB(128,255,128)    && 表单运行过程中,右击表单可改背景色
```

(7) 在"对象"组合框中选择 Command1,在"过程"组合框中选择 Click(单击事件),并在代码编辑区中输入如下代码：

```
This.Caption=ThisForm.Caption        && 单击命令按钮将表单的标题显示于按钮上
```

(8) 保存表单 EXA7_7,然后在命令窗口中执行 Modify Command PRG7_7,在程序编辑器中输入如下代码：

```
Public EXA7_7
Do Form EXA7_7
MessageBox('确定后隐藏表单'+EXA7_7.Caption,'提示')
EXA7_7.Visible=.F.
```

```
MessageBox('确定显示表单'+EXA7_7.Caption,'提示')
EXA7_7.Visible=.T.
```

(9) 在命令窗口中执行：Do PRG7_7。

在此例的事件（DblClick、RightClick 和 Click）代码中，既可以引用代词 This、ThisForm，也可以引用表单文件主名 EXA7_7。但在程序 PRG7_7.PRG 中，只能引用表单文件主名 EXA7_7。另外，在表单事件 DblClick 中引用的 This 表示表单 EXA7_7，而在命令按钮事件 Click 中引用的 This 表示 Command1。

7.6 对象的事件及触发

在面向对象程序设计中，事件是对象响应某种操作时的一种反映机制，是响应某种操作的程序代码入口。每个对象都有一组事件，同一类对象具有相同的事件组；而不同类的对象可能具有不同的事件。

7.6.1 对象的事件

在属性窗口的"方法程序"选项卡中，包含当前对象的事件和方法程序两方面内容。对于每个事件，在名称列中除事件名称外，还标注着 Event。没有编写代码的事件，其值列标注着"默认过程"；已经编写了代码的事件，其值列为"用户自定义过程"。表单的常用事件如表 7.3 所示。

表 7.3　表单的常用事件

事件名	触发条件及说明
Activate	表单变为活动窗口时触发
Click	单击对象时触发。单击表单中的对象不会触发表单的 Click
DblClick	双击对象时触发
Deactivate	表单变为非活动窗口时触发
Destroy	释放对象时触发。表单的 Destroy 事件发生在表单中控件的 Destroy 事件之前。例如，关闭表单时，触发 Destroy 事件
Init	创建对象时触发。表单中控件的 Init 事件先于表单的 Init 事件
Load	装载表单时触发，发生在 Init 事件之前
Resize	改变窗口大小时触发
RightClick	右击对象时触发
Unload	释放表单时触发。发生在所有对象的 Destroy 事件之后

7.6.2 事件的触发方式

触发事件是指在程序的运行过程中,当操作对象时,对象收到了相关的操作消息。为了响应这种消息,系统自动执行对应事件的程序代码,每次响应消息,都要执行对应事件的程序代码。当执行完事件代码后,系统又等待发生新的事件。

对同一对象进行不同的操作(如单击和右击)可能触发不同的事件(如 Click 和 RightClick)。对同一对象施加一种操作时,可能触发多个事件。例如,单击某个对象时,将触发该对象的 Click 事件,同时触发其 GotFocus(获得焦点)事件,也触发失去焦点对象的 LostFocus 事件。

在 VFP 中触发事件有 3 种方式。

1. 用户触发

在程序运行过程中,当用户进行某种操作时可能触发对象的相关事件。例如,单击某对象时,将触发该对象的 Click 事件;从键盘输入信息时,将触发对应对象的 KeyPress 事件;鼠标拖动表单边框改变大小时,将触发表单的 Resize 事件;使一个表单变为活动表单时,将触发表单的 Activate 事件,同时触发另一个由活动变为非活动表单的 Deactivate 事件。

2. 系统触发

在程序运行过程中,当系统内部发生某种变化时,可能触发对象的相关事件。例如,当运行(Do Form)一个表单时,系统依次触发表单的 Load、Init 和 Activate 事件,同时触发表单中各对象的 Init 事件;当关闭一个表单时,系统依次触发表单的 Destroy 和 Unload 事件,同时触发表单中各对象的 Destroy 事件;每隔一段时间,系统可能触发计时器对象的 Timer 事件;当程序运行出错时,系统可能触发相关对象的 Error 事件等。

3. 程序代码触发

在设计程序时,经常在程序或事件代码中引用操作对象的方法程序,程序运行过程中,执行到某方法程序时,可能触发对象的相关事件。例如,执行 Setfocus 方法程序将触发获得焦点对象的 GotFocus 事件,同时触发失去焦点对象的 LostFocus 事件;执行 Release 方法程序将触发表单及表单中对象的 Destroy 事件;执行 Hide 方法程序可能触发表单的 Deactivate 事件等。

7.6.3 编写事件代码

在设计应用程序时,如果对某事件没有编写代码,则在触发事件时系统执行默认过程,通常没有实质性功能。为了完成某种特定任务,需要程序设计人员对事件进行编写程序代码。事件程序代码也是一种子程序,通常简称为事件代码。事件代码中可以包含 VFP 中的各类语句,如调用(Do)子程序语句、运行表单(Do Form)语句和 SQL 语句等。

程序设计人员需要在代码编辑窗口(见图 7.8)中输入和修改事件代码。在表单设计器中,进入代码编辑窗口的常用方法有 4 种。

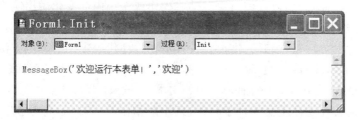

图 7.8　代码编辑窗口

方法一:双击对象。

方法二:从对象的右击菜单中选择"代码"。

方法三:单击"显示"→"代码"。

方法四:双击属性窗口中的事件名称。

在代码编辑窗口中,从"对象"组合框中选择事件隶属的对象名称,从"过程"组合框中选择要编写代码的事件名称,在代码编辑区中输入或修改当前事件的程序代码。

【例 7.8】　新建一个表单 EXA7_8.SCX,在表单运行时,先弹出"欢迎"对话框。在表单运行过程中,当双击表单时,在表单标题栏上显示系统日期;当鼠标右击表单时,在表单标题栏上显示系统时间;关闭表单时,弹出"谢谢"对话框。

设计及运行表单的步骤如下。

(1) 在命令窗口中执行:Create Form EXA7_8。

(2) 双击表单,进入代码编辑窗口(见图 7.8)。

(3) 在"过程"组合框中选择 Init,并在代码编辑区中输入:

```
MessageBox('欢迎运行本表单!','欢迎')
```

(4) 在"过程"组合框中选择 DblClick,并在代码编辑区中输入:

```
This.Caption=DTOC(Date())
```

(5) 在"过程"组合框中选择 RightClick,并在代码编辑区中输入:

```
ThisForm.Caption=Time()
```

(6) 在"过程"组合框中选择 Destroy,并在代码编辑区中输入:

```
MessageBox('表单即将关闭!','谢谢')
```

(7) 单击常用工具栏上中的运行工具"!",保存并运行表单。

7.7 对象的方法程序及作用

在面向对象的程序设计中,通过修改对象的属性值,可以调整对象的表面特征;通过触发对象的事件程序代码,可以使对象对某些操作或系统内部变化做出响应,即体现对象的行为特征;通过调用对象的方法程序,可以对对象本身进行操作。调用对象的方法程序与引用对象属性的方法基本相同,需要设计人员在程序代码中编写调用方法程序的语句。例如, ThisForm. Release, 关闭当前表单; ThisForm. Hide, 隐藏当前表单; ThisForm. Text1. Setfocus,使当前表单中的文本框 Text1 获得焦点等。

对象的方法程序实质上是一种子程序,调用时依附于对象,运行时执行相关的操作,也称为对象函数。在 VFP 中,表单有系统定义和用户自定义两类方法程序,而表单中的对象只有系统定义的一种方法程序。

7.7.1 系统定义的表单常用方法程序

在属性窗口的"方法程序"选项卡中,方法程序在名称列中没有标注 Event。对于设计人员没有编写代码的方法程序,值列中标注了"默认过程";对于设计人员已经编写(扩充)了代码的方法程序,值列中变为"用户自定义过程"。下列 8 项是系统定义的表单常用方法程序。

1. Release[()]

关闭表单,释放表单所占用的内存空间。执行此方法程序后系统自动触发表单的 Destroy 事件。

对于没有参数的方法程序,在编写调用方法程序的语句时可以省略"()"。例如, ThisForm. Release 和 ThisForm. Release()均可。

2. Refresh[()]

刷新对象中相关联的数据。表单、文本框、编辑框和表格等对象都有 Refresh 方法程序。调用表单的 Refresh 方法时,系统自动调用表单中对象的 Refresh 方法程序。如果表单中的对象与数据表中的字段或内存变量进行了结合,则在数据表中移动了记录指针,或者字段(内存变量)的值发生变化后,应该调用表单或相关对象的 Refresh 方法程序,使表单中显示的数据与数据表中当前记录的数据或内存变量的值相一致。

3. Hide[()]

隐藏表单,并将其 Visible 属性设置为. F. 。执行此方法程序时,如果隐藏当前活动表单,系统将触发其 Deactivate 事件。

4. Show[([<模式>])]

使表单显示出来,并将其 Visible 属性设置为.T.。执行此方法程序后,被显示的表单变为活动表单,即系统将触发其 Activate 事件。

方法程序中的参数"模式"用于说明显示表单的方式,1 表示以模式表单的方式显示,即将 WindowType 属性的值设为 1;其他值(如 0 或 2)表示以无模式表单的方式显示,即将 WindowType 属性的值设为 0。无参数的 Show 方法程序将继承 WindowType 的最新值。表单隐藏后才可以由一种模式转换到另一种模式显示。

5. Line(X1,Y1,X2,Y2)

X1、Y1、X2 和 Y2 均为数值表达式。执行该方法程序将以(X1,Y1)为起点,以(X2,Y2)为终点在表单上画一条直线。线条的宽度由表单的 DrawWidth 属性的值(默认为 1)决定。

6. Circle(<半径>[,<横坐标>,<纵坐标>][,<横纵比>])

在表单上以横坐标和纵坐标为中心点画一个圆。省略横坐标和纵坐标,以表单的左上角为中心点画圆。各个参数均为数值型,系统默认半径、横坐标和纵坐标的数量单位均为像素点。横纵比的默认值为 1,表示正圆。横纵比参数不等于 1 时,画椭圆,如果横纵比参数的绝对值小于 1,则长轴为横向;如果横纵比参数的绝对值大于 1,则长轴为纵向。

7. Move (<左边界>[,<上边界> [,<宽度 > [,<高度>]]])

移动对象位置和调整对象大小。各个参数均为数值型,系统默认各参数的数量单位均为像素点。除超链接和计时器外的所有对象都有 Move 方法程序。

8. Cls[()]

在表单运行过程中,执行问号"?"、Display 和 List 等命令输出的信息将显示在当前表单中,Cls 方法程序用于擦除这些信息,也能擦除 Circle 和 Line 方法程序绘画的图形,但保留表单中的对象及相关信息,即不擦除表单上的控件及其内容。

【例 7.9】 建立表单 EXA7_9.SCX,标题为方法程序调用示例。在运行表单过程中,双击表单将其关闭。并编写程序 PRG7_9.PRG,其功能是运行表单,并调用表单的方法程序。

设计及运行步骤如下。

(1)在命令窗口中执行 Create Form EXA7_9。

(2)在属性窗口中将 Caption 的值设为方法程序调用示例。

(3)双击表单 EXA7_9 进入代码编辑窗口。

(4)在"过程"组合框中选择 DblClick,并在代码编辑区中输入如下代码:

```
ThisForm.Release
```

（5）保存表单，然后在命令窗口中执行 Modify Command PRG7_9，在程序编辑器中输入代码：

```
Do Form EXA7_9
EXA7_9.Circle(30,EXA7_9.Width/2,EXA7_9.Height/2)   && 在表单中央画一个圆
MessageBox('确定后显示系统状态','提示')
Display Status
MessageBox('确定后隐藏表单'+EXA7_9.Caption,'提示')
EXA7_9.Hide
MessageBox('确定后以模式表单方式显示表单'+EXA7_9.Caption,'提示')
EXA7_9.Show(1)
```

（6）在命令窗口中执行 Do PRG7_9。

7.7.2　扩充系统定义的方法程序功能

系统定义的方法程序，其功能的程序代码（对用户隐藏）由系统实现，已经具有相对独立的功能，通常仅对对象本身进行操作。程序设计人员根据需要，可以对某些方法程序进一步编码，扩充其功能，实现其他操作。对方法程序编写代码的过程与编写事件代码的过程类似。双击表单进入代码编辑窗口后，在"过程"组合框中选择方法程序名（如 Release和 Hide 等），即可在代码编辑区中输入或修改程序设计人员的程序代码。

【例 7.10】　新建一个表单 EXA7_10. SCX，标题为扩充系统定义的方法程序示例。在运行表单过程中，双击表单时先提示"表单即将关闭"，再关闭表单。

设计及运行步骤如下。

（1）在命令窗口中执行 Create Form EXA7_10。

（2）在属性窗口中将 Caption 的值设为扩充系统定义的方法程序示例。

（3）双击表单，进入代码编辑窗口。

（4）在"过程"组合框中选择 DblClick 事件，并在代码编辑区中输入如下代码：

```
ThisForm.Release
```

（5）在"过程"组合框中选择 Release 方法程序，并在代码编辑区中输入如下代码：

```
MessageBox('表单即将关闭!','提示')   && 为 Release 方法程序扩充功能
```

（6）在命令窗口中执行 Do Form EXA7_10。

在运行表单过程中，双击表单后，注意观察本例与例 7.9 的异同点。

7.7.3　用户自定义方法程序

对 VFP 的表单，程序设计人员除了可以扩充和调用系统定义的方法程序外，还可以在表单设计器中自己定义方法程序，通常将这种方法程序简称为自定义方法程序。定义方法程序的过程如下。

1. 新建方法程序

（1）**进入"新建方法程序"对话框**：在表单设计器中，单击"表单"→"新建方法程序"。

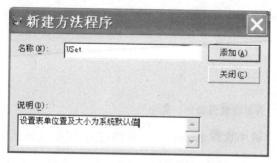

图 7.9 "新建方法程序"对话框

（2）**为方法程序命名**：在"新建方法程序"对话框（见图 7.9）的"名称"框中输入方法程序名（如 USet）；在"说明"框中输入方法程序的功能简要说明；单击"添加"按钮，便建立了一个方法程序，新的方法程序名即刻出现在属性窗口中。用同样的方法可以建立多个方法程序名，最后单击"关闭"按钮。

2. 编写自定义的方法程序代码

对自定义的方法程序应该编写实现其功能的程序代码，否则该方法程序没有任何功能。与扩充系统定义的方法程序代码类似，双击属性窗口中的方法程序名（如 USet）进入代码编辑窗口，在代码编辑区中输入或修改方法程序的代码。

3. 删除自定义的方法程序

在表单设计器中，单击"表单"→"编辑属性/方法程序"，在"编辑属性/方法程序"对话框中选定要删除的方法程序名，单击"移去"按钮即可删除方法程序。

4. 调用自定义的方法程序

要完成方法程序的功能，程序设计人员必须在程序或事件代码中编写调用方法程序的代码，用调用系统定义的方法程序（如 ThisForm. Release 和 ThisForm. Hide）相同的方式调用自定义的方法程序（如 ThisForm. USet）即可。

【例 7.11】 建立表单 EXA7_11. SCX，标题为用户自定义的方法程序示例。在运行表单过程中，右击表单后使表单按系统默认位置及大小显示。

设计及运行步骤如下。

（1）在命令窗口中执行 Create Form EXA7_11。

（2）在属性窗口中将 Caption 的值设为用户自定义的方法程序示例；将 WindowState 的值设为 2。

（3）在表单设计器中，单击"表单"→"新建方法程序"。

（4）在"新建方法程序"对话框的"名称"框中，输入 USet；"说明"框中输入设置表单位置及大小为系统默认值；单击"添加"和"关闭"按钮。

（5）在属性窗口中双击 USet，并在代码编辑区中输入如下代码：

```
*  为自定义方法程序 USet 编写程序代码
This.Top=0
This.Left=0
This.Width=375
This.Height=250
MessageBox('表单设置成功！','提示')
```

（6）在"过程"组合框中选择 RightClick 事件，并在代码编辑区中输入如下代码：

```
This.USet          && 调用自定义的程序方法
```

（7）在命令窗口中执行 Do Form   EXA7_11。

运行表单过程中，右击表单，表单显示在主窗口的左上角并还原系统默认的大小：宽度为 375 个像素点，高度为 250 个像素点。当拖动表单标题，改变其位置，或者拖动表单边框，改变其大小后，再右击表单，与上述具有相同的效果。

7.8　表单的类型设计

在运行应用程序过程中，有时在关闭某个窗口（如 VFP 中设置默认目录的"选项"窗口）之前，不允许用户操作其他窗口；不关闭当前窗口（如用户登录窗口），系统不打开其他界面。在用户同时操作多个窗口时，窗口之间的关系也是多种多样的。例如，并列（位置及功能相对独立）关系和层次（父与子）关系等。这些都与表单的某些属性设置有关。

7.8.1　模式表单

在 VFP 中，按表单的运行方式分类，可以分为模式表单和无模式表单。模式表单在运行时，永远都是活动窗口，即用户不能对应用程序中的其他表单进行操作，模式表单又称为响应式表单。模式表单以外的表单称为无模式表单。在设计或运行表单过程中，通过设置 WindowType 属性的值可以实现两种模式的转换。

1. 无模式表单

在设计表单时，将 WindowType 属性的值设为 0（默认值）即为无模式表单。在程序中执行 Do Form ＜无模式表单＞语句显示出表单后，无论表单是否关闭，系统都立即执行其后面的语句。一个应用程序中可以同时显示多个无模式表单，用户可以在多个无模式表单之间进行切换，实现同时操作多个表单之目的。

【例 7.12】　分别建立 3 个无模式表单 EXA7_12_1. SCX、EXA7_12_2. SCX 和 EXA7_

12_3. SCX,标题分别为：无模式表单 1、无模式表单 2、无模式表单 3。并编写程序 PRG7_12. PRG,运行这 3 个表单。

设计及运行步骤如下。

(1) 在命令窗口中执行 Create Form EXA7_12_1。

(2) 在属性窗口中将 Caption 的值设为无模式表单 1;其余属性均为系统默认值,并存盘。

(3) 在命令窗口中执行：Create Form EXA7_12_2。

(4) 在属性窗口中将 Caption 的值设为"表单 2";AutoCenter 属性值设为. T. ,其余属性均为系统默认值,并存盘。

(5) 在命令窗口中执行 Create Form EXA7_12_3。

(6) 在属性窗口中将 Caption 的值设为"无模式表单 3";Left 属性值设为 100,其余属性均为系统默认值,并存盘。

(7) 在命令窗口中执行 Modify Command PRG7_12,在程序编辑器中编写代码：

```
Do Form EXA7_12_1
Do Form EXA7_12_2
Do Form EXA7_12_3
```

(8) 在命令窗口中执行 Do PRG7_12。

执行应用程序 PRG7_12 后,屏幕中同时显示 3 个表单,用户可以将其中任意一个表单变为活动表单。

2. 模式表单

在设计表单时,将 WindowType 属性的值设为 1,即为模式表单。在程序中执行 Do Form <模式表单>语句显示表单后,在隐藏或关闭该表单之前,系统不执行其后面的语句。在一个应用程序运行过程中,一旦显示了模式表单,系统立即将其变为活动表单,并且在隐藏或关闭模式表单之前,系统不允许用户操作其他表单。模式表单仅影响用户对当前应用程序中的表单操作,不影响其他应用程序的操作。

在属性窗口中,将例 7.12 中表单 EXA7_12_2 的 WindowType 属性设为 1,变为模式表单。在执行应用程序(Do PRG7_12)后,仅显示前 2 个表单(说明 Do Form EXA7_12_3 语句还没执行),并且用户不能将其他窗口(如 EXA7_12_1 和命令窗口等)置为活动窗口。在关闭表单 EXA7_12_2 后,系统才执行 Do Form EXA7_12_3,即显示了其表单。

在模式表单及其对象的事件、方法程序或快捷菜单中运行(Do Form)的表单,无论其是否为模式表单,系统都以模式表单的方式运行。

3. 表单模式的转换

在运行表单的过程中,可以动态地将表单由一种模式转换成另一种模式。在转换表单模式之前,必须先隐藏表单,再修改 WindowType 属性的值并调用 Show 方法程序,或者直接调用带参数的 Show 方法程序,将表单显示出来即可实现表单模式转换。

【例 7. 13】 分别建立两个无模式表单 EXA7_13_1. SCX 和 EXA7_13_2. SCX,标题分别为无模式表单 1 和无模式表单 2。并编写程序 PRG7_13. PRG,运行这两个表单。

设计及运行步骤如下。

(1) 在命令窗口中执行：Create Form EXA7_13_1。

(2) 在属性窗口中将 Caption 的值设为"无模式表单 1"。

(3) 在表单 EXA7_13_1 上创建命令按钮 Command1,其 Caption 属性的值为隐藏；Click 事件代码如下：

```
EXA7_13_2.Command1.Enabled=.T.
ThisForm.Hide
```

(4) 在命令窗口中执行 Create Form EX A7_13_2。

(5) 在属性窗口中将其 Caption 的值设为无模式表单 2；AutoCenter 属性值设为. T.。

(6) 在表单 EXA7_13_2 上创建命令按钮 Command1,其 Caption 属性的值为"转换模式";Enabled 属性值设为. F.;Click 事件代码如下：

```
This.Enabled=.F.
If EXA7_13_1.WindowType=1
   EXA7_13_1.Caption='无模式表单 1'
   EXA7_13_1.Show(0)                && 使表单 EXA7_13_1 以无模式表单方式显示
Else
   EXA7_13_1.Caption='模式表单 1'
   EXA7_13_1.Show(1)                && 使表单 EXA7_13_1 以模式表单方式显示
EndIf
```

(7) 在命令窗口中执行 Modify Command PRG7_13;在程序编辑器中输入如下代码：

```
Public EXA7_13_1, EXA7_13_2
Do Form EXA7_13_1
Do Form EXA7_13_2
```

(8) 在命令窗口中执行 Do PRG7_13。

执行应用程序 PRG7_13 后,屏幕中同时显示两个表单,用户可以将其中任意一个表单变为活动表单。

随后单击"无模式表单 1"中的"隐藏"按钮,再单击"无模式表单 2"中的"转换模式"按钮,便将"无模式表单 1"变为模式表单。再重复这一过程,又将其变为无模式表单。

7.8.2　表单间的层次关系

表单的 ShowWindow 属性用于设置表单之间的层次关系。ShowWindow 属性的值是："0—在屏幕中(默认)","1—在顶层表单中"和"2—作为顶层表单"。在设计表单时可以将该属性设置为不同的值,使表单运行时与其他表单具有不同的层次关系。在程序运行过程中,不能通过程序或事件代码动态修改 ShowWindow 的值。

1. 在屏幕中的表单

在设计表单时,将 ShowWindow 属性设为 0(默认),使其成为屏幕中的表单,也是 VFP 主窗口的子表单。

2. 子表单

子表单是应用程序中某个顶层表单或 VFP 主窗口的子表单。在设计表单时,将其 ShowWindow 属性的值设为 1(在顶层表单中)。在命令窗口或程序(PRG)中作为 VFP 主窗口的子表单运行(如执行 Do Form 语句)时,系统自动将其 ShowWindow 属性设为 0。

3. 顶层表单

顶层表单与 Windows 中的其他应用程序窗口处于同样地位,显示在桌面上,同时也显示在任务栏中。它与 VFP 主窗口并列,通常作为应用程序的主界面,因此也称为主表单或父表单。

在设计表单时,将 ShowWindow 属性设为 2,即为顶层表单。在顶层表单中,可以设计菜单栏和子表单,向其他表单一样,也可以为之设计命令按钮、文本框等控件。

顶层表单是无模式表单,即使将其设计成模式表单(WindowType 属性的值为 1),在系统运行顶层表单时也将其视为无模式表单。

在表单设计阶段,无法体现表单的父子关系,只有在表单运行过程中通过调用关系才能实现父子关联。即要使一个子表单与某个顶层表单关联,还必须在该顶层表单中的菜单栏、对象事件、方法程序或右击菜单中运行(Do Form)该子表单。

4. 父表单对子表单的作用

子表单(ShowWindow 属性为 0 或 1)运行过程中,在 Windows 的任务栏中没有图标;在父窗口最小化时,子表单随之隐藏;在父窗口关闭时,子表单随之关闭。

当子表单的 DeskTop 属性值为.F.(系统默认)时,子表单不能移出父窗口,随着父窗口的隐藏而隐藏,最小化图标显示在父窗口的底部;当子表单的 DeskTop 属性值为.T.时,子表单可以放在 Windows 桌面的任何位置,不随父窗口隐藏,最小化图标显示在桌面底部,通常也称为浮动子表单。

【例 7.14】 分别建立 3 个表单:EXA7_14. SCX、EXA7_14_1. SCX 和 EXA7_14_2. SCX,标题分别为顶层表单、子表单和浮动子表单,在 EXA7_14 中有 1 个命令按钮运行两个子表单。

设计及运行步骤如下。

(1) 在命令窗口中执行 Create Form EXA7_14。

(2) 在属性窗口中设 Caption 的值"顶层表单";ShowWindow 的值为 2;Height 的值为 500;Width 的值为 600。

（3）在表单 EXA7_14 上创建命令按钮 Command1，Caption 属性的值为运行子表单；Click 事件代码如下：

```
DO FORM EXA7_14_1.scx
DO FORM EXA7_14_2.scx
```

（4）在命令窗口中执行 Create Form EXA7_14_1。

（5）在属性窗口中设 Caption 的值为"子表单"；ShowWindow 的值为 1；AutoCenter 的值为.T.。

（6）在命令窗口中执行 Create Form EXA7_14_2。

（7）在属性窗口中设 Caption 的值为"浮动子表单"；ShowWindow 的值为 1；DeskTop 的值为.T.。

（8）在命令窗口中执行 Do Form EXA7_14。

运行表单过程中，先单击"运行子表单"按钮，显示 2 个子表单。分别拖动两个子表单，"浮动子表单"能拖出"顶层表单"之外，但"子表单"不能；分别最小化两个子表单，"浮动子表单"显示在桌面底部，而"子表单"显示在"顶层表单"底部。最小化"顶层表单"，两个子表单随之隐藏；关闭"顶层表单"时，两个子表单自动关闭。

7.9　表单的数据环境

通过"表单向导"或"快速表单"建立表单时，系统自动将数据对象添加到数据环境中。在表单设计器中，通过数据环境设计器也可以将数据对象添加到数据环境中。在表单运行时，系统自动打开数据环境中的数据对象，使表单中的控件与数据对象中的字段正确关联。数据环境在表单中的控件与数据表中的字段进行绑定时起了重要作用。

7.9.1　数据环境设计器

数据环境（Data Environment）是一种容器对象，可以包含表单中要用到的表、视图和关联，在表单的属性窗口中也可以设置其属性。表、视图和关联都是数据环境中的对象，而表和视图是数据对象。当运行表单时，系统在发生 Load 事件前自动打开（默认 AutoOpenTables＝.T.）数据环境中的数据对象及相关文件（如表、结构索引和备注文件）；表单运行结束时，系统自动关闭（默认 AutoCloseTables＝.T.）其数据环境中打开的文件。

利用数据环境设计器能可视化地创建或编辑数据环境。在表单设计器中，进入数据环境设计器有如下 3 种方法。

方法一：单击"显示"→"数据环境"。

方法二：从表单的右击菜单中选择"数据环境"。

方法三：单击表单设计器工具栏上的"数据环境"按钮。

在首次打开数据环境设计器时,将弹出"打开"对话框,以便选择要添加到数据环境中的表;若单击"取消"按钮,则显示空的数据环境。

7.9.2 添加与删除数据环境中的对象

在数据环境设计器中,可以添加、删除数据对象(表或视图)以及设置数据对象之间的关联。

1. 添加数据对象

向数据环境中添加数据对象有两种常用方法。

方法一:单击"数据环境"→"添加"。

方法二:从数据环境的右键快捷菜单中选择"添加"。

在添加数据对象时,可能遇到下列两种情况。

(1) 当数据环境为空,且当前没有打开的数据库时,系统首先弹出"打开"对话框,选择需要添加的数据表并单击"确定"按钮,将数据表添加到数据环境中,随后进入"添加表或视图"对话框,如图 7.10 所示。

(2) 当数据环境非空,或当前有打开的数据库时,将立即弹出"添加表或视图"对话框(见图 7.10)。

在"添加表或视图"对话框中选定"表"单选框,可以在"数据库中的表"列表框中选定表名,单击"添加"按钮将其添至数据环境中;单击"其他"按钮,在弹出的"打开"对话框中选定表文件,单击"确定"按钮,也能将其添加到数据环境中。

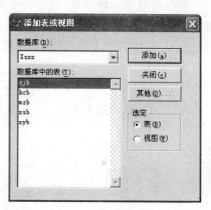

图 7.10 "添加表或视图"对话框

在"添加表或视图"对话框中选定"视图"单选框,可以在"数据库中的视图"列表框中选定视图名,单击"添加"按钮将视图添加到数据环境中。

2. 设置对象之间的关联

将多个数据对象(表或视图)添加到数据环境中后,如果表之间存在永久关联,则这些关联自动添加到数据环境中;对于没有永久关联的两个数据对象,可以在数据环境设计器中为它们设置临时关联。

设置关联的方法是:用鼠标将父数据对象(表或视图,如 MZB)中的关联字段(如民族码)拖动到子表(不能为视图,如 XSB)的相关字段(如民族码)上,如果子表中的相关字段没有结构索引,则系统提示创建索引。关联的两个数据对象之间自动出现表示关联的连线。如果父子数据对象身份互换,则会产生不同的数据处理效果。

要解除数据对象之间的关联时,首先单击数据对象之间的连线,连线变粗,表示被选定,按 Del 键删除连线,即解除数据对象之间的关联。

3. 移去数据对象

在数据环境设计器中,移去数据对象仅是将数据对象从数据环境中移出,并不能从磁盘或数据库中删除数据对象。有如下 3 种常用操作方法。

方法一:选定要移去的数据对象,单击"数据环境"→"移去"。

方法二:从数据对象的右键快捷菜单中选择"移去"。

方法三:单击数据对象,按 Del 键。

当数据对象从数据环境中移出后,与此数据对象有关的所有关联均被断开,即解除了数据对象之间的关联。

7.9.3 数据环境中的对象属性及其作用

数据环境是一种对象,数据环境中包含的表、视图和关联也是一种对象。每个对象都有各自的属性、事件和方法程序。在表单的属性窗口中,可以查看和设置数据环境中当前对象的属性、事件和方法程序,如图 7.11 所示。

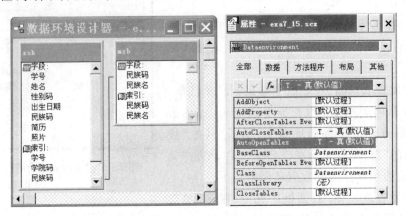

图 7.11　数据环境设计器及其属性窗口

1. 数据环境的常用属性

数据环境有如下 2 个常用属性。

(1) AutoOpenTables:运行表单时系统是(. T. 默认)否(. F.)自动打开数据环境中的数据对象及相关文件(如表、结构索引和备注文件),如果此属性的值为. F.,则运行表单前或在表单的 Load 事件中需要打开(Use)相关数据对象。

(2) AutoCloseTables:关闭表单后系统是(. T. 默认)否(. F.)自动关闭数据环境中打开的数据对象。如果该属性的值为. F.,则关闭表单后这些数据对象仍然处于打开状态。

Visual FoxPro 数据库及面向对象程序设计基础(第 2 版)

2. 数据对象的常用属性

在数据环境中,数据对象是指表和视图,有 4 个常用属性。

(1) Alias:打开数据对象时,为之起的别名,默认值为表的主名或视图名。

(2) Name:数据对象的名称,默认值为 Cursor<n>,n 为序号。

(3) Filter:为数据对象设置筛选记录的条件。例如,= XSB. 性别码='1',使数据对象中只包含男生(性别码为 1)的记录。

(4) Order:通过结构索引名为表(视图无效)设置排序索引,默认值为无,即记录按表中的存储顺序。通过视图提取的记录顺序只能在视图中设置。

3. 关联的常用属性

数据对象之间的关联有 4 个常用属性。

(1) ChildAlias:只读属性,用于查看子表的别名。

(2) ChildOrder:设置用于关联的子表结构索引名。

(3) ParentAlias:为只读属性,用于查看父数据对象的别名。

(4) RelationalExpr:设置父数据对象与子表关联的表达式。

【例 7.15】 新建表单 EXA7_15. SCX,将 XSB 和 MZB 表添加到数据环境中,按民族码建立 MZB(父表)到 XSB(子表)的关联(见图 7.11)。

设计及运行步骤如下。

(1) 在命令窗口中执行 Create Form EXA7_15。

(2) 从表单的右键快捷菜单中选择"数据环境",分别添加 XSB 和 MZB 表到数据环境中。

(3) 如果两个表没有永久性关联,则需要建立临时关联。将 MZB 中的"民族码"字段拖至 XSB 中的"民族码"字段上,产生了连线说明两个表之间完成了关联。

(4) 在数据环境中选定 XSB,在属性窗口中设置排序属性 Order 值为"学号"(索引名);选定 MZB,在属性窗口中设置排序属性 Order 值为"民族码"(索引名)。

4. 由数据环境向表单中添加控件

通过数据环境设计器向表单中添加控件,在运行表单时,可以自动实现控件与数据对象中的数据结合,即由指定控件显示数据对象中的数据,而在控件上修改的数据将自动更新到相应的数据对象中。当涉及关联数据对象中的数据时,父数据对象对应控件中的数据发生变化时,子数据对象对应控件中的数据将随之变化。

在数据环境设计器中,拖动数据对象中的字段到表单中,将在表单上创建控件。控件类型由字段的数据类型决定,对数值、字符和日期型字段,建立标签和文本框控件;对备注型字段建立标签和编辑框控件;对通用型字段建立标签和 ActiveX 绑定控件(OLE 绑定型控件);对逻辑型字段建立复选框控件等。如果拖动数据对象的标题到表单中,则创建表格控件。

习 题 七

一、用适当的内容填空

1. 要打开表单设计器窗口,可以使用的 VFP 命令是【 ① 】或【 ② 】。

2. 将表单存盘后,将产生扩展名为【 ① 】的【 ② 】文件和扩展名为【 ③ 】的【 ④ 】文件。

3. 现实世界中的每一个事物都可被抽象地看作是一个【 ① 】,如一本书、一名学生等。它所具有的特征被称为【 ② 】,如颜色、大小等。

4. 在【 ① 】窗口的【 ② 】选项卡中,列出了当前被选定对象的所有属性、事件和方法程序。

5. 若想更改表单的标题,则应该设置【 　 】属性。

6. 在面向对象的程序设计中,使对象可见的方法名是【 　 】。

7. ThisForm. Release 表示【 ① 】;而 ThisForm. Refresh 表示【 ② 】。

8. 若向表单中添加控件,则应首先选定【 ① 】工具栏中的某个控件按钮,然后将鼠标移至表单上适当位置【 ② 】,便可以添加该控件。

9. 在面向对象的程序设计中,触发事件的方式有【 ① 】、【 ② 】和【 ③ 】。

10. 在 VFP 中,通常将表单中的对象分为【 ① 】对象和【 ② 】对象。命令按钮组是【 ③ 】对象。

11. 在面向对象的程序设计中,【 ① 】、【 ② 】和【 ③ 】是构成对象的三个要素。

12. 若将表单设置为模式表单,则应该将表单的【 　 】属性值设置为1。

13. 对象属性的设置方法有【 ① 】设置和【 ② 】设置两种方法。

14. 【 　 】事件是在装载表单时触发,且发生在 Init 事件之前的表单事件。

15. 在 VFP 中,表单对象有【 ① 】和【 ② 】两类方法程序。

16. 在属性窗口中,方法程序在名称列中没有标注【 　 】字样。

17. 关闭表单,释放表单所占用的内存空间的方法程序是【 　 】。

18. 在表单设计器中,若想建立新方法程序,可以单击"表单"→【 ① 】命令;若想删除自定义的方法程序,可以单击"表单"→【 ② 】命令。

19. 表单的【 　 】属性用于设置表单之间的层次关系。

二、从参考答案中选择一个最佳答案

1. 在 VFP 中,表单(Form)是指【 　 】。

    A. 数据库中各表的清单　　　　　　B. 一个表中各个记录的清单

    C. 数据库查询的列表清单　　　　　D. 窗口界面

2. 表单控件工具栏用于在表单上创建【 　 】。

A. 文本   B. 命令   C. 控件   D. 文件

3. 表单文件保存在以【　　】为扩展名的文件中。

    A. SCX   B. MNX   C. PJX   D. FRX

4. 下列控件中,不属于容器类控件的是【　　】。

    A. 页面   B. 标签   C. 表格   D. 命令按钮组

5. 若要同时选定表单中的多个对象,可按住【　　】键的同时再单击其他对象。

    A. Ctrl   B. Shift   C. Alt   D. 空格

6. 可以刷新表单及其控件上的相关数据的方法程序是【　　】。

    A. Refresh   B. Release   C. Renew   D. Reshow

7. 要从内存中释放表单,可以使用表单的【　　】方法程序。

    A. Refresh   B. Release   C. Revolution   D. Hide

8. 在 VFP 中按【　　】组合键可保存表单。

    A. Ctrl+S   B. Ctrl+E   C. Alt+S   D. Alt+E

9. 以下关于表单数据环境叙述错误的是【　　】。

    A. 可以向数据环境中添加表

    B. 可以从数据环境中移出表

    C. 可以在数据环境中设置表之间的关联

    D. 从数据环境中移出表后,不会解除它与其他表在数据环境中的关联

10. 设计表单时,可以利用【　　】向表单中添加控件。

    A. 表单设计器工具栏   B. 布局工具栏

    C. 调色板工具栏   D. 表单控件工具栏

11. 下列属性中,【　　】属性用于描述表单的窗口类型。

    A. Caption   B. Name   C. TabStop   D. WindowType

12. 表单有自己的属性、事件和【　　】。

    A. 容器   B. 方法   C. 图形   D. 命令按钮

13. 【　　】触发 DblClick 事件。

    A. 用户双击对象   B. 创建对象

    C. 从内存中释放对象   D. 表单或表单集装入内存

14. 在表单 MyForm 中有一个标签 Label1 和一个命令按钮 Command1,当前对象为命令按钮,若引用标签的 Caption 属性,则正确的引用为【　　】。

    A. This.Parent.Label1.Caption   B. Command1.Label1.Caption

    C. MyForm.Command1.Label1.Caption   D. This.Caption

15. 现有一表单,表单上有一个命令按钮 Command1,若想单击命令按钮后表单的栏题变为"欢迎使用本系统",则在命令按钮的 Click 事件中应使用【　　】语句。

    A. Myform.Caption="欢迎使用本系统"

    B. ThisForm.Caption="欢迎使用本系统"

    C. ThisForm.Command1.Caption="欢迎使用本系统"

    D. This.Caption="欢迎使用本系统"

16. Click 事件是【　　】事件。

    A. 系统触发　　　B. 用户触发　　　C. 程序代码触发　D. VFP 触发

17. Init 事件是【　　】事件。

    A. 系统触发　　　B. 用户触发　　　C. 程序代码触发　D. VFP 触发

18. Destroy 事件是【　　】事件。

    A. 系统触发　　　B. 用户触发　　　C. 程序代码触发　D. VFP 触发

19. 可以隐藏表单,即将其 Visible 属性设置为.F. 的方法程序是【　　　】。

    A. Release　　　B. Show　　　　C. Hide　　　　D. Cls

20. 下列关于方法程序的说法正确的是【　　　】。

    A. 对系统定义的方法程序,程序设计人员只能进行调用,不能扩充

    B. 程序设计人员不能自己定义方法程序

    C. 程序设计人员可以自己定义方法程序,但不允许对其删除

    D. 程序设计人员即可扩充和调用系统方法程序,又可自定义方法程序

三、从参考答案中选择全部正确答案

1. 以下关于 OOP 的叙述,正确的是【　　　】。

    A. OOP 是 Object-Oriented Programming 的缩写

    B. OOP 是 Oriented-Object Programming 的缩写

    C. 在 OOP 中,对象是构成程序的基本单位

    D. 在 OOP 中,对象不是程序的运行实体

    E. OOP 可以利用对象简化程序设计的过程

2. 在"属性"窗口的"全部"选项卡中有【　　　】。

    A. 对象选择框　　B. 属性选择框　　C. √(确认)按钮　D. ×(取消)按钮

    E. fx(函数)按钮

3. 下列对象中,【　　】是容器对象。

    A. 表单　　　　B. 命令按钮　　　C. 标签　　　　D. 命令按钮组

    E. 表格

4. 下列选项中,【　　】是对象事件。

    A. Caption　　　B. Click　　　　C. SetFocus　　　D. Init

    E. Refresh

5. 下列关于表单的叙述,正确的是【　　　】。

    A. 表单可被设计成类似于对话框的窗口

    B. 表单就是数据表的清单

    C. 在表单上可以设置各种控件

    D. 表单就是表格数据清单

    E. 表单实质是一种容器类对象

6. 下列选项中,【　　】是方法程序名。

    A. AlwaysOnTop B. Circle　　　　C. GotFocus　　　D. Move

E. Resize

7. 下列关于方法程序的叙述中,正确的是【　　】。

　　A. 方法程序实质上是一种子程序

　　B. 表单中的对象有系统定义和用户自定义两类方法程序

　　C. 表单有系统定义和用户自定义两类方法程序

　　D. 只允许调用系统定义的方法程序,不允许扩充其功能

　　E. 系统定义的方法程序与用户自定义的方法程序的调用不同

8.【　　】与表单的 WindowType 属性值有关。

　　A. 在关闭窗口之前,不允许用户操作其他窗口

　　B. 不关闭窗口,系统不能执行 Do Form 之后的语句

　　C. 在父窗口最小化时,子表单随之隐藏

　　D. 在父窗口关闭时,子表单随之关闭

　　E. 没有最大化、最小化按钮

9.【　　】与表单的 ShowWindow 属性值有关。

　　A. 在关闭窗口之前,不允许用户操作其他窗口

　　B. 不关闭当前窗口,系统不打开其他界面

　　C. 在父窗口最小化时,子表单随之隐藏

　　D. 在父窗口关闭时,子表单随之关闭

　　E. 没有最大化、最小化按钮

四、表单设计题

1. 建立表单,要求运行表单的过程中,单击"显示"按钮,表单自动居中于 VFP 主窗口内,表单标题变为"学生信息",并且显示学生表(XSB. DBF)中的数据。

2. 建立表单,为其定义一个方法程序,功能是打开第 1 题中的表单。要求运行表单的过程中,单击"打开"按钮,调用该方法程序。

思 考 题 七

1. 数据环境能添加哪些数据对象? 数据环境的主要作用是什么?

2. 在面向对象程序设计的对象引用中,This 和 ThisForm 的异同点是什么? 在何种情况下二者均表示同一个对象?

3. 面向对象程序设计中事件与方法的主要区别是什么?

4. 对象的属性有几种设置方法? 各有哪些特点?

5. 在属性窗口中,不允许设计人员修改哪些属性的值? 这些属性有何作用?

第 **8** 章

控件设计及应用

控件是用于显示数据、执行操作或装饰表单的对象。如文本框、命令按钮、标签、线条和页框等。在应用程序中,几乎每个功能窗口(表单)中都包含控件,控件是完成各类任务的主要操作对象。

按控件的行为特征可将控件分为以下 8 类。

(1) **显示信息类**:标签、线条、形状和图像。

(2) **控制类**:命令按钮和命令按钮组。

(3) **编辑类**:文本框、编辑框和微调框。

(4) **列表类**:列表框和组合框。

(5) **选择类**:复选框和选项按钮组。

(6) **表格类**:表格。

(7) **隐藏类**:超链接和计时器。

(8) **通用容器类**:页框和 Container 控件。

8.1 显示信息类控件

显示信息类控件用于表单上显示文本或图像,这类控件有标签、线条、形状和图像,它们起到显示信息或修饰表单的作用。

1. 标签

标签(Label)控件可以在表单中显示文本信息。在表单运行时,无法用鼠标直接对标签中的文本信息进行选取或修改操作,因此,标签控件常作为表单上的提示信息或说明性文字。标签有如下常用属性。

(1) **Caption**:为标签指定标题文本,即控件上显示的文字。

(2) **AutoSize**:当值为.T.时,标签的显示区域随之内容的多少及字号的大小而自动变化;当值为.F.时,显示区域由设计的大小决定。

(3) **Alignment**:用于设置标签中显示信息的对齐方式。0(默认)为左对齐,1 为右对齐,2 为居中显示。

（4）**BackStyle**：用于设置标签的背景形式。0 表示透明，即背景为父对象的背景颜色；1（默认）表示不透明，背景颜色由控件自身的底色决定。

（5）**ToolTipText**：用于设置标签的提示文字。在表单运行过程中，如果表单的 ShowTips 属性值为.T.，则当鼠标移动到标签上时，将显示该段提示文字。

（6）**FontItalic**：是(.T.)否(.F.)用斜体显示文字。

（7）**FontName**：显示信息的字体名，字符型数据。

（8）**FontSize**：显示信息的字号，数值型数据。

（9）**FontUnderLine**：显示文字是(.T.)否(.F.)带下划线。

（10）**ForeColor**：显示文字的颜色，是数值型数据，由红、绿、蓝（RGB）三原色组合。

2. 线条

线条（Line）控件用于在表单上画线，如斜线、垂直线和水平线等。线条有如下常用属性。

（1）**LineSlant**：设置线的走向。其值为"\"表示从左上角向右下角画线；"/"表示从右上角向左下角画线。若线条的 Width 属性值为 0，则画垂直线；若线条的 Height 属性值为 0，则画水平线。

（2）**BorderColor**：用于设置线条的颜色，由红、绿、蓝（RGB）三原色组合。

（3）**BorderStyle**：用于设置线条样式，用不同的数值表示不同的线条（如虚线或实线等）。

（4）**BorderWidth**：用于设置线条的宽度，值的范围为 0～8192，0 为线条最细，数值越大，线条越宽。当 BorderWidth>1 后，系统将忽略线条样式（BorderStyle）的作用。

3. 形状（Shape）

形状（Shape）可以在表单中生成各种封闭的图形。例如，矩形、圆角矩形、椭圆、正方形、圆角正方形和圆等。有如下常用属性。

（1）**Curvature**：形状的曲率。Curvature、Width 和 Height 三个属性的关系如表 8.1 所示。

表 8.1　形状控件的 Curvature、Width 和 Height 三者关系表

Curvature 属性值	Width＝Height	Width≠Height
0	正方形	矩形
1～98	圆角正方形，随 Curvature 属性值增大，其圆角也相应变大	圆角矩形，随 Curvature 属性值增大，其圆角也相应变大
99	圆	椭圆

（2）**FillColor**：用于设置形状内的填充颜色，由红、绿、蓝（RGB）三原色组合。

（3）**FillStyle**：用于设置形状内填充线的类型。0 为实线，1 为透明，……，7 为对角交叉线。

通过表单的 Line 或 Circle 方法程序在表单上绘画出来的图形与线条（Line）和形状

(Shape)在表单上设计出来的控件有着本质的差异。通过方法程序绘画出来的仅仅是表单上的图形,它没有自身的事件、属性和方法程序。

4. 图像

图像(Image)控件用于在表单上显示图像,有如下常用属性。

(1) **Picture**: 用于指定图像文件名及存放位置,图像文件的类型可以是 BMP、ICO、GIF 或 JPG 等。

(2) **Stretch**: 用于设置图像放入控件中的方式。Strech 属性的值为: 0(默认)表示剪裁图像一部;1 表示等比填充,保持原图像的特性按纵横比例缩放;2 表示变比填充,自动调整图像的纵横比例。

(3) **ToolTipText**: 用于设置图像控件的提示文字。在表单运行过程中,当表单的 ShowTips 为 .T. 时,如果鼠标移到图像上,则显示该提示文字。

标签、线条、形状和图像都是显示信息类控件,它们也有各自的事件,如 Click、MouseMove 等,但是,在设计应用程序时,很少对其事件进行编写代码。

【例 8.1】 建立表单 EXA8_1.SCX,表单运行效果如图 8.1 所示。

设计及运行步骤如下。

(1) 在命令窗口中执行 Create Form EXA8_1。

(2) 在属性窗口中设置表单的相关属性: Caption 的值为“显示类控件测试”,ShowTips 的值为 .T. 。

(3) 在表单中添加形状控件 Shape1, 设置其相关属性值: Curvature 的值为 99 ,Width 和 Height 的值均为 80,ToolTipText 的值为“单击形状控件区域改变填充线型”。

图 8.1　显示类控件测试窗口

(4) 在表单中添加线条控件 Line1, 设置其 BorderStyle 属性的值为 3(点线)。

(5) 在表单中添加标签控件 Label1, 设置其 Caption 属性的值为“照片”,ToolTipText 的值为“标签控件区域”。

(6) 在表单中添加图像控件 Image1, 为 Picture 属性的值选择一个图像文件名(如 TUR.JPG),设置其 Strech 的值为 2(变比填充),ToolTipText 的值为“图像控件区域”。

(7) 双击 Shape1,并编写其 Click 事件代码:

```
This.FillStyle=Iif(This.FillStyle=7,1,This.FillStyle +1)   && 改变填充线型
```

(8) 在命令窗口中执行 Do Form EXA8_1,保存并运行表单。

在程序的运行过程中,鼠标移动到形状、标签或图像上时,将会出现提示信息;单击形状时,将改变其填充线的类型。

8.2 控制类控件

在应用程序中，控制类控件起控制作用，常用来完成某种操作。VFP 中的控制类控件主要有命令按钮和命令按钮组。

8.2.1 命令按钮

命令按钮（CommandButton）可以完成某种特定的操作，如移动数据表中的记录指针、执行打印、确定输入信息和关闭表单等。

1. 常用属性

命令按钮有如下常用属性。

（1）**Caption**：用于设置命令按钮的标题，即显示在命令按钮上的文字。在 Caption 属性值中以"\＜字母"方式输入值，则表示定义热键，即在运行表单过程中按该字母或 Alt＋字母键，将触发按钮的 Click 事件。例如，某命令按钮的 Caption 属性值：退出\＜ E，则表示按下键盘上的 E 键或 Alt＋E 键，将触发该按钮的 Click 事件。

（2）**Default**：用于设置命令按钮是否为表单的默认按钮。当其值为.T. 时，命令按钮为表单中的默认按钮。系统默认 Default 属性值为.F.。一个表单中只能有一个默认命令按钮。

在运行表单过程中，如果焦点不在任何命令按钮上，按回车键时，则系统将自动触发表单中默认按钮的 Click 事件；如果焦点在某个命令按钮上，按回车或空格键，则执行焦点所在命令按钮的 Click 事件。

（3）**Cancel**：用于设置 Esc 键所能触发的命令按钮，系统默认值为.F.。在表单运行时按 Esc 键，焦点移到 Cancel 值为.T. 且"Tab 键次序"最小的命令按钮上，同时触发其 Click 事件。即在同一个表单上可以有多个命令按钮的 Cancel 属性值为.T.，但按 Esc 键时只有一个命令按钮做出响应。

（4）**Enabled**：适用于大多数对象，如命令按钮、表单、标签、文本框等。用于设置对象是否可用（可操作），即是否响应用户引发的事件。当其值为.T.（默认值）时，表示控件可用。

2. 常用事件

命令按钮有如下常用事件。

（1）**Click**：在运行表单过程中，用户单击命令按钮时触发。通常单击命令按钮（触发 Click 事件）完成某种任务，实质上是通过执行一段程序代码实现其功能。为了实现操作意图，在设计表单时，要在命令按钮的 Click 事件中，编写实现其功能的程序代码。

（2）**GotFocus**：当单击、按 Tab 键或程序中调用 SetFocus 方法程序时，触发获得焦点控件的 GotFocus 事件。

（3）**LostFocus**：当单击对象、按 Tab 键或程序中调用对象的 SetFocus 方法程序时，将触发失去焦点对象的 LostFocus 事件。

3. 常用方法程序

SetFocus[（）]：将焦点移动到命令按钮（控件）上。一个控件能获得焦点的条件是：控件是可见和可操作的，即其 Enabled 和 Visible 属性值均为 .T.。

在程序或事件代码中，如果对某个控件成功地执行了 SetFocus 方法程序，则将触发该控件的 GotFocus 事件，同时触发失去焦点控件的 LostFocus 事件。

【例 8.2】 建立表单 EXA8_2. SCX，其中有一个文本框 Text1，两个命令按钮"时间"和"退出"。

（1）在命令窗口中执行：Create Form EXA8_2。

（2）在表单中添加文本框 Text1、命令按钮 Command1 和 Command2，设置命令按钮的属性值如表 8.2 所示，其余属性均为系统默认值。

（3）在 Command1 命令按钮的 Click 事件下编写代码：

表 8.2 相关控件的属性表

控件名	属性名	属性值
Command1	Caption	时间\＜T
Command2	Caption	退出\＜E
	Default	.T.
	Cancel	.T.

```
ThisForm.Caption=Time( )
ThisForm.Command2.SetFocus        && 焦点移到"退出"按钮上
```

（4）在 Command2 命令按钮的 Click 事件下编写代码：

```
ThisForm.Release
```

（5）在命令窗口中执行：Do Form EXA8_2，保存并运行表单。

在运行表单过程中，单击"时间"按钮，在表单标题中显示系统时间，并将焦点移到"退出"按钮上；当焦点在文本框上时，按回车键将关闭表单，即触发"退出"按钮的 Click 事件；无论焦点在何处，按 Esc 键或 Alt＋E 键，均能关闭表单。

8.2.2 命令按钮组

命令按钮组（CommandGroup）是容器类控件，可以包含多个命令按钮。命令按钮组和组内按钮都有各自的属性、事件和方法程序。因此，既可以单独操作某个按钮，也可以操作命令按钮组。

1. 常用属性

（1）**ButtonCount**：用于设置命令按钮组中所含按钮的数目，默认值为 2，即包含 2 个命令按钮。

（2）**Value**：存储初值或最近操作的按钮有关信息。如果 Value 的初值为某按钮的序号(数值型),则 Value 存储最近操作的按钮序号;如果 Value 的初值为某按钮的 Caption 值(字符型),则 Value 存储最近操作的按钮 Caption 值。因此,由 Value 值可以获取操作的按钮。

(3) **AutoSize**:值为. T. 时,按钮组的区域随其按钮数目和大小而变化;其值为. F. 时,区域由设计的大小决定。

(4) **Enabled**:如其值为. T. 时,按钮组可用(可操作);否则,按钮组不可操作。如果按钮组变得不可操作,则其中按钮均不可操作。

2. 命令按钮组生成器

生成器是对象的一种设计工具,可以设置容器及其内部控件的某些属性。进入命令按钮组生成器(见图 8.2)的方法是:右击命令按钮组,在弹出的快捷菜单中选择"生成器"。

在命令按钮组生成器的"按钮"选项卡中,可以设置命令按钮组中的按钮数目和每个按钮的标题文字(Caption 值)。在"布局"选项卡中,可以设置按钮的布局效果:选定"水平"或"垂直"排列按钮;也可以设置"按钮间隔"。

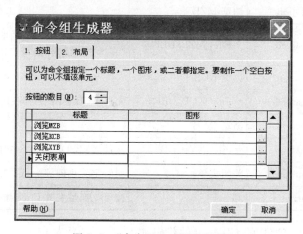

图 8.2 "命令组生成器"对话框

3. 命令按钮组中的按钮选定

在表单设计器中,只有选定对象后才可以设置其属性的值,编写其事件或方法程序的代码。单击命令按钮组的任何部位都是选定按钮组,只有通过下列方法才能选定按钮组中的按钮。

方法一:在"属性"窗口的"对象选择框"中,选择命令按钮名称。

方法二:从命令按钮组的右击菜单中选择"编辑",使之进入编辑状态,再单击某个命令按钮。

4. 命令按钮组与组内按钮的事件

命令按钮组与组内按钮有各自独立的事件,最常用的事件是 Click。运行表单过程

中,单击命令按钮组中的按钮时,如果被单击按钮的 Click 事件中有程序代码,则不触发
命令按钮组的 Click 事件;如果被单击按钮的 Click 事件下没有
程序代码,则触发命令按钮组的 Click 事件。具有类似特点的
事件还有 RightClick 事件。

【例 8.3】　建立表单 EXA8_3.SCX。表单运行效果如
图 8.3 所示。

具体制作步骤如下。

(1) 在命令窗口中执行 Create Form EXA8_3。

(2) 在表单中添加 1 个命令按钮组,其 Name 属性值设为
CGP,属性值如表 8.3 所示,其余属性均为系统默认值。

图 8.3　浏览表中数据

表 8.3　表单 EXA8_3.SCX 中控件及其属性表

对象名	属性名	属性值	说　明
CGP	ButtonCount	4	命令按钮组 CGP 中 4 个按钮
	Value	1	存储单击的按钮序号
CGP.Command1	Caption	浏览 MZB	
	Enabled	=File('MZB.DBF')	文件 MZB.DBF 不存在时按钮不可用。借助"表达式生成器"编写 File('MZB.DBF')
CGP.Command2	Caption	浏览 KCB	
	Enabled	=File('KCB.DBF')	文件 KCB.DBF 不存在时按钮不可用
CGP.Command3	Caption	浏览 XYB	
	Enabled	=File('XYB.DBF')	文件 XYB.DBF 不存在时按钮不可用
CGP.Command4	Caption	关闭表单\<C	同时定义热键 Alt+C
	Cancel	.T.	按 Esc 键触发其 Click 事件

(3) 命令按钮组 CGP 的 Click 事件代码如下:

```
N=This.Value          && 将单击命令按钮的序号存于变量 N 中
Do Case
Case N=1
    Select * From MZB
Case N=2
    Select * From KCB
Case N=3
    Select * From XYB
Case N=4
    ThisForm.Release
EndCase
```

(4) 在表单的 Destroy 事件中编写代码:

```
Close DataBase All
```

（5）在命令窗口中执行 Do Form EXA8_3。保存并运行表单。

在表单运行过程中，如果默认目录中没有某个表文件，则对应的按钮会不可用。

在本例中，如果将命令按钮组 CGP 的 Value 初值设为某个按钮的 Caption 值（如浏览 MZB），则其 Click 事件中的代码可以简化为：

```
N=SubStr(This.Value,5)        && 将单击按钮的 Caption 中的表名存于变量 N 中
If SubStr(N,3,1)='B'
    Select * From &N          && 用宏替换得到表名
Else
    ThisForm.Release
EndIf
```

由此例可以看出，适当设置对象的有关属性，可以简化程序代码。

8.3 编辑类控件

在表单运行时，可以通过编辑类控件输入数据，从而提供程序运行时所需要的数据。编辑类控件主要有文本框和编辑框两种。

8.3.1 文本框

文本框（TextBox）用于输入或编辑数据，且文本框内只能包含一段数据，即按回车键结束文本框中数据的输入。文本框可编辑的数据类型有字符型、数值型、逻辑型、日期型或日期时间。

1. 常用属性

（1）**Value**：用于接收用户输入的数据，或将相关数据显示在文本框中。文本框可以接收的数据类型与 Value 的初值有关。若 Value 的初值为空（系统默认）或字符型，则接收字符型数据；若 Value 的初值为数值型数据，则接收数值型数据；若 Value 的初值为 .F. 或 .T.，则接收逻辑型数据；若 Value 的初值为{}或日期型数据，则接收日期型数据。

（2）**ReadOnly**：设置是否允许用户在控件中输入数据。若 ReadOnly 的值为 .F.（默认值），则允许用户在控件中输入数据；若 ReadOnly 的值为 .T.，则不允许用户在控件中输入数据，但仍然可以通过程序代码修改其数据，通常用于显示数据。

将控件的 ReadOnly 属性的值设为 .T. 或 Enabled 属性的值设为 .F.，从操作控件中的数据角度来看，表现形式相同，但从操作整个控件来看，有本质上的差异。前者可以得到焦点，并且不影响其事件（如 Click 和 GotFocus 等）的触发，而后者不能触发任何事件。

（3）**InputMask**：用于设置输入数据的格式串，属性值是一个格式字符串，其中每个

字符规定对应位的格式,格式字符串的长度规定输入数据的宽度。格式字符串中各个字符的含义如表 8.4 所示。InputMask 的默认值为空,它既不限制输入数据中各位的格式,也不限制输入数据的宽度。

表 8.4　InputMask 属性值表

符号	功 能 描 述
X	允许输入任何字符
9	允许输入数字
#	允许输入数字、空格和正(+)、负(—)号
$	在固定位置上显示当前货币符号(由 Set Currency 命令设定)
.	指定小数点位置
,	在对应位上显示逗号","

　　(4) **PasswordChar**:可以设置文本框内是显示输入的字符,还是显示指定的占位符。系统默认值为空,即文本框内显示输入的字符。若将该属性值设置成一个字符(如 ＊),则向文本框中输入的任何信息,在文本框中都显示该字符(如 ＊)。通常输入密码的文本框需要设置该属性。

　　【例 8.4】　建立表单文件 EXA8_4. SCX,使其运行时,对输入的日期和天数进行相加,并将计算结果显示在标签上。

　　设计及运行步骤如下。

　　(1) 在命令窗口中执行 Create Form EXA8_4。

　　(2) 在表单中添加的控件及其属性值如表 8.5 所示。

表 8.5　EXA8_4 表单中控件属性表

控件名	属　性	属性值	说　　明
Label1	Caption	日期:	
Text1	Value	{}	初值为{},表示输入日期型数据
Label2	Caption	天数	
Text2	Value	0	初值为 0,表示输入数值型数据
	InputMask	999999	6 位 9,表示只能输入数字,最多输入 6 位
Label3	Caption		用于显示运算结果
	AutoSize	. T.	显示区域随之内容的多少及字号的大小而自动变化
Command1	Caption	计算新日期	

　　(3) 双击表单,在代码编辑器中,选择"过程"为:Init。编写如下代码:

```
Set Century On
Set Date ANSI                    && 设置日期格式为:年 . 月 . 日
```

（4）在代码编辑器中，选择"对象"为 Command1，选择"过程"为 Click，编写代码：

```
ThisForm.Label3.Caption='新日期为： '+;
DTOC(ThisForm.Text1.Value+ThisForm.Text2.Value)
```

（5）在命令窗口中执行 Do Form EXA8_4。保存并运行表单。

2. 常用事件

KeyPress：当焦点在对象上，按键盘的键时触发。此类事件代码中的第 1 条必须是参数语句：LParameters nKeyCode,nShiftAltCtrl，不可将其删除。其中参数 nKeyCode 的值为按键的键码值，nShiftAltCtrl 是组合键中的控制键值：1 表示 Shift 键，2 表示 Ctrl 键，3 表示同时按 Shift 和 Ctrl 键，0 表示没按控制键。

【例 8.5】 假设默认目录中有表文件 UTB. DBF，包含两个字段：用户名 C(10)，密码 C(6)，设计表单 EXA8_5. SCX。在运行表单（见图 8.4）时，如果在表 UTB. DBF 中找到了输入的用户名和密码，则运行表单 EXA8_3. SCX；如果连续 3 次单击"确定"按钮，用户名或密码不正确，则关闭表单并退出程序。

图 8.4 用户登录窗口

设计及运行步骤如下。

（1）在命令窗口中执行 Create Form EXA8_5。在表单中添加的对象及其属性值如表 8.6 所示。

表 8.6 表单 EXA8_5 中的控件及其属性表

对象名	属性名	属性值	说　　明
Form1	Caption	用户登录窗口	
	AutoCenter	. T.	使表单运行时自动居中于主窗口内
	WindowType	1	模式表单
Label1	Caption	用户名：	
Label2	Caption	密码：	
Text1	InputMask	XXXXXXXXXX	设置用户名最大长度为 10 个字符
Text2	InputMask	999999	设置密码最多为 6 位数字
	PasswordChar	*	输入密码时显示：*
Command1	Caption	确认\<O	热键 Alt+O
	Default	. T.	按回车键，触发其 Click 事件
Command2	Caption	退出\<E	热键 Alt+E
	Cancel	. T.	按 Esc 键，触发其 Click 事件

（2）编写 Form1 的 Init 的事件代码，初始化操作：

```
Public N                                    && 公共变量 N,存输入密码次数
```

```
    N=0
    ThisForm.Text1.SetFocus               && 使文本框获焦点
    Use UTB                               && 打开用户表,供查询用户使用
```

（3）编写 Form1 的 Destroy 事件代码：

```
    Release  N                            && 关闭表单时清除内存变量 N
    Use                                   && 关闭当前表
```

（4）编写 Text2 的 KeyPress 事件代码，提示密码中的符号：

```
    LParameters nKeyCode, nShiftAltCtrl   && 系统生成的参数语句
    If nKeyCode <=27 Or nKeyCode=127      && 光标控制键、删除键等
        Return
    EndIf
    If nKeyCode< 48 Or nKeyCode >57       && 非数码键
        MessageBox('密码应该为数字!')
    EndIf
```

（5）Command1 的 Click 事件代码，判断用户名及密码：

```
    YHM=AllTrim (ThisForm.Text1.Value)    && 去掉用户名中的首尾空格
    MM=AllTrim (ThisForm.Text2.Value)     && 去掉密码中的首尾空格
    Locate For AllTrim (用户名)==YHM  And AllTrim (密码)==MM
    If Found ()
        MessageBox("用户名和密码正确,欢迎进入本系统!" , "提示")
        ThisForm.Release                  && 关闭登录窗口
        Do Form EXA8_3                    && 打开窗口 EXA8_3
    Else
        N=N+1
        If N=3
            MessageBox("三次输入均错误,禁止进入系统!" , "警告")
            ThisForm.Release
            Cancel                        && 退出整个应用程序
        Else
            MessageBox("用户名或密码错误!请您重新输入" , "提示")
            ThisForm.Text1.Value=""
            ThisForm.Text2.Value=""       && 清空用户名及密码的输入区
            ThisForm.Text1.SetFocus
        EndIf
    EndIf
```

（6）Command2 的 Click 事件代码，关闭表单操作：

```
    ThisForm.Release
    Cancel                                && 退出整个应用程序
```

（7）在命令窗口中执行 Do Form EXA8_5。

8.3.2 编辑框

与文本框相似,编辑框(EditBox)也用于输入或编辑文本数据,但二者有如下区别。

- 编辑框可以输入多段文本,按回车键仅作为每段文本的结束,不会结束输入数据;而文本框仅能输入一段文本,按回车键将结束输入数据。
- 编辑框的 Value 仅能接收字符或备注型数据,常用于处理较长的字符型或备注型数据;而文本框的 Value 可以接收字符型、数值型、逻辑型或日期型 4 种数据。

编辑框有如下常用属性。

（1）**Value**：获取编辑框中的数据。

（2）**AllowTabs**：设置编辑框中是否允许输入 Tab 键作为数据(Value)中的符号。当 AllowTabs 的值为.T.时,在编辑框中每按一次 Tab 键将产生一个制表位,按 Ctrl＋Tab 键将焦点移出编辑框。当 AllowTabs 值为.F.(默认值)时,按 Tab 键直接将焦点移出编辑框。

（3）**ScrollBars**：设置编辑框是否有垂直滚动条,属性值为数值型。若 ScrollBars 的值为 2(默认值),则编辑框带有垂直滚动条;若 ScrollBars 的值为 0,则编辑框没有滚动条。

（4）**HideSelection**：焦点离开控件时是否仍然显示选定文本的选定状态。若 HideSelection 值为.T.(默认值),当焦点离开控件后,则不显示选定状态;若 HideSelection 值为.F.,当焦点离开控件后,则仍然显示选定文本的选定状态。

（5）**SelStart**：获取控件中选定数据的开始位置,属性值为数值型。若没有选定文本,则值为插入点(光标)位置。

（6）**SelText**：获取控件中选定的数据,属性值为字符型。若没有选定文本,则返回空串。要获取控件中的完整数据,应该使用 Value 属性。

（7）**SelLength**：获取控件中选定数据中字符个数。若没有选定的数据,则值为 0。

【例 8.6】 建立表单 EXA8_6.SCX。在表单运行过程中,选定编辑框中的文字后,单击"提取"按钮,将选定内容提取到文本框中。

设计及运行步骤如下。

（1）在命令窗口中执行 Create Form EXA8_6。

（2）添加控件及其属性值如表 8.7 所示。

表 8.7 表单 EXA8_6 中对象属性表

对 象 名	属　　性	属 性 值	说　　明
Form1	Caption	编辑框演示	
Edit1	HideSelection	.F.	失去焦点时,选定文本仍然处于选定状态
	ScrollBars	2	有垂直滚动条
Text1	ReadOnly	.T.	不允许用户修改数据
Command1	Caption	提取	

（3）在 Command1 命令按钮的 Click 事件下编写代码：

```
ThisForm.Text1.Value=ThisForm.Edit1.SelText
```

（4）在命令窗口中执行 Do Form EXA8_6。保存并运行表单。

8.3.3 微调器

微调器（Spinner）用于接收指定范围内的数值输入。既可以直接输入数据，也可以使用微调按钮调整数据。

1. 常用属性

（1）**Value**：存储微调器上的当前值，为数值型数据。

（2）**KeyBoardLowValue**：控制键盘输入数据的最小值。

（3）**KeyBoardHighValue**：控制键盘输入数据的最大值。

（4）**SpinnerLowValue**：控制微调按钮输入数据的最小值。

（5）**SpinnerHighValue**：控制微调按钮输入数据的最大值。

（6）**Increment**：设置微调按钮输入数据时的增（减）量，默认值是 1。

2. 常用事件

（1）**UpClick**：当单击增量按钮时触发此事件，但不触发其 Click 事件。

（2）**DownClick**：当单击减量按钮时触发此事件，但不触发其 Click 事件。

（3）**InteractiveChange**：控件上的数据（Value 属性值）发生变化时触发此事件。即通过键盘或鼠标输入数据时，都会触发此事件。当单击增量或减量按钮使数据发生变化时，还触发 UpClick 或 DownClick 事件。

【例 8.7】 建立表单文件 EXA8_7.SCX。表单运行过程中见图 8.5 所示，单击微调按钮，查看系统日期前后的日期。

设计及运行步骤如下。

（1）在命令窗口中执行 Create Form EXA8_7。

（2）在表单中添加控件及其属性值、代码，如表 8.8 所示。

图 8.5 查看日期

表 8.8 EXA8_7 表单中对象属性表

对 象 名	属　　性	属 性 值	说　　　明
Form1	Caption	查看日期	
Text1	Enabled	.F.	不可操作，仅用于显示日期
	Value	=Date()	初值为表达式，系统日期函数

对象名	属　　性	属　性　值	说　　　明
	Alignment	2	居中显示
Text2	ReadOnly	.T.	只读,仅用于显示周几
	Value	=ZJ[DOW(Date())]	初值为表达式,取数组元素得到系统日期是周几
Spinner1	Increment	1	增减量为 1

（3）在表单的 Init 事件中编写代码：

```
Public ZJ[7]   && 声明全局数组 ZJ
ZJ[1]='周日'
ZJ[2]='周一'
ZJ[3]='周二'
ZJ[4]='周三'
ZJ[5]='周四'
ZJ[6]='周五'
ZJ[7]='周六'
Set Date ANSI
Set Century on
```

（4）在微调器 Spinner1 的 InteractiveChange 事件中编写代码：

```
ThisForm.Text1.Value=Date()+This.Value
ThisForm.Text2.Value=ZJ[DOW(ThisForm.Text1.Value)]
```

（5）在命令窗口中执行 Do Form EXA8_7,保存并运行表单。

8.4　列表类控件

列表类控件包括列表框和组合框两类控件,这两类控件都提供了列表,允许用户从列表中选择一行或多行数据。

8.4.1　列表框

在运行表单过程中,表单上一直显示列表框(ListBox)中的列表,用户可以从中选择一行或多行数据。

1. 常用属性

（1）**ColumnCount**：用于设置列表框或组合框中的数据列数。

（2）**RowSourceType**：用于设置列表框和组合框中的数据源类型,即指出列表框中要显示的数据来源类型,如表 8.9 所示。

表 8.9　RowSourceType 与 RowSource 的对应关系表

RowSourceType 值	对应的数据源及说明
0—无（默认值）	在程序运行时,用 AddItem 方法程序添加列表中的数据行,用 RemoveItem 方法程序移去数据行
1—值	用 RowSource 属性指定要在列表中显示的数据行,各数据项之间用逗号分隔。例如,若 ColumnCount 的值为 1,则在属性窗口中设置 RowSource 属性应为:英语,政治,计算机;在程序中设置 RowSource 属性应为 ThisForm. List1. RowSource ＝"英语,政治,计算机"。若 ColumnCount 的值为 2,则在属性窗口中设置 RowSource 属性应为 1,英语,2,政治,3,计算机
2—别名	将数据对象(表或视图)中的字段值作为列表的数据源。数据对象可以是当前打开的数据对象或数据环境中的数据对象。用 RowSource 属性指出数据对象名,由 ColumnCount 属性指定字段个数,也就是列表中所含的列数
3—SQL 语句	将 SQL Select 语句的执行结果作为列表的数据源。在 RowSource 属性中填一条 Select 语句。若在程序或事件代码中设置 RowSource 属性的值,则 Select 语句应作为字符型数据赋给 RowSource,如 ThisForm. List1. RowSource ＝" Select ∗ From MZB Into Cursor TMP",为了不弹出查询窗口,加 Into Cursor 短语
4—查询(QPR)	用查询的结果作为列表的数据源。RowSource 属性应设置为一个查询(QPR) 文件名。如 ThisForm. List1. RowSource＝"XSCX. QPR"
5—数组	将数组各元素的值作为列表的数据源,即用数组中的元素值填充列表。RowSource 属性应设置为数组名,在表单的 Load 或 Init 事件中定义公共数组并为元素赋值
6—字段	将同一个数据对象(表或视图)中的一个或几个字段值作为列表的数据源,RowSource 属性值中各字段名之间用逗号分隔,数据对象可以是当前打开的数据对象或数据环境中的数据对象。当有多个数据对象时,首字段名前应该加上别名。如,ThisForm. List1. RowSource＝"CJB.考试成绩,课堂成绩,实验成绩"
7—文件	将某个目录下的文件名作为列表的数据源。在 RowSource 属性中设置路径和文件名通配符。如,d:\xsxxb\ ∗ .dbf。表单运行时,可以选择不同的驱动器和目录
8—结构	由 RowSource 属性指定数据对象(表或视图)别名,将数据对象中的字段名作为列表的数据源。数据对象可以是当前打开的数据对象或数据环境中的数据对象
9—弹出式菜单	用一个先前定义的弹出式菜单作为列表的数据源。

（3）**RowSource**：RowSource 与 RowSourceType 属性结合使用。RowSource 属性指出列表中要显示的数据来源。

（4）**ListCount**：用于获取列表框或组合框中数据的行数,属性值由系统填写,用户只能读取。

（5）**List**(＜**行号**＞[,＜**列号**＞])：列表框中指定行和列的数据,列号为 1 时可以省略,是只读属性。

（6）**MultiSelect**：用于设置列表框中是否允许同时选定多行数据。默认值为.F.,即不允许同时选定多行数据。当其值为.T. 时,允许同时选定多行数据。在表单运行时,按住 Ctrl 或 Shift 键再单击数据行即可完成多选操作。

（7）**Selected**(＜**行号**＞)：用于判断列表框中指定行数据是(.T.)否(.F.)被选定,

是只读属性。

（8）**BoundColumn**：由该属性指定 Value 属性取值的列号。

（9）**DisplayValue**：当初值为数值型时,值为最近选定的数据行号;当初值为字符型（默认值）时,值为最近选定数据行的第一列数据。

（10）**Value**：当初值为数值型时,值为最近选定的数据行号;当初值为字符型（默认值）时,值为最近选定的数据行,由 BoundColumn 属性指定列的数据。

（11）**Sorted**：当 RowSourceType 为 0 或 1 时,由此属性规定列表框或组合框中的数据行是（.T.）否（.F.）由小到大排序。

2. 常用方法程序

当列表框或组合框的 RowSourceType 属性值为 0（默认值）、1（值）或 8（结构）时,可以调用系统方法程序添加或删除数据行。

（1）**AddItem**（<**字符表达式**>）：将表达式的值作为一行数据添加到列表框或组合框中。

（2）**RemoveItem**（<**行号**>）：从列表框或组合框中删除指定的数据行。

（3）**Clear**[（）]：清除列表框或组合框中全部数据行。

3. 常用事件

InteractiveChange：当选定的数据行发生变化时,触发此事件。

图 8.6 选择语种

【**例 8.8**】 建立表单 EXA8_8.SCX。在表单运行过程中,将列表框上选定的语种显示在编辑框上,如图 8.6 所示。

设计及运行步骤如下。

（1）在命令窗口中执行 Create Form EXA8_8。

（2）在表单中添加的控件及其属性如表 8.10 所示。

表 8.10　EXA8_8 表单中对象属性表

对 象 名	属　　性	属 性 值	说　　　明
Form1	Caption	选择语种	
List1	MultiSelect	.T.	允许按 Shift 或 Ctrl 键和单击鼠标选定多行
	RowSourceType	5	数据源类型为数组
	RowSource	AM	AM 为全局数组,在表单的 Init 事件中声明和赋值
Edit1	ReadOnly	.T.	只读,仅用于显示语种

（3）在表单的 Init 事件中编写代码：

```
Public AM( 6 )
AM(1)='英语'
AM(2)='日语'
AM(3)='俄语'
AM(4)='法语'
```

```
    AM(5)='德语'
    AM(6)='西班牙语'
```

（4）在列表框 List1 的 InteractiveChange 事件中编写代码：

```
ThisForm.Edit1.value=''
For I=1 TO This.ListCount
    If This.Selected(I)              && 判断第 I 行是否被选定
        * 选定的语种显示在编辑框上，每个语种占 1 行，Chr(13) 表示回车
        ThisForm.Edit1.value=ThisForm.Edit1.value +This.List(I)+Chr(13)
    EndIf
Next
```

（5）在命令窗口中执行 Do Form EXA8_8，保存并运行表单。

8.4.2 组合框

组合框（ComboBox）也是容器类控件，它结合了文本框和列表框控件的主要特性，在表单运行过程中，用户既能在文本框中输入数据，又能从列表框中选择数据。因此，组合框兼有文本框和列表框控件的常用属性（如 InputMask、Value、ReadOnly、RowSourceType、RowSource、BoundColumn 和 DisplayValue 等）、事件（如 GotFocus、LostFocus、Click、InteractiveChange 等）和方法程序（如 SetFocus、AddItem、RemoveItem 等）。组合框与列表框有如下异同。

（1）在表单运行过程中（见图 8.7），列表框一直显示列表，组合框通常显示文本框，仅当用户单击下拉按钮时才显示列表，因此，通常也称为下拉框。

（2）通过下拉组合框（Style 属性值为 0），既可以从列表中选择数据，也可以通过键盘在文本框中输入数据，而列表框与下拉列表框（Style 属性值为 2）功能相近，仅能从列表中选择数据。

（3）通过组合框仅能选定一行数据，而通过列表框（MultiSelect 属性值为 .T.）可以选定多行数据。

（4）在下拉组合框（Style 属性值为 0）的文本框中输入的字符型数据，如果在 BoundColumn 说明的列中能找到此数据，则引用 DisplayValue 或 Value 属性均可获取该数据，否则只能引用 DisplayValue 属性（此时 Value 的值为空）获取该数据。

【例 8.9】 建立表单 EXA8_9，在表单运行过程中（见图 8.7），在组合列表框中选择"表文件名"后，在"可用字段"列表框中显示该表中全部字段；单击">"按钮，将"可用字段"中选定的字段添加到"查询字段"列表框中；单击"<"按钮，完成相反的操作；单击"开始查询"按钮，将查询出当前表中全部"查询字段"的数据。

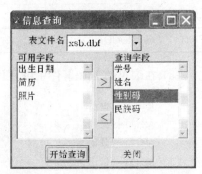

图 8.7 组合框和列表框实例

设计及运行步骤如下。

（1）在命令窗口中执行 Create Form EXA8_9,并在属性窗口中将表单的 Caption 属性值设为"信息查询"。

（2）在表单中建立 3 个标签控件,Caption 属性值分别为：表文件名、可用字段和查询字段。

（3）添加组合框 Combo1 控件,设置 RowSource 属性值为 ∗.DBF;RowSourceType 属性值为 7(文件);Style 属性值为 2(下拉列表框)。

（4）添加列表框 List1 控件,设置 MultiSelect 属性值为.T.;RowSourceType 属性值为 8(结构)。用于显示"可用字段"。

（5）添加列表框 List2 控件,设置 MultiSelect 属性值为:.T.。用于显示"查询字段"。

（6）添加 4 个命令按钮：Command1 的 Caption 属性值为＞;Command2 的 Caption 属性值为＜;Command3 的 Caption 属性值为开始查询;Command4 的 Caption 属性值为关闭。

（7）在 Combo1 的 InteractiveChange 事件下编写代码：

```
FN=This.Value
Close DataBase All
ThisForm.List1.Clear          && 清除列表框中内容
ThisForm.List2.Clear
If Not File ( FN )
    Return
EndIf
Use &FN                       && 需要打开列表框的数据源
ThisForm.List1.RowSource=FN   && 用表别名动态修改数据源
```

（8）在 Command1(＞)的 Click 事件下写代码：

```
I=1
Do While I <=ThisForm.List1.ListCount
    IF ThisForm.List1.Selected( I )
        ThisForm.List2.AddItem(ThisForm.List1.List(I))   && 添加到 List2
        ThisForm.List1.RemoveItem ( I )                  && 从 List1 中删除
        Loop
    EndIf
    I=I +1
EndDo
```

（9）在 Command2(＜)按钮的 Click 事件下写代码：

```
I=1
Do While I <=ThisForm.List2.ListCount
    IF ThisForm.List2.Selected ( I )
        ThisForm.List1.AddItem(ThisForm.List2.List( I ))
        ThisForm.List2.RemoveItem( I )
        Loop
    EndIf
```

```
      I=I +1
   EndDo
```

(10) 在 Command3(开始查询)按钮的 Click 事件下写代码：

```
FN=ThisForm.Combo1.value
If Not File(FN)
   MessageBox ( FN +'表文件不存在！' , '提示' )
   Return
EndIf
S=''
For I=1 To ThisForm.List2.ListCount
   S=S +ThisForm.List2.List(I)+','    && 生成要查询的字段名表
Next
S=Trim(S)
If Len ( S )=0
   S='*'                             && 没选字段,查询所有字段中的数据
Else
   S=Left ( S , Len ( S )-1 )        && 选了字段,去掉 S 中最后逗号为字段名表
EndIf
Select &S From &FN                   && 用 SQL-Select 语句开始查询,相关短语用宏替换
```

(11) 在 Command4(关闭)按钮的 Click 事件下编写代码：

```
ThisForm.Release
```

(12) 在表单的 Destroy 事件中编写代码：

```
Close DataBase All
```

(13) 在命令窗口中执行：Do Form EXA8_9,保存并运行表单。

8.5　选择类控件

在程序运行过程中,对于一些可枚举并且数量少的数据,例如,婚姻状态、性别和试题的选择答案等,利用选择类控件进行输入数据比较方便。VFP 中的选择类控件有复选框和选项按钮组。

8.5.1　复选框

复选框(CheckBox)允许从若干个选项中同时选择多项,每个复选框对应一个选项。复选框可以在表单中独立存在,其常用属性如下。

(1) **Caption**：用于指定复选框中的标题文字,值为字符型。

(2) **Value**：用于设置和保存复选框的当前状态,可以是数值型或逻辑型数据,具体数

据类型由 Value 的初始值决定。

若 Value 的值为 0(或.F.),表示复选框处于未选定状态;若 Value 的值为 1(或 .T.),表示复选框处于选定状态,同时方框内有√标记;若 Value 的值为 2(或.Null.),则表示复选框处于不确定状态,呈灰色。Value 属性的默认值为 0。

(3) **Style**:用于设置复选框的外观样式,值为数值型,默认值为 0,表示复选框的外观样式为标准样式,即复选框由方框和标题组成,当方框内出现√标记表示选定。若 Style 值为 1,则表示复选框的外观样式为图形,可用其 Picture 属性指定图像,图像下方是 Caption 属性值指定的标题,当复选框呈凹下状态时,表示选定。

8.5.2　选项按钮组

选项按钮又称为单选按钮,与复选框类似,但选项按钮不能在表单中独立存在,它是选项按钮组(OptionGroup)中的对象。一个选项按钮组可以包含多个选项按钮,但在同一时刻,只能选定其中一个选项按钮。选项按钮组的设计方法与命令按钮组类似,也有其生成器,此处不再赘述。

1. 选项按钮的常用属性

(1) **Caption**:用于指定选项按钮上的标题文字。

(2) **Value**:用于存储选项按钮的当前状态。若 Value 值为 0,则表示选项按钮处于未选定状态;若 Value 值为 1,则表示选项按钮处于选定状态,即选项按钮中的圆圈内出现黑点标记。

(3) **Style**:用于设置选项按钮的样式,设置方法及作用同复选框的 Style 属性。

2. 选项按钮组的常用属性

(1) **Value**:用于指定组内被选定的按钮。Value 值可以是数值型或字符型,具体类型由 Value 的初值决定。系统默认 Value 属性的初值为 1。

当 Value 初值为数值型时,Value 中保存目前选定的按钮序号,如果没有选定按钮,则 Value 的值为 0;当 Value 初值为字符型时,则 Value 中保存当前选定按钮的 Caption 值,如果没有选定按钮,则 Value 的值为空串。

(2) **ButtonCount**:存储选项按钮组中的按钮个数。

复选框和选项按钮组也有 Click 和 InteractiveChange 等事件,触发条件与其他控件的相关事件基本相同。

【例 8.10】 建立表单 EXA8_10。在表单运行过程中 (见图 8.8),当选定"存盘"时,"查询"按钮变为"存盘"按钮;单击"查询"按钮,按选定的排序方式在查询窗口中显示成绩信息;单击"存盘"按钮,按选定的排序方式将成绩信息存入以 C<学号>为表名的文件中。

设计及运行步骤如下。

图 8.8　成绩查询

(1) 在命令窗口中执行 Create Form EXA8_10。

在属性窗口中将表单的 Caption 属性值设为"成绩查询"。

(2) 在表单中建立标签 Label1,Caption 属性值为"学号"。

(3) 添加文本框 Text1,设置属性 InputMask 的值为 99999999。

(4) 添加复选框 Check1,Caption 属性值为"存盘",并在 InteractiveChange 事件中编写代码:

```
ThisForm.Command1.Caption=Iif(This.Value=1,'存盘','查询')&& 修改按钮中的文字
```

(5) 添加选项按钮组,Name 属性值为 OGP1,并设置 3 个选项按钮的 Caption 属性值分别为成绩升序、成绩降序和成绩原序。

(6) 添加命令按钮 Command1,Caption 属性值为"查询";并在 Click 事件下编写代码:

```
Close DataBase All
Use CJB
XH=AllTrim ( ThisForm.Text1.Value )    && 去掉输入学号中的首尾空格
Locate For 学号==XH
If Not Found ( )
    MessageBox ( XH +'没找到 !',' 提示 ')
    Return                             && 没找到学号时返回
EndIf
XZ=''
Do Case
Case ThisForm.OGP1.value=1
    XZ='Order By 考试成绩 '              && 升序短语
Case ThisForm.OGP1.value=2
    XZ='Order By 考试成绩 DESC '         && 降序短语
EndCase
If ThisForm.Check1.value=1
    XZ=XZ +' Into Table C'+XH           && 保存到表短语
EndIf
Select 学号,课程码,考试成绩 +课堂成绩 +实验成绩 As 成绩,;
    Iif(重修,'是','否') As 重修 From CJB Where 学号=XH   &XZ   && 用宏替换
If ThisForm.Check1.value=1
    MessageBox("已保存表 C"+XH)
EndIf
```

(7) 在表单的 Destroy 事件中编写代码:

```
Close DataBase All
```

(8) 在命令窗口中执行 Do Form EXA8_10。保存并运行表单。

8.6 表格控件

表格(Grid)是按行和列的形式显示数据的一种容器,它由若干列(Column)对象组成,每一列对应数据源中的一列,包含若干行的数据。

8.6.1 表格及其属性

1. 创建表格

在表单设计器中,创建表格有两种方法。

方法一:拖动数据环境中的视图或表(如 XSB)窗口的标题栏,至表单窗口后释放鼠标。

在表单设计器中产生类似于数据浏览窗口的表格,表格的各列标题自动设为视图或表中对应的字段名,运行表单时数据记录也自动显示在表格中。如果将数据环境中相关联的数据对象拖入到表单中建立表格,则子表的表格中显示的数据记录与父表的表格中当前记录有关。

方法二:利用表单控件工具栏上的表格按钮,在表单中创建空表格。

2. 表格生成器

"表格生成器"用于设置表格的有关属性,在表格的右击菜单中选择"生成器",可以进入"表格生成器"对话框。各选项卡的作用如下。

(1) **表格项**:用于指定表格中的数据来源及其字段名。

(2) **样式**:用于选择表格的显示样式。

(3) **布局**:主要包括标题、控件类型和表格 3 个区,如图 8.9 所示。

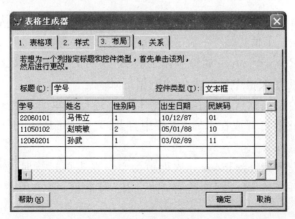

图 8.9 "表格生成器"对话框

- **标题**：在表格区中单击选定一列，可以在标题区中修改该列的标题文字。
- **控件类型**：用于选择处理当前列中数据的控件，系统默认用文本框处理各类数据。由于各列的数据类型不同，在下拉列表框中，可供选择的控件类型可能不同。例如，除文本框外，字符或备注型数据还可以选择编辑框；数值型数据还可以选择微调器；逻辑型数据还可以选择复选框；通用型数据还可以选择 OLE 绑定型控件等。
- **表格区**：主要用于选定当前列，或者通过拖动列之间的分隔线，调整列的宽度。

（4）**关系**：当表单的数据环境中有多个数据对象（表或视图）时，可以在此选项卡中建立对象之间的关联。

3. 表格的常用属性

（1）**ColumnCount**：指定表格中显示数据的列数，系统默认值为 -1，表示表格中将输出数据源中的全部列。如果此属性的值大于数据源中实际的列数，则可能重复显示一些列或者出现空列。因此，建议将此属性的值设置为实际需要的列数。

（2）**DeleteMark**：指定表格中是（.T.）否（.F.）显示逻辑删除标记列。

（3）**HeaderHeight**：指定表格中列标题行的高度。

（4）**RowHeight**：指定表格中数据行的高度。

（5）**GridLines**：设置表格中的线类型。0 表示无线；1 表示只有水平线；2 表示只有垂直线；3 表示既有水平线又有垂直线。

（6）**GridLineWidth**：设置表格中线的宽度，值的范围是 1～40。

（7）**GridLineColor**：设置表格中线的颜色，是数值型数据，由红、绿、蓝（RGB）三原色组合。

（8）**RecordSource**：用于指定表格的数据源，即表格中显示数据的来源。通过表单控件工具创建的表格，系统默认此属性的值为空串；通过拖动数据环境中的数据对象（表或视图）创建的表格，此属性的值为该数据对象名。通常用于填写符合 RecordSourceType 要求的数据源名。

（9）**RecordSourceType**：用于指明表格中数据源的类型，系统默认此属性的值为数值 1（别名）。此属性有 5 个值。

- **0—表**：在 RecordSource 属性中指定表名（不可为视图）。运行表单时，系统自动打开表，以便在表格中显示表中的数据记录。
- **1—别名**：为系统默认值。表示数据来源于运行表单时已经打开的数据对象（含数据环境、此前打开或在 Load 事件中打开）之一，由 RecordSource 属性指定数据对象的别名。
- **2—提示**：设置 RecordSource 属性值为空。在表单运行时，如果没有当前数据对象（当前工作区空闲），则系统弹出"打开"对话框，要求用户选择表文件作为数据源。
- **3—查询（QPR）**：表示数据源由查询文件确定，用 RecordSource 属性值指定查询文件名。

- **4—SQL 说明**：表示数据来源于 SQL-Select 语句，可以在 RecordSource 属性中直接编写 Select 语句，通常在程序中动态地为 RecordSource 属性指定 Select 语句。

在 RecordSourceType 属性值为 0（表）或 2（提示）情况下，运行表单时，如果 RecordSource 属性的值为空且有当前数据对象，则在表格中将显示该数据对象中的数据记录。这里的当前数据对象是指在运行表单前或在表单的 Load 事件中打开的数据对象，也可能是数据环境中的第一个数据对象。

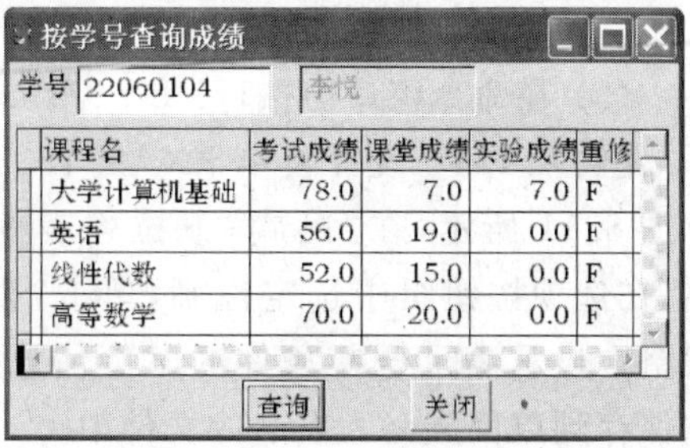

【例 8.11】 设计表单 EXA8_11.SCX。运行时如图 8.10 所示，在文本框中输入学号，单击"查询"按钮，显示学生的姓名和成绩。

设计及运行步骤如下。

（1）在命令窗口中执行 Create Form EXA8_11，并在表单中添加相关控件，对象及其属性如表 8.11 所示。

图 8.10　按学号查询成绩

表 8.11　表单 EXA8_11 中对象及属性

对 象 名	属　　性	属 性 值	说　　　　明
Form1	Caption	按学号查询成绩	
Label1	Caption	学号	
Text1			用于输入学号
Text2	Enabled	.T.	用于显示姓名
Grid1	RecordSource	无	由表单运行时动态修改
	RecordSourceType	1	数据源类型为：别名
Command1	Caption	查询	
Command2	Caption	关闭	

（2）在 Command1 的 Click 事件下编写代码：

```
X=AllTrim ( ThisForm.Text1.Value )
Select　姓名 From XSB Where 学号=X Into Array BM  && 姓名存于数组 BM 中
If Type ( 'BM' )= 'U'                    && 如果没查到记录,则数组未定义
    ThisForm.Grid1.RecordSource=''       && 清除表格中的数据
    MessageBox( X+'没找到!' , '提示' )
    Return
EndIf
ThisForm.Text2.Value=BM
Select　课程名,考试成绩,课堂成绩,实验成绩,重修 From KCB, CJB ;
Where KCB.课程码=CJB.课程码 And 学号=X ;
Into Table TMP                          && 查询结果存于 TMP.DBF 中,并使之打开
ThisForm.Grid1.RecordSource= 'TMP'      && 修改表格数据源
```

（3）在 Command2 的 Click 事件下编写代码：

```
ThisForm.Release
```

（4）在表单的 Destroy 事件中编写代码：

```
Close DataBase All
```

（5）在命令窗口中执行：Do Form EXA8_11。保存并运行表单。

【例 8.12】 设计表单 EXA8_12.SCX。运行时如图 8.11 所示，在"民族"下拉列表框中选择民族名，在选项按钮组中选定性别，单击"查询"按钮，在表格中显示满足这些条件的学生信息，并将这些数据保存到以民族名为表名的文件中。

设计及运行步骤如下。

（1）在命令窗口中执行：

```
Create Form EXA8_12
```

图 8.11　按民族查询学生

在表单中添加相关控件，对象及其属性如表 8.12 所示。

表 8.12　表单 EXA8_12 中对象及属性

对象名	属 性 名	属性值	说　　明
Form1	Caption	按民族查询	
Label1	Caption	民族	
Combo1	BoundColumn	2	Value 取第 2 列（民族码）
	ColumnCount	2	显示 2 列，DisplayValue 取第 1 列（民族名）
	RowSource	Select 民族名，民族码 From MZB Into Cursor TM	
	RowSourceType	4	数据源类型为：SQL 说明
	Style	2	下拉列表框
Grid1	RecordSource	无	由表单运行时动态生成 Select 语句
	RecordSourceType	4	数据源类型为 SQL 说明
Command1	Caption	查询	
Command2	Caption	关闭	

（2）在 Command1 的 Click 事件下编写代码：

```
X=" Select 学号,姓名,IIf(性别码='1','男','女') As 性别,出生日期 From XSB"
X=X +" Where 民族码=ThisForm.Combo1.Value "        && 生成民族条件
Y=ThisForm.OptionGroup1.value
If Y=1 or Y=2
   X=X+" And 性别码=Str(Y , 1) "                    && 生成性别条件
EndIf
```

```
X=X+" Into Table "+ThisForm.Combo1.DisplayValue && 生成保存结果短语
ThisForm.Grid1.RecordSource=X          && 生成的 Select 语句作为数据源
```

（3）在 Command2 的 Click 事件下编写代码：

```
ThisForm.Release
```

（4）在表单的 Destroy 事件中编写代码：

```
Close DataBase All
```

（5）在命令窗口中执行 Do Form　EXA8_12。保存并运行表单。

8.6.2　表格中的列对象

表格是容器类控件，包含若干个列对象。每列（Column＜i＞）都是一个容器对象，简称为列对象（Column）。它有自己的属性、事件和方法程序，用于描述或操作本列中所有单元格。在列数大于 0（ColumnCount＞0）的表格中，选定列对象有如下方法。

方法一：在"属性"窗口的"对象选择框"中选择列名。如 Column1、Column2 等。

方法二：从表格的右击菜单中选择"编辑"，使之进入编辑状态，再单击相关列。在编辑状态，通过拖动列之间的分隔线，可以调整列的宽度。

1. 常用属性

列对象的属性用于描述和控制本列中所有单元格的数据。例如，Alignment 设置对应列中各个单元格数据的对齐方式；ForeColor 设置对应列中各个单元格的文字颜色；Visible 设置对应列是否隐藏等。列对象有如下典型属性。

（1）**Resizable**：在表单运行过程中，是（.T. 默认值）否（.F.）允许用户拖动列分隔线调整本列宽度。

（2）**CurrentControl**：在表格生成器（见图 8.9）中为列对象选择控件类型，通过 CurrentControl 指定输入输出本列单元格数据的控件名（默认为 Text1）。

（3）**Sparse**：用于说明 CurrentControl 指定的控件作用范围。当 Sparse 的值为.T.（默认值）时，CurrentControl 指定的控件仅对当前单元格起作用；当 Sparse 的值为.F.时，CurrentControl 指定的控件对本列中所有单元格起作用。

2. 常用事件

Resize：拖动列分隔线调整列宽度时触发本事件。

3. 常用方法程序

SetFocus［（）］：将焦点移到当前行指定列的单元格中。例如，在表单中执行 ThisForm.Grid1.Column2.SetFocus 语句，将焦点移到当前行第 2 列的单元格中。

8.6.3 列的标题及控件

表格中的每个列对象(Column<i>)也是容器,它包含列标题(Header1)和列控件。

1. 列标题(Header)

每个列对象都有列标题控件(默认名为 Header1),列标题控件用于显示每列的标题文字。它的行为和特征与标签类似,具有与标签类似的属性、事件和方法程序。例如,Caption 属性用于设置列标题上的文字;Alignment 用于设置列标题上文字的对齐方式;FontSize 用于设置列标题上文字的字号等。

2. 列控件

每个列对象至少有一个列控件(默认名为 Text1),用于显示和输入数据。如果在"表格生成器"(见图 8.9)中选择了其他类型控件,则字符或备注型数据增加了编辑框 Edit1;数值型数据增加了微调器 Spinner1;逻辑型数据增加了复选框 Check1;通用型数据增加了 OLE 绑定型控件 OLEBoundControl1 等。

每个列控件也有自己的属性、事件和方法程序,控件的行为和特征与对应的控件类有关。究竟哪个控件起作用及其作用范围与本列的 CurrentControl 和 Sparse 属性有关。

【例 8.13】 设计表单 EXA8_13.SCX。运行时如图 8.12 所示,在选项按钮组中选择某项,隐藏表格的相关信息。

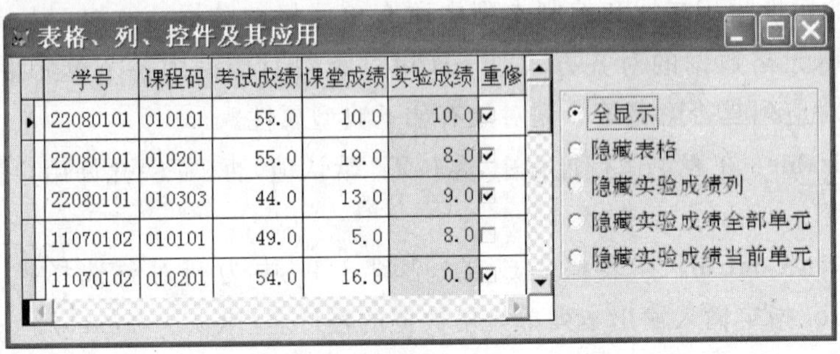

图 8.12 表格、列、控件及其应用

设计及运行步骤如下。

(1) 在命令窗口中执行 Create Form EXA8_13,将其 Caption 属性值设为表格、列、控件及其应用。

(2) 从表单的右击菜单中选择"数据环境",并将 CJB"添加"数据环境中,拖动 CJB 窗口的标题到表单中,创建表格,再将表格的 Name 属性改为 Grd1。

(3) 从表格 Grd1 的右击菜单中选择"生成器",在"表格生成器"的"布局"选项卡(见图 8.9)中,将考试成绩列(第 3 列)的"控件类型"选为微调器;重修列(第 6 列)的"控件类型"选为复选框。

（4）在表单中再添加选项按钮组 OptionGroup1。表单中所有对象及其属性如表 8.13 所示，其余属性按默认值使用。

表 8.13　表单 EXA8_13 中对象及属性

对象名	属性名	属性值	说　明
Grd1. Column3	Sparse	. T.	控件对第 3 列当前单元格起作用
Grd1. Column5	BackColor	228,228,228	第 5 列的底色
OptionGroup1	ButtonCount	5	包含 5 个选项按钮
OptionGroup1. Option1	Caption	全显示	
OptionGroup1. Option2	Caption	隐藏表格	
OptionGroup1. Option3	Caption	隐藏实验列	
OptionGroup1. Option4	Caption	隐藏实验成绩全部单元	
OptionGroup1. Option5	Caption	隐藏实验成绩当前单元	

（5）在 OptionGroup1 的 InterActiveChange 事件下编写代码：

```
X=This.Value
Do Case
Case X=1
    ThisForm.Grd1.Visible=.T.                && 显示表格
    ThisForm.Grd1.Column5.Visible=.T.        && 显示第 5 列
    ThisForm.Grd1.Column5.Text1.Visible=.T.  && 显示第 5 列数据
Case X=2
    ThisForm.Grd1.Visible=.F.                && 隐藏表格
Case X=3
    ThisForm.Grd1.Column5.Visible=.F.        && 隐藏第 5 列,含标题文字
Case X=4
    ThisForm.Grd1.Column5.Visible=.T.        && 显示第 5 列
    ThisForm.Grd1.Column5.Text1.Visible=.F.  && 隐藏第 5 列的控件 Text1
    ThisForm.Grd1.Column5.Sparse=.F.         && 隐藏 Text1,便隐藏第 5 列所有单元格
Case X=5
    ThisForm.Grd1.Column5.Visible=.T.        && 显示第 5 列
    ThisForm.Grd1.Column5.Text1.Visible=.F.
    ThisForm.Grd1.Column5.Sparse=.T.         && 隐藏 Text1,仅隐藏第 5 列当前单元格
    ThisForm.Grd1.Column5.SetFocus
EndCase
ThisForm.OptionGroup1.Option3.Enabled= (X<>2)   && 隐藏表格时,选项按钮不可用
ThisForm.OptionGroup1.Option4.Enabled= (X<>2)
ThisForm.OptionGroup1.Option5.Enabled= (X<>2)
```

（6）在命令窗口中执行 Do Form　EXA8_13,保存并运行表单。

8.7　隐藏类控件

隐藏类控件是指设计时可见,运行时隐藏的一类控件,这类控件有计时器和超链接控件,它们都没有 Visible 属性。通常在程序中使用这类控件的属性、事件和方法程序实现一些特殊的功能。

8.7.1　计时器

计时器(Timer)控件能按一定的时间间隔,周期性地触发事件,即系统可以定期地执行相应的事件代码,自动完成某些任务。

1. 常用属性

(1) **Interval**:用于设置触发 Timer 事件的时间间隔,单位是毫秒(1 秒＝1000 毫秒),当 Interval 属性值为 0 时,系统不触发 Timer 事件。

(2) **Enabled**:用于设置是否启动计时器。系统默认值为.T.,即启动计时器;若取值为.F.,则表示挂起计时器,即不触发 Timer 事件。

2. 计时器控件的常用事件

Timer:在表单运行过程中,每隔指定的时间间隔(Interval)系统自动触发计时器的 Timer 事件,执行该事件中的程序代码。触发 Timer 事件的条件是:Interval 属性的值大于 0,并且 Enabled 属性的值为.T.。

8.7.2　超链接

超链接(HyperLink)主要用于在表单上创建超链接控件,以便通过应用程序访问 Internet 网络。

通常在程序中调用超链接控件的方法程序是 NavigateTo (＜网络地址字符串＞),其中网络地址字符串用于说明要访问的网络地址,调用该方法程序后,系统自动启动网络浏览器,连接到对应的网络地址。

【例 8.14】　设计表单 EXA8_14.SCX。运行时如图 8.13 所示,输入网络地址后,再单击"开始连接"按钮,将通过网络浏览器连接到对应的网络。另外,可以通过微调器设置要关闭窗口的倒计时秒数,当微调器上的值为 0 时,系统自动关闭表单。

设计及运行步骤如下。

图 8.13　连接网络示例

（1）在命令窗口中执行 Create Form EXA8_14，将表单的 Caption 属性值设为连接网络。并在表单中添加相关控件，控件及其属性如表 8.14 所示。

表 8.14　表单 EXA8_14 中控件及属性

控 件 名	属 性 名	属 性 值	说　明
Label1	Caption	网络地址	
Label2	Caption	秒后关闭窗口	
Label3	Caption	当前时间	
Text1	Value	无	用于输入网络地址
Text2	Value	无	用于显示当前时间
	Enabled	.F.	不允许用户修改值
Spinner1	Value	100	初值 100 秒，用户可调整其值
Command1	Caption	开始连接	
Timer1	Interval	1000	每隔 1 秒钟触发一次 Timer 事件
Hyperlink1			超链接控件，主要使用 NavigateTo 方法程序

（2）在 Command1 的 Click 事件下编写代码：

```
ThisForm.HyperLink1.NavigateTo ;
    ( AllTrim ( ThisForm.Text1.Value ) )        && 连接到指定的网络地址
```

（3）在 Timer1 的 Timer 事件下编写代码：

```
ThisForm.Text2.Value=Time( )
If ThisForm.Spinner1.Value >0
    ThisForm.Spinner1.Value=ThisForm.Spinner1.Value -1   && 时间倒计时
Else
    ThisForm.Release
EndIf
```

（4）在命令窗口中执行 Do Form　EXA8_14。保存并运行表单。

8.8　通用容器类控件

容器类控件主要起组合其他控件的作用。前面介绍的容器类控件有命令按钮组、组合框、选项按钮组和表格，它们共同的特点是所包含的控件类型由系统定义，比较单一。VFP 提供了页面和 Container 通用容器类控件，设计人员可以根据需要向这类容器中添加其他类型的控件，对控件实现分组。

8.8.1　页框

页框(PageFrame)是包含页面(Page)的容器,可在一个页框中定义若干个页面。页框有如下常用属性。

(1) **PageCount**：用于指定页框中包含的页数。系统默认值为2,取值范围是0～99。

(2) **ActivePage**：用于设置和存储当前页面(或称活动页面)的页号。

(3) **Tabs**：用于设置页框中是否有选项卡,系统默认值为.T.,即页框中包含页面标签;若Tabs值为.F.,则表示页框中没有页面标签。

(4) **TabStyle**：用于指定页面标题的对齐方式。系统默认值为0-两端,表示所有页面标题充满页框的宽度;若取值为1-非两端,则表示所有页面标题以紧缩方式左对齐。

(5) **TabStretch**：用于设置页面标题的排列方式。系统默认值为1,表示在页框内单行显示页面标题;若取值为0,则表示多行显示页面标题。在页面较多或页面标题较长时,通常将此属性的值设置为0。

8.8.2　页面

一个页框中最多可以包含99个页面(Page)。通常将页面也称为选项卡,每个页面也是一种容器,其作用相当于表单。可以在页面中放入任何控件,甚至可以放入另一个页框。页面与其中的控件结合成一体,活动页面将遮盖其他页面;当改变页框的位置时,每个页面和其中的控件随之移动。选定页面有如下方法。

方法一：在"属性"窗口的"对象选择框"中选择页面名(如Page1、Page2等),同时进入页框编辑状态。

方法二：从页框的右击菜单中选择"编辑",使之进入编辑状态,再单击可以选定相关页面。

向某个页面中添加对象的方法是：先使页框处于编辑状态,然后选定页面(Page)作为当前对象,再用表单控件工具栏创建控件或直接从数据环境中拖入控件。

1. 常用属性

Caption：用于设置页面上的标题文字,即选项卡上的标题文字。

页面其他常用属性还有BackColor(背景颜色)、Enabled(是否可操作)和Name(名称)等。

2. 常用事件

(1) **Activate**：当页面变为活动页面时,触发此事件。

(2) **Deactivate**：当活动页面变为非活动页面时,触发此事件。

单击页面标题改变活动页面时,将触发一个页面的Activate事件,同时触发另一个页面的Deactivate事件。

3. 常用方法程序

SetFocus：在程序或事件代码中对某页面执行此方法程序时，将该页面设置为活动页面。例如，在表单的事件代码中执行：

```
ThisForm.PageFrame1.Page3.SetFocus
```

将当前表单的页框 PageFrame1 中的第 3 页变为活动页面。

【例 8.15】 设计包含 3 个页面的表单 EXA8_15.SCX。运行时如图 8.14～图 8.16 所示，在"民族"页面中选择一个民族，在"学生"页面中显示当前民族的全部学生；在"学生"页面中选择一个学生，在"成绩"页面中显示当前学生的所有课程成绩。

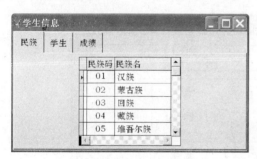

图 8.14　民族页面

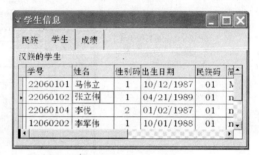

图 8.15　学生页面

设计及运行步骤如下。

（1）在命令窗口中执行：Create Form EXA8_15，并在属性窗口中设置其 Caption 属性值为学生信息。

（2）从表单的右击菜单中选择"数据环境"，依次添加 MZB、XSB 和 CJB 到数据环境中，并确保 MZB 与 XSB 按民族码进行关联；XSB 与 CJB 按学号进行关联。

图 8.16　成绩页面

（3）在表单中创建页框 PageFrame1，将其 PageCount 属性值设为 3（页）；TabStyle 属性值设为 1（非两端）。

（4）在属性窗口的对象选择框中选择 Page1，设置 Caption 属性值为民族；并将数据环境中的 MZB 拖入到页面中。

（5）在属性窗口的对象选择框中选择 Page2，设置 Caption 属性值为学生；在页面中创建标签 Label1，设置 AutoSize 属性为 .T.；再将数据环境中的 XSB 拖入到页面中。

（6）在属性窗口的对象选择框中选择 Page3，设置 Caption 属性值为成绩；在页面中创建标签 Label1，设置 AutoSize 属性为 .T.；再将数据环境中的 CJB 拖入到页面中。

（7）在 Page2 的 Activate 事件下编写代码：

```
This.Label1.Caption=Trim（MZB.民族名）+'的学生'
```

(8) 在 Page3 的 Activate 事件下编写代码：

```
This.Label1.Caption=Trim (XSB.姓名) +'的成绩'
```

(9) 在命令窗口中执行 Do Form　EXA8_15。保存并运行表单。

8.8.3　容器控件

容器控件(Container)是容器类对象，允许包含任何控件，如标签、文本框和命令按钮等，主要用途是对控件进行分组(见图 8.17)。容器控件与页面类似，向其中添加控件的方法也基本相同。

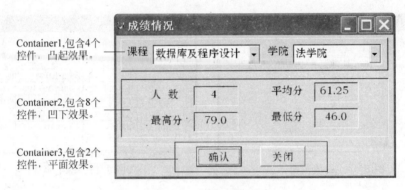

图 8.17　容器控件示例

容器控件的常用属性有 BorderColor ，用于设置边线的颜色；BorderWidth ，用于设置边线的宽度；SpecialEffect ，用于设置容器控件的显示效果，0 表示凸起，1 表示凹下，2 (默认值)表示平面。

【例 8.16】　设计表单 EXA8_16.SCX。运行时如图 8.17 所示，分别在下拉列表框中选择课程名和学院名，单击"确认"按钮后，输出该学院对应课程的成绩情况。

设计及运行步骤如下。

(1) 在命令窗口中执行：Create Form EXA8_16，并在属性窗口中将表单的 Caption 属性值设为成绩情况。并在表单中添加相关控件，控件及其属性如表 8.15 所示。

表 8.15　表单 EXA8_16 中控件及属性

控件名	属性名	属性值	说　　明
Container1	SpecialEffect	0	凸起显示
Container1. Label1	Caption	课程	
Container1. Label2	Caption	学院	
Container1. Combo1	BoundColumn	2	Value 取第 2 列(课程码)
	ColumnCount	2	显示两列

控件名	属性名	属性值	说　明
Container1. Combo1	RowSource	Select 课程名,课程码 From KCB Into Cursor TM1	
	RowSourceType	3	数据源类型为 SQL 语句
	Style	2	下拉列表框
Container1. Combo2	BoundColumn	2	Value 取第 2 列(学院码)
	ColumnCount	2	显示两列
	RowSource	Select 学院名,学院码 From XYB Into Cursor TM2	
	RowSourceType	3	数据源类型为 SQL 语句
	Style	2	下拉列表框
Container2	SpecialEffect	1	凹下显示
Container2. Label1	Caption	人数	
Container2. Label2	Caption	平均分	
Container2. Label3	Caption	最高分	
Container2. Label4	Caption	最低分	
Container2. Text1	ReadOnly	. T.	不允许用户修改值
Container2. Text2	ReadOnly	. T.	不允许用户修改值
Container2. Text3	ReadOnly	. T.	不允许用户修改值
Container2. Text4	ReadOnly	. T.	不允许用户修改值
Container3	SpecialEffect	2	平面显示(默认值)
Container3. Command1	Caption	确认	
Container3. Command2	Caption	关闭	

（2）在 Command1 的 Click 事件下编写代码：

```
Select Count(学号),AVG(考试成绩),Max(考试成绩),Min(考试成绩) From CJB ;
    Where 课程码=ThisForm.Container1.Combo1.Value And ;
    Left(学号,2)=ThisForm.Container1.Combo2.Value ;
    Into Array AM                        && 查询结果存于数组 AM 中
If Type('AM(1)')='N'  && 如果查到记录,则 AM(1)为数值型,否则数组未定义
    ThisForm.Container2.Text1.Value=AM (1)   && 人数
    ThisForm.Container2.Text2.Value=AM (2)   && 平均分
    ThisForm.Container2.Text3.Value=AM (3)   && 最高分
    ThisForm.Container2.Text4.Value=AM (4)   && 平均分
Else
    ThisForm.Container2.Text1.Value='无'     && 没查到记录
    ThisForm.Container2.Text2.Value=0
    ThisForm.Container2.Text3.Value=0
```

```
    ThisForm.Container2.Text4.Value=0
EndIf
```

(3) 在 Command2 的 Click 事件下编写代码：

```
ThisForm.Release
```

(4) 在表单的 Destroy 事件中编写代码：

```
Close DataBase All
```

(5) 在命令窗口中执行 Do Form　EXA8_16。保存并运行表单。

8.9　控件与数据绑定

所谓数据绑定,就是将控件与数据源(字段或内存变量)中的数据结合在一起,即表单中控件与表中字段或内存变量相结合,使表中字段或内存变量的值能显示在控件上,而用户在控件上修改后的数据也能存储到与之绑定的数据源中。

8.9.1　控件数据源

控件与数据绑定的意义在于程序运行过程中使用户能通过表单中的控件查看、输入或修改控件数据源中的数据。

要实现控件与数据绑定,需要用控件的 ControlSource 属性指定控件的数据源名,控件的数据源名可以是表中的字段或内存变量名。在表单的数据环境中,通过拖动字段名到表单上创建控件时,控件类型由系统决定。例如,字符、日期或数值型字段建立文本框;逻辑型字段建立复选框;备注型字段建立编辑框等。并且,控件数据源 ControlSource 属性的值也由系统填写。

1. 控件与数据类型

各类控件可以用于绑定的数据类型有些差异,每类控件绑定的常用数据类型如表 8.16 所示。

表 8.16　控件绑定的常用数据类型

控 件 名	数据类型	控 件 名	数据类型
复选框(CheckBox)	逻辑,数值	编辑框(EditBox)	字符,备注
命令按钮组(CommandGroup)	字符,数值	选项按钮(OptionButton)	逻辑,数值
选项按钮组(OptionGroup)	字符,数值	微调器(Spinner)	货币,数值
列表框(ListBox)	字符,数值	组合框(ComboBox)	字符,数值
文本框(TextBox)	备注和通用型除外		

2. ControlSource 与 Value 属性

表 8.16 中的控件与某个数据源绑定后,其 Value 属性的值便与控件数据源 (ControlSource)中的数据相对应,具体规定如下。

(1)控件数据源中的数据类型决定着 Value 属性值的数据类型,不再与 Value 的初值有关。

(2)系统将控件数据源中的数据自动作为 Value 的初值,在控件上显示。但是,如果控件不能处理数据源中的数据类型,则系统将出错或不显示数据,如果 Value 值的宽度超过控件数据源中能存储的宽度,则将丢失多余的数据。

(3)在控件上输入或选择的数据(Value),系统将其自动存储到 ControlSource 指定的数据源中。

【例 8.17】 设计如图 8.18 所示的表单,表单中的控件与 XYB 表中的相关字段或内存变量绑定。

图 8.18 文本框数据绑定示例

设计及运行步骤如下。

(1)在命令窗口中执行 Create Form EXA8_17,并设置其 Caption 属性的值为编辑学院信息。

(2)将 XYB 表添加到表单的数据环境中,并将数据环境中的学院码、学院名和学院地址字段分别拖入到表单中,自动建立了对应的标签和文本框,并且各文本框的 ControlSource 属性自动绑定了对应字段。

(3)在表单中建立命令按钮组和其他控件,要设置的属性值如表 8.17 所示。

表 8.17 表单 EXA8_17 中的部分空间及其属性设置

控 件 名	属 性 名	属性值	说 明
Text1	ControlSource	SCBJ	文本框与内存变量 SCBJ 绑定
	Enabled	.T.	Text1 仅用于显示"删除"或"正常"
CommandGroup1	ButtonCount	8	按钮布局为"水平"
CommandGroup1.Command1	Caption	第一个	按钮组中的按钮
	Enabled	.F.	初始"第一个"按钮不可用
CommandGroup1.Command2	Caption	上一个	按钮组中的按钮
	Enabled	.F.	初始"上一个"按钮不可用

控件名	属性名	属性值	说　明
CommandGroup1. Command3	Caption	下一个	
CommandGroup1. Command4	Caption	最后	
CommandGroup1. Command5	Caption	增加	
CommandGroup1. Command6	Caption	删除	
CommandGroup1. Command7	Caption	恢复	
CommandGroup1. Command8	Caption	退出	

（4）在表单的 Init 事件下写代码：

```
Public SCBJ                          && 与控件绑定的内存变量 SCBJ 应该为公共变量
Set Delete Off                       && 正常处理逻辑删除的记录
Select XYB
This.CommandGroup1.Command6.Enabled=;
            ! Deleted()              && 若前记录没删除,则"删除"按钮可用
This.CommandGroup1.Command7.Enabled=;
            Deleted()                && 若前记录已逻辑删除,则"恢复"按钮可用
SCBJ=Iif(Deleted(),'删除','正常')     && 记载当前记录是否带逻辑删除标记
```

（5）在命令按钮组 CommandGroup1 的 Click 事件下写代码：

```
X=This.Value
Do case
Case X=1
  Go Top
Case X=2
  Skip -1
Case X=3
  Skip
Case X=4
  Go Bottom
Case X=5
  Append Blank                       && 增加空记录,以便在表单上输入数据
Case X=6
  Delete
Case X=7
  Recall
Otherwise
  ThisForm.Release
EndCase
If X>=1 And X<=7
  This.Command1.Enabled=;
```

```
        (Recno()<>1)                && 若当前记录号不为 1,则"第一个"按钮可用
    This.Command2.Enabled=;
        (Recno()<>1)                && 若当前记录号不为 1,则"上一个"按钮可用
    This.Command3.Enabled=;
        (Recno()<>RecCount())        && 若当前不为最后记录,则"下一个"按钮可用
    This.Command4.Enabled=;
        (Recno()<>RecCount())        && 若当前不为最后记录,则"最后"按钮可用
    This.CommandGroup1.Command6.Enabled=;
        !Deleted()                  && 若当前记录没逻辑删除,则"删除"按钮可用
    This.CommandGroup1.Command7.Enabled=;
        Deleted()                   && 若当前记录已逻辑删除,则"恢复"按钮可用
    SCBJ=Iif(Deleted(),'删除','正常')  && 记载当前记录是否带逻辑删除标记
    ThisForm.Refresh                && 表中的当前记录发生变化,要刷新表单中的数据
EndIf
```

（6）在表单的 Destroy 事件中编写代码：

```
Close DataBase All
```

（7）在命令窗口中执行 Do Form　EXA8_17。保存并运行表单。

8.9.2　通用型字段的绑定

通用型（G）字段通常用于存储图像,只能与 OLE 绑定型控件（OLE Bound Control）结合实现查看字段中的内容。在表单控件工具栏上,OLE 绑定型控件的类名称是 ActiveX 绑定控件。OLE 绑定型控件有如下常用属性。

（1）**ControlSource**：用于设置控件数据源为通用型字段名。

（2）**Stretch**：用于设置图像放入控件中的方式。值为：0（默认）表示剪裁图像一部分,1 表示等比填充,2 表示变比填充。

在表单的数据环境中,拖动通用型字段名（如照片）到表单上,自动创建 OLE 绑定型控件,控件数据源 ControlSource 属性的值就是该字段名。在通过表单控件工具 ActiveX 绑定控件在表单上创建控件后,需要将 ControlSource 属性的值设置为通用型字段名。

8.9.3　列表和组合框的数据绑定

列表框和组合框都有 RowSource、ControlSource、BoundColumn、DisplayValue 和 Value 与输入或选择数据有关的 5 个属性,并且控件中的一行数据可能由多个数据项构成,在列表框中也可能同时选定多行数据。在设计这类控件与数据绑定时,应该注意下列事项。

（1）控件中的 RowSource 属性用于指定控件中要显示的数据来源,只在控件中显示数据源中的数据,不可修改；ControlSource 属性用于指定要绑定的控件数据源,即选择或输入数据后的存储位置,在控件上的表现形式为选定的数据。

（2）BoundColumn 与 ControlSource 属性指定的列，应该在数据类型和宽度方面一致，否则可能体现不出来控件数据源中的数据。

（3）在控件与数据绑定方面，与 DisplayValue 属性无关，只与 Value 属性的值有关。特别是在下拉组合框的文本框中输入数据时，如果在 BoundColumn 说明的列中找不到此数据（此时 Value 的值为空），则将删除控件数据源中的数据。

【例 8.18】 设计如图 8.19 所示的表单，表单中的控件与 XSB 表中的相关字段或内存变量绑定。

图 8.19　数据绑定——编辑学生信息

设计及运行步骤如下。

（1）在命令窗口中执行：Create Form EXA8_18，并设置其 Caption 属性的值为编辑学生信息。

（2）将 XSB 和 MZB 表添加到表单的数据环境中，并将数据环境中的学号、姓名、出生日期、简历和照片字段分别拖入到表单中，自动建立对应的标签和控件。

（3）在表单中建立命令按钮组和其他控件，设置控件的属性值如表 8.18 所示。

表 8.18　表单 EXA8_18 中的部分控件及其属性设置

控　件　名	属 性 名	属 性 值	说　　　明
Label1	Caption	性　别	
OptionGroup1	ControlSource	XSB.性别码	与 XSB 中的性别码字段绑定
OptionGroup1.Option1	Caption	1	
OptionGroup1.Option2	Caption	2	
Text1	ControlSource	SCBJ	文本框与内存变量 SCBJ 绑定
	Enabled	.T.	Text1 仅显示"删除"或"正常"
Label2	Caption	民　族	
Combo1	ControlSource	XSB.民族码	与 XSB 中的民族码字段绑定
	BoundColumn	1	Value 值取 MZB 中的民族码

控件名	属性名	属性值	说　　明
Combo1	ColumnCount	2	下拉列表框中显示 2 列数据
	RowSource	MZB	下拉列表框中数据的来源 MZB
	RowSourceType	2	别名
	Style	2	下拉列表框
OLB 照片（OLE 绑定型控件）	ControlSource	XSB. 照片	与 XSB 的照片字段（G 型）绑定
	Stretch	1	等比填充
CommandGroup1	ButtonCount	8	按钮布局为"水平"
CommandGroup1. Command1	Caption	第一个	按钮组中的按钮
	Enabled	. F:	初始"第一个"按钮不可用
CommandGroup1. Command2	Caption	上一个	按钮组中的按钮
	Enabled	. F.	初始"上一个"按钮不可用
CommandGroup1. Command3	Caption	下一个	
CommandGroup1. Command4	Caption	最后	
CommandGroup1. Command5	Caption	增加	
CommandGroup1. Command6	Caption	删除	
CommandGroup1. Command7	Caption	恢复	
CommandGroup1. Command8	Caption	退出	

（4）在表单的 Init 事件下写代码：

```
Public SCBJ                          && 与控件绑定的内存变量 SCBJ 应该为公共变量
Set Delete Off                       && 正常处理逻辑删除的记录
Set Data ANSI                        && 设置日期格式为：年.月.日
Set Century On
Select XSB
This.CommandGroup1.Command6.Enabled=;
        ! Deleted()                  && 若当前记录没删除,则"删除"按钮可用
This.CommandGroup1.Command7.Enabled=;
        Deleted()                    && 若当前记录已逻辑删除,则"恢复"按钮可用
SCBJ=Iif(Deleted(),'删除','正常')   && 记载当前记录是否带逻辑删除标记
```

（5）命令按钮组 CommandGroup1 的 Click 事件代码与例 8.17 完全相同,从略。

（6）在命令窗口中执行 Do Form　EXA8_18。保存并运行表单。

8.9.4　表格的数据绑定

表格通过数据源（RecordSource）提取要显示的数据,系统默认显示数据列的顺序与

数据源(RecordSource)中列的顺序一致,可以通过列对象(Column＜i＞)或列控件的 ControlSource 属性重新设置数据列的顺序。

在表单的数据环境中,拖动数据对象(表或视图)的标题栏在表单上创建控件时,系统按数据源(RecordSource)中列的顺序依次填写各列对象的 ControlSource 的值。例如,拖动 XSB 的标题栏创建的表格 GRDXSB,其中 Column1(第 1 列)的 ControlSource 的值为 XSB.学号,Column2 的 ControlSource 的值为 XSB.姓名。但各列中的列控件(如 Text1)的 ControlSource 值为空。

通过表单控件工具在表单上创建的表格,系统默认各列对象和列控件(如 Text1)的 ControlSource 属性值均为空,可以根据需要设置各对象的 ControlSource 属性的值。

由于设置列控件或部分列对象的 ControlSource 属性时,还要考虑 ColumnCount、CurrentControl、Sparse 和 Bound 等属性的影响,情况比较复杂,本书不再讨论。在实际应用中,只要保留这些属性的默认值即可。

在表单运行时,对于没有设置 ControlSource 属性的列,系统按表格数据源(RecordSource)中的列自动配置其 ControlSource 属性的值。如果表格的数据源类型(RecordSourceType)为 3(查询)或 4(SQL 说明),则表格只能用于查询数据;如果表格的数据源类型为 0(表)、1(别名)或 2(提示),则表格除显示数据外,也实现了数据绑定。要使某些列的数据不可修改,可以设置其列对象的 ReadOnly 属性的值为.T.。例如,ThisForm.Grid1.Column1.ReadOnly ＝.T.。

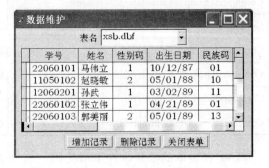

图 8.20 表中数据维护

【例 8.19】 设计表单 EXA8_19.SCX。运行时如图 8.20 所示,在下拉列表框中选择表名,在表格中显示表中的数据,并能修改、删除和增加记录。

设计及运行步骤如下。

(1) 在命令窗口中执行:Create Form EXA8_19,并设置其 Caption 属性值为数据维护。在表单中添加相关控件,控件及其属性如表 8.19 所示。

表 8.19 表单 EXA8_19 中对象及属性

控 件 名	属 性 名	属 性 值	说 明
Label1	Caption	表名	
Combo1	RowSource	＊.DBF	表文件名
	RowSourceType	7	数据源类型为文件
	Style	2	下拉列表框
Grid1	RecordSource	无	由表单运行时动态修改
	RecordSourceType	0	数据源类型为表

控件名	属性名	属性值	说　明
CommandGroup1	ButtonCount	3	
Command1	Caption	增加记录	
Command2	Caption	删除记录	
Command3	Caption	关闭表单	

（2）在表单的 Init 事件下编写代码：

```
Set Deleted On                            && 隐藏逻辑删除的记录
```

（3）在 Combo1 的 InterActiveChange 事件下编写代码：

```
Close DataBase All
ThisForm.Grid1.RecordSource= This.value    && 修改表格的数据源表
```

（4）在 CommandGroup1 的 Click 事件下编写代码：

```
X=This.Value
Do Case
Case X=1
  Append Blank
Case X=2
  Delete
OtherWise
  ThisForm.Release
EndCase
If X<3
  ThisForm.Refresh
  ThisForm.Grid1.SetFocus
EndIf
```

（5）在表单的 Destroy 事件中编写代码：

```
Close DataBase All
```

（6）在命令窗口中执行 Do Form　EXA8_19。保存并运行表单。

8.10　类与子类简介

类（Class）是面向对象程序设计的基础，类是对一类相似对象的归纳和抽象，它既包含数据（属性）又包含操作数据的方法（事件和方法程序）。类是创建对象的模板，即通过类产生对象，只有将类实例化为对象才有意义。基于同一类的对象具有相同的属性、事件和方法程序。类也是支持数据封装的工具，它将数据和操作数据的方法程序结合在一起，可以对类中的数据进行保护。

8.10.1　基本概念

1. 父类与子类

在程序设计中,可以根据已存在的类生成一个新类。通常将已存在的类称为父类,将新生成的类称为子类或派生类。子类具有其父类的全部特征,而且在子类中还可以添加新的属性或方法程序。父类和子类的这种继承关系具有传递性,任何一个子类都能继承它上层类的全部特性。

2. VFP 的基类

基类(Base Class)是 VFP 系统的内部类,用户不能直接对其进行修改,表单及表单工具栏中的工具都是基类。程序设计人员可以利用基类创建(派生)自己的类,VFP 的常用基类如表 8.20 所示。

表 8.20　VFP 的常用基类

名　称	说　明	名　称	说　明
Checkbox	复选框	ComboBox	组合框
CommandButton	命令按钮	CommandGroup	命令按钮组
Container	包含其他对象	Custom	用户定义
EditBox	编辑框	Form	表单
Hyperlink	超链接	Grid	表格
Image	图像	Label	标签
Line	线条	ListBox	列表框
OLEBoundControl	OLE 捆绑型控件	OptionGroup	选项按钮组
PageFrame	页框	Shape	矩形、圆或椭圆形状
Spinner	微调器	TextBox	文本框
Timer	计时器		

3. 用户自定义类(User-defined Class)

在基类的基础上创建的类,称为用户自定义类。VFP 允许用户自定义类派生出子类,用户自定义类既可以作为父类,也可以作为子类。可以为用户自定义类增添所需要的属性、方法程序以及事件代码。同样,也可以将用户自定义类添加到表单控件工具栏上,作为表单上创建对象的工具。

8.10.2 类的特征

类具有封装性、继承性和多态性,这些特征对提高代码的可重用性、易维护性和数据安全性起了非常重要的作用。

1. 类的封装性

封装性将类中的内部数据(属性)、事件及操作数据的方法程序包装起来,即隐藏了类的内部数据或操作细节,使用户只能看到外表,提高了类的内部数据的安全性。例如,设置标签的 Caption 属性值时,程序设计人员不必了解系统内部如何接收和存储标题文字。又如,程序设计人员可以使用 Release 方法程序关闭表单,不需要了解此种方法程序的内部实现(编码)细节。

2. 类的继承性

继承性是指子类继承父类的行为和特征,而且在子类中可以添加新的属性和方法程序。类的继承关系具有传递性,任何一个子类都能继承它上层类的全部属性、事件和方法程序。继承性体现了面向对象设计方法的程序可重用性和扩充性,从而节省了程序设计人员的时间,减少了代码维护量。

3. 类的多态性

可以从两个方面理解类的多态性:一方面从对象的角度来看,同一事件(如 Click)被不同对象接收时,由于事件代码不同,可以引起不同反应。例如,"打开"按钮的 Click 事件代码为 Do Form TF,"关闭"按钮的 Click 事件代码为 ThisForm. Release,单击(Click)这两个对象(命令按钮)完成的任务截然不同。另一方面,从类的继承角度来看,在子类继承父类的事件或方法程序时,由于在子类中可以扩充其功能,使得相同的事件或方法程序名可能具有不同的行为。

【例 8.20】 由基类文本框(TextBox)创建子类 TBX,并扩充其 SetFocus 方法程序的功能,使其能在表单标题中显示系统时间。

设计步骤如下。

(1) 在命令窗口中执行 Create Class TBX,进入"新建类"对话框(见图 8.21),输入类名 TBX(子类),从"派生于"下拉框中选择 TextBox(父类),并在"存储于"框中输入类库文件名:CLTBX. VCX。

(2) 在"新建类"对话框中单击"确定"按钮,进入类设计器(与表单设计器类似)。

(3) 在类设计器中双击 TBX,在代码编辑器中选择"过程"为 SetFocus,编写代码:

```
ThisForm.Caption=Time()
```

关闭类设计器后便建立了子类 TBX。在表单中通过 TBX 建立文本框并调用其 SetFocus 方法程序,除该文本框获得焦点外,还在当前表单的标题上显示系统时间(扩充

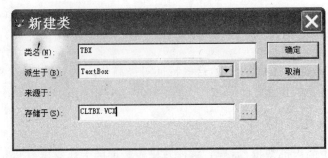

图 8.21 "新建类"对话框

了父类 TextBox 的 SetFocus 方法程序的功能)。

8.10.3　用户自定义类

通过用户自定义类,可以创建一些具有通用性功能的类,使其功能封装起来,以便将它们的实例添加至表单中。同时,也可以利用这种方法使应用程序的外观和风格一致。

1.创建用户自定义类

创建用户自定义类有如下常用方法。

方法一:单击"文件"→"新建",在"新建"对话框中选择"文件类型"为"类",单击"新建文件"按钮。

方法二:在程序或命令窗口中执行命令:Create Class [<类名>]。

这两种方法都进入"新建类"对话框如图 8.21 所示。对话框中各项的含义如下。

(1) **类名**:用于指定所建子类的名称。

(2) **派生于**:用于指定父类名,从下拉列表框中选取基类,或从选择按钮中选择用户自定义的类名。

(3) **存储于**:用于指定子类的存储位置及类库文件名,系统默认扩展名为 VCX。

输入各项内容后,单击"确定"按钮,进入"类设计器",其组成与表单设计器相似,可以编辑类的属性、事件及方法程序。

2.自定义类添至表单控件工具栏

用户自定义类添至表单控件工具栏后,可以作为创建控件的工具使用。用如下方法添加用户自定义类。

方法:单击表单控件工具栏上的"查看类"→"添加",在"打开"对话框中选定类库文件名,最后单击"打开"按钮。自定义类便出现在表单控件工具栏中。

在表单设计器中,利用自定义类创建控件的过程和方法与基类基本相同。

3.修改自定义类

方法一:单击"文件"→"打开",在"打开"对话框中选择"文件类型"为"可视类库",选择类库文件名,单击"确定"按钮,再选择类名,最后单击"打开"按钮。

方法二:在程序或命令窗口中执行命令:Modify Class[＜类名＞],其余操作过程与方法一类似。

利用这两种方法也将进入类设计器,可以对自定义类进行修改。

【例8.21】 设计表单 EXA8_21.SCX,利用例 8.20 中的用户自定义类 TBX(在类库CLTBX.VCX 中),在表单上建立文本框,并与系统基类 TextBox 所建的文本框进行比较。

设计及运行步骤如下。

(1) 在命令窗口中执行 Create Form EXA8_21。

(2) 单击"表单控件"→"查看类"→"添加",选择文件 CLTBX.VCX,单击"打开"按钮。

(3) 单击"表单控件"→tbx,再单击表单,便生成一个文本框控件 Tbx1。

(4) 单击"表单控件"→"查看类"→"常用",显示出系统基类,并通过基类在表单上建立文本框 Text1。

(5) 在表单上创建命令按钮 Command1,设置 Caption 的值为 Tbx1 获焦点,Click 事件代码为:

```
ThisForm.Tbx1.SetFocus
```

(6) 在表单上创建命令按钮 Command2,设置 Caption 的值为 Text1 获焦点,Click 事件代码为:

```
ThisForm.Text1.SetFocus
```

(7) 在命令窗口中执行 Do Form EXA8_21。保存并运行表单。单击"Tbx1 获焦点"按钮,将焦点移到 Tbx1 上,同时在表单的标题上显示系统时间;单击"Text1 获焦点"按钮,仅将焦点移到 Text1 上。

习　题　八

一、用适当内容填空

1. 在表单上产生一个正方形,应将形状对象的【　①　】属性设为【　②　】,同时将【　③　】属性和【　④　】属性设置成不为 0 的相等值。

2. 对于命令按钮组或选项按钮组来说,除了通过属性窗口来设置其属性外,还可通过相应的生成器来设置其常用属性。方法是:首先使用鼠标【　①　】对象,然后在弹出的快捷菜单中选中"【　②　】"命令。

3. 通过【　①　】属性可指明列表框条目的数据源类型,在【　②　】属性中指定具体的数据源。

4. 将组合框的【　①　】属性设置为不同值,则在表单上可产生【　②　】或【　③　】两类不同的组合框对象。

5. 表格由若干【　①　】组成。通过表格生成器的【　②　】选项卡指定表格中各列的标题和列控件的类型,还可调整各列的宽度。通过【　③　】属性可以指明表格的数据源类型,在【　④　】属性中指定表格的具体数据源。

6. 页框是包含【　　】的容器。

7. 若要选择容器中的某对象,可首先【　①　】击该容器,在弹出的快捷菜单中选中"【　②　】"命令,然后单击该对象即可。

8. 如果要为 Form1 中的 Text1 对象设置焦点,则 Text1 对象的【　①　】属性和【　②　】属性值都应为.T.。

9. 在命令窗口中执行【　　】命令可修改表单。

10. 复选框控件可以有三种状态,当其 Value 属性值为逻辑型时,可取值.F.、【　　】或.NULL.。

二、从参考答案中选择一个最佳答案

1. 使文本大小与标签显示区域一致,应设置标签的【　　】属性值为.T.。
　　A. Size　　　　　　B. ControlSize　　C. AutoSize　　　　D. CommandSize

2. 可在【　　】属性中指定要在复选框上显示的图形文件。
　　A. Shape　　　　　B. Image　　　　　C. Graph　　　　　D. Picture

3. CommandGroup 是包含【　　】的容器。
　　A. CommandButton　　　　　　　　B. CommandText
　　C. CommandValue　　　　　　　　D. CommandMessage

4. 命令按钮组中命令按钮的个数是由【　　】属性决定的。
　　A. Count　　　　　B. ButtonNumber　C. ButtonCount　　D. Value

5. 在表单设计器中,要选定命令按钮组中的按钮时,正确的操作是【　　】。
　　A. 先单击命令按钮组,再单击要选定的按钮
　　B. 在命令按钮组上右击,选择"编辑",再单击按钮
　　C. 双击要选定的命令按钮
　　D. B 和 C 操作都可以

6. 如果文本框的 InputMask 属性值是 99 999,允许在文本框中输入【　　】。
　　A. 12345　　　　　B. abc123　　　　　C. $12345　　　　　D. abcdef

7. 在编辑框里可以输入和修改【　　】数据。
　　A. 字符型　　　　　B. 数值型　　　　　C. 逻辑型　　　　　D. 日期型

8. 只有设置【　　】的属性值为.T.,才可以在列表框中一次选中多个条目。
　　A. MultiSelect　　B. MultiLine　　　C. MultiRow　　　　D. MultiTips

9. 与列表框不同,组合框没有【　　】属性。
　　A. Value　　　　　B. ListCount　　　C. MultiSelect　　　D. BoundColumn

10. 对于表格控件,可在【　　】属性中指明表格数据源的类型。
　　A. ControlSource　　　　　　　　　B. Record
　　C. RowSourceType　　　　　　　　D. RecordSourceType

11. 【　】属性值决定着复选框和选项按钮的外观样式。

    A. Fashion　　　　B. Type　　　　　　C. Kind　　　　　D. Style

12. 与某字段进行数据绑定的复选框呈灰色,说明对应当前记录字段值为【　】。

    A. 空字符　　　　B. 0　　　　　　　C. .NULL.　　　　D. .F.

13. 在表单中加入复选框 Check1 和标签 Label1,编写 Check1 的 Click 事件代码为 Thisform.Lable1.Visible＝This.Value。则当单击 Check1 后,Label1【　】。

    A. 可见　　　　　　　　　　　　B. 是否可见取决于 Check1 的当前状态

    C. 不可见　　　　　　　　　　　D. 是否可见与 Check1 的当前状态无关

14. 计时器的 Interval 属性值的单位是【　】。

    A. 分钟　　　　　B. 秒　　　　　　　C. 毫秒　　　　　D. 微秒

15. 在设计表单时将 XSCJB.DBF 作为 Grid1 对象的数据源,可设置 Grid1 的【　】。

    A. RowSourceType 属性值为 0,RowSource 属性值为 XSCJB

    B. RowSourceType 属性值为 XSCJB,RowSource 属性值为 1

    C. RecordSourceType 属性值为 0,RecordSource 属性值为 XSCJB

    D. RecordSourceType 属性值为 XSCJB,RecordSource 属性值为 1

16. 下列【　】组的全部控件都可与自由表中的数据绑定。

    A. Line EditBox Grid　　　　　　B. Shape ListBox OptionButton

    C. Check Line TextBox　　　　　D. EditBox TextBox CheckBox

17. 将【　】属性值设置为/,可使线条对象呈/走向。

    A. LineSlant　　　B. LineSlope　　　C. LineIncline　　D. LineLean

18. 在表单中设计图像(Image)时,其文件名及存放位置应在【　】属性中指定。

    A. Image　　　　　B. Shape　　　　　C. Graph　　　　　D. Picture

19. 利用【　】属性,可为复选框指定数据绑定的数据源。

    A. Bound　　　　　B. DataBound　　　C. ValueBound　　D. ControlSource

20. 有一个命令按钮组,其中有四个命令按钮 Cmd1,Cmd2,Cmd3,Cmd4。要求单击 Cmd1 时,将按钮 Cmd2 变为不可用,则在 Cmd1 的 Click 事件中应加入【　】命令。

    A. This.Cmd2.Enabled＝.F.　　　　B. This.Cmd2.Visible＝.F.

    C. This.Parent.Cmd2.Enabled＝.F.　D. This.Parent.Cmd2.Visible＝.F.

三、从参考答案中选择全部正确答案

1. 【　】可以作为文本框的数据源。

    A. 数值型字段　　B. 备注型字段　　C. 日期型字段　　D. 内存变量

2. 【　】具有 Caption 属性。

    A. 组合框　　　　B. 文本框　　　　C. 标签　　　　　D. 命令按钮

    E. 复选框

3. 【　】控件可以用来显示逻辑型数据。

    A. 文本框　　　　B. 编辑框　　　　C. 复选框　　　　D. 标签

E. 命令按钮

4. 具有 Value 属性的控件有【　　】。

    A. 复选框　　　　　B. 文本框　　　　　C. 命令按钮组　　　D. 选项按钮组

    E. 组合框

5. 可以接受用户键盘输入值的控件有【　　】。

    A. 文本框　　　　　B. 编辑框　　　　　C. 列表框　　　　　D. 微调器

    E. 组合框(Style 值为 2)

6. 【　　】具有 RowSource 属性。

    A. 表格　　　　　　B. 选项按钮组　　　C. 列表框　　　　　D. 组合框

    E. 编辑框

7. 在表单上能直接创建单个【　　】对象。

    A. 列表框　　　　　B. 命令按钮　　　　C. 编辑框　　　　　D. 选项按钮

    E. 复选框　　　　　F. 组合框

8. 表单上形状(Shape)对象的具体形状取决于【　　】属性。

    A. Shape　　　　　B. Curvature　　　　C. Style　　　　　D. Height

    E. Width　　　　　F. Fashion

9. 【　　】属性决定微调器可接受的最小值。

    A. KeyboardLowValue　　　　　　　　B. KeyboardMinValue

    C. SpinnerLowValue　　　　　　　　　D. SpinnerMinValue

    E. MinValue　　　　　　　　　　　　　F. Minium

10. 【　　】控件可以提供一组备选的条目,以便用户从中选择一个。

    A. 列表框　　　　　B. 文本框　　　　　C. 编辑框　　　　　D. 组合框

    E. 备选框

11. 下面对控件的描述正确的是【　　】。

    A. 可以在组合框中进行多重选择

    B. 可以在列表框中进行多重选择

    C. 可以在一个选项按钮组中选中多个选项按钮

    D. 对一个表单内的一组复选框只能选中其中一个

    E. 只能在一个选项按钮组中选中一个选项按钮

12. 以下属于非容器类控件的是【　　】。

    A. 文本框　　　　　B. 标签　　　　　　C. 页面　　　　　　D. 容器

    E. 表单

13. 下列几组控件中,均为容器类的是【　　】。

    A. 表单、列、组合框　　　　　　　　　B. 页框、页面、表格

    C. 列表框、列、下拉列表框　　　　　　D. 表单、命令按钮组、选项按钮组

    E. 表单、命令按钮组、文本框

14. 关于表格控件,下列说法中不正确的是【　　】。

    A. 表格的数据源可以是表、视图、查询

B. 表格中的列控件不包含其他控件

C. 表格能显示一对多关系中的子表

D. 表格是一个容器对象

E. 表格的数据源只能是表

15. 下列各组控件中,都可以与表中数据绑定的控件是【　　　】。

    A. 编辑框、表格、线条　　　　　　　　B. 列表框、形状、单选按钮

    C. 组合框、表格、文本框　　　　　　　D. 复选按钮、容器、编辑框

    E. 复选按钮、文本框、列表框

16. 在表单运行过程中,【　　　】控件可以接受用户键盘输入值。

    A. 文本框　　　　B. 标签　　　　C. 命令按钮　　　　D. 微调器

    E. 线条

17. 在表单运行过程中,【　　　】是不可见控件。

    A. 超链接　　　　B. 页框　　　　C. 容器　　　　D. 计时器

    E. 复选框

18. 在 VFP 中【　　　】控件既有 DisplayValue 属性,又有 Value 属性。

    A. 列表框　　　　B. 文本框　　　　C. 编辑框　　　　D. 复选框

    E. 组合框

19. 下列控件中,【　　　】没有 Visible 属性。

    A. 超链接　　　　B. 页框　　　　C. 容器　　　　D. 计时器

    E. 复选框

20. 关于容器类控件说法正确的是【　　　】。

    A. 只能是表单

    B. 必须由 Container 控件创建

    C. 能包容其他控件,并且可以分别处理这些控件

    D. 能包容其他控件,但不可以分别处理这些控件

    E. 要处理容器内的控件,需将容器控件处于"编辑"状态

四、表单设计题

1. 设计一个简单的计算器(见图8.22)。表单运行过程中,对输入的表达式,单击"计算"按钮时,文本框中显示表达式的值;单击"清空"按钮时,删除文本框中的内容。

2. 设计包含 3 个命令按钮的表单,使其对成绩表(CJB. DBF)进行查询。运行该表单时,如果单击"最高分学生信息"按钮,则查询出每门课程最高分(考试成绩+课堂成绩+实验成绩)的学生信息,查询结果包含学号、姓名、课程名和最高分;如果单击"课程最高分情况"按钮,则查询出课程名和最高分;如果单击"退出"按钮,则关闭表单。

图 8.22　计算器

3. 设计包含 2 个文本框和 3 个命令按钮的表单。运行表单时,在文本框 Text1 中输

入课程码,若单击"查询"按钮,则在文本框 Text2 上显示 CJB 中的选课人数;若单击"清空"按钮,则清空 Text1 和 Text2 中的数据,同时 Text1 获得焦点;单击"退出"按钮,关闭表单。

4. 设计如图 8.23 所示的表单。运行表单时,单击"生成表"按钮,按选定的排序要求,完成下列功能:

(1) 若选定"学院名"和"课程名",则生成表 A1.DBF,包括学号、姓名、学院名和课程名 4 个字段。

(2) 若只选定"学院名",则生成表 A2.DBF,包括学号、姓名和学院名 3 字段。

(3) 若只选定"课程名",则生成表 A3.DBF,包括学号、姓名和课程名 3 个字段。

(4) 若"学院名"和"课程名"均未选定,则生成文件 A4.TXT,包括学号、姓名 2 个字段。

5. 设计如图 8.24 所示的表单。运行表单时,从"数据表"组合框中选择表文件名,在"字段"列表框中显示表中全部字段名。单击"查询"按钮,查询当前表中选定"字段"(如姓名)等于输入数据的记录;单击"退出"按钮,关闭表单。

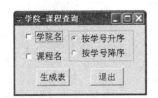

图 8.23 "学院-课程查询"窗口

图 8.24 "按姓名查询"窗口

6. 设计带有移动字幕的表单。在运行表单过程中,单击"开始"按钮,由左向右移动显示"欢迎使用本系统",当文字在表单中消失后,再从左边重新开始显示;单击"暂停"按钮,文字暂停移动。

7. 设计表单如图 8.25 所示的表单。表单运行时,分别在"学院"和"课程"下拉列表框中选择学院名和课程名,按总分由高到低在表格中显示满足条件的学号、姓名和总分(考试成绩+课堂成绩+实验成绩)。单击"保存"按钮,将表格中显示的数据保存到<学院名>_<课程名>.DBF 中。例如,法学院_大学计算机基础.DBF。

图 8.25 "成绩查询"窗口

思 考 题 八

1. 在例 8.3 中,若将命令按钮组 CGP 的 Value 初始值设为字符型,如何修改程序使其满足问题的要求?

2. 文本框的 Password 和 InputMask 属性的作用各是什么？

3. 对控件进行数据绑定有何意义？

4. 组合框有几种样式？各类样式间有何区别？

5. 选项按钮组与其中选项的 Value 属性的含义是否相同？

6. 表格中列控件可以使用命令按钮吗？列控件可以使用哪些控件显示数据？

第9章

菜单设计及应用

一个应用程序通常由若干个功能模块组成,每个模块功能相对独立,各个模块之间又有比较紧密的内在联系。例如,在教学管理系统中,含有管理学生、课程和教师信息的基本功能模块,也包含学生选课和成绩管理等功能模块。在应用程序中通常将其所有功能模块以菜单的形式体现出来,既将各个功能模块有机地联系起来,又方便用户进行操作。

9.1 设置 VFP 系统菜单

通过系统菜单操作是使用 VFP 的主要方法和手段。只有深入了解系统菜单的结构、特点和行为,才能更好地设计应用程序系统。

9.1.1 菜单结构

VFP 的系统菜单是一种下拉式菜单,是典型的菜单系统,由一个条形菜单和一组弹出式菜单组成。其中条形菜单是主菜单,而弹出式菜单为子菜单。

每个菜单项都有名称(如文件、编辑和新建等),也称为菜单项标题。菜单项的名称显示在屏幕上供用户识别。每个菜单项还有内部名(见表 9.1),例如,VFP 系统中"文件"菜单项的内部名为_Msm_File,"编辑"菜单项的内部名为_Msm_Edit。菜单项的内部名由系统识别,可以在程序代码中引用,通常也称为菜单项的引用名。

表 9.1 VFP 系统菜单项名称

菜单项名称	条形菜单项内部名	弹出式菜单内部名	菜单项名称	条形菜单项内部名	弹出式菜单内部名
文件	_Msm_File	_Mfile	编辑	_Msm_Edit	_Medit
显示	_Msm_View	_Mview	工具	_Msm_Tools	_Mtools
程序	_Msm_Prog	_Mprog	窗口	_Msm_Windo	_Mwindow
帮助	_Msm_Systm	_Msystm			

每个菜单项可以对应一个弹出式菜单(由一组子菜单项组成),每个弹出式菜单也有

内部名(见表 9.1)。例如,VFP 系统中条形菜单项"文件"的弹出式菜单内部名为_Mfile,"编辑"的弹出式菜单内部名为_Medit 等。

　　某些菜单项有快捷方式键,通常是 Ctrl 与一个字母的组合(如"复制"菜单项的快捷方式键为 Ctrl+C),按快捷方式键可以访问菜单项。某些菜单项有热键(显示菜单项时带下划线的字符,通常是数字或字母),按 Alt 键与该字符的组合可以访问菜单项。每个菜单项都有一定的动作,动作可能是弹出下级菜单、执行一条命令或执行一个过程。

9.1.2　设置系统菜单

　　VFP 系统菜单的条形菜单内部名为_Msysmenu,表 9.1 列出了条形菜单中常见菜单项及弹出式菜单的内部名称。

　　在使用 VFP 过程中,可以通过命令对系统菜单进行设置,以便使某些系统菜单项隐藏或显示出来。

1. 设置条形菜单项

　　命令格式：Set Sysmenu To [<菜单项内部名表>| Default]。

　　命令说明：用于设置 VFP 主菜单栏中要显示的系统菜单项。执行此命令后,系统除显示指定的菜单项外,还将显示与当前窗口有关的菜单项。例如,当前窗口为命令窗口时,将显示"格式"菜单项;当前窗口为表单设计器时,将显示"格式"和"表单"菜单项。

　　命令中各选项的含义如下。

　　(1) **菜单项内部名表**：通过弹出式菜单内部名或条形菜单项内部名指定要显示的条形菜单项。当设置多个菜单项时,菜单项内部名之间用逗号","分开。

　　(2) **Default**：将系统菜单恢复到默认配置。可以通过 VFP 命令指定系统菜单的默认配置,在指定默认配置之前,系统初始显示的条形菜单项就是默认配置。

　　不带选项的 Set Sysmenu To 命令,系统仅显示与当前窗口有关的菜单项。

　　【**例 9.1**】　通过弹出式菜单项内部名设置系统菜单,显示"文件"和"编辑"及与当前窗口有关的菜单项。

```
Set Sysmenu To _Mfile, _Medit
```

　　【**例 9.2**】　通过条形菜单项内部名设置系统菜单,显示"文件"和"编辑"及与当前窗口有关的菜单项。

```
Set Sysmenu To _Msm_File, _Msm_Edit
```

　　虽然例 9.1 与例 9.2 分别使用弹出式菜单内部名和条形菜单项内部名,但设置系统菜单的效果相同。

　　【**例 9.3**】　在命令窗口中执行:

```
Set Sysmenu To _Msm_File,_Msm_Edit
Set Sysmenu To Default          && 恢复系统菜单的默认配置
```

2. 指定系统菜单的默认配置

命令格式：Set Sysmenu Save|Nosave

命令说明：用于指定系统菜单的默认配置。

（1）**Save**：指定当前显示的菜单为系统菜单的默认配置。

（2）**Nosave**：指定 VFP 系统初始显示的菜单项为系统菜单的默认配置。

【例 9.4】 在命令窗口中执行：

```
Set Sysmenu To _Mfile , _Medit
Set Sysmenu Save        && 指定文件和编辑菜单项为系统菜单的默认配置
Set Sysmenu To _Mview
Set Sysmenu To Default  && 显示"文件"、"编辑"和相关菜单项
Set Sysmenu Nosave      && 指定 VFP 系统初始菜单为系统菜单的默认配置
Set Sysmenu To Default  && 显示 VFP 系统的初始菜单项
```

3. 设置是否显示系统菜单项

命令格式：Set Sysmenu On|Off

命令说明：用于设置执行程序中具有交互命令时是否显示系统菜单项。常用的交互命令有：Browse、Edit、Wait 和 Read 等。

（1）**On**：程序中执行交互命令时显示系统菜单。

（2）**Off**：程序中执行交互命令时不显示系统菜单。

【例 9.5】 建立程序文件 EXA9_5.PRG。

```
Use Xsb
Set Sysmenu On
Browse                  && 显示系统菜单项
Set Sysmenu Off
Browse                  && 不显示系统菜单项
Use
```

9.2 菜单应用示例

通过 VFP 系统可以设计快捷菜单和下拉式菜单。快捷菜单从属于某个对象，列出了有关对象的常用操作。下拉式菜单是程序设计人员组织和构造应用程序的有效工具，它将各类分散的对象如表单（SCX）、查询（QPR）和程序（PRG）等程序模块有效地组织和联系起来，共同构成一个完整的应用程序。对应用程序用户而言，菜单是应用程序功能的集中体现形式，是用户操作程序模块的接口和纽带。

在 VFP 中，根据菜单的显示位置不同，下拉式菜单又分应用程序菜单和窗口菜单两种。在程序运行过程中，应用程序菜单显示在 VFP 的系统菜单栏位置；窗口菜单显示在

程序的某个顶层表单上端。

9.2.1　设计及运行菜单的主要步骤

在 VFP 中,可以通过两种方法创建菜单,一种是通过编写程序代码的方法直接设计菜单程序文件(MPR),在 VFP 中可以直接运行这种文件。另一种是通过菜单设计器可视化的方法建立菜单设计文件(MNX),在 VFP 中不能直接运行这种文件,但可以通过这种文件生成菜单程序文件。

菜单设计器是设计菜单的可视化工具,利用它可以方便、直观地设计菜单,简化菜单程序的设计过程,节省设计应用程序的时间。快捷菜单、应用程序菜单和窗口菜单设计及运行总体过程基本相似。本节以表文件管理的应用程序菜单为例,说明设计及运行菜单程序的一般步骤和方法。

用菜单设计器,从设计到运行菜单程序的主要步骤如图 9.1 所示。

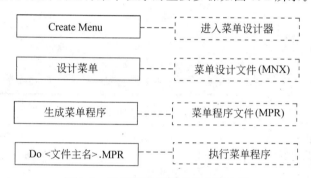

图 9.1　设计到运行菜单的主要步骤

9.2.2　菜单样例设计

所谓菜单,就是一系列选项,每个菜单项都有各自的名称供用户识别,而当用户选择某一菜单项时将会执行对应的操作。

设计一个简单的表文件管理的菜单,运行效果如图 9.2 所示。菜单中包括 3 个主菜单项:表操作、表输出和退出。表操作菜单项包含 4 个子菜单项:打开表、浏览、修改表结构和关闭表;表输出菜单项包含输出表结构和输出表内容两项;而退出菜单项仅执行一条命令,恢复系统菜单的默认配置。

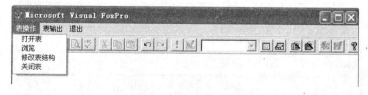

图 9.2　菜单运行效果

1. 启动菜单设计器

方法：单击"文件"→"新建"，选定"菜单"，再单击"新建文件"→"菜单"，进入菜单设计器，如图 9.3 所示。

2. 设计主菜单项

在菜单设计器的"菜单名称"列中，依次填写表操作、表输出和退出；在"结果"列中分别选择"子菜单"、"子菜单"和"命令"；在"命令"后面的文本框中输入命令：Set Sysmenu To Default。设计结果如图 9.3 所示。

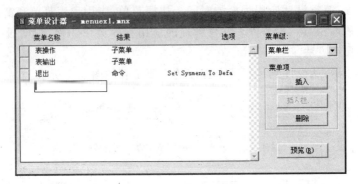

图 9.3　菜单设计器

3. 设计子菜单项

按照表 9.2 中的内容，设置各个子菜单项。

表 9.2　子菜单信息

主菜单项	子菜单项	结果列	代　码

表操作	打开表	过程	Accept "表文件主名：" To X
			If File(X＋". DBF")
			　　Use &X
			Else
			　　Wait '表文件'＋X＋'. DBF 不存在！'
			EndIf

	浏览	命令	Browse
	修改表结构	命令	Modify Structure
	关闭表	命令	Use
表输出	输出表结构	命令	List Structure
	输出表内容	命令	List
退出		命令	Set Sysmenu To Default

输入完成各个子菜单项内容后，按 Ctrl＋S 键保存菜单设计文件，文件主名为

MENU_EXA9。

4. 生成菜单程序文件

方法：单击"菜单"→"生成"，在"生成菜单"对话框中，填写"输出文件"名，即菜单程序文件名。例如，MENU_EXA9. MPR。

5. 运行菜单程序

方法：在命令窗口或程序中执行 Do MENU_EXA9. MPR。运行效果如图 9.2 所示。

9.3 下拉式菜单的设计与应用

在 VFP 中，可以通过菜单设计器创建菜单，也可以直接编写菜单程序。利用菜单设计器制作菜单更加容易、方便，菜单设计器是设计菜单的主要工具。

9.3.1 菜单设计器

进入菜单设计器有如下 4 种常用方法。

方法一：单击"文件"→"新建"，选定"菜单"，再单击"新建文件"按钮。
方法二：单击常用工具栏上的"新建"，选定"菜单"，再单击"新建文件"按钮。
方法三：选择项目管理器的"其他"选项卡，选定"菜单"，再单击"新建"按钮。
方法四：在程序或命令窗口中执行命令。
命令格式：Create Menu [[<路径>]<菜单设计文件名>]
命令说明：执行此命令时，说明菜单设计文件名，系统默认文件扩展名（MNX）可以省略。如果不写菜单设计文件名，则在保存文件时为文件命名。

通过上述方法建立菜单设计文件（MNX）时，系统将弹出"新建菜单"对话框（见图 9.4），单击"菜单"（下拉菜单）或"快捷菜单"按钮后，将进入菜单设计器（见图 9.3）。

【例 9.6】 在命令窗口中执行：

```
Create Menu Mymenu
```

设计完成后系统生成名为 Mymenu. mnx 和 Mymenu. mnt 两个菜单设计文件。

图 9.4 "新建菜单"对话框

9.3.2 设计菜单项

通过菜单设计器既可以定义条形菜单（主菜单）项，也可以定义弹出式（子）菜单项，条形菜单和弹出式菜单有各自的设计界面。

在设计菜单过程中,首先在条形菜单的设计界面中定义菜单项,然后再通过"创建"或"编辑"按钮,进入当前菜单项的弹出式菜单设计界面。在弹出式菜单设计界面上,可以从"菜单级"框中选择"菜单栏"或弹出式菜单名切换到上级菜单的设计界面。

在菜单设计器(见图 9.3)中,左侧是菜单项定义列表框,其中每行表示一个菜单项,包括"菜单名称"、"结果"和"选项"3 列内容;右侧是"菜单级"和操作按钮。

1. "菜单名称"列

在"菜单名称"列内输入菜单项的名称(菜单标题)。菜单标题仅用于显示,并不作为菜单项的内部名。

(1) **访问键**:输入菜单项的名称时,可以为菜单项定义访问键,即热键。设置方法是:在作为访问键的字符(字母或数字)前面加上"\<"两个字符。在运行菜单时,按 Alt 与这个字符的组合可以访问菜单项。例如,菜单项名称为:表(\<T),在运行菜单时,按 Alt+T 键可以操作菜单项"表(T)"。

(2) **分组线**:在输入弹出式菜单项名称时,如果仅输入"\—"两个字符,则运行菜单时显示一条水平分组线。其作用是分组显示弹出式菜单项。系统将忽略分组线的"结果"列和"选项"列中的内容。如果在条形菜单中加分组线,则运行菜单程序时将产生错误。

2. "结果"列

"结果"列用于定义菜单项所完成的动作类型。"结果"列中有子菜单、命令、过程和填充名称(或菜单项♯)4 个选项。

(1) **子菜单**:表示菜单项包含一个弹出式(子)菜单。在运行菜单时,选定该菜单项将弹出子菜单。单击"创建"按钮后切换到弹出式菜单设计界面,用于设计子菜单。如此便可以一层一层地设计出嵌套多层的子菜单。在"菜单级"列表框内将显示当前弹出式菜单的名称,选择"菜单级"列表框中的选项,可以返回到上级菜单或主菜单的设计界面。

(2) **命令**:表示菜单项功能由一条命令完成。选择此项后,可以在右侧文本框中输入一条(占一行)能完成菜单项功能的命令(语句),可以是 VFP 支持的任何语句。例如,浏览表命令(Browse)、运行表单命令(Do Form Myform)或 SQL 语句等。

(3) **过程**:当完成菜单项的功能需要一段程序代码时,可以在"过程"中设计这段程序。选择此项后,再单击右侧的"创建"或"编辑"按钮,进入过程编辑器编写过程代码。

(4) **填充名称**:若当前设计主菜单项,则"结果"列中有"填充名称"选项,用于填写要引用的主菜单项内部名(如_Msm_File 和_Msm_Edit 等)。在运行菜单时,如果被引用的菜单项有效(应该显示出来),则用当前菜单项名称(标题)覆盖被引用菜单项的名称(标题),但保留被引用菜单项的位置和功能。如果被引用的菜单项无效(不显示),则当前菜单项也无效。被引用的菜单项可以是 VFP 系统的主菜单项或自定义的主菜单项。

(5) **菜单项♯**:若当前设计弹出式(子)菜单项,则"结果"列中有"菜单项♯"选项,用于填写要引用的系统子菜单项内部名,如_Mfi_Open(打开)、_Mfi_Close(关闭)等,或者填写另一个子菜单项的自定义编号(数字串)。在运行菜单时,用当前菜单项名称(标题)

Visual FoxPro 数据库及面向对象程序设计基础(第 2 版)

覆盖被引用菜单项的名称(标题),但保留被引用菜单项的功能。

3."选项"列

每个菜单项都有"选项"按钮(列),单击该按钮会出现"提示选项"对话框(见图9.5),用于进一步定义菜单项的相关属性。定义属性后,"选项"按钮上会出现"√"符号。

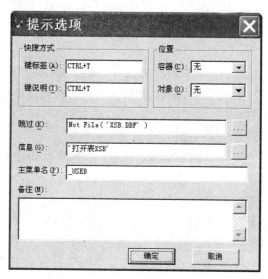

图9.5 菜单设计器中的"提示选项"对话框

(1)**快捷方式**:指定菜单项的快捷方式键,通常由 Ctrl 键或 Alt 键与一个字母键组合而成。定义方法是:使"键标签"右侧的文本框获得焦点(鼠标单击或按 Tab 键),然后在键盘上按下要设的快捷方式键。例如,按下 Ctrl+T 组合键后,"键标签"文本框中出现Ctrl+T。同时"键说明"文本框中也会出现 Ctrl+T 作为说明信息,此内容可以修改。按空格键将取消已定义的快捷方式键。

对主菜单项和子菜单项都可以定义热键和快捷方式键。如果对一个菜单项同时定义两种键,则二者均起作用。在定义热键或快捷方式键时,建议各菜单项之间、热键和快捷方式键之间不要重键。若有重键,则运行菜单程序文件时容易产生不确定性。

(2)**跳过**:定义菜单项是否可用的条件,在"跳过"文本框中输入逻辑值表达式。例如,Not File('XSB.DBF')。在菜单程序运行过程中,由表达式的值决定菜单项是否可用(跳过)。若表达式的值为.T.,则菜单项不可用(灰色表示);若表达式的值为.F.,则菜单项可用;若没写表达式,则系统默认(.F.)可用。系统自动将分组线设置为"跳过"(不可用),定义其表达式没有意义。

(3)**信息**:定义菜单项说明信息,在"信息"文本框中输入字符表达式。例如,'打开表XSB'。在菜单程序运行过程中,当鼠标指向菜单项时,在状态栏中显示该表达式的值。

(4)**主菜单名**:用于定义主菜单项的内部名(遵循内存变量名的规定),供其他"结果"列为"填充名称"的菜单项引用。如果没定义主菜单项的内部名,则系统将为主菜单项随机分配一个内部名。

（5）**菜单项#**：用于定义子菜单项的内部编号（数字串），如 5、100 等，供其他"结果"列为"菜单项#"的菜单项引用。如果没定义子菜单项的内部编号，则系统将子菜单项的序号作为内部编号。

4. 其他操作

在菜单设计器中，可以通过命令按钮对菜单项进行操作。

（1）**插入菜单项**：单击"插入"按钮，在当前菜单项前插入"新菜单项"，可以将其修改为所需要的菜单项。

（2）**插入栏**：在弹出式（子）菜单设计界面中，单击"插入栏"按钮，打开"插入系统菜单栏"对话框，选定所需要的菜单项，再单击"插入"按钮，在当前菜单项之前插入系统的菜单项。

（3）**删除菜单项**：单击"删除"按钮，删除当前菜单项。

（4）**调整菜单项顺序**：拖动菜单名称（标题）左侧的移动按钮，可以改变菜单项的顺序。

9.3.3　保存菜单设计文件

在菜单设计器中设计菜单后，应该将定义菜单的信息保存到菜单设计文件（MNX）中。有如下 3 种保存菜单设计文件的方法。

方法一：单击"文件"→"保存"。

方法二：单击常用工具栏中的"保存"按钮。

方法三：按 Ctrl＋W 键或 Ctrl＋S 键。

如果进入菜单设计器时没有说明菜单设计文件名，则首次保存文件时，系统将弹出"另存为"对话框，要求选择菜单设计文件的存储位置，并输入文件名，文件默认扩展名（MNX）可以省略。

9.3.4　打开菜单设计文件

利用菜单设计器打开菜单设计文件后，可以对菜单进行修改。打开菜单设计文件有如下方法。

方法一：单击"文件"→"打开"，在"打开"对话框中选择"文件类型"为"菜单"，选择或输入菜单设计文件名，单击"确定"按钮。

方法二：单击"打开"常用工具，其余操作过程同上。

方法三：在项目管理器的"其他"选项卡中，选定菜单设计文件名，单击"修改"按钮。

方法四：在程序或命令窗口中运行命令。

命令格式：Modify Menu [[＜路径＞]＜菜单设计文件名＞]

命令说明：当不指定菜单设计文件名时，系统弹出"打开"对话框，其操作方法与前两种方法类似。当指定了菜单设计文件名(可省略扩展名 MNX)时,如果文件已经存在,则直接进入菜单设计器;如果文件不存在,则建立新的菜单设计文件,即具有 Create Menu 命令的功能。

9.3.5 生成菜单程序文件

菜单设计文件(MNX)用于保存设计菜单时的各项定义信息,其本身并不能运行,必须经过系统"生成"(转换成)菜单程序文件(MPR)后才能运行。并且,每次修改菜单设计文件后都要重新生成菜单程序文件。生成菜单程序文件有如下两种方法。

方法一:在菜单设计器中,单击"菜单"→"生成",需要保存菜单设计文件,然后在"生成菜单"对话框中填写"输出文件",即菜单程序文件名,可以省略文件扩展名(MPR)。

方法二:在项目管理器的"其他"选项卡中,选定菜单设计文件名,单击"运行"按钮。系统先生成菜单程序文件,然后再运行该文件。

9.3.6 运行应用程序的菜单程序

运行应用程序的菜单程序文件(MPR)与运行程序文件(PRG)的方法基本相同,主要有如下两种方法。

方法一:单击"程序"→"运行",在"运行"对话框中选择"文件类型"为"程序",选择或输入菜单程序文件名(MPR),单击"运行"按钮。

方法二:在命令窗口或程序中执行命令。

命令格式:Do [<路径>]<菜单程序文件名>.MPR

命令说明:在命令中菜单程序文件名的扩展名(MPR)不能省略。执行此命令后,在 VFP 系统菜单中显示应用程序菜单。

【**例 9.7**】 设计操作学生信息数据库的应用程序菜单 AMainMenu.MNX。

设计及运行步骤如下。

(1) 在命令窗口中执行 Modify Command MST。建立修改表结构的子程序 MST。

```
Parameters FN
Use &FN Exclusive        && 以独占方式打开表,以便修改表结构
Modify Structure
Use
```

(2) 在命令窗口中执行 Create Menu AMainMenu,在"新建菜单"对话框中选择"菜单";在菜单设计器中输入各个菜单项的内容,如表 9.3 所示。

(3) 在菜单设计器中,单击"菜单"→"生成",保存菜单设计文件 AMainMenu.MNX,并在"生成菜单"对话框中填写"输出文件"名:AMainMenu.MPR,即菜单程序文件名。

表 9.3 AMainMenu 菜单设计文件中的内容

主菜单项	子菜单项	结果	程 序 代 码	"跳过"表达式
数据库维护 \<M	建立学生数据库	命令	Create DataBase XSXX	File('XSXX. DBC')
	修改学生数据库	命令	Modify DataBase XSXX	!File('XSXX. DBC')
表结构维护 \<B	建立民族表	过程	Open DataBase XSXX Create Table MZB（民族码 C(2) ; 　　Primary key,民族名 C(20)) Close DataBase All	!File('XSXX. DBC') Or File('MZB. DBF')
	修改民族表结构	命令	Do MST With 'MZB' && 调用子程序	!File('MZB. DBF')
	\—	子菜单		
	建立学院表	过程	Open DataBase XSXX Create Table XYB（学院码 C(2) ; 　　Primary key,学院名 C(20),; 　　学院地址 C(20)） Close DataBase All	!File('XSXX. DBC') Or File('XYB. DBF')
	修改学院表结构	命令	Do MST With 'XYB' && 调用子程序	!File('XYB. DBF')
	\—	子菜单		
	建立课程表	过程	Open DataBase XSXX Create Table KCB（课程码 C(2); 　　Primary key, 课程名 C(30),; 　　学分 I） Close DataBase All	!File('XSXX. DBC') Or File('KCB. DBF')
	修改课程表结构	命令	Do MST With 'KCB' && 调用子程序	!File('KCB. DBF')
	\—	子菜单		
	建立学生表	过程	Open DataBase XSXX Create Table XSB（学号 C(8); 　　Primary key ,姓名 C(8) ,; 　　性别码 C(1)，出生日期 D ,; 　　民族码 C(2)，简历 M） Close DataBase All	!File('XSXX. DBC') Or File('XSB. DBF')
	修改学生表结构	命令	Do MST With 'XSB' && 调用子程序	!File('XSB. DBF')
	\—	子菜单		
	建立成绩表	过程	Open DataBase XSXX Create Table CJB（学号 C(8),; 　　课程码 C(6), 　　考试成绩 N(5,1),; 　　课堂成绩 N(5,1),; 　　实验成绩 N(5,1)，重修 L ,; 　　Primary key 学号＋课程码 ; 　　Tag 学号课程 ） Close DataBase All	!File('XSXX. DBC') Or File('CJB. DBF')
	修改成绩表结构	命令	Do MST With 'CJB' && 调用子程序	!File('CJB. DBF')

主菜单项	子菜单项	结果	程 序 代 码	"跳过"表达式
表中数据编辑\<S		命令	Do Form EXA8_19 && 参考例 8.19	
	通用查询	命令	Do Form EXA8_9 && 参考例 8.9	
	按学号查询成绩	命令	Do Form EXA8_11 && 参考例 8.11	!(File('KCB.DBF') And File('XSB.DBF') And File('CJB.DBF'))
	\—	子菜单		
数据查询 \<Q	按民族查询学生	命令	Do Form EXA8_12 && 参考例 8.12	!(File('MZB.DBF') And File('XSB.DBF'))
	民族及学生成绩	命令	Do Form EXA8_15 && 参考例 8.15	!(File('MZB.DBF') And File('XSB.DBF') And File('CJB.DBF'))
	\—	子菜单		
	课程及学院统计	命令	Do Form EXA8_16 && 参考例 8.16	!(File('KCB.DBF') And File('CJB.DBF'))
退出程序\<E		命令	Set Sysmenu To Default	

（4）在命令窗口中执行应用程序的菜单程序文件 Do AMainMenu.MPR。应用程序菜单将替换 VFP 的系统菜单。

9.4　菜单代码及弹出式菜单名

在菜单程序运行过程中,用户可以选择(单击、热键或快捷方式键等)菜单项执行相关的程序代码,完成对应的任务。实际上在运行菜单程序时,用户能操作菜单之前,系统也可以执行一些程序设计人员编写的程序代码。

9.4.1　"设置"菜单代码

在菜单程序运行时,显示菜单之前,系统先执行"设置"菜单代码,与表单 Load 事件中的程序代码有些类似。在菜单设计器中,编写此类程序代码的过程如下。

方法：单击"显示"→"常规选项",进入"常规选项"对话框。

在"常规选项"对话框中,单击选定"设置"复选框,再单击"确定"按钮,进入"设置"代码编辑器(见图 9.6),可以输入或修改程序代码。

【例 9.8】　设计菜单 AMainMenu.MNX 的"设置"菜单代码。

设计步骤如下。

（1）在菜单设计器中,单击"显示"→"常规选项"。

图 9.6 "常规选项"对话框和"设置"菜单代码

（2）在"常规选项"对话框（见图 9.6）中单击选定"设置"，再单击"确定"按钮。

（3）在"设置"代码编辑器中编写如下代码：

```
Close DataBase All
MessageBox('即将显示程序菜单,欢迎使用!')
```

（4）关闭代码编辑器，回到菜单设计器。

9.4.2 "清理"菜单代码

在显示菜单之后，用户可以操作菜单之前，系统自动执行"清理"菜单代码，与表单的 Init 事件中的程序代码类似。

在图 9.6 中，单击选定"清理"复选框，再单击"确定"按钮，进入"清理"代码编辑器，可以输入或修改程序代码。通常在此编写公共（Public）变量或数组说明语句以及为变量赋初值的语句。

【例 9.9】 设计菜单 AMainMenu.MNX 的"清理"菜单代码。

设计步骤如下。

（1）在菜单设计器中，单击"显示"→"常规选项"。

（2）在"常规选项"对话框（见图 9.6）中，单击选定"清理"，再单击"确定"按钮。

（3）在"清理"代码编辑器中编写如下代码：

```
Public ZJ[7]
ZJ[1]='周日'
ZJ[2]='周一'
ZJ[3]='周二'
ZJ[4]='周三'
```

```
ZJ[5]='周四'
ZJ[6]='周五'
ZJ[7]='周六'
```

（4）关闭代码编辑器，回到菜单设计器。在 AMainMenu 菜单项的命令或过程中可以引用数组 ZJ。例如，MessageBox('今天是'＋ZJ[DOW(DATE())])。

9.4.3　主菜单项"过程"

"常规选项"对话框（见图 9.6）中的"过程"是主菜单项的过程。在设计菜单时，可能没设计某主菜单项的功能，执行这类菜单项时，系统执行主菜单项的过程。

对结果列为"命令"和"过程"的菜单项，没有编写程序代码；对结果列为"子菜单"的菜单项，没有设计子菜单；对结果列为"填充名称"或"菜单项♯"的菜单项，没有填写或填写无定义的菜单项内部名称（编号），这些菜单项都没有具体功能。

在图 9.6 中，可以在"过程"框中直接编写主菜单项"过程"中的代码，也可以单击"编辑"→"确定"按钮后，进入"过程"代码编辑器，输入或修改其代码。

【例 9.10】　设计菜单 AMainMenu.MNX 中主菜单项的"过程"。

设计步骤如下。

（1）在菜单设计器中，单击"显示"→"常规选项"。

（2）在"常规选项"对话框（见图 9.6）中，单击"编辑"→"确定"按钮。

（3）在"过程"代码编辑器中编写如下代码：

```
MessageBox('还没编写主菜单项功能！','提示')
```

（4）关闭代码编辑器，回到菜单设计器。

9.4.4　子菜单项"过程"

在主菜单设计界面（见图 9.3）中，通过"菜单选项"对话框中定义的"过程"是子菜单项"过程"。子菜单项"过程"作用于所有没有具体功能的子菜单项。也就是说，执行菜单程序时，如果单击没有具体功能的子菜单项，则系统自动执行子菜单项"过程"中的代码。

【例 9.11】　设计菜单 AMainMenu.MNX 中子菜单项的"过程"。

设计步骤如下。

（1）在主菜单设计界面中，单击"显示"→"菜单选项"。

（2）在"菜单选项"对话框中，单击"编辑"→"确定"按钮。

（3）在"过程"代码编辑器中编写代码（或在"过程"框中直接编写代码）。

```
MessageBox('没设计子菜单项的功能','提示')
```

（4）关闭代码编辑器，回到菜单设计器。

9.4.5　弹出式菜单名

在一个菜单中,每个菜单项都有内部名或编号,在"提示选项"对话框(见图9.5)中,可以为主菜单项定义内部名,为子菜单项定义编号。每个菜单项下的全部直接子菜单项(至少含一个菜单项)构成一个弹出式菜单。如果上一级菜单项标题中只有1个符号(汉字算一个),则系统自动生成弹出式菜单的内部名;否则,系统将上一级菜单项的标题(如图9.7所示的数据库维护)作为弹出式菜单的内部名。可以重新自定义弹出式菜单的内部名(遵循内存变量名的规定)。

方法:进入要命名的弹出式菜单(子菜单)界面,单击"显示"→"菜单选项",进入"菜单选项"对话框,在"名称"框内定义弹出式菜单的内部名(如DBWH),如图9.7所示。

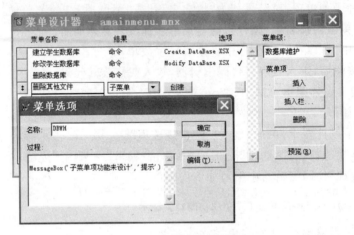

图9.7　"菜单选项"对话框

9.4.6　弹出式菜单"过程"

在弹出式菜单的设计界面中,通过"菜单选项"对话框中定义的"过程"是弹出式菜单"过程"。每个弹出式菜单(如图9.7中的DBWH)都有各自的"过程",只作用于本弹出式菜单中未定义功能的子菜单项(如删除数据库),对间接(如删除其他文件下的子菜单项)和其他子菜单项都不起作用。

在一个编写了子菜单项"过程"代码的菜单中,对于没有功能的子菜单项,如果编写了其弹出式菜单"过程"的代码,则执行其弹出式菜单"过程"中的代码;如果没有编写其弹出式菜单"过程"的代码,则执行子菜单项"过程"的代码。即弹出式菜单"过程"代码将覆盖子菜单项"过程"代码。

【**例9.12**】　设计菜单AMainMenu.MNX中弹出式菜单DBWH(数据库维护)的"过程"代码。

设计步骤如下。

（1）在弹出式菜单 DBWH 的设计界面中，单击"显示"→"菜单选项"。

（2）在"菜单选项"对话框（如图 9.7 所示）中，单击"编辑"→"确定"按钮。

（3）在"过程"代码编辑器中编写代码（或在"过程"框中直接编写代码）。

```
MessageBox('弹出式菜单"数据库维护"下的子菜单项没设计功能','提示')
```

（4）关闭代码编辑器，回到菜单设计器。

9.5 菜单的显示位置

在 VFP 中，下拉式菜单可以作为系统菜单的一部分显示在 VFP 系统菜单的指定位置，或者作为程序中顶层表单中的菜单在窗口中显示。通常将前者称为应用程序菜单，后者称为窗口菜单。在设计下拉式菜单时，要说明设计哪种菜单，系统默认是应用程序菜单。对于一个下拉式菜单来说，只能是应用程序菜单或窗口菜单之一。

9.5.1 应用程序菜单与系统菜单

在设计应用程序菜单时，可以设置应用程序菜单与 VFP 系统菜单的相对位置。

方法：在菜单设计器中，单击"显示"→"常规选项"。在"常规选项"对话框（见图 9.6）的"位置"选项中，选定当前菜单与系统菜单的位置关系。

（1）**替换**：是默认选项，用应用程序菜单替换系统菜单，即仅显示应用程序菜单和与当前窗口有关的系统菜单项。

（2）**追加**：将应用程序菜单添加到系统菜单之后。

（3）**在……之前**：将应用程序菜单插入到系统菜单中指定的菜单项之前。在右侧下拉列表框中选择用于定位的系统菜单项。

（4）**在……之后**：将应用程序菜单插入到系统菜单中指定的菜单项之后。

【例 9.13】 运行菜单程序文件 AMainMenu. MPR 时，显示菜单如图 9.8 所示。

图 9.8 应用程序菜单与系统菜单的位置关系

设计及运行步骤如下。

（1）在命令窗口中执行 Modify Menu AMainMenu。

（2）在菜单设计器中，单击"显示"→"常规选项"。

（3）在"常规选项"对话框（如图 9.6 所示）中选定"追加"选项按钮。

（4）单击"菜单"→"生成"，保存 AMainMenu. MNX，并生成 AMainMenu. MPR。

（5）在命令窗口中执行：

```
Set Sysmenu To _MSM_File, _MSM_View
Do AMainMenu.MPR                        && 运行菜单程序文件时不能省略扩展名
```

9.5.2 设计窗口菜单

在多数应用程序中,将窗口与菜单结合为一个整体,即在窗口中显示菜单。在 VFP 中,只有在顶层表单中才能显示窗口菜单。在设计下拉式菜单时,系统默认是应用程序菜单,要使其成为窗口菜单,还必须设置菜单的相关属性和修改部分程序代码。

1. 设计顶层表单

在一个应用程序中,可以有多个顶层表单,在设计表单时只要将其 ShowWindow 属性的值设为 2(作为顶层表单),即成为顶层表单。有关其他细节请参考 7.8.2 节。

【例 9.14】 新建顶层表单 MainForm,标题为“学生信息管理”。

设计步骤如下。

(1) 在命令窗口中执行 Create Form MainForm。

(2) 在属性窗口中设置 Caption 的值为学生信息管理,ShowWindow 的值为 2。

2. 设计窗口菜单

窗口菜单和应用程序菜单,在设计过程、方法和要求方面没有太大差异,只是在设计窗口菜单时,需要选定“常规选项”对话框(见图 9.6)中的“顶层表单”复选框。事实上,通过选定或不选定该复选框,可以实现两种菜单的转换。

【例 9.15】 将应用程序菜单 AMainMenu 另存为窗口菜单 MainMenu。

设计步骤如下。

(1) 在命令窗口中执行 Modify Menu AMainMenu。

(2) 单击“文件”→“另存为”,在“另存为”对话框中将“保存菜单为”项设为 MainMenu。

(3) 在菜单设计器中,单击“显示”→“常规选项”。

(4) 在“常规选项”对话框(如图 9.6 所示)中选定“顶层表单”复选框。

(5) 在菜单设计器中,将“退出程序”主菜单项的命令(请参考表 9.3)由 Set Sysmenu To Default 改为 MainForm. Release。此处表单引用名不能为 This 和 ThisForm。

(6) 单击“菜单”→“生成”,保存 MainMenu. MNX,生成菜单程序文件名 MainMenu. MPR。

3. 运行窗口菜单程序

在 Do <菜单程序文件名>语句的基础上添加 With 短语,即成为运行窗口菜单程序文件的语句。

命令格式:Do <窗口菜单程序文件名> With <表单引用名>[,"<菜单名>"]

命令说明：窗口菜单程序文件名中的扩展名 MPR 不能省略。表单引用名指出要显示窗口菜单的顶层表单名，在表单的事件（Load 或 Init）下运行窗口菜单程序时，表单引用名可以是 This 或 ThisForm。

在设计下拉式菜单时，不能为条形菜单定义内部名，虽然显示内部名为"菜单栏"，但实际运行下拉式菜单程序时系统又为之随机生成内部名。因此，为了在命令窗口或程序中能操作条形菜单（如释放条形菜单的内存空间），在运行窗口菜单程序时，需要为条形菜单定义内部"菜单名"。

一个窗口菜单程序文件可以同时在多个顶层表单中运行，但运行时条形菜单的内部"菜单名"不能重名。

【例 9.16】 在顶层表单 MainForm 中，运行窗口菜单程序 MainMenu，运行结果如图 9.9 所示。

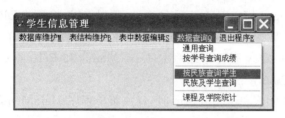

图 9.9　在顶层表单中运行窗口菜单程序

在命令窗口中执行：

```
Do Form MainForm              && 没用 Name 短语另起引用名，MainForm 是引用名
Do MainMenu.MPR With MainForm,"MMN" && MMN 为 MainMenu 的条形菜单内部名
```

通常在表单的 Load 或 Init 事件下写成 Do MainMenu. MPR With This，"MMN"，运行窗口菜单程序。

9.5.3　释放菜单程序

释放菜单程序就是关闭菜单程序并释放菜单所占的内存空间。在运行菜单程序文件时，系统自动为其条形菜单和弹出式菜单分别分配内存空间。在运行应用程序菜单后，通常在菜单项中执行 Set Sysmenu To Default 或 Quit 语句关闭应用程序菜单，系统能自动释放应用程序菜单的条形和弹出式菜单。

在运行窗口菜单程序后，通常在菜单中执行＜表单引用名＞. Release 或 Quit 语句关闭顶层表单，实现关闭应用程序。但＜表单引用名＞. Release 不释放菜单程序（通过 Display Memory 命令可以查看菜单占用内存情况），需要另外执行相关的语句释放条形菜单和弹出式菜单。

命令格式 1：Release Menus ［＜菜单内部名表＞］［Extended］

命令说明：此语句用于释放条形菜单。菜单内部名是运行菜单时为其命名的菜单名，可以同时从内存中释放多个条形菜单，菜单内部名之间用逗号"，"分开。如果不指定菜单内部名,则释放全部自定义的条形菜单。

例如,Release Menus MMN,MN 语句释放 MMN 和 MN 两个条形菜单,没指明菜单内部名的 Release Menus 语句,将释放全部条形菜单,但不释放其弹出式菜单。

如果在语句中加 Extended 短语,则在释放条形菜单的同时释放其弹出式菜单;如果不加 Extended 短语,则需要执行下列语句单独释放弹出式菜单。当然,也可以不释放条形菜单,仅释放弹出式菜单。

命令格式 2：Release Popups [＜弹出式菜单内部名表＞]

命令说明：此语句用于释放弹出式菜单(含快捷菜单)。弹出式菜单内部名(参考 9.4.4 节)由设计菜单时在"菜单选项"对话框(如图 9.7 所示)中定义。可以同时从内存中释放多个弹出式菜单,弹出式菜单名之间用逗号","分开。如果在命令中不指定弹出式菜单名,则释放所有自定义的弹出式菜单。

例如,Release Popups DBWH,表结构维护,数据编辑,将释放 DBWH、表结构维护和数据编辑 3 个弹出式菜单;Release Popups 语句释放全部弹出式菜单(包含快捷菜单)。

通常在表单的 Destroy 事件中编写 Release Menus 和 Release Popups 语句,以便关闭表单时释放窗口菜单。

【例 9.17】 在关闭表单 MainForm 时,释放菜单程序 MainMenu 中的条形菜单和弹出式菜单。

(1) 在命令窗口中执行 Modify Form MainForm。

(2) 在表单 MainForm 的 Destroy 事件编写代码：

```
Release Menus MMN
Release Popups          && 释放全部弹出式菜单
```

其中 MMN 是运行表单(参考例 9.16)时为 MainMenu 条形菜单命名的内部名。

9.6　快捷菜单设计与应用

在程序运行过程中,右击对象时弹出的菜单是快捷菜单,也称对象的右击菜单。快捷菜单由一组弹出式菜单组成,或者由一系列上下级关联的弹出式菜单组成,如图 9.10 所示。

1. 快捷菜单的特点

(1) 与下拉式菜单相比,快捷菜单只有弹出式菜单,没有条形菜单。

(2) 快捷菜单一般从属于某个对象,通常只列出与对象有关的操作。

2. 设计快捷菜单

建立快捷菜单与下拉式菜单的方法和过程基本相同,在系统弹出"新建菜单"对话框(如图 9.4 所示)时,单击"快捷菜单"按钮后,将进入快捷菜单设计器。

在快捷菜单设计器中,设计快捷菜单的方法与设计弹出式菜单相似,快捷菜单设计文件扩展名以及菜单程序文件的生成过程与下拉式菜单也相同。

快捷菜单也可以有多级菜单(如图9.10所示,有两级),每个子菜单(含顶级)都是弹出式菜单(含多个菜单项),但没有条形菜单。每个弹出式菜单也有内部名,系统默认顶级弹出式菜单的内部名为"快捷菜单"4个字,其他弹出式菜单的内部名与下拉式菜单中的弹出式菜单相同。

与下拉式菜单(参考9.4节)类似,在"常规选项"对话框(如图9.6所示)中可以设计快捷菜单的"设置"菜单代码和"清理"菜单代码,但是"清理"菜单代码在菜单项中的代码之后执行。在"菜单选项"对话框(如图9.7所示)中也可以设计各个弹出式菜单(含顶级)的内部名和"过程"代码,但是快捷菜单的主菜单项"过程"代码不起作用,并且没有子菜单项"过程"。

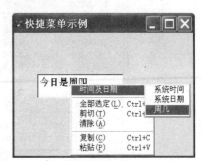

图9.10　快捷菜单示例

3. 运行快捷菜单

快捷菜单从属于表单或其中某个对象,因此要在相关对象的RightClick事件中编写运行快捷菜单程序文件的代码。运行快捷菜单程序与应用程序菜单程序的语句相同,都使用Do　＜菜单程序文件名＞语句。在表单运行过程中,右击相关对象,将弹出快捷菜单,供用户操作。

4. 释放快捷菜单

由于快捷菜单中的每个子菜单(含顶级)都是弹出式菜单,因此释放快捷菜单的语句也是Release Popups［＜弹出式菜单名表＞］。通常将此语句写在表单的Destroy事件中,或者作为"清理"菜单代码(参考9.4.2节)中的语句。如果快捷菜单中有多个子菜单,则要逐个释放。要谨慎使用Release Popups语句,省略弹出式菜单名将释放全部弹出式菜单,包括窗口菜单中的弹出式菜单。

【例9.18】　建立如图9.10所示的表单TFM. SCX和快捷菜单TMN. MNX,顶级菜单项有时间及日期、全部选定、剪切、清除、复制和粘贴,并有分隔线。"时间及日期"有子菜单项:系统时间、系统日期和周几,其余菜单项引用系统菜单项的功能。

(1)在命令窗口中执行Create Form TFM,设置Caption属性值为"快捷菜单示例"。

(2)在表单TFM中添加文本框Text1,并编写Text1的RightClick事件代码:

```
Do TMN.MPR
```

(3)在命令窗口中执行Create Menu TMN。进入快捷菜单设计器,使用"插入栏"按钮或输入菜单项。

(4)在顶层弹出式菜单设计界面(如图9.11所示)中,单击"显示"→"菜单选项",将弹出式菜单内部"名称"由"快捷菜单"改为KJCD。

图 9.11　快捷菜单设计器

（5）单击"显示"→"常规选项"，在"常规选项"对话框（如图 9.6 所示）中单击"设置"→"确定"按钮，并在代码编辑器中编写代码：

```
Public ZJ[7]
ZJ[1]='周日'
ZJ[2]='周一'
ZJ[3]='周二'
ZJ[4]='周三'
ZJ[5]='周四'
ZJ[6]='周五'
ZJ[7]='周六'
```

（6）在"常规选项"对话框（如图 9.6 所示）中，单击"清理"→"确定"按钮，并在代码编辑器中编写代码：

```
Release Popups 时间及日期,Kjcd    && 时间及日期为弹出式菜单的默认内部名
```

（7）在"时间及日期"行中，单击"创建"或"编辑"按钮，在"时间及日期"弹出式菜单设计界面中，增加系统时间、系统日期和周几 3 个子菜单项，并单击"显示"→"菜单选项"，保留默认"名称"：时间及日期，设置弹出式菜单"过程"代码：

```
TFM.Text1.Value='今日是' +ZJ[ DOW(Date()) ]
```

（8）选"系统时间"菜单项的结果列为"命令"，并输入代码：

```
TFM.Text1.Value=Time()
```

（9）选"系统日期"菜单项的结果列为"命令"，并输入代码：

```
TFM.Text1.Value=DTOC( Date())
```

（10）对菜单项"周几"不设计功能。实际执行弹出式菜单"过程"中代码（由第（7）步设计）。

（11）在菜单设计器中，单击"菜单"→"生成"，保存菜单设计文件 TMN.MNX，并在"生成菜单"对话框中生成菜单程序文件 TMN.MPR。

（12）在命令窗口中运行表单 Do Form TFM,然后右击表单中的文本框,运行效果如图 9.10 所示。

习　题　九

一、用适当内容填空

1. 常见的典型菜单系统通常由【　①　】菜单作为主菜单栏,【　②　】菜单作为下拉子菜单。

2. 快捷菜单实质上由一个或一系列上下级关联的【　①　】菜单构成,当用户单击某个菜单项时,可能执行一个命令、【　②　】或激活另一个菜单。

3. VFP 系统菜单栏(条形菜单)的内部名为【　　　】。

4. 命令 Set Sysmenu【　①　】的结果是将当前显示的菜单指定为系统菜单的默认配置,命令 Set Sysmenu【　②　】的结果是将系统菜单恢复为默认配置。

5. 执行 Do【　　】命令可运行名为 MY 的菜单程序文件。

6. 在菜单设计器的【　①　】列中输入【　②　】2个字符,对弹出式菜单分组。

7. 在菜单设计器中单击某菜单项的【　①　】列后,若在【　②　】文本框中输入.T.,则运行菜单时,该菜单项不可用(变灰色)。

8. 在菜单设计器中,单击【　①　】按钮,可在当前菜单项前插入一个新菜单项;在设计弹出式菜单时,单击【　②　】按钮,可在当前菜单项前插入 VFP 系统菜单项。

9. 按【　①　】键将保存菜单设计文件而不关闭菜单设计器;按【　②　】键将保存菜单设计文件并关闭菜单设计器。

10. 用户新建的菜单文件 MY.MNX 必须经过系统【　①　】菜单程序文件【　②　】后才能运行。

11. 在设计菜单时,若菜单项的功能由多条(2条或以上)命令完成,则其"结果"列应该为【　①　】;若菜单项的功能由 1 条命令完成,则其"结果"列应该选择【　②　】或【　③　】。

12. 在设计菜单时,设置程序菜单与 VFP 系统菜单的相对位置,应该单击系统菜单的【　①　】菜单,选择【　②　】菜单项进行设置。

13. 在设计菜单时,"跳过"选项用于定义菜单项是否可用的条件。在"跳过"文本框中应输入【　①　】表达式,当表达式的值为【　②　】时,菜单项可用;当表达式的值为【　③　】时,菜单项不可用。

14. 在菜单设计器中,在【　①　】列设置菜单项的访问键(热键),在访问键字符前面加【　②　】2个字符;单击【　③　】列中的按钮设置菜单项的快捷方式键,通常按【　④　】或【　⑤　】键与字母组合成快捷键。

15. 在菜单程序运行时,显示菜单之前,系统先执行【　①　】菜单代码;在显示菜单之后,用户可操作菜单之前,系统自动执行【　②　】菜单代码;对没有具体功能的某些主菜单项,系统将执行公共【　③　】中的程序代码。

16. 要使程序菜单能在表单中使用,必须在菜单设计器的【 ① 】对话框中将该程序菜单选择为【 ② 】,同时将表单的【 ③ 】属性值设置为【 ④ 】;在关闭表单时,通常在【 ⑤ 】事件中执行【 ⑥ 】命令释放条形菜单,执行【 ⑦ 】命令释放弹出式菜单。

17. 要使 RTM 成为某表单的快捷菜单,应该在表单的【 ① 】事件代码中编写【 ② 】语句调用该快捷菜单程序;可以在表单的【 ③ 】事件或【 ④ 】菜单代码中编写【 ⑤ 】语句释放快捷菜单。

二、从参考答案中选择一个最佳答案

1. VFP 系统菜单不包含【 】菜单。

    A. 下拉式   B. 条形   C. 弹出式   D. 快捷

2. 关于菜单结构,叙述错误的是【 】。

    A. 典型的菜单系统是下拉式菜单

    B. 下拉式菜单由条形和弹出式菜单组成

    C. 单击条形菜单项将弹出子菜单或执行某种操作

    D. 菜单项名称就是菜单项内部名

3. 执行 Set Sysmenu To 命令,结果是【 】。

    A. 提示出错信息   B. 仅显示与当前窗口有关的菜单项

    C. 不显示任何菜单项   D. 恢复到系统菜单默认配置

4. 要将当前菜单项设成系统菜单的默认配置,应该执行【 】命令。

    A. Set Sysmenu NoSave   B. Set Sysmenu Save

    C. Set Sysmenu To Default   D. Set Sysmenu On

5. 要将系统菜单恢复到初始配置,应该先执行【 ① 】命令,再执行【 ② 】命令。

    A. Set Sysmenu Save   B. Set Sysmenu To

    C. Set Sysmenu Nosave   D. Set Sysmenu On

    E. Set Sysmenu To Default

6. 在程序中,当执行到交互命令时,要求不显示系统菜单项,应该用【 】命令进行设置。

    A. Set Sysmenu To   B. Set Sysmenu Off

    C. Set Sysmenu On   D. Set Sysmenu To Default

7. VFP 系统默认扩展名为 MPR 的文件是【 】。

    A. 菜单设计文件 B. 程序文件   C. 菜单程序文件 D. 项目文件

8. VFP 系统默认扩展名为 MNX 的文件是【 】。

    A. 菜单程序文件 B. 菜单设计文件 C. 表单文件   D. 备注文件

9. 在项目管理器的【 】选项卡中可操作菜单对象。

    A. 数据   B. 文档   C. 类   D. 其他

10. 要定义某菜单项名的热键,应该在【 】中定义。

    A. "菜单名称"列 B. "结果"列   C. "选项"列   D. "菜单级"框

11. 要设计的菜单项名称为"查询(Q)",在菜单名称列中应该输入【　　】。

    A. 查询(Alt+Q)　B. 查询(\<Q)　　C. 查询(Q)　　　　D. 查询(Ctrl+Q)

12. 菜单项的热键一般是【　　】键与字母的组合键。

    A. Ctrl　　　　　B. Alt　　　　　C. Shift　　　　D. Tab

13. 在菜单设计器中,如果"菜单级"列表框中的内容为"计算",则正在编辑的菜单是【　　】。

    A. 系统菜单　　　B. 主菜单　　　C. 弹出式菜单　　D. 条形菜单

14. 设计弹出式菜单时,在当前菜单项之前插入一个 VFP 系统的菜单项,应该单击【　　】。

    A. 菜单级　　　　B. 系统菜单　　　C. 插入　　　　D. 插入栏

15. 要定义菜单项快捷方式键为 Ctrl+L,应该在快捷方式键文本框中【　　】。

    A. 输入 Ctrl+L 各字符　　　　　　B. 按住 Ctrl 键,再按 L 键

    C. 先按 Ctrl 键,再按 L 键　　　　　D. 先按 L 键,再按 Ctrl 键

16. 在定义菜单项可用条件时,在"跳过"文本框中应该输入【　　】。

    A. 逻辑值表达式　B. 文本表达式　　　C. 数值表达式　　D. 任何表达式

17. 在编辑"统计"子菜单时,要返回主菜单的设计界面,应该【　　】。

    A. 单击"菜单"菜单,选择"返回"菜单项

    B. 单击"文件"菜单,选择"关闭"菜单项

    C. 在"菜单级"列表框中选择"菜单栏"

    D. 按 CTRL+W 键

18. 菜单设计文件为 MY. MNX,要运行其程序文件,正确的操作是【　　】。

    A. 执行 Do MY 命令

    B. 执行 Do Menu MY. MNX 命令

    C. 先生成 MY. MPR 文件,再执行 Do MY. MPR 命令

    D. 先生成 MY. MPR 文件,再执行 Do Menu MY. MPR 命令

19. 在调用(Do)窗口菜单的语句中,需要用【　　】短语传递参数。

    A. With　　　　　B. Parameters　　C. LParameters　D. Where

20. 在表单 MF 的窗口菜单中有"关闭"项,其功能是关闭表单 MF,实现"关闭"项功能的命令是【　　】。

    A. This. Release　　　　　　　　B. ThisForm. Release

    C. Set Sysmenu Default　　　　　D. MF. Release

21. 运行窗口菜单 TMN 的语句为 Do TMN. MPR With ThisForm ,"KN",【　　】能释放 TMN 中的条形菜单及其弹出式菜单。

    A. Release Menus TMN　　　　　B. Release Menus TMN Extended

    C. Release Menus KN　　　　　　D. Release Menus KN Extended

22. 某菜单项的功能是运行表单 FT. SCX,为使菜单设计内容更直观、易读,在其"结果"列中最好选择【　　】实现。

    A. 过程　　　　　B. 命令　　　　　C. 子菜单　　　　D. 填充名称

23. 在运行菜单程序过程中,单击未定义功能的条形菜单项时,执行【　　】。
   A. "清理"菜单代码　　　　　　　　B. 主菜单项"过程"代码
   C. "设置"菜单代码　　　　　　　　D. 弹出式菜单"过程"代码

24. 在运行菜单程序过程中,单击未定义功能的子菜单项时,系统执行【　　】。
   A. "清理"菜单代码　　　　　　　　B. 主菜单项"过程"代码
   C. "设置"菜单代码　　　　　　　　D. 子菜单项"过程"代码

25. 在运行菜单程序过程中,单击未定义功能的子菜单项时,系统执行【　　】。
   A. 其弹出式菜单"过程"代码　　　　B. 主菜单项"过程"代码
   C. "设置"菜单代码　　　　　　　　D. 子菜单项"过程"代码

26. 在程序运行过程中,鼠标右击某对象弹出的菜单是【　　】。
   A. 主菜单　　　　B. 子菜单　　　　C. 快捷菜单　　　　D. 条形菜单

27. 一个下拉式菜单中包含弹出式菜单的个数是【　　】。
   A. 1个　　　　　　　　　　　　　　B. 由"结果"列为"子菜单"的项数决定
   C. 由条形菜单的项数决定　　　　　D. 由包含子菜单的菜单项数决定

28. 与下拉式菜单相比,快捷菜单【　　】。
   A. 只有弹出式菜单　　　　　　　　B. 可能有条形菜单
   C. 既有弹出式菜单,又有条形菜单　D. 没有弹出式菜单,只有条形菜单

29. 在定义弹出式菜单时,单击"菜单设计器"中的【　　】按钮,就会弹出 VFP 系统菜单项的对话框,可以从中选择系统菜单项。
   A. 插入　　　　B. 插入栏　　　　C. 预览　　　　D. 菜单项

三、从参考答案中选择全部正确答案

1. 以下关于菜单叙述正确的是【　　】。
   A. 每个菜单项都有标题　　　　　　B. 菜单项标题由系统识别
   C. 每个菜单项都有内部名　　　　　D. 菜单内部名显示在屏幕上供用户识别
   E. 菜单项标题与菜单项内部名没有区别

2. 【　　】是错误的命令。
   A. Set Sysmenu Default　　　　　　B. Set Sysmenu To
   C. Set Sysmenu Nosave　　　　　　D. Set Sysmenu To Off
   E. Set Sysmenu To Save

3. 在下列的叙述中,【　　】是错误的。
   A. 执行 Set Sysmenu To _MFile 后仅显示"文件"菜单
   B. 执行 Set Sysmenu To 时会提示出错信息
   C. 执行 Set Sysmenu To Default 后恢复到菜单默认配置
   D. 菜单的默认配置就是初始配置
   E. 执行 Set Sysmenu No Save 设置菜单默认配置

4. 在 VFP 中,根据菜单的显示位置不同,下拉式菜单可分为【　　】。
   A. 数据库菜单　　　B. 窗口菜单　　　　C. 快捷菜单　　　　D. 项目菜单

E. 应用程序菜单

5. 在系统默认情况下,【 ① 】文件与菜单有关,【 ② 】文件与菜单设计文件有关。

    A. MNX   B. MNT   C. MPR   D. QPR

    E. SCX

6. 在菜单设计器"结果"列的下拉列表框中,始终出现的选项有【   】。

    A. 过程   B. 命令   C. 菜单项♯   D. 子菜单

    E. 填充名称

7. 某菜单项的操作是调用程序 CX.PRG,其"结果"列中可以选择【   】实现。

    A. 过程   B. 命令   C. 菜单项♯   D. 子菜单

    E. 填充名称

8. 在设计主菜单项时"结果"列中有"填充名称",在"提示选项"对话框中有"主菜单名",二者的作用是【   】。

    A. 完全相同   B. "填充名称"是为菜单项命名

    C. "主菜单名"是为菜单项命名   D. "填充名称"是引用其他菜单项名

    E. "主菜单名"是引用其他菜单项名

9. 在"提示选项"对话框中,可以设计菜单项的【   】。

    A. 热键   B. 快捷方式键   C. 是否可用表达式

    D. 位置   E. 功能代码

10. 关于菜单项的热键和快捷方式键,正确的叙述是【   】。

    A. 热键和快捷方式键的定义方法完全相同

    B. 同一菜单项的热键和快捷方式键均起作用

    C. 菜单中的热键和快捷方式键可以重键

    D. 菜单中的各个菜单项之间的热键不能重键

    E. 菜单中的各个菜单项之间的快捷方式键不能重键

11. 关于菜单项的热键和快捷方式键,【   】与字符的结合。

    A. 热键只能是 Ctrl 键   B. 热键只能是 Alt 键

    C. 热键可以是 Ctrl 键或 Alt 键   D. 快捷方式键只能是 Ctrl 键

    E. 快捷方式键只能是 Alt 键   F. 快捷方式键可以是 Ctrl 键或 Alt 键

12. 关于菜单的叙述,【   】是错误的。

    A. 条形菜单项之间可以加分组线

    B. 可以动态地设置菜单项可用或不可用

    C. "跳过"表达式的默认值是 .T.

    D. "跳过"表达式为 5>3 时,菜单项不可用

    E. 在菜单名称中包含"\<Q",则 Alt+Q 是热键

    F. 在菜单名称中包含"\<Q",则 Ctrl+Q 是热键

13. 有关菜单中的分组线,正确的叙述是【   】。

    A. 分组线的"结果"列必须为"子菜单"   B. 分组线的"结果"列可以任选

C. 条形菜单中也可以包含分组线　　D. 分组线用于显示,不能实现具体操作

E. 适当定义"跳过"表达式能使分组线可操作

14. 在运行菜单程序之后,用户可操作菜单之前,要执行的程序代码应该编写在
【　　】中。

A. "清理"菜单代码　　　　　　　　B. 主菜单项"过程"代码

C. "设置"菜单代码　　　　　　　　D. 弹出式菜单"过程"代码

E. 子菜单项"过程"代码

15. 在运行菜单程序过程中,单击某个未定义功能的子菜单项,系统执行【　　】代码。

A. "清理"菜单　　　　　　　　　　B. 主菜单项"过程"

C. "设置"菜单　　　　　　　　　　D. 弹出式菜单"过程"

E. 子菜单项"过程"

16. 在执行快捷菜单中某个未定义功能的菜单项时,系统执行【　　】代码。

A. "清理"菜单　　　　　　　　　　B. 主菜单项"过程"代码

C. "设置"菜单代码　　　　　　　　D. 弹出式菜单"过程"代码

E. 子菜单项"过程"代码

17. 当菜单项的标题中文字都多于1个符号时,【　　】是弹出式菜单的内部名称。

A. "提示选项"对话框中的"主菜单名"　B. 默认上一级菜单项的标题

C. "常规选项"对话框中的"过程"　　D. 默认上一级菜单项的内部名称

E. "菜单选项"对话框中的"名称"

18. 程序菜单运行时,使其出现在 VFP 系统菜单的中间位置,在"常规选项"对话框
中可选择【　　】。

A. 覆盖　　　　B. 在……之前　　　C. 替换　　　　D. 追加

E. 在……之后

19. 能用 Do 命令操作【　　】文件。

A. 表　　　　　B. 菜单设计　　　　C. 程序　　　　D. 查询

E. 菜单程序

20. 有关应用程序菜单和窗口菜单,正确的叙述是【　　】。

A. 运行两种菜单的语句格式不同

B. 两种菜单的显示位置不同

C. 在程序(PRG)代码中不能运行窗口菜单

D. 在表单的事件代码中不能运行应用程序菜单

E. 一个窗口菜单能在多个顶层表单中显示

21. Release Popups 语句能释放【　　】。

A. 条形菜单　　B. 表单　　　　　　C. 弹出式菜单　　D. 内存变量

E. 快捷菜单

22. 以下关于快捷菜单叙述错误的是【　　】。

A. 快捷菜单既有条形菜单,又有弹出式菜单

B. 快捷菜单只有弹出式菜单,没有条形菜单

C. 快捷菜单从属于对象,通常列出与对象有关的操作

D. 在一个表单中可以同时具有下拉式和快捷菜单

E. 快捷菜单与下拉式菜单的文件扩展名不同

23. 在顶层表单的 Init 或 Load 事件中,调用窗口菜单的语句为:Do ＜菜单程序文件名＞ With ＜表单引用名＞[,"＜菜单名＞"],其中"表单引用名"可以为【　　】。

　　A. 菜单设计文件名　　　　　　B. 菜单程序文件名

　　C. This　　　D. ThisForm　　　D. Parent

四、菜单设计题

1. 以第4章设计题1中的图书管理数据库为基础,设计应用程序菜单。菜单内容及要求如下:

文件

　　　　打开文件:弹出"打开"窗口,以便选择要打开的文件。

　　　　输出记录:输出当前表中的数据记录。

　　　　修改记录:进入数据浏览窗口,以便查看、修改数据记录。

　　　　关闭:关闭当前窗口。

借阅管理

　　　　借阅查询:根据输入的借书证号查询借阅图书情况。

　　　　借阅数量查询:统计每个借阅者的借阅数量,按借阅数量由多到少排序。

退出:关闭程序菜单,恢复到系统菜单

2. 利用第8章设计题1~4,设计顶层表单及窗口菜单。菜单内容及要求如下:

信息查询

　　　　　　计算器:运行表单EXE8_1。

　　　　　　最高分情况:运行表单EXE8_2。

　　　　　　统计选课人数:运行表单EXE8_3。

　　　　　　学院—课程查询:运行表单EXE8_4。

退出:关闭顶层表单,并释放各类菜单。

思 考 题 九

1. 下拉菜单与快捷菜单有哪些异同点?

2. 菜单设计步骤是什么? 菜单设计保存在哪些文件中?

3. 在定义菜单项时,"结果"选项中有"填充名称",其主要作用是什么?

4. 什么是窗口菜单? 如何设计窗口菜单? 窗口与窗口菜单的关系是什么?

5. 如何调用或释放快捷菜单? 当一个快捷菜单用于多个对象时,从设计菜单方面考虑需要注意哪些问题?

第**10**章

报表与标签设计及应用

报表是用户获取信息的一条重要途径。VFP 提供了设计报表的可视化工具——报表设计器。利用报表设计器创建报表时，不仅可以按指定格式输出表中的数据，而且还具有数据统计、布局等功能。报表文件的扩展名为 FRX。

标签是一种特殊格式的报表，具有多列布局的结构。标签的创建、设计方法与报表基本相同。标签文件的扩展名为 LBX。

在报表和标签文件中并不存储数据源中的任何数据，仅存储输出数据的格式，即数据位置和格式(布局)等信息。

10.1　简单报表及其应用

报表包括两个基本组成部分：数据源和布局。数据源指定了报表中的数据来源，报表的数据源通常是数据表(数据库表或自由表)，也可以是视图；布局指定了报表中输出内容的位置及格式。简单地说，报表就是从指定的数据源中提取数据，按照布局定义的位置及格式输出数据。

VFP 提供了报表向导、报表设计器和快速报表 3 种创建报表的方法。

10.1.1　报表布局

在创建报表之前，首先应该根据实际需要，确定报表布局。报表布局就是报表的输出格式。有 4 种类型报表布局格式，如图 10.1 所示。报表布局格式的说明如表 10.1 所示。

列报表　　　行报表　　　一对多报表　　　多栏报表

图 10.1　报表布局

表 10.1　报表布局类型说明

布局类型	说　　明	示　　例
列报表	每个字段一列,字段名(列标题)在页面上方按水平方向放置,字段与数据在同一列,每行一条记录	分组/总计报表、销售总结、财政报表
行报表	每个字段占一行,字段名在数据左侧,字段与数据在同一行	列表
一对多报表	按一对多关系显示表中的记录,包括父表的记录和子表中相关记录	发票、会计报表
多栏报表	每行多个记录,记录按从上到下,自左至右排列	电话号码簿、名片

10.1.2　报表向导及应用

"报表向导"是创建报表的最简单方法,可以按报表向导的提示回答一系列问题设计报表。报表的数据源可以是数据表或视图。启动报表向导的方法如下。

方法一:单击"文件"→"新建",选定"报表",再单击"向导"按钮。

方法二:单击"常用"工具栏上的"新建",选定"报表",再单击"向导"按钮。

方法三:在项目管理器的"文档"选项卡上,选定"报表",再单击"新建"→"报表向导"按钮。

方法四:单击"工具"→"向导"→"报表",直接打开报表向导。

启动报表向导后,首先弹出"向导选取"对话框,在此对话框中有"报表向导"和"一对多报表向导"两个选项。如果报表的数据源是一个数据对象(数据库表、自由表或视图),则选择"报表向导";如果报表的数据源为两个数据对象,则应该选择"一对多报表向导"。

【例 10.1】　通过"报表向导"建立学生成绩报表 EXA10_1.FRX(如图 10.2 所示),用于输出每个学生的学号、课程码、考试成绩以及课程门数、总分、平均分、最低分和最高分,并且按学号由小到大排列。

(1) **启动报表向导**:单击"文件"→"新建",选定"报表",单击"向导"按钮,弹出"向导选取"对话框。由于数据源是一个表 CJB,故选择"报表向导"。

(2) **选择数据源**:从"数据库和表"列表框中(如图 10.3 所示)选择数据源(CJB.DBF),在"可用字段"列表框中依次双击学号、课程码、考试成绩字段名,使之成为"选定字段",即,报表中要输出的字段。

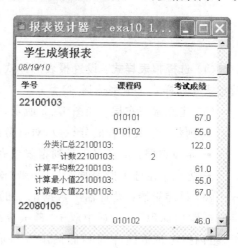

图 10.2　预览报表效果

(3) **分组记录**:需要选择分组关键字段(最多3个)和分组计算方式。本例在"报表向导"中选择分组关键字段为"学号",单击"总结选项"按钮,在"总结选项"对话框(如图 10.4 所示)中对"课程码"选定"计数","考试成绩"选定"求和"、"平均值"、"最小值"和"最大值"。

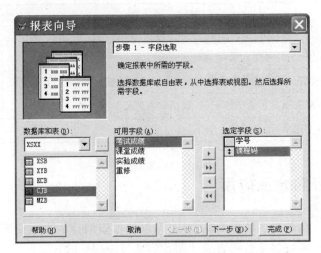

图 10.3 "报表向导"对话框

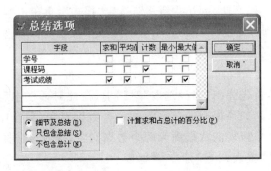

图 10.4 "总结选项"对话框

（4）**选择报表样式**：设置报表的样式，向导提供了经营式、账务式、简报式、带区式和随意式 5 种样式。本例选择"经营式"。

（5）**定义报表布局**：如图 10.5 所示，报表布局包括"列数"、"字段布局"和"方向"。

• **列数**：定义报表的分栏数，对含分组的报表不能分多栏。

• **字段布局**：定义报表是列报表或者是行报表，对含分组的报表只能使用列报表。

• **方向**：在打印报表时，按打印纸"横向"或"纵向"打印。本报表选择纵向打印。

（6）**排序记录**：设置输出数据记录的顺序，最多可以设置 3 个排序字段。在"可用字段或索引标识"列表框中双击"考试成绩"字段，选定"降序"。输出报表时，按学号分组，组内按考试成绩由高到低输出各科成绩。当数据源为视图时，选择排序关键字不起作用。

（7）**完成**：在"报表标题"文本框中输入"学生成绩报表"，选定"保存报表以备将来使用"、"保存报表并在报表设计器中修改"或"保存并打印报表"。通常在保存报表之前，要单击"预览"按钮预览报表效果，如图 10.2 所示。最后单击"完成"按钮，将报表文件保存为 EXA10_1.FRX。

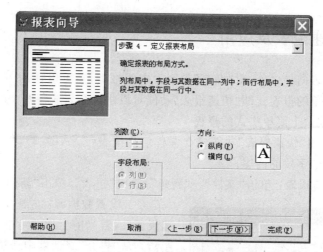

图 10.5 定义报表布局

【例 10.2】 用"一对多报表向导"建立学生民族信息报表 EXA10_2.FRX(如图 10.6 所示),用于显示民族码、民族名及属于该民族学生的学号和姓名,其中民族码、民族名来源于民族表(父表 MZB),学号和姓名取自于学生表(子表 XSB),操作步骤如下。

(1) **进入报表向导**:单击"文件"→"新建",选定"报表",单击"向导"按钮,在"向导选取"对话框中,选定"一对多报表向导",单击"确定"按钮。

(2) **从父表中选择字段**:在"数据库和表"列表框中选择民族表(MZB),依次双击"可用字段"中的民族码和民族名字段,使其出现在"选定字段"列表框中,单击"下一步"按钮。

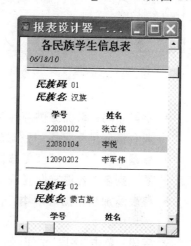

图 10.6 一对多报表向导预览效果

(3) **从子表中选择字段**:在"数据库和表"列表框中选择学生表(XSB),依次双击"可用字段"中的学号和姓名字段,使其出现在"选定字段"列表框中,单击"下一步"按钮。

(4) **为表建立关系(关联)**:如果在数据库中为表建立了永久关联,则系统自动引用该关联,显示在向导窗口中,也可以通过选择父表和子表中的关联字段建立临时关联,单击"下一步"按钮。

(5) **排序记录**:可以从父表中的字段选择排序关键字,此处排序关键字也是分组关键字。在"可用的字段或索引标识"中双击"民族码"字段,单击"下一步"按钮。

(6) **选择报表样式**:选择"带区式",方向"纵向",单击"下一步"按钮。

(7) **完成**:在"报表标题"文本框中输入:各民族学生信息表,单击"预览"按钮,报表效果如图 10.6 所示。单击"完成"按钮,在"另存为"对话框中,输入报表文件名 EXA10_2,单击"保存"按钮,报表存于文件 EXA10_2.FRX 中。

10.1.3　快速报表及应用

除了使用报表向导之外,对"细节"带区为空的报表,还可以使用 VFP 的"快速报表"功能创建格式简单的报表。即"快速报表"功能可以将一个表或视图中的字段快速添加到报表文件中,形成一个简单格式的报表。

【例 10.3】 用"快速报表"功能建立课程信息报表(EXA10_3),用于输出课程码、课程名称和学分 3 个字段的内容。

(1) **新建空白报表**:单击"文件"→"新建",选定"报表",单击"新建文件"按钮。

图 10.7　"快速报表"对话框

(2) **设置数据源**:方法是单击"报表"→"快速报表"。若当前工作区为空(没有打开表和视图),则从"打开"对话框中选择报表的数据源表(如 KCB. DBF),单击"确定"按钮,系统弹出"快速报表"对话框(如图 10.7 所示),若当前工作区中有数据对象(数据库表、自由表、临时表或视图),则将当前工作区中的数据对象作为数据源,且直接进入"快速报表"对话框。

(3) **设置"快速报表"**:在"快速报表"对话框中,各选项的功能如下。

- **字段布局**:系统提供两种字段布局方式,分别是列布局与行布局。列布局是从左向右横向排列字段;行布局是从上向下竖向排列字段。
- **标题**:若选定"标题"复选框,则为每个字段加标题,标题名为字段名。
- **添加别名**:若选定此复选框,则在报表中每个字段的前面加表别名。
- **将表添加到数据环境中**:若选定此复选框,则将数据对象(表或视图)添加到数据环境中。
- **字段**:单击"字段"按钮,弹出"字段选择器"对话框,可以选择报表中要输出的字段。

在本例中,字段布局选定为列布局,并选定"标题"、"添加别名"和"将表添加到数据环境中"。然后单击"字段"按钮,在"字段选择器"对话框中分别双击课程码、课程名和学分字段,将其加到"选定字段"列表中,单击"确定"按钮。

(4) **预览、保存报表**:单击"快速报表"窗口中的"确定"按钮,在"报表设计器"中生成了相关信息。再单击"显示"→"预览",在屏幕中浏览报表数据。最后关闭报表设计器,保存报表文件名为 EXA10_3. FRX。

10.2　报表设计器及其组成

用"报表向导"或"快速报表"创建报表,优点是方便快捷。但报表格式过于简单,往往不能完全满足实际要求,通常还要在"报表设计器"中进行修改和调整报表。报表设计器是向报表中添加数据控件和调整数据输出格式的可视化窗口。

10.2.1　报表的建立与修改

在报表设计器中,可以指定报表的数据源、添加报表控件和设置报表布局等。可以通过新建或修改报表两种方式进入"报表设计器"。

1. 新建报表

通过新建报表方式进入"报表设计器"有如下 3 种常用方法。

方法一:单击"文件"→"新建",选定"报表",单击"新建文件"按钮。

方法二:在项目管理器的"文档"选项卡中,选定"报表",单击"新建"→"新建报表"按钮。

方法三:在命令窗口或程序中执行命令。

命令格式:Create Report［＜路径＞］［＜报表文件名＞］

命令说明:建立空报表文件(默认扩展名 FRX),同时进入报表设计器。

【例 10.4】　用命令方式建立空报表(EXA10_4.FRX)。

```
Create Report EXA10_4
```

执行命令后,进入报表设计器。按 Ctrl＋W 键关闭报表设计器,在文件默认目录中产生了空报表文件 EXA10_4.FRX。

2. 修改报表

生成报表文件后,可以通过"报表设计器"进一步进行设计。打开报表文件的方法如下。

方法一:单击"文件"→"打开",在"文件类型"中选择"报表",双击需要修改的报表文件名。

方法二:在命令窗口或程序中执行命令。

命令格式:Modify Report［＜路径＞］［＜报表文件名＞］

命令说明:当报表文件(默认扩展名 FRX)存在时,打开报表文件;当报表文件不存在时,新建空报表文件。打开或建立报表后进入报表设计器。

【例 10.5】　打开例 10.3 中的课程信息报表(EXA10_3)。

```
Modify Report EXA10_3
```

执行命令后进入报表设计器,并显示文件默认目录下 EXA10_3.FRX 中的内容,如图 10.8 所示。

10.2.2　报表的带区及作用

一个报表由若干个不同类型的区域组成,每个区域称为报表的一个带区。带区下方

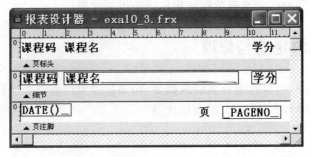

图 10.8　报表设计器—EXA10_3

标识栏上是该带区的名称。带区的主要作用是控制数据在页面上的输出位置,系统以不同的方式处理各个带区中的数据。

在报表中通常包含 3 个基本带区(如图 10.8 所示),分别是"页标头"、"细节"和"页注脚"带区。

1. 页标头带区

"页标头"带区是报表的页眉区,在每页顶端都输出该带区中的内容,通常放置每列中的标题文字,系统默认是字段名。

2. 细节带区

"细节"带区是表体的内容区,也是报表中最主要的区域。用于输出数据记录,每条记录输出一次,输出数据行数与数据源中的记录个数有关,也与报表的分栏数以及字段布局有关。细节带区通常放置输出数据的表达式,带区高度决定一个数据记录所占的高度。

3. 页注脚带区

"页注脚"带区是报表的页脚区。在每页底端输出一次该带区中的内容,通常放置页号、报表时间和制表人等内容。

除了这 3 个基本带区外还有其他带区。各个带区的作用及添加方法如表 10.2 所示。

表 10.2　报表带区用途及添加方法

带区名称	用　　途	添 加 方 法
标题	每个报表首页输出一次,通常放置表的标题、公司标志(图像)、报表日期等	单击"报表"→"标题/总结",选定"标题带区",单击"确定"按钮
组标头	每组数据输出一次,通常放置分组表达式(关键字)、分隔线等	单击"报表"→"数据分组",输入分组表达式,单击"确定"按钮
组注脚	每组数据输出一次,通常放置分组小计表达式	单击"报表"→"数据分组",输入分组表达式,单击"确定"按钮
总结	每个报表尾页输出一次,通常放置总计等相关内容	单击"报表"菜单→"标题/总结",选定"总结带区",单击"确定"按钮

带区名称	用　　途	添加方法
列标头	是多分栏报表的页眉区,相当于不分栏报表中的"页标头"带区。每页输出次数由分栏数决定	单击"文件"菜单→"页面设置",设置"列数"大于1
列注脚	是多分栏报表的页脚区,相当于不分栏报表中的"页注脚"带区。每页输出次数由分栏数决定	单击"文件"菜单→"页面设置",设置"列数"大于1

在报表设计器中,可以根据输出数据的位置和次数要求将控件放置在相关带区中,也可以用鼠标拖动带区的标识栏,调整相关带区的高度,以便确定输出数据的高度。

10.2.3　报表数据环境设计

当使用报表向导设计报表时,系统自动将数据源添加到报表的数据环境中;当使用快速报表工具设计报表时,可以选择性地将数据源添加到报表的数据环境中;在通过报表设计器设计报表时,可以通过数据环境设计器添加和设置报表的数据源。

在输出报表时,报表中的数据可以来源于当前工作区、报表数据环境中的数据对象或报表数据环境的 Init 事件中程序代码组织的数据。如果输出报表时引用固定的数据源,则在设计报表时通常将数据源添加到报表的"数据环境"中。

1．进入数据环境设计器

方法一:从"报表设计器"空白区域的右击菜单中选择"数据环境"。

方法二:在"报表设计器"中,单击"显示"→"数据环境"。

2．向数据环境中添加数据对象

* **添加表的方法**:右击"数据环境设计器"空白区域,在弹出的快捷菜单中选择"添加",在"打开"对话框中选择表文件名,最后单击"确定"按钮。

* **添加视图的方法**:先打开(Open DataBase)视图所在的数据库,再从"数据环境设计器"空白区域的右击菜单中选择"添加",在"添加表或视图"对话框中选定"视图",双击"数据库中的视图"列表框中的视图名,或者选定列表框中的视图名后单击"添加"按钮,最后单击"关闭"按钮。

3．设置数据对象之间的关联

在报表的数据环境中,数据对象之间应该建立关联,关联的父、子数据对象顺序不同,产生的报表结果有较大差异。通常将父对象中的字段拖到子对象中的字段上建立临时关联。在数据库中为表建立的关联将自动带到报表数据环境中,如果这种关联不符合问题的要求,需要将其删除后再重新建立关联。

4．设置报表中输出数据的顺序

系统默认情况下,报表中输出数据的顺序是数据源中记录的顺序。对于表数据源,可以通过设置结构索引文件中的排序索引,控制报表中输出数据的顺序。

方法：在"数据环境设计器"中,从表数据源的右击菜单中选择"属性",在"属性"窗口的 Order 属性值中选择索引名作为排序索引。

5. 删除数据环境中的数据对象

方法一：在"数据环境设计器"中选定要删除的数据对象,按 Delete 键。

方法二：在"数据环境设计器"中,右击数据对象,在右键快捷菜单中选择"移去"。

6. 在数据环境中编写代码

除了表和视图可以作为报表的数据源外,还可以在输出报表时引用当前工作区中的数据,或者在报表数据环境的 Init 事件中编写程序代码组织数据源。程序代码通常是打开(Use)表或视图的语句、SQL-Select 语句或执行(Do)查询的语句等。作为报表数据源的 Select 语句及查询中通常加入 Into Cursor 短语生成临时表,避免执行报表时弹出"查询"窗口。

10.3 设 计 报 表

每个报表由多个带区组成,每个带区中可以放置多个控件,各个控件的属性值决定着输出数据的特征(如来源、位置、颜色、字体和字号等)。通过报表设计器既可以设计简单报表,也可以设计复杂的分组报表。

10.3.1 报表控件

通过报表向导或快速报表所生成的报表,各个带区中的内容(如图 10.8 所示)都是报表控件。例如,"页标头"带区中的"课程名"是标签控件,用于设置要输出的文字;"细节"带区中的"课程名"是域控件,用于设计要输出数据的表达式。

在报表数据环境中,拖动数据对象(表或视图)的标题到报表的某个带区(通常是"细节"带区)中,将生成一组控件;拖动数据对象中的字段到报表的某个带区中,将生成一个控件。对于数值、字符、日期、备注和逻辑型字段,生成域控件;对于通用型字段,生成图片或 ActiveX 绑定控件。

1. 添加控件

在报表设计器中,选定(呈凹下状态)工具栏中的工具后,在报表的相关带区中单击或拖动鼠标可以添加控件。单击"显示"→"报表控件工具栏",将显示或隐藏"报表控件"工具栏。有如下常用控件工具。

(1) ▶选定对象：在此种状态下,单击报表带区中的控件为选定控件,拖动控件改变其位置,拖动控件尺寸控点改变其大小。

（2）A标签：主要用于输出文字信息。在带区中单击后直接输入文字。在带区中选定标签控件后，单击"格式"→"字体"，可以设置文字的字体、字形、字号和颜色等属性；单击"格式"→"文字对齐方式"，可以设置文字在标签中的对齐方式（左对齐、居中或右对齐）。

（3）╋线条：在带区中拖动鼠标绘制直线。在带区中选定线条控件后，单击"格式"→"绘图笔"，可以设置线条的线形（虚、实、粗、细）。

（4）▢矩形：在带区中拖动鼠标绘制矩形。在带区中选定矩形控件后，除了可以使用"格式"菜单中的"绘图笔"外，还可以使用"填充"设置矩形内部的填充样式。

（5）▢圆角矩形：在带区中拖动鼠标绘制圆、椭圆、圆角矩形。从带区中圆角矩形控件的右击菜单中选择"属性"，在"圆角矩形"对话框可以选择图形"样式"；也可以使用"格式"菜单中的"绘图笔"和"填充"设置圆角矩形的相关属性。

（6）▦域控件：需要编写表达式，用于输出报表中的数据。

（7）▦图片/ActiveX 绑定控件：用于在报表中输出图像文件（BMP、JPG 等）或通用型字段中的内容。单击带区后，在"报表图片"对话框中选择"图片来源"的"文件"或通用型"字段"，也可以设置"剪裁图片"或"缩放图片"，必要时可以拖动控件尺寸控点改变其大小，以便输出完整的图片。

2. 设计域控件

选定报表工具栏中的域控件工具，单击带区后，将弹出"报表表达式"对话框，如图 10.9 所示。在此对话框中有如下功能。

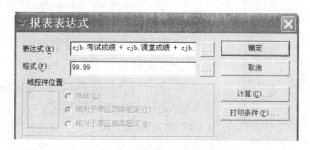

图 10.9 "报表表达式"对话框

（1）**表达式**：要求输入提取数据的表达式。表达式可由字段、内存变量（如_PageNo 表示当前页号）、常数或函数构成。表达式中的字段可以是数据环境中数据对象的字段、数据环境 Init 事件中程序代码组织的数据源字段或输出报表时当前工作区中的字段。内存变量可以是系统内存变量（如_PageNo 表示当前页号）或输出报表时用户定义的有效内存变量或数组元素。函数可以是系统标准函数或用户自定义函数。

单击"表达式"右侧的生成按钮，在表达式生成器（如图 10.10 所示）中，可以从"字符串"、"数学"、"逻辑"和"日期"下拉列表框中选择函数或运算符，也可以双击"字段"或"变量"列表框中的相关项，使之成为表达式的一部分。

（2）**格式**：用于设置输出数据的格式。与表单中文本框的 InputMask 类似，允许使

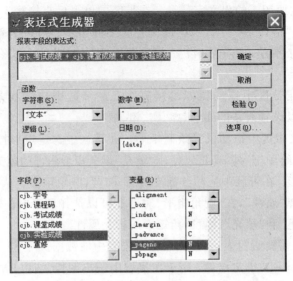

图 10.10 "表达式生成器"对话框

用的格式符号请参考表 8.4。例如，99.99 表示输出整数和小数各占 2 位。单击"格式"右侧的按钮，也可以通过"编辑选项"设置输出数据的格式。

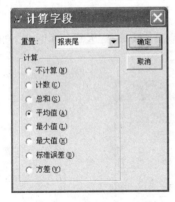

图 10.11 "计算字段"对话框

（3）**计算**：单击"计算"按钮，在"计算字段"对话框（如图 10.11 所示）中可以对当前表达式进一步计算（如计数、总和、平均值、最小值和最大值等）。在"重置"下拉框中可以设置要计算的记录范围，有如下常用选项。

- **报表尾**：记录范围为报表中的全部数据记录。
- **页尾**：记录范围为当前页中的全部数据记录。
- **分组关键字**：下拉框中包含分组关键字的个数由报表中的分组层数决定，记录范围由选定关键字的每组值中的记录确定。

（4）**打印条件**：单击"打印条件"按钮，在"打印条件"对话框中，可以设置是否"打印重复值"。当选定"否"时，如果多个连续记录关于当前表达式具有相同的值，则仅在这些连续记录中的第 1 个记录上输出当前表达式的值。

在"打印条件"对话框的"仅当下列表达式为真时打印"文本框中可以编写逻辑值表达式。在输出报表中，仅当该表达式值为.T.时，才输出当前表达式的值。例如，当前表达式为考试成绩＋课堂成绩＋实验成绩，"打印条件"表达式为"考试成绩＞0"，在输出报表时，对考试成绩≤0 的数据记录，不输出表达式：考试成绩＋课堂成绩＋实验成绩的值。

选定报表带区中的域控件后，像标签一样，也可以用"格式"菜单修饰"字体"和"文字对齐方式"。双击域控件或从其右击菜单中选择"属性"，均可以重新进入"报表表达式"对话框（如图 10.9 所示），允许进一步修改表达式。

3. 控件布局

通过"布局"工具栏可以将控件在带区中"水平居中"和"垂直居中",也可以将一些选定的控件"左边对齐"、"右边对齐"、"顶边对齐"或"底边对齐"等。显示或隐藏布局工具栏的方法是:单击"显示"→"布局工具栏"。设置控件在带区中对齐方式的方法是:先选定控件,再单击布局工具栏中对应的工具即可。

【**例 10.6**】 报表向导与报表设计器结合设计如图 10.12 所示的报表。

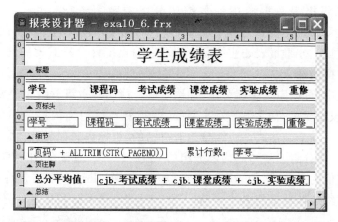

图 10.12 报表设计器——EXA10_6.FRX

(1) **启动报表向导**:单击"文件"→"新建",选定"报表",单击"向导"按钮,在"向导选取"对话框中选择"报表向导"。选择数据源为 CJB. DBF 中的全部字段。单击"完成"按钮,输入"报表标题"为学生成绩表,再单击"完成"按钮,保存报表文件名为 EXA10_6.FRX。

(2) **进入报表设计器**:在命令窗口中执行 Modify Report EXA10_6。

(3) **设置排序关键字**:从"报表设计器"空白区域的右击菜单中选择"数据环境",在"数据环境设计器"中,从数据源 CJB 的右击菜单中选择"属性",在"属性"窗口中将"Order"属性的值选为"学号"。

(4) **修改标题带区**:选定日期控件(Date),按 Delete 键将其删除;选定标题控件(学生成绩表),单击"布局"工具栏中的"水平居中";单击"格式"→"字体",选择字体为"宋体",大小(字号)为"三号"。

(5) **向带区中添加控件**:选定报表控件工具栏中的"标签",单击"页注脚"带区后直接输入"累计行数:";选定工具栏中的"域控件",单击"页注脚"带区,在"报表表达式"对话框中输入表达式"学号",单击"计算"按钮,在"计算字段"对话框中,选定"计数",单击"确定"按钮。

(6) **增加"总结"带区并添加控件**:单击"报表"→"标题/总结",选定"总结带区",单击"确定"按钮;选定工具栏中的"标签",单击"总结"带区后直接输入"总分平均值:";选定工具栏中的"域控件",单击"总结"带区,在"报表表达式"对话框中单击表达式生成按钮,在表达式生成器中生成表达式:cjb. 考试成绩＋cjb. 课堂成绩＋cjb. 实验成绩(如

图 10.10 所示),单击"确定"按钮;在"报表表达式"对话框中,单击"计算"按钮,在"计算字段"对话框中选定"平均值"(如图 10.11 所示),单击"确定"按钮。

(7) **预览和保存报表**:单击"显示"→"预览";单击报表设计器的"关闭"按钮,并选择保存报表文件 EXA10_6.FRX。

10.3.2　分组报表

分组报表能将报表数据源中的数据按分组关键字进行输出。与 VFP 的 Total On……分组统计、SQL 语言的分组查询(Select…Group By…)类似,都能按分组关键字进行统计分析数据。分组报表的主要特点在于:输出统计分析数据的同时,**还能输出报表数据源中的数据记录**。

在一个报表中,可以定义多级分组(如图 10.13 所示),一级分组包含另**一级分组**。在设计报表时,应该先定义外层分组关键字(如课程名),后定义内层分组关键字(如学院名),分组关键字是一个表达式。每级分组有自己的"组标头 i"和"组注脚 i"带区,i 值表示分组的层次,最外层分组 i 为 1,越内层分组的 i 值越较大。通常在"组标头 i"带区中编写输出本组关键字值的表达式,如 AllTrim(课程名)和 AllTrim(学院名);在"组注脚 i"带区中编写输出本组统计数据的表达式,如人数、平均分、最低分和最高分等。

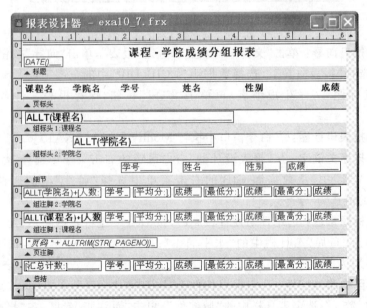

图 10.13　课程-学院二级分组报表——EXA10_7.FRX

在输出分组报表时,需要对数据源中的记录进行排序(物理排序或设置**排序索引**),排序的原则是:先按外层分组关键字排序(如课程名),外层关键字值相同时,**再按内层分组关键字(如学院名)排序**,否则输出的报表结果不能正确分组。

设计分组报表的操作比较烦琐,通常先使用报表向导设计分组报表,再**通过报表**设计器进行调整和修改,使之成为实用的分组报表,由此可以简化操作过程。

【例 10.7】 报表向导与报表设计器结合设计如图 10.14 所示的 2 级分组报表。

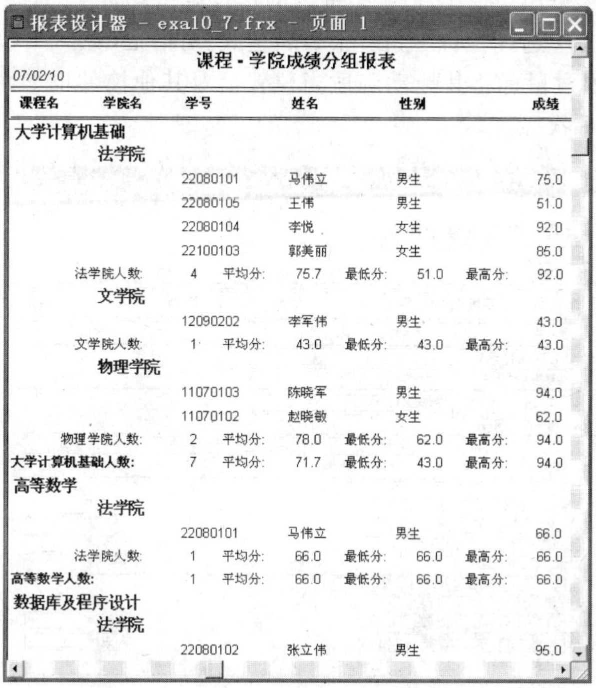

图 10.14　课程-学院二级分组报表输出结果

（1）**建立视图**：在命令窗口执行命令，建立作为报表数据源的视图 KCXY。

```
Open DataBase XSXX
Create View KCXY As Select 学院名,XSB.学号, 姓名, ;
IIf(性别码="1","男生","女生") As 性别, ;
课程名, 考试成绩+课堂成绩+实验成绩 As 成绩 ;
From  XYB Inner Join XSB Inner Join CJB Inner Join KCB ;
On  KCB.课程码=CJB.课程码 ;
On  XSB.学号=CJB.学号 On  Left(XSB.学号,2)=XYB.学院码 ;
Order By 课程名,学院名,4,6 DESC
```

　（2）**启动报表向导**：单击"文件"→"新建"，选定"报表"，单击"向导"按钮，在"向导选取"对话框中选择"报表向导"；选择数据源为视图 KCXY 中的全部字段；在"分组记录"步骤中，**选择第**一个分组关键字：课程名，第二分组关键字：学院名，单击"总结选项"按钮，在其**对话框**（参考图 10.4）中，对"学号"选定"计数"，对"成绩"选定"平均值"、"最小值"和"**最大值**"；单击"完成"按钮，输入"报表标题"为：课程-学院成绩分组报表，再单击"完成"按钮，保存报表文件名为 EXA10_7.FRX。

　（3）**进入报表设计器**：在命令窗口中执行：

```
Modify Report EXA10_7
```

（4）**调整相关控件**：在报表设计器中（如图 10.15 所示），调整相关带区中的各个控件的位置和内容。例如,选定标题带区中的"课程-学院成绩分组报表"控件,单击"布局"工具栏中的"水平居中"按钮;从"组注脚 2"带区的"[计算平均数]+ALLT(学院名)+[:]"控件的右键快捷菜单中选择"属性",在"报表表达式"对话框(见图 10.9)中将其改为表达式:[平均分:],再通过鼠标将其拖动到适当位置。对其他控件也如此进行修改,使报表设计成图 10.13 所示状态。

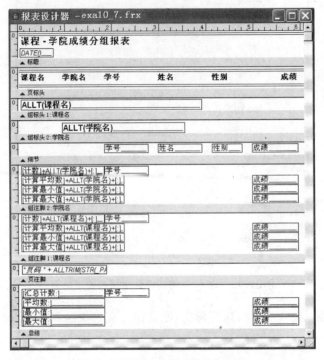

图 10.15　调整前的二级分组报表

（5）**预览数据**：单击"显示"→"预览",输出内容及格式如图 10.14 所示。

（6）**保存报表**：单击报表设计器的"关闭"按钮,并选择保存报表文件 EXA10_7.FRX。

10.3.3　在设计器中设计分组

通过报表设计器既可以新建分组报表,也可以在报表向导设计结果的基础上进一步设计分组报表,如添加分组和设置分组的有关特征等。

1．设置分组

方法：在"报表设计器"中,单击"报表"→"数据分组"。

在"数据分组"对话框中(如图 10.16 所示),可以在后面添加新分组(如性别),在两组之间"插入"新分组,"删除"当前分组,鼠标上下拖动分组的左侧移动按钮,改变分组的级别。

在"数据分组"对话框中,还可以设置输出当前分组数据时是否"每组从新的一页上开始"、是否"每页都打印组标头"文字等信息。

2. 添加分组带区中的控件

在"数据分组"对话框中增加分组后，系统自动为该组增加了"组标头"和"组注脚"两个带区。需要在带区中添加相关控件，才能体现出分组的作用。

【**例 10.8**】 在例题 10.7 设计结果的基础上，再按性别进行分组，在每个学院内分别输出男生和女生的人数、平均分、最高分和最低分。

（1）**进入报表设计器**：在命令窗口中执行：

Modify Report EXA10_7

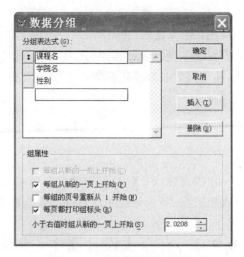

图 10.16 "数据分组"对话框

（2）**进入"数据分组"对话框**：单击"报表"→"数据分组"。在"数据分组"对话框中（如图 10.16 所示），添加分组表达式为：性别，单击"确定"按钮。

（3）**向"组注脚 3：性别"带区添加域控件**：用鼠标拖动该带区，适当调整其高度，再通过报表控件工具栏，在"组注脚 3：性别"带区中添加 8 个域控件，对应的 8 个表达式依次是性别＋[人数:]、学号、[平均分:]、成绩、[最低分:]、成绩、[最高分:]和成绩。在学号和 3 个成绩"报表表达式"对话框（如图 10.9 所示）中，都要单击"计算"按钮，在"计算字段"对话框（如图 10.11 所示）中分别选定计数、平均值、最小值和最大值；在"重置"下拉框中都选定"性别"。设计的分组报表如图 10.17 所示。

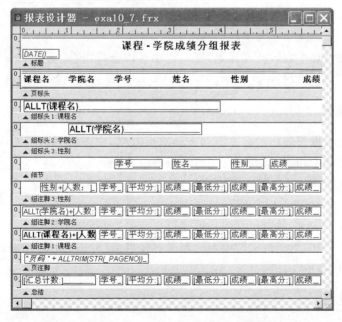

图 10.17 课程名、学院和性别 3 级分组报表设计器

（4）**预览数据**：单击"显示"→"预览"，可以浏览报表的输出结果。

（5）**保存报表**：单击"文件"→"保存"。

由于本例报表数据源（视图 KCXY）是按课程名、学院名和性别 3 个关键字排序的，因此，输出报表时能够正确输出分组的数据。

10.4　输　出　报　表

报表文件（FRX）中仅存储数据源名和要输出的数据布局（数据位置和格式）等信息。只有输出报表时，系统才从数据源中提取数据，用户才能观察到报表输出数据的效果。

10.4.1　在报表设计器中设置与输出报表

在 VFP 中，输出报表就是依据报表数据源和布局输出数据，输出报表包括预览报表和打印报表两种方式。

1. 预览报表

预览报表是通过显示器按报表数据源和布局输出数据。在没有连接打印机的计算机上设计报表时，只能通过此种方式检验报表的正确性。在报表中设计的绝大多数功能和布局都能通过预览报表的形式体现出来。在报表设计器中，有如下 3 种常用预览报表的方法。

方法一：单击"显示"→"预览"。

方法二：单击"常用"工具栏上的"打印预览"。

方法三：单击"文件"→"打印预览"。

在预览报表过程中，从"打印预览"工具栏中可以选择"前一页"、"下一页"、"缩放"比例和"打印报表"，也可以按 Page Up 或 Page Down 键进行前后翻页。

2. 打印报表

打印报表是根据报表中的数据源和布局输出数据，在连接打印机的计算机上打印报表。在报表设计器中，有如下两种常用打印报表的方法。

方法一：单击"报表"→"运行报表"。

方法二：单击"文件"→"打印"。

在开始打印报表时，从"打印"对话框中可以选择"打印机名"、"打印份数"、打印方向（"横向"或"纵向"）和"纸张规格"等信息，如果直接单击"确定"按钮，则按报表打印参数的默认设置进行打印。

3. 页面设置

方法：单击"文件"→"页面设置"。

在"页面设置"对话框中,可以修改报表打印参数的默认设置。如打印分栏数("列数")、"左页边距"等。单击"打印设置"按钮后,还可以设置打印方向("横向"或"纵向")和"纸张大小"等信息。

通过"页面设置"对话框设置的报表打印参数,在"预览报表"功能中无法检验其效果,只有在"打印报表"时才能起作用。

10.4.2 在程序中输出报表

在命令窗口或程序(PRG、SCX 和 MPR)中执行输出报表命令,也可以输出报表。如果在设计报表时没有将报表数据源添加到数据环境中,则在执行输出报表命令之前,应该在当前工作区中为报表准备数据。如打开表(视图)或执行 SQL-Select 语句。如果要输出分组报表,则还需要对数据记录进行排序或设置排序索引。

命令格式：Report Form [<路径><报表文件名>| ?

　　　　　　　　[<范围>] [For <条件>] [While <条件>][NoConsole]

　　　　　　　　[Preview|[In] Window <窗口名称>|In Screen|

　　　　　　　　To Printer [Prompt]|To File <文本文件名> [ASCII]]

命令说明：在命令窗口或程序中输出报表。各个短语有如下含义。

(1) **报表文件名**：要输出报表的文件名(FRX),不写路径表示文件在默认目录中。

(2) **?**：系统弹出"打开"文件对话框,用户可以选择报表文件名(FRX)。

(3) [<范围>] [**For** <条件>] [**While** <条件>]：用于设置参与报表的数据记录范围和条件。省略此项,表示数据源中所有记录都参与报表。

(4) **NoConsole**：通常与 To Printer 短语同时使用,在打印报表时屏幕上不输出报表内容。

(5) **Preview**：在报表设计器的预览窗口中显示报表结果。

(6) [**In**] **Window** <**窗口名称**>：在给定的窗口中以列表的形式输出报表结果。

(7) **In Screen**：在屏幕中以列表的形式输出报表结果,也是系统默认输出方式。

(8) **To Printer** [**Prompt**]：打印报表。当有 Prompt 短语时,在打印报表之前弹出"打印"对话框,允许设置"打印机名"、"打印份数"、"打印方向"("横向"或"纵向")和"纸张规格"等信息。

(9) **To File** <**文件名**> [**ASCII**]：将报表的输出结果存放到给定的文件(系统默认TXT)中。当有 ASCII 短语时,输出结果文件中滤掉了线条和图像等信息,仅包含报表中的文字内容;当没有 ASCII 短语时,输出结果文件中除包含报表输出的全部内容外,还包括打印机控制字符。

【**例 10.9**】 输出例题 10.8 设计的报表 EXA10_7.FRX。

```
Report Form EXA10_7 For 成绩>=60 Preview    && 在预览窗口中显示成绩≥60 报表结果
Report Form EXA10_7 In Screen              && 以列表的形式在屏幕中输出报表结果
Report Form EXA10_7 NoConsole To Printer Prompt   && 打印报表,弹出"打印"对话框
Report Form EXA10_7 To File D:\KY ASCII    && 报表输出到 D:\KY.TXT 中,仅含文字
```

【例 10.10】 在自定义的窗口中输出例题 10.8 设计的报表 EXA10_7.FRX。

```
Create Form FM                          && 建立表单 FM.SCX,并按 Ctrl+W 键存盘
Do Form FM
FM.Name='FMN'                           && 修改表单名(Name 属性值)为 FMN
Report Form EXA10_7 Window FMN          && 在窗口 FMN 中输出报表结果
```

10.5 标签设计及应用

标签是一种特殊格式的报表,主要用于设计信封或明信片上的内容。设计标签的过程和方法与报表类似,区别在于:创建标签时需要选择标签布局类型,以便确定标签"细节"带区的尺寸。

10.5.1 设计标签

方法一:单击"文件"→"新建",文件类型选为"标签",单击"向导"按钮。

方法二:在项目管理器的"文档"选项卡中,选定"标签",单击"新建"按钮。

方法三:在命令窗口或程序中执行命令。

命令格式:Create Label [<路径>]<标签文件名>

命令说明:创建一个空白标签文件,并进入标签设计器。系统默认文件扩展名为 LBX。

【例 10.11】 根据 XSB 和 XYB 中的信息,设计信封格式的标签文件 EXA10_11.LBX。

(1) **新建标签文件**:在命令窗口执行命令:

```
Create Label EXA10_11
```

(2) **选择标签布局类型**:在"新建标签"对话框中(如图 10.18 所示)选择标签布局类型,其中"高度"表示标签区域的尺寸,"宽度"表示输出数据的栏数。选择 4143,单击"确定"按钮。

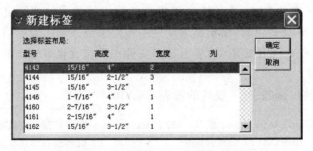

图 10.18 新建标签——选择标签布局

（3）**添加数据环境代码**：在标签设计器的右击菜单中选择"数据环境"，从数据环境设计器的右击菜单中选择"代码"，选择"过程"为：Init，写入如下代码：

```
Select 学院地址,学院名,姓名 ;
From   XSB Inner Join XYB On Left(学号,2)=学院码 ;
Into Cursor TMP
```

（4）**添加控件**：在标签设计器的"细节"带区中添加 3 个域控件，表达式分别为：学院地址、学院名和姓名；添加 2 个标签控件，文字分别为：130012 和收。设计结果如图 10.19 所示。

（5）**预览数据**：单击"显示"→"预览"，可以浏览报表的输出结果。

（6）**保存标签文件**：单击"文件"→"保存"。

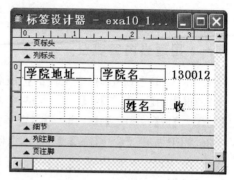

图 10.19 标签设计器

10.5.2 输出标签

输出标签与输出报表的过程和方法基本相同，在程序中输出标签的命令格式和执行条件也基本相同。

命令格式：Label Form [<路径><报表文件名>| ?

[<范围>] [For <条件>] [While <条件>][NoConsole]

[Preview|[In] Window <窗口名称>|In Screen|

To Printer [Prompt]|To File <文本文件名> [ASCII]]

命令说明：相关短语的含义请参考 Report 命令。

【例 10.12】 在预览窗口中显示例题 10.11 中标签 EXA10_11.LBX 的输出结果。

```
Label Form EXA10_11 Preview
```

执行命令后，输出结果如图 10.20 所示。

标签设计器 – exa10_11.lbx – 页面 1					
逸夫教学楼	法学院	130012	理化楼	物理学院	130012
	马伟立	收		赵晓敏	收
翠文楼	文学院	130012	逸夫教学楼	法学院	130012
	孙武	收		张立伟	收
逸夫教学楼	法学院	130012	逸夫教学楼	法学院	130012

图 10.20 在预览窗口中显示标签的输出结果

【例 10.13】 打印例题 10.11 中标签 EXA10_11. LBX 的输出结果。

Label Form EXA10_11 To Printer Noconsole

习 题 十

一、用适当内容填空

1. 在 VFP 系统中,报表文件的扩展名为【 ① 】,标签文件的扩展名为【 ② 】。

2. 报表由【 ① 】和【 ② 】两个基本部分组成。【 ③ 】通常是数据表,也可以是【 ④ 】或【 ⑤ 】;【 ⑥ 】指定了报表中输出内容的位置及格式。

3. VFP 提供了【 ① 】、【 ② 】和【 ③ 】3 种创建报表的方法。

4. 在 VFP 中要快速建立一个简单格式的报表,可以使用的工具有【 ① 】和【 ② 】。

5. 报表布局就是报表的输出格式。在 VFP 中有【 ① 】、【 ② 】、【 ③ 】和【 ④ 】4 种报表布局格式。

6. 启动报表设计器创建报表时,系统自动添加 3 个带区,分别是【 ① 】、【 ② 】和【 ③ 】。对报表进行数据分组,系统自动添加【 ④ 】和【 ⑤ 】带区。

7.【 ① 】带区是报表的页眉区,在每页顶端都输出其内容;通常放置每列中的【 ② 】,系统默认是字段名。

8.【 ① 】带区是表体的内容区,用于输出数据记录,每条记录输出一次,输出数据行数与数据源中的【 ② 】有关,也与报表的【 ③ 】及【 ④ 】有关。

9.【 ① 】带区是报表的页脚区。在每页底端输出一次其内容,通常放置【 ② 】、【 ③ 】和【 ④ 】等内容。

10. 在数据分组时,数据源应根据分组的表达式创建索引,且在数据环境中设置表的【 】属性。

11. 在报表中添加控件应该用【 ① 】工具栏;对齐报表中的控件应该用【 ② 】工具栏。

12. 在报表中插入文字说明,应该选择【 ① 】控件;每次打印显示当前时间,应该选择【 ② 】控件。

13. VFP 中用【 ① 】命令输出报表。如果要将报表文件的结果存放在一个数据文件中,应该使用的短语是【 ② 】。

14. 在报表设计过程中,单击常用工具栏中【 ① 】按钮或【 ② 】菜单中的"预览"菜单项都可以查看报表效果。

15. 标签是一种特殊格式的报表,创建标签需要选择标签纸的型号,标签型号中的高度表示【 ① 】,宽度表示【 ② 】。

二、从参考答案中选择一个最佳答案

1. 在 VFP 系统中,报表文件(FRX)保存【 】。

A. 打印报表中的数据　　　　　　　B. 已经生成的完整报表

C. 报表的格式和数据来源　　　　　D. 数据库表中的内容

2. 每个字段一列,字段名(列标题)在页面上方按水平方向放置,字段与数据在同一列,每行一个记录,这样风格的报表布局类型是【　　　】。

A. 行报表　　　　B. 列报表　　　　C. 一对多报表　　　D. 多栏报表

3. 利用报表向导创建报表时,定义报表布局的选项有【　　　】。

A. 行数、方向、字段布局　　　　　B. 列数、行数、方向

C. 列数、方向、字段布局　　　　　D. 列数、行数、字段布局

4. 要在报表文件中添加计算列,应该用【　　　】控件。

A. 域　　　　　　B. 标签　　　　　C. 计算　　　　　D. OLE

5. 在报表中加入照片,用【　　　】控件实现。

A. 标签　　　　　　　　　　　　　B. 图片/ActiveX 绑定控件

C. 矩形　　　　　　　　　　　　　D. 圆角矩形

6. 要设计一个多栏的报表,应该用【　　　】功能。

A. "报表"菜单中的"数据分组"　　　B. "页面设置"中的"列"数调整

C. "报表"菜单中的"多栏报表"　　　D. "页面设置"中的"左列宽度"

7. 在报表中要求在每行数据上方都显示其对应的字段标题,则应该将这些字段标题放置在报表的【　　　】带区中。

A. 细节　　　　　B. 标题　　　　　C. 页标头　　　　D. 页注脚

8. 在报表中要求在每页上端显示的文字应该设置在报表的【　　　】带区中。

A. 细节　　　　　B. 标题　　　　　C. 页标头　　　　D. 页注脚

9. 要控制报表中字段控件是否打印重复值,可以设置其对应属性窗口中的【　　　】功能。

A. 打印条件　　　B. 计算　　　　　C. 备注　　　　　D. 域控件位置

10. 利用"快速报表"功能建立报表文件,下列说法中正确的是【　　　】。

A. 可以直接建立一对多报表　　　B. 应该首先建立一个空白的报表

C. 建立的报表文件的内容不能修改　D. 建立的报表文件的布局不能修改

11. 要定义多栏报表,通过报表向导定义报表布局时,应该修改【　　　】选项。

A. 字段布局　　　B. 方向　　　　　C. 列数　　　　　D. 纵向

12. 用命令方式在屏幕中输出报表的内容,应该使用【　　　】参数。

A. NoConsole　　B. Prompt　　　　C. ASCII　　　　　D. Preview

13. 建立标签文件时选择了宽度(列)为 3 的标签布局,其含义是【　　　】。

A. 标签纸宽度是 3 英时　　　　　B. 标签纸宽度是 3 厘米

C. 标签数据输出 3 栏　　　　　　D. 每页标签纸最多 3 行数据

14. 在报表数据环境设计器中建立的表与表间的关联是【　　　】。

A. 永久关联　　　B. 临时关联　　　C. 环境关联　　　D. 报表关联

15. 每个报表首页输出一次,通常放置表的标题、公司标志(图像)、报表日期等,这样的报表带区称为【　　　】带区。

A. 组标头   B. 列标头   C. 标题   D. 标志

16. 在报表的数据环境中移去报表中用到的表,则下列说法中正确的是【   】。

A. 报表无法使用

B. 可以打开对应的表继续使用报表

C. 报表不需要做任何其他操作仍可以正常使用

D. 报表无法存盘

三、从参考答案中选择全部正确答案

1. VFP 提供的报表向导有【   】。

A. 报表向导   B. 一对多报表向导

C. 快速报表向导   D. 分组报表向导   E. 分栏报表向导

2. 报表的数据环境中存放报表的数据源,数据环境中可以添加的对象有【   】。

A. 数据库   B. 数据库表   C. 视图   D. 图形文件

E. 声音文件

3. 在创建快速报表时,系统能自动填写【   】带区中的内容。

A. 标题   B. 页标头   C. 页注脚   D. 细节

E. 组标头   F. 总结

4. 在"报表设计器"中,可以使用的报表控件有【   】。

A. 标签   B. 命令按钮   C. 文本框   D. 域控件

E. 矩形

5. 利用报表的布局工具栏可以调整【   】。

A. 报表控件的大小   B. 报表控件的颜色

C. 报表控件的显示格式   D. 报表控件的相对位置

E. 报表控件是否打印

6. 要在报表设计器中预览报表结果,可以用【   】。

A. "报表"菜单的"预览报表"   B. "显示"菜单的"预览"

C. "报表"菜单的"运行报表"   D. "常用"工具栏中的"打印预览"

E. 在报表设计器中双击报表的标题带区

7. 关于报表和标签的叙述,正确的说法有【   】。

A. 标签是一种特殊格式的报表   B. 标签就是一种多级分组的报表

C. 可以利用报表设计器调整标签文件   D. 标签和报表的修改方法基本相同

E. 标签文件也可以使用 Report Form 命令调用

8. 在 VFP 中,【   】文件不能用 Do 命令调用。

A. MPR   B. FRX   C. PRG   D. QPR

E. LBX   F. DBC

9. 在报表中,【   】带区中的内容仅出现在特殊页中。

A. 细节   B. 标题   C. 页标头   D. 页注脚

E. 总结

10. 在 VFP 中,可对【　　】进行快速报表。

　　A. 用"新建文件"创建的空报表　　　　B. 用"报表向导"创建的新报表

　　C. 细节带区中无内容的报表　　　　　D. 页标头带区中无内容的报表

　　E. 页注脚带区中无内容的报表

11. 在报表设计器中,可以用【　　】方法打印报表。

　　A. "报表"→"运行报表"　　　　　　　B. "显示"→"打印"

　　C. 常用工具栏中的"运行"　　　　　　D. "文件"→"打印"

　　E. "文件"→"导出"

12. 在 Report Form ＜报表文件名＞命令中,可以使用【　　】短语。

　　A. Preview　　　　　　　　　　　　B. Order By ＜关键字＞

　　C. Having ＜条件＞　　　　　　　　D. While ＜条件＞

　　E. Group By ＜关键字＞　　　　　　F. To Printer

四、报表设计题

1. 根据第 4 章设计题 1,依据图书管理数据库设计如下报表。

(1) 图书信息报表。

(2) 借阅人员信息报表。

(3) 逾期图书及所借阅人员信息报表。

2. 根据第 4 章设计题 2,依据商品数据库设计如下报表。

(1) 库存商品信息报表。

(2) 日销售商品信息统计表。

思 考 题 十

1. 报表与标签有哪些异同点?

2. 报表的设计方法有哪些? 各自的优缺点是什么?

3. 分组报表的作用是什么? 添加一个分组后,报表设计器中会增加哪些带区?

4. 报表不保存具体数据,只保存数据源和报表格式,共有几种数据源? 各自的特点是什么?

5. 要设计一个报表,用于显示某个学院学生某门课程的成绩信息。设计报表过程中需要考虑具体学院及课程信息吗?

第 **11** 章

网络程序设计基础

网络应用程序的主要特点是：多个程序并行执行，多个用户同时访问（输入、修改和查询）数据库。因此编写网络应用程序要比单用户应用程序复杂一些。关键问题是要解决程序并行时数据共享与数据访问冲突这个矛盾。在 VFP 中，可以通过文件共享和数据锁机制解决这个矛盾。

11.1　文件的打开方式

为了数据和程序的安全，在打开文件时往往要对文件施加一些限制，例如，打开文件后是否允许修改，是否允许其他用户同时打开这些文件等，这些限制都可以通过指定文件的打开方式来完成。

11.1.1　文件的只读与可修改

在 VFP 中打开文件时，对某些类型（如 DBC、DBF 和 PRG 等）的文件允许在"打开"文件对话框（如图 11.1 所示）或命令中指定文件的打开方式。

以只读方式打开的文件，系统不允许对其内容进行修改，只能查看。因此，通常也称为非修改（更新）方式。将文件以只读方式打开，目的在于限制当前用户对文件进行修改。VFP 只允许对数据库文件（DBC）、表文件（DBF）、文本文件（TXT）和程序文件（PRG、QPR、MPR）设置只读打开方式。

在"打开"文件对话框（如图 11.1 所示）中，通过是否选定"以只读方式打开"选项设置文件的打开方式。在 VFP 的命令中以只读方式打开文件有如下方法。

1. 打开数据库文件

命令格式：Open DataBase［＜路径＞］＜数据库文件名＞［NoUpdate］

命令说明：NoUpdate 短语用于说明以只读方式打开数据库，不用此短语，将以可修改方式打开数据库。

数据库文件以只读方式打开后，用 Modify DataBase 命令进入数据库设计器，只能查

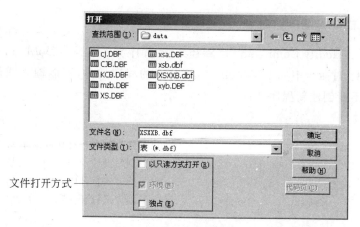

图 11.1　"打开"对话框

看数据库中的内容(表及关联),不允许修改表结构、表间关联和参照完整性等。在表的右键快捷菜单中可以选择"浏览",进行查看、删除、修改和增加表中的数据记录。

　　如果以只读方式打开了数据库文件,在数据库设计器以外以可修改方式打开(Use)了其中的表文件,则在表设计器中只能查看表结构及其相关信息(有效性规则、默认值和索引等),不允许修改这些内容。但允许输入、修改或删除表中的数据记录。

2. 进入数据库设计器

　　命令格式：Modify DataBase [<路径>]<数据库文件名> [NoEidt|NoModify]

　　命令说明：此命令能建立、打开和设置当前数据库。对于已经打开的数据库,其打开方式由 Open DataBase 命令中是否加短语 NoUpdate 来决定;对于新建的数据库或由此命令打开的数据库,无论 Modify DataBase 命令中是否加 NoEidt 或 NoModify 短语,都是以可修改方式打开数据库。

　　Modify DataBase NoEidt|NoModify 命令使数据库设计器呈现只读状态,在数据库设计器中只能查看,不能修改其内容。但通过命令仍然可以操作数据库中的相关内容。

3. 打开表文件

　　命令格式：Use [<路径>]<表文件名> [NoUpdate]

　　命令说明：NoUpdate 短语用于说明以只读方式打开表文件。对于以只读方式打开的表文件,不能修改其表结构、有效性规则、结构索引和数据记录等。通过 Use 命令可以打开表所在的数据库,但 Use 命令中加 NoUpdate 短语,不能使数据库文件以只读方式打开。

4. 打开文本文件

　　命令格式：Modify　File　[<路径>]<文本文件名> [NoModify]

　　命令说明：对命令中加 NoModify 短语打开的文本文件,不能输入或修改文件中的任何内容,也不能创建新文件。

5. 打开程序文件

命令格式：Modify Command [＜路径＞]＜程序文件名＞ [NoModify]

命令说明：对命令中加 NoModify 短语打开的程序文件,不能输入或修改文件中的任何内容,也不能创建新程序文件。

【例 11.1】

```
Open DataBase XSXX              && 以可修改的方式打开数据库 XSXX.DBC
Modify DataBase NoEdit          && 在数据库设计器中,数据库呈只读状态
Use  XSB  NoUpdate              && 以只读方式打开表 XSB.DBF
Modify  Command  CX  NoModify   && 以只读方式打开程序 CX.PRG
```

11.1.2 文件的独占与共享

如果一个文件被某个用户打开后,其他用户也能用同种方式打开这个文件,则将这种方式称为共享打开方式;如果一个文件被某个用户打开后,其他用户无法打开这个文件,则将这种方式称为独占打开方式。事实上一个文件以共享方式打开后,也无法被其他用户以独占方式打开。

以独占方式打开文件的目的有两个:一是某些 VFP 命令要求独占文件;二是禁止网络中其他用户同时访问文件。在一台微型计算机上同时启动两套 VFP 系统,可以模拟网络系统的操作环境,以便测试文件打开方式对各种操作的影响。

在 VFP 中只允许对数据库文件(DBC)和表文件(DBF)设置独占或共享打开方式。在"打开"文件对话框(如图 11.1 所示)中,如果选定"独占"选项,则文件以独占方式打开,否则文件以共享方式打开。此外,也可以通过 VFP 命令设置数据库和表文件的打开方式。

1. 设置文件的打开方式

命令格式：Set Exclusive On|Off

命令说明：On(系统默认)是独占方式,Off 是共享方式。执行此命令后,再打开数据库或表文件时,如果没有特殊指出文件的打开方式,则都是以此种方式打开文件。

【例 11.2】

```
Close  All
Set Exclusive On
Open DataBase XSXX              && 以独占方式打开数据库 XSXX.DBC
Select 1
Use  XSB                       && 以独占方式打开表 XSB.DBF
Set Exclusive Off
Select 2
Use  CJB                       && 以共享方式打开表 CJB.DBF
```

一个数据库以独占或共享方式打开,不会影响其中表的打开方式,甚至表与其所在的数据库可以具有不同的打开方式。

2. 数据库文件的独占与共享

命令格式：Open　DataBase　［＜路径＞]＜数据库文件名＞　　Exclusive|Shared

命令说明：在打开数据库文件的同时设置文件的打开方式,Exclusive 是以独占方式打开数据库文件,Shared 是以共享方式打开数据库文件。此种命令不受 Set Exclusive 的状态影响,也不会改变其状态。

【例 11.3】

```
Close all
Set Exclusive Off                && 设置文件打开方式为共享
Open DataBase  XSXX  Exclusive   && 以独占方式打开数据库 XSXX.DBC
```

3. 表文件的独占与共享

命令格式：Use　［＜路径＞]＜表文件名＞　　Exclusive|Shared

命令说明：在打开表文件的同时设置文件的打开方式,其选项的含义与 Open DataBase 中的选项类似。

【例 11.4】

```
Close all
Set Exclusive Off      && 设置文件打开方式为共享
Use  KCB In 1          && 共享打开 KCB.DBF
Select 2
Use XSB  Exclusive     && 用短语 Exclusive 说明独占打开 XSB.DBF
Pack                   && Pack 命令要求表文件必须以独占方式打开
```

在执行 SQL 语句或 Use 命令打开数据库表文件时,如果其数据库还没打开,则系统自动使之打开。但是,数据库文件的打开方式与表文件的打开方式无关,仅受目前 Set Exclusive 命令状态的制约。

【例 11.5】　XSB.DBF 是数据库 XSXX.DBC 中的表,在命令窗口中执行下列命令。

```
Close all
Set Exclusive Off        && 设置文件打开方式为共享
Use XSB  Exclusive In 1  && 独占打开表 XSB.DBF,共享打开数据库 XSXX.DBC
Close all
Set Exclusive On         && 设置文件打开方式为独占
Use XSB  Shared In 1     && 共享打开表 XSB.DBF,独占打开数据库 XSXX.DBC
```

在执行 SQL 语句(Create Table 除外)时,所涉及表的打开方式与 Set Exclusive 的当前状态一致。如果在 Set Exclusive On 状态下,表已被其他用户打开,或者在 Set Exclusive Off 状态下,表已被其他用户独占打开,则当前用户执行 SQL 语句不会成功,并且程序出错类型编号(Error()函数的值)为 1705。

4. 其他文件的独占与共享

利用 VFP 命令不能专门为数据库和表以外的文件指定独占或共享打开方式,这些文件的打开方式由相关表文件的打开方式或具体命令决定。

(1) **与表文件密切相关的文件**:这类文件有备注文件(FPT)和索引文件(IDX、CDX),它们的打开方式与表文件的(独占/共享)打开方式一致。

【例 11.6】

```
Close all
Set Exclusive Off          && 设置文件打开方式为共享
Use   KCB In 1             && 共享打开 KCB.DBF 和 KCB.CDX
Use XSB In 2 Exclusive     && 独占打开 XSB.DBF、XSB.CDX 和 XSB.FPT
```

(2) **与程序有关的文件**:主要包括程序文件(PRG)、表单文件(SCX)、菜单文件(MNX 和 MPR)和查询文件(QPR)等。在执行修改(Modify)这类文件的命令时,以隐式独占方式打开文件;而在运行(DO)这类文件时,以隐式共享方式打开文件。

由此可以看出,不允许多个用户同时对一个程序文件进行修改(Modify),并且一个用户修改程序时,不允许其他用户运行(DO)这个程序文件,但多个用户可以同时运行(DO)一个程序文件。

11.1.3　要求独占打开文件的命令

1. 瞬间独占文件的命令

在 VFP 系统中,具有建立文件功能的命令对目标文件要求瞬间独占,在命令结束后将自动释放(关闭)这些文件。常用的命令有如下几种。

(1) **Create ＜表文件名＞**:建立表文件,关闭表时释放独占。

(2) **Copy To ＜表文件|文本文件名＞**:将当前表中内容复制到其他表或文本文件(TXT)。

(3) **Index On ＜关键字＞ TO ＜索引文件名＞**:建立索引文件(IDX),并成为排序索引。

(4) **Sort To ＜表文件名＞**:对当前表排序并生成新表。

(5) **Total To ＜表文件名＞**:数据汇总并生成新表。

在系统执行这类命令时,如果目标文件已经被其他用户打开,则程序将发生错误,出错类型编号(Error()函数值)为 1705。

2. 要求以独占方式打开表文件的命令

在 VFP 系统中,有些命令要求当前表文件必须以独占方式打开;否则,不能执行。这类常用命令有如下几种。

(1) **Pack**:物理删除当前表中带删除标记的记录。

（2）**Zap**：物理删除当前表中全部记录。

（3）**Reindex**：更新当前表中的索引。

当系统执行这类命令时，如果当前表以共享方式打开，则系统将发生错误，出错类型编号为 110。

【例 11.7】

```
On Error ? Error()        && 程序发生错误时,输出错误类型编号
Close all
Set Exclusive Off         && 设置文件打开方式为共享
Select 1
Use  KCB  Exclusive       && 独占打开 KCB.DBF 和 KCB.CDX
Pack                      && 命令要求表文件独占打开,将执行成功
Select 2
Use XSB                   && 共享打开 XSB.DBF、XSB.CDX 和 XSB.FPT
Zap                       && 要求表独占打开。执行失败,输出 110
```

另外，如果当前表以共享方式打开，在执行 Modify Structure 命令时，系统不允许修改表结构及相关信息，即处于只读状态。

如果一个表文件已经被 A 用户以独占方式打开，而 B 用户要（共享或独占）打开该文件，或者一个表文件已经被 A 用户以共享方式打开，而 B 用户要以独占方式打开该文件，那么，B 用户的程序会发生错误，系统出错类型编号为 1705。

11.2 共享数据锁机制

以共享方式打开表文件，可以增强程序并行和数据共享能力。但是，要解决多个用户同时更新（增加、修改和删除等）数据的冲突问题，需要对数据进行必要的保护。在 VFP 中，可以通过文件锁和记录锁两种机制保护数据。

所谓锁，就是系统对数据设置的一种标志。对于某个数据，在同一时刻只有一个用户能获得这种数据标志，获得这种标志的用户才能对数据进行更新操作，此时其他用户只能查看这些数据。因此，使用锁机制可以避免多个用户同时更新数据时发生冲突。通常将获取这种数据标志的过程称为加锁，而将放弃这种数据标志的过程称为释放锁。在网络环境下，更新数据时只有对共享打开的表进行文件锁定或记录锁定才有意义。

11.2.1 锁定记录及其设置

当用户要锁定表中非文件结束记录时，如果其他用户既没有锁定此记录，也没锁定记录所在的表文件，则当前用户的锁定记录操作一定成功；当用户要锁定表文件的结束记录、其他用户已锁定的记录或其他用户已锁定的表文件时，当前用户锁定记录操作一定失败。

1. 锁定当前记录

函数格式：RLock([<工作区号>|<工作区别名>])

Lock([<工作区号>|<工作区别名>])

函数说明：两个函数的功能完全相同,都用于锁定指定工作区中的当前记录,省略工作区号和工作区别名表示当前工作区。如果锁定记录成功,则函数返回逻辑值.T.;如果锁定记录失败,则函数返回逻辑值.F.。

【例 11.8】

```
Set Exclusive Off        && 设置文件打开方式为共享
Select 1
Use  KCB                 && 共享打开 KCB.DBF 和 KCB.CDX
Go 3                     && 置第 3 个记录为当前记录
? Lock()                 && 要锁定第 3 个记录,如果锁定成功,则输出 .T.,否则,输出 .F.
Close All
```

2. 重试锁定数据的处理方式

当要锁定数据时,如果当前能锁定数据,则立即锁定数据,锁定数据的函数执行完毕,并返回逻辑值.T.;如果当前不能锁定数据,则系统需要重试锁定数据,重试锁定数据的处理方式由下列命令的设置有关。

命令格式：Set Reprocess To <秒数> Seconds|<次数>

命令说明：当锁定记录或文件时,如果不能立即锁定,则按此命令设置的"秒数"或"次数"等待并重试锁定。

(1) 在 Set Reprocess To <秒数> Seconds 命令中,秒数为大于或等于 0 的整数,表示重试锁定的秒数,最多 32 000 秒。在重试锁定的时间内系统频繁地尝试锁定数据,如果能锁定数据,则表示成功;如果重试超时,则表示锁定数据失败。

(2) 在 Set Reprocess To <次数>命令中,次数为 $-2 \sim 32\ 000$ 之间的整数。

- 当次数为 $1 \sim 32\ 000$ 之间的整数时,表示重试锁定的次数,如果在指定次数内能锁定数据,则表示成功;如果重试锁定超出次数,则表示锁定数据失败。
- 次数为 -1,表示无限期地重试锁定,直到成功地锁定数据为止。如果其他用户不释放锁定的记录,则本用户将一直处于重试状态。
- 次数为 0 或 -2,表示无限期地重试锁定,直到成功地锁定数据或用户按 Esc 键终止锁定数据(此时锁定数据失败)。

【例 11.9】 启动两个 VFP 系统环境,测试锁定记录函数,设置重试锁定数据的处理方式。

(1) 启动 VFP 系统环境(标题为: 环境 A):单击"开始"→"程序"→Microsoft Visual FoxPro 6.0,在命令窗口中执行如下命令:

```
Set Default To D:\XSXXGL          && 设置文件默认目录
_Screen.Caption='环境 A'
```

```
Set Exclusive Off          && 设置文件打开方式为共享
Use CJB                    && 以共享方式打开表 CJB
Go 3                       && 第 3 个记录成为当前记录
? RLock()                  && 锁定第 3 个记录成功,返回.T.
```

（2）再启动 VFP 系统环境（标题为：环境 B）：单击"开始"→"程序"→Microsoft
Visual FoxPro 6.0,在命令窗口中执行如下命令：

```
Set Default To D:\XSXXGL   && 设置文件默认目录
_Screen.Caption='环境 B'
Set Exclusive Off          && 设置文件打开方式为共享
Select 2
Use CJB                    && 以共享方式打开表 CJB
Set Reprocess To 5 Seconds && 如果不能立即锁定记录,则再重试 5 秒
Go 2                       && 第 2 个记录成为当前记录
? RLock()                  && 锁定第 2 个记录成功,立即结束 RLock()函数,输出.T.
Go 3                       && 第 3 个记录成为当前记录
? RLock()                  && 环境 A 已锁定第 3 个记录,此处重试 5 秒后失败,返回.F.
Set Reprocess To 5         && 如果不能立即锁定记录,则重试 5 次
? RLock()                  && 环境 A 已锁定第 3 个记录,此处重试 5 次后失败,返回.F.
Set Reprocess To 0         && 如果不能立即锁定记录,则无限期地重试锁定
? RLock()                  && 可按 Esc 键终止锁定,表示锁定失败,返回.F.
Set Reprocess To -1        && 如果不能立即锁定记录,则无限期地重试锁定
? RLock()                  && 等待,按 Esc 键无效,直到成功地锁定第 3 个记录
```

（3）切换到环境 A,并在命令窗口中执行如下命令：

```
Close All                  && 在环境 A 中关闭 CJB,同时释放了锁
```

（4）再切换到环境 B,已经成功地锁定了第 3 个记录,并输出了逻辑值.T.。

3. 设置锁定多个记录

命令格式：Set MultiLock On|Off

命令说明：在 Off（默认）状态下,用 RLock 或 Lock 函数锁定记录时,将释放对应工
作区中其他锁；在 On 状态下,将保留此前的其他记录锁,从而可以实现一个工作区中同
时锁定多个记录。

【例 11.10】

```
Set Exclusive Off          && 设置文件打开方式为共享
Set Reprocess To 0         && 如不能立即锁定,则无限期地重试锁定,按 Esc 键终止
Select 1
Use  KCB                   && 共享打开 KCB.DBF 和 KCB.CDX
Go 1                       && 置第 1 个记录为当前记录
? Lock()                   && 锁定第 1 个记录
Set MultiLock Off          && 设置锁定单个记录
```

```
Go 3                         && 置第 3 个记录为当前记录
? Lock()                     && 锁第 3 个记录,同时释放第 1 个记录的锁
Set MultiLock On             && 设置锁定多个记录
Go 5                         && 置第 5 个记录为当前记录
? Lock()                     && 锁定第 5 个记录,同时保留第 3 个记录的锁
Close All
```

4. 同时锁定多个记录

函数格式：RLock(＜记录号字符串＞,＜工作区号＞|＜工作区别名＞)

Lock(＜记录号字符串＞,＜工作区号＞|＜工作区别名＞)

函数说明：记录号字符串是一些由逗号分开的记录号组成的字符串,用于指明要锁定的记录号。该函数用于锁定指定工作区中的多个记录,如果能成功地锁定给出的所有记录,则函数返回逻辑真值.T.;如果锁定其中某个记录失败,则函数返回逻辑值.F.,此次也不会锁定任何记录。

在 Set MultiLock Off 状态下,此函数只锁定给出的记录号中最后一个记录,因此,只有在 Set MultiLock On 状态下,使用此函数才能锁定多个记录。

【例 11.11】

```
Set Exclusive Off        && 设置文件打开方式为共享
Set MultiLock On         && 设置锁定多个记录
Set Reprocess To 0       && 如不能立即锁定,则无限期地重试锁定,按 Esc 键终止
Select 1
Use  KCB                 && 共享打开 KCB.DBF 和 KCB.CDX
? Lock('3, 4, 5', 1)     && 锁定第 1 个工作区中的第 3、4、5 三个记录
Close All
```

11.2.2 锁定表文件

锁定表文件将锁定其中所有记录和表结构。当用户要锁定一个表文件时,如果其他用户没有锁定该表文件,也没有锁定其中任何记录,则该用户锁定此表文件一定成功。

函数格式：FLock([＜工作区号＞|＜工作区别名＞])

函数说明：锁定工作区中的表文件,如果锁定表文件成功,则函数返回逻辑值.T.;如果锁定表文件失败,则函数返回逻辑值.F.。

【例 11.12】 编写一个程序 EXA11_12.PRG,在网络环境下能增加、删除和修改表中的数据记录。

```
Set Exclusive Off        && 设置表文件打开方式为共享
Set Reprocess To -1      && 如不能立即锁定,则无限期地重试锁定,直到成功
Set MultiLock On         && 设置同时保留多个记录锁状态
Select 1
Use MZB
```

```
X=FLock()                && 直到锁定表文件成功
Append Blank             && 增加记录,有必要锁定表文件后再执行
Select 2
Use KCB
X=Lock('4, 6', 2)        && 直到锁定第 4、6 个记录都成功
Go 4
Delete                   && 删除一个记录,有必要在锁定记录成功后执行
Go 6
Replace 学分 With 5      && 修改一个记录,有必要在锁定记录成功后执行
Close All
```

11.2.3　受锁机制影响的命令

在网络环境下运行应用程序,当更新数据时需要锁定文件或记录。一般地讲,更新数据的一条命令可能涉及多个记录时,需要锁定文件;一条命令仅对一个记录更新数据时,需要锁定数据记录。

1. 锁定表文件的命令

在 VFP 中,系统执行某些更新数据的命令时,系统自动锁定当前表文件;当执行完这些命令后,系统自动释放锁。这样的命令有如下几种。

(1) **Delete**[**All**|**Next n(n>1)**|**Rest**][**For**<**条件**>][**While** <**条件**>]:当使用某个(些)短语时,逻辑删除多个记录。

(2) **Recall**[**All**|**Next n(n>1)**|**Rest**][**For**<**条件**>][**While** <**条件**>]:当使用某个(些)短语时,去掉多个记录的逻辑删除标记。

(3) **Replace**[**All**|**Next n(n>1)**|**Rest**][**For**<**条件**>][**While** <**条件**>]:当使用某个(些)短语时,修改多个记录中的数据。

(4) **Append From**:从其他表或文本文件中追加记录。

(5) **Append Blank**:向表中填加空记录。

在执行上述命令时,如果当前表已经被其他用户锁定了记录或文件,则系统将发生错误,出错类型编号为 108。

(6) **SQL 语句 Insert Into** <**表名**>…:向表中填加记录。执行该语句时如果表被其他用户锁定了文件,则系统发生错误,出错类型编号为 108。

2. 记录加锁的命令

系统执行某些更新数据的命令时,仅对当前表中待更新的记录进行锁定;当执行完命令后,系统也自动释放锁。这样的命令有如下几种。

(1) **Edit**:编辑修改数据记录,锁定正在修改的记录。

(2) **Change**:编辑修改数据记录,锁定正在修改的记录。

(3) **Browse**:浏览数据记录,锁定正在修改的记录。

（4）**Delete** [**Next 1**|**Record n**]：逻辑删除一个记录,锁定待删除的记录。

（5）**Recall** [**Next 1**|**Record n**]：去掉 1 个记录的逻辑删除标记,锁定待恢复的记录。

（6）**Replace** … [**Next 1**|**Record n**]：修改一个记录,锁定待修改的记录。

系统执行这些命令时,如果待更新的记录已经被其他用户锁定文件或记录,则系统将发生错误,出错类型编号为 109。

（7）**SQL 语句 Update** ＜表名＞：锁定要修改的记录。

（8）**SQL 语句 Delete From**：锁定要逻辑删除的记录。

执行这两条 SQL 语句时,如果其中某个(些)记录已被其他用户锁定,则可能导致修改或逻辑删除部分记录;如果表文件已被其他用户锁定,则不会更新或逻辑删除任何记录。当被操作的记录或文件被其他用户锁定时,系统发生错误,出错类型编号为 130。当执行完 SQL 语句后,释放系统自动锁,而不释放通过 Flock 或 Lock 函数锁定的文件和记录。

在编写实用网络应用程序时,为了避免更新数据的命令自动锁定数据时产生冲突,导致程序运行时发生错误,使得更新数据时产生不确定结果,通常要在执行这些命令(语句)之前,用函数(Flock 或 Lock)锁定文件或记录。

【例 11.13】

```
Set Exclusive Off          && 设置表文件打开方式为共享
Set Reprocess To -1        && 如不能立即锁定,则无限期地重试锁定,直到成功
Select 1
Use CJB
X=FLock()                  && 直到锁定表文件成功
Delete From CJB Where 考试成绩=0
Update CJB Set 实验成绩=-1 Where 实验成绩=0
Close All
```

11.2.4 释放锁

在应用程序运行期间,锁定文件或记录也会影响应用程序的并行效率,因此,当程序中不再需要锁时,应当尽早地释放锁。

1. 自动释放锁的命令

（1）用 RLock 或 Lock 为记录加锁时,将释放对应工作区中的文件锁。

（2）在 Set MultiLock Off 状态下,用 RLock 或 Lock 锁定记录时,将释放对应工作区中的其他锁。

（3）Set MultiLock 命令由 On 状态转到 Off 状态时,释放所有工作区中的文件锁;如果某个工作区中有多个(两个及以上)记录被锁定,则将释放该工作区中的所有记录锁,但仅有一个记录锁的工作区,其中的记录锁仍然保留。

2. 释放锁的专用命令

命令格式：UNLock［Record ＜记录号＞］［In ＜工作区号＞|＜工作区别名＞］
　　　　　　［All］

命令说明：用于释放各类锁，具体说明如下。

（1）**UNLock**：释放当前工作区中的文件锁和记录锁。

（2）**UNLock Record** ＜记录号＞［**In** ＜工作区号＞|＜工作区别名＞］：释放指定工作区中指定记录的记录锁，如果工作区中是文件锁，也将其释放。

（3）**UNLock In** ＜工作区号＞|＜工作区别名＞：释放指定工作区中的文件锁和记录锁。

（4）**UNLock All**：释放所有工作区中的文件锁和记录锁。

另外，关闭表文件将自动释放该表中的文件锁和记录锁，重新打开表文件也能达到释放锁的目的。

11.3　网络程序出错处理

在执行网络应用程序中的打开表文件或更新数据的命令时，由于文件共享或数据自动加锁的冲突，可能会导致程序运行出错。但在编写程序时，如果像例 11.12 那样对这类可能发生冲突的命令一一考虑，就会使得程序变得过于复杂。对于这类问题，可以通过出错陷阱程序进行统一处理。

【例 11.14】

主程序 EXA11_14.PRG：

```
Set Exclusive Off   && 设置表文件打开方式为共享
* NETERR 为出错处理程序
ON Error Do NETERR With Program( ),LineNo( ),Message(1),Error( ),Message( )
Select 1
Use MZB            && 打开表文件时如果出错 (类型编号为 1705),转到 NETERR 去处理
Append Blank       && 增加新记录时如果出错 (类型编号为 108),转到 NETERR 去处理
Select 2
Use XSB            && 打开表文件时如果出错 (类型编号为 1705),转到 NETERR 去处理
Go 4
Delete             && 删除记录时如果出错 (类型编号为 109),转到 NETERR 去处理
UNLock All         && 在子程序 NETERR 中可能对记录或文件加了锁,在此释放锁
ON Error           && 恢复系统的出错处理方式
```

* 出错处理程序 NETERR：

```
Procedure NETERR
LParameters ERRP, ERRL, ERRC, ERRN, ERRS
Private X
```

```
Do Case
    Case ERRN=1705  && 执行 Use 命令,但文件被其他用户占用,本用户目前无法打开
        Retry        && 返回到出错语句,再尝试打开文件
    Case ERRN=110   && 执行到 Zap、Pack 等命令时没有独占打开文件
        Cancel       && 无法自动处理,只能修改程序,在 Use 语句中加 Exclusive 项
    Case ERRN=108   && 执行 Append Blank 命令,文件或记录被其他用户锁定
        X=FLock()    && 尝试为当前工作区中的表加锁
        Retry        && 返回到出错语句,重新执行
    Case ERRN=109   && 执行 Recall、Delete 等命令,记录已被其他用户锁定
        X=Lock()     && 尝试为当前工作区中的当前记录加锁
        Retry        && 返回到出错语句,重新执行
    Case ERRN=130   && 执行 SQL 语句,记录已被其他用户锁定
        X=FLock()    && 尝试为当前工作区中的表加锁
        Retry        && 返回到出错语句,重新执行
    Other            && 其他类型错误,无法自动处理,只有改程序后再运行
        ? '程序名:',ERRP
        ? '所在行号:',ERRL
        ? '所在语句:',ERRC
        ? '错误类型编号:',ERRN
        ? '出错信息描述:',ERRS
        ON Error     && 恢复系统的出错处理方式
EndCase
```

由此程序例可以看出,在单机环境下运行的应用程序,只需要适当地修改源程序,就可以使之成为网络应用程序。

习 题 十 一

一、用适当内容填空

1. 在编写网络应用程序时,关键问题是要解决程序并行时【 ① 】与【 ② 】的矛盾。在 VFP 中,用户可以通过文件【 ③ 】和数据【 ④ 】解决这个矛盾。

2. Set Exclusive 命令对【 ① 】和【 ② 】两类文件的独占或共享起作用;【 ③ 】和【 ④ 】两类文件的独占或共享受表文件的制约。

3. 为了解决多个用户同时更新(增加、修改和删除等)数据的冲突问题,在 VFP 中,通过【 ① 】与【 ② 】两种机制保护数据。所谓锁就是系统对数据设置的一种标志,通常将获取这种数据标志的过程称为【 ③ 】,将放弃这种数据标志的过程称为【 ④ 】。

4. 在 Set MultiLock 命令设置为【 ① 】后,才能使一个表中的多个记录处于锁定状态;在 Set MultiLock Off 状态下执行:? Lock('3,4,7',1)命令,对【 ② 】工作区的【 ③ 】记录加锁;在 Set MultiLock On 状态下执行:? Lock('3,4,7',1)命令,对【 ④ 】记录加锁。

二、从参考答案中选择一个最佳答案

1. 以只读方式打开数据库或表文件,在 VFP 的命令中应该加【　　】短语。
   A. NoModify　　　　B. ReadOnly　　　　C. NoUpdate　　　　D. NoWrite

2. 以只读方式打开程序文件(PRG),在 VFP 的命令中应该加【　　】短语。
   A. NoModify　　　　B. ReadOnly　　　　C. NoUpdate　　　　D. NoWrite

3. 执行命令 Use KCB,系统一定以【　　】方式打开 KCB。
   A. 共享　　　　　　B. 独占　　　　　　C. 只读　　　　　　D. 可修改

4. XSB 是数据库 XSXX 中的表,执行 Open DataBase XSXX NoUpdate 和 Use XSB Exclusive 两条命令后,不能对表 XSB 进行【　　】操作。
   A. 查看结构　　　　B. 修改结构　　　　C. 浏览数据　　　　D. 修改数据

5. 关于数据库与其中表的打开方式,正确的说法是【　　】。
   A. 数据库与表的打开方式必须一致
   B. 数据库与表的打开方式不能一致
   C. 系统默认表的打开方式与其数据库的打开方式一致
   D. 数据库与表文件的打开方式可以不同

6. 关于表单的正确叙述是【　　】。
   A. 不允许多个用户同时运行一个表单
   B. 不允许多个用户同时修改一个表单
   C. 允许一个用户运行另一个用户正在修改的表单
   D. 允许一个用户修改另一个用户正在运行的表单

7. 在执行 Sort To ＜表文件名＞命令过程中,系统【　　】。
   A. 要求当前表独占,目标表共享　　　　B. 允许当前表共享,要求目标表独占
   C. 要求当前表和目标表均独占　　　　　D. 允许当前表和目标表均共享

8. 在【　　】情况下,对当前记录加锁(Lock)一定成功。
   A. 当前记录为文件结束记录　　　　　　B. 表文件以独占方式打开
   C. 当前表被其他用户锁定　　　　　　　D. 当前记录被其他用户锁定

9. 设当前工作区号为 5,在 Set MultiLock On 状态下,要执行 Replace 成绩 With 成绩＋5 Next 3,操作 1～3 号记录,应该用【　　】加锁。
   A. Flock()　　　　B. RLock()　　　　C. Lock()　　　　D. Lock('1,2,3',5)

10. 执行【　　】命令后,能执行 Modify Structure 命令修改表 XSB 的结构。
    A. Use XSB Shared　　　　　　　　　B. Use XSB NoUpdate
    C. Use XSB Exclusive　　　　　　　　D. Use XSB NoUpdate Exclusive

11. 执行【　　】命令以只读方式打开数据库。
    A. Open DataBase XSXX NoUpdate　　　B. Open DataBase XSXX
    C. Modify DataBase XSXX NoModify　　 D. Modify DataBase XSXX NoEdit

12. CJB.DBF 是数据库 XSXX.DBC 中的表,在系统处于 Set Exclusive On 状态下,执行【　　】命令以共享方式打开数据库。

A. Open DataBase XSXX Shared   B. Modify DataBase XSXX

C. Open DataBase XSXX   D. Use CJB Shared

13. 在系统处于 Set MultiLock On 状态下,执行【　　】命令不能释放文件锁。

    A. ? Lock()   B. ? RLock()

    C. Set MultiLock On   D. Set MultiLock Off

三、从参考答案中选择全部正确的答案

1. 编写网络程序要比单用户程序多考虑【　　】问题。

    A. 程序结构清晰   B. 数据共享   C. 数据完整性   D. 数据一致性

    E. 数据访问冲突   F. 数据冗余

2. 在 VFP 中,允许对【　　】文件以只读方式打开。

    A. 表单(SCX)   B. 程序(PRG)   C. 菜单(MNX)   D. 数据库(DBC)

    E. 表(DBF)   F. 项目(PJX)

3. 执行【　　】组命令后,可以修改表 XSB 的结构。

    A. Open DataBase XSXX NoUpdate/Use XSB Exclusive

    B. Open DataBase XSXX /Use XSB Shared

    C. Open DataBase XSXX /Use XSB Exclusive

    D. Open DataBase XSXX Shared/Use XSB Exclusive

    E. Open DataBase XSXX /Use XSB NoUpdate

4. 执行 Use XSB Exclusive NoUpdate 命令后,对表 XSB 能进行【　　】操作。

    A. 查看结构   B. 修改结构   C. 浏览数据   D. 修改数据

    E. 插入记录   D. 删除记录

5. 在【　　】情况下,一定有用户不能打开表。

    A. 一个用户以共享方式,另一个用户以独占方式打开表 XSB

    B. 用户都以共享方式打开表 XSB

    C. 用户都以独占方式打开表 XSB

    D. 一个用户以只读方式,其他用户以可修改方式打开表 XSB

    E. 用户都以只读方式打开表 XSB

    F. 用户都以可修改方式打开表 XSB

6. 在 VFP 中,允许对【　　】文件设置独占或共享打开方式。

    A. 表单(SCX)   B. 程序(PRG)   C. 菜单(MNX)   D. 数据库(DBC)

    E. 表(DBF)   F. 项目(PJX)

7. XSB.DBF 是数据库 XSXX.DBC 中的表,假设执行下列语句前还没打开数据库,
执行【　　】语句后以可修改方式打开数据库 XSXX。

    A. Use XSB NoUpdate   B. Open DataBase XSXX NoUpdate

    C. Open DataBase XSXX   D. Modify DataBase XSXX NoUpdate

    E. Modify DataBase XSXX

8. XSB.DBF 是数据库 XSXX.DBC 中的表,在系统处于 Set Exclusive On 状态下,

假设执行下列语句前还没打开数据库,执行【　　】语句后以独占方式打开数据库 XSXX。

A. Use XSB Shared
B. Open DataBase XSXX Shared
C. Open DataBase XSXX
D. Modify DataBase XSXX
E. Select * From XSB

9.【　　】以独占方式打开文件。

A. Modify Command
B. DO TEST. PRG
C. Modify Form
D. Modify DataBase
E. DO TEST. MPR
F. DO Form

10. 瞬间独占文件是指命令结束后系统立即释放文件。【　　】命令瞬间独占文件。

A. Use XSB Exclusive
B. Total To ＜表文件名＞
C. Do Form
D. Create ＜表文件名＞
E. Modify DataBase

11. 在 VFP 系统中,【　　】要求相关文件必须以独占方式打开,否则程序出错。

A. Modify Structure
B. Reindex
C. Do Form
D. Modify DataBase
E. Pack
F. Zap

12. 执行【　　】组命令,只锁定 1 条记录。

A. ? Flock()/? RLock()
B. Set MultiLock On/? Lock('3,4,7',1)
C. ? RLock()/? Flock()
D. Set MultiLock Off/? Lock('3,4,7',1)
E. Set MultiLock On/? FLock()
F. Set MultiLock Off/? FLock()

四、程序填空题

1. 用适当内容填空,使程序完整。

主程序 MAIN11. PRG:

```
Set Exclusive Off
【  ①  】
Select 1
Use XSB
Append  From TEST
Select 2
Use  cjb 【  ②  】
Zap
Close All
```

出错处理陷阱程序 NETERR7. PRG:

```
LParameters ERRN
Private X
Do Case
    Case  ERRN=1705
    【  ③  】
    Case【  ④  】
```

```
          X=FLock()
        【   ⑤   】
      EndCase
      On Error
      Return
```

2. 假设执行下列程序时没有任何用户占用表 MZB,用执行到的语句编号填空,多次执行的重复填写。

主程序 MAIN5.PRG:

```
      Set Exclusive Off
      On Error Do NETERR5 With Error()
      Accept   '请输入一条命令:'   To  X
      Use  MZB
1 · &X
2   ? X+Y
3   Return
```

子程序 NETERR5:

```
      LParameters ERRN
      Private Y
      Y='程序出错'
      Do Case
          Case  ERRN=110
4             Cancel
          Other
5             ? '错误代码:',Error()
              ? '错误信息:',Message()
      EndCase
```

执行程序时,输入:Reindex ,执行【 ① 】;输入:Display,执行【 ② 】;
    输入:Return,执行【 ③ 】。

图 11.2 学生查询

五、程序设计题

设计一个能在网络环境下运行的表单,如图 11.2 所示。在表单运行过程中,分别在"学院"和"民族"下拉列表框中选择学院和民族名时,按出生日期由后到前在表格中显示满足条件学生的学号、姓名、性别和出生日期。如果所需要的表已经被其他用户独占,则提示用户,并重新尝试打开表。单击"保存"按钮,将表格中显示的数据保存到<学院名>_<民族名>.TXT 文件中;单击"退出"按钮,将关闭表单。

思考题十一

1. 以只读方式打开表后，不能正常执行哪些 VFP 命令？以只读方式打开文件的目的是什么？是否在网络环境下以只读方式打开文件才有意义？

2. 以只读方式打开数据库对其中的表文件有何影响？

3. 以共享方式打开表文件后，不能执行哪些 VFP 命令？以共享方式打开文件的主要目的是什么？在单用户环境下以共享方式打开文件是否有意义？

4. 文件独占、文件锁定和记录锁定有什么区别？哪种方式对并行程序影响较大？

5. 用 Lock 锁定当前表中全部记录和用 Flock 锁定表文件，其功能是否完全等效？如果不等效，主要区别是什么？

6. 当一次更新多个记录时需要锁定表文件，如果将要更新的记录都锁定，能否完成这种更新任务？

7. 在 Set Exclusive On 状态下，执行 SQL 语句（Create Table 除外）以何种方式打开表？在 Set Exclusive Off 状态下，为了确保执行 SQL 语句不出错，对所涉及的表应该先如何处理？

第12章

连编并发布应用程序

在 VFP 系统环境中以解释方式运行应用程序时,必须有源程序文件(SCX、MPR、PRG 或 FXP)。从程序的运行效率和保护源程序等方面考虑,可以通过项目管理器将 VFP 的源程序文件(SCX、MPR、PRG 或 FXP)连编(编译并连接)成可执行程序文件 (EXE)或应用程序文件(APP),连编后的应用程序与源程序的功能一致。

发布应用程序就是将连编后的可执行文件(EXE)及其相关文件打包成安装程序 (Setup. exe),要在某台计算机上以编译方式运行应用程序时,只要安装(执行 Setup. exe) 连编后的应用程序即可,不再需要 VFP 系统环境和源程序文件。

12.1 连编应用程序的预备知识

在 VFP 系统环境中能以解释方式正确运行的源程序文件,要将其连编成可执行程序 文件(EXE)或应用程序文件(APP),还需要对源程序进行局部修改和扩充。

12.1.1 应用程序(Application)对象

在 VFP 开发环境中,应用程序对象可以视为 VFP 主窗口,通过设置应用程序对象的 属性可以改变 VFP 主窗口的特征。在连编生成应用程序(EXE 或 APP)时,系统自动生 成一个应用程序对象;在运行连编后的应用程序时,系统先打开应用程序对象窗口。应用 程序对象的常用属性如表 12.1 所示。

表 12.1 应用程序对象窗口的常用属性

属性名	属 性 说 明
Left	数值型,应用程序对象窗口与 Windows 桌面左端的距离
Top	数值型,应用程序对象窗口与 Windows 桌面上端的距离
Width	数值型,应用程序对象窗口的宽度
Height	数值型,应用程序对象窗口的高度

属性名	属性说明
Caption	文本型,应用程序对象窗口的标题
Visible	逻辑型,应用程序对象窗口是否可见,默认值为.T.。在 VFP 开发环境中,设置该属性的值无效

【例 12.1】 设置应用程序对象的属性值。

```
Application.Left=200
                        && 应用程序对象窗口距 Windows 桌面左端 200 个像素
Application.width=800    && 应用程序对象窗口宽度为 800 个像素
Application.Caption="VFP 程序设计"   && 应用程序对象窗口的标题栏文字
```

在连编后的应用程序中运行的应用程序菜单和屏幕中的表单(ShowWindow 属性值为“0—在屏幕中”)都是应用程序对象的子对象,显示在应用程序对象窗口中,当隐藏应用程序对象窗口(Application.Visible=.F.)时,也自动隐藏这些对象。

12.1.2 事件处理

在编写应用程序时,要在程序中编写有关事件处理的语句,以便在运行连编后的应用程序过程中,用户能够正常操作到表单和菜单,避免表单或菜单一闪即逝。

1. 启动事件处理过程

语句格式:Read Events

语句说明:执行到 Read Events 语句,启动事件处理过程,并暂时不执行 Read Events 后面的语句,开始等待用户操作表单和菜单。

在编写应用程序时,通常将 Read Events 语句写在调用(Do)主菜单或主表单的语句之后。可以多次执行 Read Events 语句,但在某一时刻,只有一个 Read Events 生效。

在程序中没有运行表单或菜单的情况下,如果执行 Read Events 语句,则系统将循环等待,即产生死机现象。

在 VFP 系统环境中以解释方式运行应用程序时,事件处理过程由 VFP 系统自动完成,无须在程序中执行 Read Events 语句。

2. 停止事件处理过程

语句格式:Clear Events

语句说明:执行到 Clear Events 语句,停止事件处理过程,继续执行 Read Events 后面的语句。

通常将 Clear Events 语句写在关闭应用程序的代码中。例如,写在主菜单中的“关闭"菜单项的过程中,或者写在主表单的 Destroy(Unload)事件代码中。

12.1.3 关闭应用程序

在运行应用程序时,操作系统要为应用程序分配必要的内存空间;在关闭应用程序时,操作系统将收回这些内存空间。

在 VFP 系统环境中以解释方式运行应用程序,在关闭 VFP 系统时,系统自动关闭应用程序,不需要考虑编写关闭应用程序的代码问题。要使应用程序连编后能正确执行并退出,在编写关闭主菜单或主表单的代码时,还应该考虑关闭应用程序的问题。

在程序中执行 Set SysMenu To Default 语句,将恢复系统菜单的默认配置;执行 Release Menus 和 Release Popups 语句,将释放条形菜单和弹出式菜单;执行表单的 Release 方法程序,将关闭并释放表单。它们都不能关闭应用程序。

在 Clear Events 语句之后,如果没有再执行到 Read Events 语句,则系统自动关闭应用程序。此外,执行 Quit 或 Cancel 语句也能关闭应用程序,但它们不能使 Read Events 后面的语句得到继续执行。

通过特殊的语句设置,在关闭 VFP 系统或应用程序对象时也可以执行程序代码。

语句格式:On ShutDown [<命令>]

语句说明:以解释方式运行应用程序后关闭 VFP 系统时,或者以编译方式运行应用程序后关闭应用程序对象时,系统自动执行 On ShutDown 语句中的"命令"。当多次执行 On ShutDown 语句时,只有最后一次有效。

【例 12.2】 当要关闭 VFP 系统时,要求用户进行确认。

(1) 在命令窗口执行

```
Modify Command EXA12_2
```

在程序编辑器中编写如下代码并存盘:

```
X=MessageBox("是否关闭 VFP 系统",36,"询问")    && 要求用户回答"是"或"否"
If X=6
  Quit                                    && 回答"是",退出 VFP 系统
EndIf
```

(2) 在命令窗口执行

```
On ShutDown Do EXA12_2
```

执行此命令后,当单击 VFP 系统主窗口中的"关闭"按钮或控制菜单中的"关闭"菜单项等操作要退出 VFP 系统时,都将弹出对话框询问用户"是否关闭 VFP 系统"。

【例 12.3】 将例 9.7 中的应用程序菜单 AMainMenu 另存为:AMainMenu12,并进行适当修改,并编写调用 AMainMenu12.MPR 的程序 AMain12.PRG,使之连编后能正确运行和退出。

(1) 将"退出程序"菜单项(如表 9.3 所示)的"结果"列改为"过程",过程中的代码

如下：

```
Set Sysmenu To Default      && 恢复系统菜单的默认配置
Clear Events  && 停止事件处理,继续 AMain12.PRG 中 Read Events 后面的 MessageBox
```

（2）编写程序 AMain12.PRG,调用应用程序菜单 AMainMenu12。

```
Set Talk Off              && 不输出非输出语句的执行结果
Set Safety Off            && 新建立的文件已经存在时,系统自动覆盖
Set Escape Off            && 在运行程序过程中按 Esc 键无效
Set Exclusive Off         && 设置文件打开方式为共享
On ShutDown Quit          && 单击应用程序对象窗口的"关闭"按钮时,退出应用程序
Application.Visible=.T.   && 显示应用程序对象窗口
Do AMainMenu12.MPR        && 调用应用程序菜单
Read Events       && 启动事件处理过程,在应用程序对象窗口中显示菜单 AMainMenu12
MessageBox("即将关闭应用程序!",64,"提示")      && 弹出提示对话框
```

对程序 AMain12.PRG 连编后运行时,在应用程序对象窗口中显示菜单 AMainMenu12。单击"退出程序"菜单项,执行到 Clear Events 后,再转到 AMain12.PRG 中 Read Events 后面继续执行 MessageBox 函数,弹出提示对话框。由于没再执行 Read Events,因此,将关闭应用程序。当单击应用程序对象窗口的"关闭"按钮时,将执行 Quit 命令退出应用程序。

【例 12.4】 将例 9.13～例 9.16 中的顶层表单 MainForm 和窗口菜单 MainMenu 分别另存为 MainForm12.SCX 和 MainMenu12.MNX,并编写调用 MainForm12 的主程序 Main12.PRG,使之连编后能正确运行和退出。

（1）将"退出程序"菜单项（如表 9.3 所示）中的"命令"改为如下代码。

```
MainForm12.Release
```

（2）在 MainForm12 的 Load 或 Init 事件编写代码：

```
Do MainMenu12.MPR With This,"MMN"      && 在表单中显示菜单 MainMenu12
```

（3）在 MainForm12 的 Destroy 事件中将代码改为：

```
Release Menus MMN
Release Popups            && 释放全部弹出式菜单
Quit                     && 关闭表单、释放菜单、关闭应用程序
```

（4）编写主程序 Main12.PRG,调用顶层表单 MainForm12。

```
Set Talk Off              && 不输出非输出语句的执行结果
Set Safety Off            && 新建立的文件已经存在时,系统自动覆盖
Set Escape Off            && 在运行程序过程中按 Esc 键无效
Set Exclusive Off         && 设置文件打开方式为共享
Application.Visible=.F.   && 隐藏应用程序对象窗口
Do Form MainForm12        && 调用顶层表单 MainForm12
Read Events               && 启动事件处理过程,显示顶层表单 MainForm12
```

在对程序 Main12. PRG 连编后运行时,直接显示顶层表单 MainForm12,并在此表单中显示菜单 MainMenu12。单击"退出程序"菜单项,当执行 Quit 命令,立即关闭应用程序。

12.2　连编应用程序

一个应用程序设计和调试工作完成后,需要对其进行连编,最终生成应用程序文件(APP)或可执行程序文件(EXE),再发布给最终用户使用。这样做主要有两个优点:一方面可以对源程序代码加密;另一方面可以提高程序的运行效率。

12.2.1　建立项目和添加对象

在连编应用程序之前,需要建立项目文件(PJX),随后再通过项目管理器将组成应用程序的各类对象文件(DBC、DBF、QPR、PRG、SCX 和 MNX 等)添加到项目文件中。

【例 12.5】　为例 12.4 的主程序 Main12. PRG 建立项目 XSXXGL. PJX,并将所需要的对象文件(参考表 9.3)添加到该文件中。

(1) 在命令窗口中执行

```
Set Default To D:\XSXXGL
Create Project XSXXGL
```

图 12.1　项目管理器——XSXXGL

(2) 在项目管理器的"数据"选项卡中选定"数据库",将 XSXX. DBC 添加到项目管理器中,同时系统自动添加了数据库中的表 XSB、CJB、KCB、MZB 和 XYB。

(3) 在项目管理器的"代码"选项卡中选定"程序",将 Main12 和 MST 程序文件(PRG)添加到项目管理器中。

(4) 在项目管理器的"文档"选项卡中选定"表单",将 MainForm12、EXA8_9、EXA8_11、EXA8_12、EXA8_15、EXA8_16 和 EXA8_19 表单文件(SCX)添加到项目管理器中,并将各个表单的 ShowWindow 属性值设为"1-在顶层表单中"或"2-作为顶层表单"。

(5) 在项目管理器的"其他"选项卡中选定"菜单",将 MainMenu12. MNX 添加到项目管理器中。

最终添加结果如图 12.1 所示。

12.2.2　排除程序对象

连编应用程序的最终结果是将项目文件中所包含的各类程序对象(如 PRG、QPR、

SCX 和 MNX 等)连编成一个应用程序文件(EXE 或 APP),使之成为最终用户可运行但不能修改的程序文件。

在项目文件中可能包含一些程序中没有引用的程序对象文件,如果将这些文件也生成到应用程序文件(EXE 或 APP)中,则将浪费应用程序的存储空间,也会影响其运行效率,因此,在连编应用程序时,有必要排除这类程序对象文件。

另外,在程序运行过程中经常要修改数据对象(如 DBC 和 DBF)中的内容,因此,通常不将数据对象生成到应用程序文件(EXE 或 APP)中,但是,对于不允许用户修改的数据对象,也可以包含在应用程序文件中。

在项目管理器中,系统默认应用程序文件(EXE 或 APP)将包含项目文件(PJX)中的各类程序对象文件,而"排除"各种数据对象文件(对象名前用"/"表示)。可以通过下列方法设置应用程序文件中"包含"或"排除"某个对象。

方法一:从对象的右击菜单中选择"包含"或"排除"。
方法二:选定对象,单击"项目"→"包含"或"排除"。

12.2.3　设置应用程序的主文件

主文件就是在 Windows 下运行连编后的应用程序文件(EXE 或 APP)时首先调用的程序对象,即应用程序的入口程序对象。主文件应该具有组织和调用(直接或间接)其他程序对象的能力,通常是程序(PRG)、菜单程序(MPR)或表单(SCX)。可以通过如下方法设置主文件。

方法一:从程序对象的右击菜单中选定"设置主文件"。
方法二:选定程序对象(如 Main12),单击"项目"→"设置主文件"。

在一个项目文件中只能有一个主文件,在项目管理器中用黑体字表示(如图 12.1 中的 Main12)主文件,将某个程序对象设置为主文件时,将取消原主文件;对已经是主文件的对象再设置主文件,将取消主文件。对没有主文件的项目不能进行连编。

12.2.4　连编应用程序

在项目管理器中,可以单击"连编"按钮进入"连编选项"对话框,如图 12.2 所示。在该对话框中进行连编应用程序。

在连编过程中,系统一方面对项目文件中"包含"的程序对象进行语法检查,如果有语法错误,则系统自动在文件默认目录中创建出错信息文件,文件主名与项目文件主名相同,扩展名为ERR(如 XSXXGL. ERR),用于保存出错信息;如果没有语法错误,则系统将连编后的结果存于应用程序文件(EXE、APP 或 DLL)中。

另一方面,系统自动搜索主文件(如 Main12

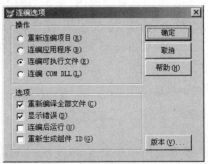

图 12.2　"连编选项"对话框

. PRG)调用的、不在项目文件(如 XSXXGL. PJX)中的程序对象,如果磁盘中也不存在此程序对象文件,则系统弹出出错信息对话框,允许用户进行选择操作,同时,将出错信息存于出错信息文件(如 XSXXGL. ERR)中;如果磁盘中有此程序对象文件,则系统自动将其添加到项目文件中。

"连编选项"对话框中有"操作"和"选项"两组选项,各个选项有如下含义。

1. "操作"框

在"操作"选项框中,每次只能选定一项。

(1) **重新连编项目**:对主文件(如 Main12. PRG)直接或间接调用的程序对象进行语法检查,并将主文件调用的、不在项目文件(如 XSXXGL. PJX)中的程序对象添加到项目文件中。

(2) **连编应用程序**:连编项目文件并创建应用程序文件。系统默认应用程序文件的主名与项目文件主名相同,扩展名为 APP(如 XSXXGL. APP)。这种应用程序文件长度比可执行文件(EXE)要小一些。但运行这类应用程序时不能完全脱离 VFP 的系统环境。

(3) **连编可执行文件**:连编项目文件并创建可执行文件,系统默认可执行文件的主名与项目文件主名相同,扩展名为 EXE(如 XSXXGL. EXE)。运行这类应用程序时,可以脱离 VFP 的系统环境,但需要携带 VFP 的 VFP6R. DLL 和 VFP6RCHS. DLL 两个支持文件。

(4) **连编 COM DLL**:使用项目文件中的类信息,创建动态链接库文件(扩展名为 DLL),可供其他语言应用程序调用。

2. "选项"框

在"选项"框中,可以选定多项,3 个常用选项有如下含义。

(1) **重新编译全部文件**:在进行连编时,是否对项目文件中的源程序重新进行语法检查?

(2) **显示错误**:在进行连编后,如果源程序中有错误,除创建出错信息文件(如 XSXXGL. ERR)外,是否显示出错信息。

(3) **连编后运行**:在连编应用程序文件(EXE、APP)后,是否立即运行应用程序。

【**例 12.6**】 将项目 XSXXGL. PJX 连编成可执行的应用程序(XSXXGL. EXE)。

(1) 在项目管理器中,单击"连编"按钮,在"连编选项"对话框中选定的内容如图 12.2 所示,单击"确认"按钮,应用程序名为 XSXXGL. EXE,再单击"保存"按钮。

(2) 在 Windows 环境下双击程序文件名 XSXXGL. EXE,即可运行应用程序。

12.3　发布应用程序

发布应用程序就是将连编后的可执行文件(EXE)及其相关文件打包成安装程序(Setup. EXE),使得在最终用户的计算机上很容易地安装和运行应用程序。

12.3.1　安装可执行程序的方法

在最终用户的计算机上,安装连编后的可执行程序文件有以下 3 种方法。

(1) 在最终用户的计算机上安装 VFP 系统,建立应用程序需要的相关目录并复制可执行程序及相关文件。

(2) 建立应用程序需要的相关目录并复制可执行程序及相关文件,并将 VFP 的 VFP6R. DLL 和 VFP6RCHS. DLL 两个系统文件复制到可执行文件的搜索目录或应用程序的目录中。

这两种方式除需要将应用程序的可执行程序文件(如 XSXXGL. EXE)复制到用户计算机的应用程序目录中外,还需要将程序中引用的、没有"包含"在可执行文件(如 XSXXGL. EXE)中的文件(如数据库、表、索引、图片和系统配置文件 Config. FPW 等)都复制到用户计算机的对应目录中。

(3) 制作应用程序安装向导程序。使用安装向导程序发布应用程序更方便,也可以达到一劳永逸的效果。

在制作应用程序安装向导程序之前,最好先建立一个临时文件夹(如 D:\ TEST_ VF),将可执行程序文件(如 XSXXGL. EXE)和程序中使用的但没有"包含"在可执行程序文件中的数据库文件(如 XSXX. ＊)、表文件(DBF)、索引文件(CDX 和 IDX)、资源文件(如 BMP、JPG 和 ICO 等)、系统配置文件(Config. FPW)等都复制到这个临时文件夹(如 D:\ TEST_VF)中。随后启动 VFP"向导"对这些文件进行"打包",制作安装向导程序。

12.3.2　制作应用程序的安装向导程序

方法:单击"工具"→"向导"→"安装",在"安装向导"的引导下,各个制作步骤的简要说明如下。

(1) **创建目录**:首次使用向导时,要求创建一个发布目录,用于存放向导需要的一些中间文件,系统默认目录为 VFP 系统下的 DISTRIB,直接单击"创建目录"按钮即可。

(2) **发布树目录**:指定要被"打包"的文件(打包前的文件)所在目录。单击"发布树目录"选择按钮,选择文件目录名(例如,D:\TEST_VF)。

(3) **应用程序组件**:指定应用程序运行时所需要的系统组件,对可执行文件(EXE)而言,选定"Visual FoxPro 运行时刻组件"。

(4) **磁盘映象目录**:指定"打包"后的结果文件所存放的位置和格式。例如,在"磁盘映象目录"文本框中输入 D:\INSTAPP,在"磁盘映象"选择框中选定"Web 安装(压缩)"或"网络安装(非压缩)",则"打包"后的结果文件存放在 D:\ INSTAPP 文件夹的 WEBSETUP 或 NETSETUP 子文件夹中。其中"Web 安装(压缩)"生成的安装程序文件数量少,适于放在网络上提供下载使用,而"网络安装(非压缩)"生成的安装文件均放在

NETSETUP 文件夹中。

（5）**安装选项**：设置安装信息。例如，在"安装对话框标题"框中输入"学生信息管理系统"；在"版权信息"框中输入"吉林大学计算机教研中心研制"。如果在"执行程序"框中输入：XSXXGL.EXE，则在最终用户的计算机上安装应用程序后，运行的程序为XSXXGL.EXE。

（6）**默认目标目录**：在最终用户的计算机上，安装应用程序时，规定存放应用程序的目录以及在程序管理器中的组名。例如，输入"默认目标目录"为 D:\XSXXGL；输入"程序组"为学生信息管理系统。

（7）**改变文件位置**：以表格形式列出被"打包"的全部文件（见图 12.3），可以重新调整各个文件安装到最终用户计算机上的位置。"目标目录"列有 3 种选值。

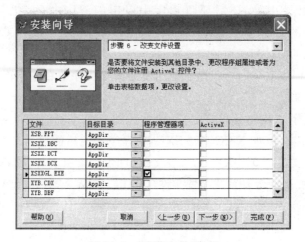

图 12.3 "安装向导"窗口

- **AppDir**：是指对应文件安装在上述"默认目标目录"。例如，D:\XSXXGL。
- **WinDir**：对应文件安装在 Windows 操作系统的安装目录。例如，Windows 2000 默认安装目录是 C:\WINNT，Windows XP 默认安装目录是 C:\WINDOWS。
- **WinSysDir**：对应文件安装在 Windows 操作系统的系统目录。例如，Windows 2000 默认系统目录是 C:\WINNT\System，Windows XP 的默认系统目录是 C:\Windows\System。

（8）**程序管理器项**：用于说明对应文件是否作为程序组菜单项添加到程序管理器中。选择此项时，系统将显示"程序组菜单项"对话框，从中输入对应文件的文字"说明"、命令行和图标。在输入命令时，可以使用％s 表示应用程序目录，其中"s"必须小写。要使可执行程序文件安装到应用程序子目录中，应该使用％s，例如，％s\XSXXGL.EXE。

最后单击"完成"按钮，系统开始创建应用程序安装向导程序，在"磁盘映象目录"（如 D:\INSTAPP）下的子目录中生成应用程序的打包文件。

将"磁盘映象"目录中生成的安装文件复制到存储设备中（如光盘、软盘、U 盘、移动硬盘或网络等），在最终用户的计算机上执行 SETUP.EXE 程序，即可安装应用程序。

习 题 十 二

一、用适当内容填空

1. 从程序的运行效率和保护源程序等方面考虑,可以通过项目管理器将 VFP 的源程序文件编译连接成【 ① 】文件或【 ② 】文件。

2. 在可执行程序中,【 ① 】可以视为 VFP 的主窗口,通过设置【 ② 】可以改变其特征。

3. 在 VFP 中,应用程序对象名是【 ① 】,其标题属性为【 ② 】,其 Visible 属性设置为.F.时,表示应用程序对象窗口【 ③ 】。

4. 在应用程序的执行过程中,为避免表单和菜单一闪而过,应该执行事件处理的语句为【 ① 】,等待用户操作表单和菜单。与之对应的取消事件处理的语句为【 ② 】。通常写在关闭应用程序的代码中,例如,写在主菜单的【 ③ 】菜单项的过程中,或者写在主表单的【 ④ 】或【 ⑤ 】事件代码中。

5. 在 Clear Events 语句之后,如果没有再执行到【 ① 】语句,则系统自动关闭应用程序。此外,执行【 ② 】或【 ③ 】语句也能关闭应用程序。

6. 在项目管理器中,系统默认应用程序文件(EXE 或 APP)将包含项目文件(PJX)中的各类【 ① 】对象文件,而"排除"各种【 ② 】对象文件。

7. 在项目管理器的默认状态下,【 ① 】、【 ② 】、【 ③ 】和【 ④ 】等数据对象都不包含在应用程序中,即将其"排除"在应用程序之外。

8. 在执行编译连接后的应用程序文件时,首先调用的对象称为【 ① 】,其通常是【 ② 】、【 ③ 】或【 ④ 】对象。

9. 在项目管理器中,用【 ① 】功能可以创建可执行文件。在没有安装 VFP 的计算机系统中,运行此类应用程序,除应用程序文件外,还需要安装【 ② 】和【 ③ 】两个 VFP 系统文件。

10. 通过项目管理器生成扩展名为 APP 的应用程序,应该选择"连编选项"对话框中的【 ① 】选项;要生成扩展名为 EXE 的可执行文件,应该选择【 ② 】选项。

11. 在 VFP 中制作应用程序安装盘时,可以通过【 ① 】菜单→【 ② 】→【 ③ 】实现。

12. 创建一个应用程序的发布盘时,需要建立一个发布树,所谓发布树就是系统中的一个文件夹,在该文件夹下用户需要存放【 ① 】、【 ② 】、【 ③ 】、【 ④ 】、【 ⑤ 】及【 ⑥ 】等文件。

13. 在应用程序安装盘制作向导中,"应用程序组件"用于制定应用程序运行时所需要的系统组件,对可执行文件应选择【 】组件。

14. 要通过安装盘将可执行程序文件添加到 Windows"开始"菜单的"程序"菜单项中,应该在安装向导的【 ① 】窗口中选定可执行程序文件的【 ② 】,并在打开的对话框中进行【 ③ 】、【 ④ 】和【 ⑤ 】的设置。

二、从参考答案中选择一个最佳答案

1. 在 VFP 系统中,应用程序对象的名字是【　　】。

    A. Form   B. Name   C. Application   D. Program

2. 在 VFP 的可执行程序中,应用程序对象可以视为【　　】。

    A. VFP 主菜单   B. VFP 主窗口

    C. Windows 桌面   D. Windows 资源管理器

3. 运行编译连接后的应用程序时,要隐藏应用程序对象,应将其【　　】属性设置为.F.。

    A. Used   B. Caption   C. Enable   D. Visible

4. 在程序中执行到【　　】语句时,停止事件处理过程,继续执行 Read Events 后面的语句。

    A. Stop Events   B. Cancel Events   C. Clear Events   D. Exit Events

5. 在项目管理器的默认状态下,【　　】文件直接包含在项目中。

    A. DBC   B. PRG   C. CDX   D. DBF

6. 包含在应用程序中的表文件【　　】。

    A. 无法使用   B. 不可修改

    C. 自动转为排除状态   D. 只能是自由表

7. 项目管理器中的主文件【　　】。

    A. 可以是任意类型文件   B. 只能是程序类文件

    C. 可以是多个文件   D. 只能是一个表单文件

8. 要创建可执行应用程序文件,应该单击项目管理器中的【　　】按钮。

    A. 新建   B. 添加   C. 连编   D. 生成

9. 在项目管理器的"连编选项"对话框中,生成 APP 文件应选定【　①　】操作;生成 EXE 文件应选择【　②　】操作。

    A. 重新连编项目   B. 连编应用程序

    C. 连编可执行文件   D. 连编 COM DLL

10. 【　　】能在可执行程序中隐藏应用程序对象窗口。

    A. 在项目管理器中将应用程序对象设置为"排除"

    B. 在主文件的代码中执行 Application.Visible=.F.

    C. 在"连编选项"窗口中选择"连编后运行"选项

    D. 在应用程序主表单的 Init 事件中执行 Set Talk Off

11. 在 VFP 中,要创建一个应用程序的发布盘,必须【　　】。

    A. 使用项目管理器将程序连编为可执行的程序

    B. 使用 3.5 寸软盘作为目标程序存放盘

    C. 使用安装向导

    D. 将项目中的所有文件设置成包含状态

三、从参考答案中选择全部正确答案

1. 用项目管理器可以【　　】。
   A. 编译可执行的应用程序　　　　　B. 清理硬盘上的垃圾文件
   C. 查找程序中的算法错误　　　　　D. 检测程序中的语法错误
   E. 提高整机的运行速度

2. 用项目管理器的"连编"功能可以生成的文件类型有【　　　】。
   A. PJX　　　　　B. APP　　　　　C. MNX　　　　　D. EXE
   E. DLL　　　　　F. COM

3. 在项目管理器中连编应用程序时,通常可以被"排除"的对象有【　　　】。
   A. 数据库表　　　B. 主文件　　　C. 菜单　　　　　D. 视图
   E. 全部表单　　　F. 全部程序

4. 【　　】能够在 VFP 项目管理器中作为应用程序主文件。
   A. PRG　　　　　B. SCX　　　　　C. DBC　　　　　D. CDX
   E. MPR　　　　　F. BMP

5. 下列关于项目管理器与主文件的说法,正确的有【　　　】。
   A. 一个项目只有一个主文件　　　　B. 主文件是项目中第一个程序文件(PRG)
   C. 项目管理器用黑体字表示主文件　D. 没有主文件的项目无法执行连编操作
   E. 在项目管理器中应该"排除"主文件

6. 在项目管理器中,设置主文件的方法有【　　】。
   A. 为文件特殊命名,如主文件.PRG　B. 双击欲设置的文件名
   C. 从快捷菜单中选择"设置主文件"　D. 在"项目"菜单中选择"设置主文件"
   E. 将欲设置为主文件的对象最后一个放入项目管理器

7. 在创建可执行应用程序安装盘的过程中要用到发布树目录,发布树目录中应该包含【　　】文件。
   A. 扩展名为 EXE 的可执行应用程序文件
   B. 所有扩展名为 PRG 的源程序文件
   C. 表单文件及菜单文件
   D. 在项目管理器中选择为"排除"的所有文件
   E. VFP6R. DLL 和 VFP6RCHS. DLL 两个 VFP 系统文件

8. 创建应用程序的发布盘时,在指定组件窗口中选择"VFP 运行时刻组件",将发布盘的内容安装到另一台计算机时,在另一台计算机中【　　　】。
   A. 不需要安装 VFP 的系统程序　　　B. 需要重新安装操作系统
   C. 不需要再单独复制文件 VFP6R. DLL　D. 需要人为去修改系统注册表
   E. 不需要具有足够的磁盘空间

四、设计题

1. 设计一个顶层表单 MFORM. SCX 和程序 M12_1. PRG,在 M12_1. PRG 中打开

MFORM. SCX。以 M12_1. PRG 为应用程序的主文件进行编译连接。

2. 设计一个应用程序,能够在应用程序对象窗口中显示应用程序菜单 MENU_EXA9(如图 9.3 和表 9.2 所示,不做任何修改),使之连编后能正确运行和退出。在运行应用程序时,其窗口标题为"数据表操作"。

思考题十二

1. 在 VFP 系统环境中,应用程序对象有哪些作用? 在可执行的应用程序中,应用程序对象有哪些作用?

2. 在项目管理器中,系统默认哪些文件处于"排除"状态? 为什么这些文件通常不"包含"在生成后的应用程序文件中?

3. 在项目管理器中,什么是主文件? 通常哪些对象可以作为主文件?

4. 在 VFP 中,利用"连编"功能可以建立哪类程序文件?

5. 在 VFP 系统环境中以解释方式运行应用程序时,如果执行到 Read Events 语句,则对应用程序运行有何影响? 在"连编"的应用程序中如果没执行到 Read Events 语句,则会产生什么现象?

参 考 文 献

[1]　宋长龙,等. 大学计算机基础. 北京:高等教育出版社,2007.

[2]　翁正科. Visual FoxPro 数据库开发教程. 北京:清华大学出版社,2003.

[3]　王能斌. 数据库系统教程. 北京:电子工业出版社,2002.

[4]　郑阿奇,等. Visual FoxPro 实用教程. 北京:电子工业出版社,2001.

[5]　教育部考试中心组编. 全国计算机等级考试二级教程——Visual FoxPro 程序设计. 北京:高等教育出版社,2001.

[6]　史济民,等. Visual FoxPro 及其应用系统开发. 北京:清华大学出版社,2000.

[7]　宋长龙,等. 数据库概论及 VFP 程序设计基础. 长春:吉林大学出版社,2004.

高等学校计算机基础教育规划教材

主编：冯博琴

数据库原理与应用(第 2 版)　张俊玲　　　　　　　　　　ISBN：978-7-302-21852-4

面向任务的 Visual Basic 程序设计教程　宋哨兵　　　　ISBN：978-7-302-22099-2

程序设计基础——从问题到程序　胡明、王红梅　　　　ISBN：978-7-302-23915-4

Visual FoxPro 程序设计　滕国文　　　　　　　　　　　ISBN：978-7-302-23289-6

Visual Basic 程序设计　梁海英　　　　　　　　　　　　ISBN：978-7-302-23245-2

计算机应用基础　于晓鹏　　　　　　　　　　　　　　ISBN：978-7-302-23348-0

Visual C++ 程序设计　张文波　　　　　　　　　　　　ISBN：978-7-302-23038-0

Visual FoxPro 程序设计实用教程　任向民　　　　　　　ISBN：978-7-302-21933-0

Excel 高级应用案例教程　李政　　　　　　　　　　　　ISBN：978-7-302-22259-0

多媒体技术及应用　许宏丽　　　　　　　　　　　　　ISBN：978-7-302-24725-8

Access 数据库程序设计　戚晓明　　　　　　　　　　　ISBN：978-7-302-24642-8

Access 数据库程序设计实验指导　戚晓明　　　　　　　ISBN：978-7-302-24643-5

C 程序设计与应用　徐立辉　　　　　　　　　　　　　　ISBN：978-7-302-24593-3

C 程序设计与应用实验指导及习题　徐立辉　　　　　　ISBN：978-7-302-24622-0